- 中国水利教育协会
- 高等学校水利类专业教学指导委员会
- 中国水利水电出版社

普通高等教育"十五"国家级规划教材
全国水利行业"十三五"规划教材

水泵及水泵站

（第五版）

主　编　武汉大学　冯卫民
副主编　河海大学　于永海

中国水利水电出版社
www.waterpub.com.cn
·北京·

内 容 提 要

全书共分11章，其中绪论部分介绍了水泵及水泵站的应用概况；1～5章为水泵部分，重点介绍了叶片式水泵的类型、结构、基本理论、工作性能和工况调节等方面的内容；6～10章为泵站部分，介绍了泵站工程规划、机组设备选型及配套、泵站建筑物及压力管道设计等方面的内容。

本书为高等学校农业水利工程本科专业的通用教材，也可作为给排水工程和能源与动力工程专业流体机械与工程方向等相关专业本科生的教材，还可作为科技书供从事泵站工程规划设计和泵站运行管理的技术人员参考使用。

图书在版编目（CIP）数据

水泵及水泵站 / 冯卫民主编. -- 5版. -- 北京：中国水利水电出版社，2016.9 (2020.10重印)
普通高等教育"十五"国家级规划教材　全国水利行业"十三五"规划教材
ISBN 978-7-5170-4646-2

Ⅰ. ①水… Ⅱ. ①冯… Ⅲ. ①水泵－高等学校－教材②泵站－高等学校－教材 Ⅳ. ①TV675

中国版本图书馆CIP数据核字(2016)第203937号

书　名	普通高等教育"十五"国家级规划教材 全国水利行业"十三五"规划教材 **水泵及水泵站（第五版）** SHUIBENG JI SHUIBENGZHAN
作　者	主编　武汉大学　冯卫民　　副主编　河海大学　于永海
出版发行	中国水利水电出版社 (北京市海淀区玉渊潭南路1号D座　100038) 网址：www.waterpub.com.cn E-mail: sales@waterpub.com.cn 电话：(010) 68367658（营销中心）
经　售	北京科水图书销售中心（零售） 电话：(010) 88383994、63202643、68545874 全国各地新华书店和相关出版物销售网点
排　版	中国水利水电出版社微机排版中心
印　刷	北京市密东印刷有限公司
规　格	184mm×260mm　16开本　17.75印张　421千字
版　次	1981年2月第1版　1984年6月新1版 2016年9月第5版　2020年10月第3次印刷
印　数	6001—11000册
定　价	**45.00元**

凡购买我社图书，如有缺页、倒页、脱页的，本社营销中心负责调换
版权所有·侵权必究

第五版前言

本书是根据高等学校水利学科教学指导委员会"水利学科专业规划核心课程'十二五'教材建设规划"进行编写的。

水泵与水泵站不仅应用在农业灌溉排水方面，还大量应用在城市与乡镇供排水、城镇供水水源工程、跨流域调水工程、长距离输水调水工程、火电厂锅炉给水泵、火电厂与核电站冷却循环水泵等领域。本书为农业水利工程本科专业教材，也可作为给排水工程专业和能源与动力工程专业流体机械与工程方向等相关专业本科生的教材。

全书共分11章，其中绪论部分介绍了水泵及水泵站的应用概况；1~5章为水泵部分，重点介绍了叶片式水泵的类型、结构、基本理论、工作性能和工况调节等方面的内容；6~10章为泵站部分，介绍了泵站工程规划、机组设备选型及配套、泵站建筑物及压力管道设计等方面的内容。

本教材由武汉大学冯卫民教授担任主编，河海大学于永海教授担任副主编。第1章、第2章、第4章由武汉大学冯卫民编写；绪论、第3章、第5章、第7章由河海大学于永海编写；第6章、第8章、第10章由武汉大学周龙才编写；第9章由河海大学孙学智编写。全书由河海大学于永海负责统稿。

在编写过程中，参考了国内不少专家和教授的相关专著与教材，特别是刘竹溪、刘景植教授主编的普通高等教育"十五"国家级规划教材《水泵及水泵站》（第四版），编者在此一并致谢。同时编者还力求做到内容叙述准确、规范、严谨以及反映水泵及水泵站科研的新进展。本书在工况调节、泵站规划、水泵选型等方面理清了泵站净扬程与泵站扬程的概念；把叶片泵细分为大型低扬程水泵、中小型轴流泵、中小型混流泵与离心泵并分别阐述其水泵选型方法；考虑到数值计算已成为泵与泵站水力设计的主要方法，适当提及了计算流体动力学（CFD）的应用，在泵站水锤分析章节则主要介绍数解法——特征线法。

由于编者水平有限，书中缺点与不妥之处在所难免，恳请读者给予指正。

编者

2016年1月

第一版前言

本书系根据水利电力部一九七八年四月在武汉召开的高等学校农田水利工程专业教材编审规划会议的精神，及同年六月制定的《水泵及水泵站》教材编写大纲的要求编写的。

全书除绪论外共分十一章，其中第一、二、三、四、六、十章为水泵及其配套设备的构造、工作原理、性能以及选择和运用等方面的内容；第五、七、八、九章为泵站的规划和设计等方面的内容；第十一章为泵站的安装和管理等方面的内容；最后，还将本课程的习题、实验、思考题和常用资料等汇编为附录，供教学参考。

本书从专业教学要求出发，力求加强基本理论、基本概念和基本技能等方面的阐述，同时注意反映本学科的新发展和新成就。在阐述方法上，尽量做到由浅入深、循序渐进和理论联系实际。鉴于我国幅员辽阔，各地区自然条件差异较大，同时为了照顾不同地区的不同要求，本书编写了较多的内容，各院校使用本书时，可根据实际情况适当取舍。

本书系由武汉水利电力学院、西北农学院、华东水利学院分工编写，由武汉水利电力学院刘竹溪主编，陈固参加了统稿工作。参加编写工作的有：华东水利学院咸锟（第一、三章和第十章第三节）、蒋履祥（第二章一至四节和第十章第五节）、梅瑞松（第四章），西北农学院李志坛（第五章第一节、第十一章第一节和第二节的一部分）、栾鸿儒（第八章第一、二节和第九章第三节）、冯家涛（第九章第一、二节）、范振江（第十章第一、二节和第十一章第二节的一部分），武汉水利电力学院李继珊（第五章第二节和第七章第四节）、陈固（第六章第一、二节和附录）、郑玉春（第六章第三节）、颜锦文（第七章第一节的一部分）、于必录（第七章第一节的一部分和第二、三节）、申怀珍（第七章第五节）、丘传忻（第八章第三、四、五节）、陆宏圻（第十章第四节）、刘竹溪（绪论、第二章第五节、第十一章第三节）。

初稿完成后由主审单位——江苏农学院召开了审稿会议。参加审稿会议的有江苏农学院、华北水利水电学院，合肥工业大学、江苏省江都水利工程管理处和太原工学院，扬州水利学校等单位。在本书编写过程中，得到了许多兄弟院校及生产单位的积极支持和热情协助，在此一并表示衷心的感谢。

对于书中存在的缺点和错误，恳请读者批评指正。

编 者

1980 年 4 月

第二版前言

本书系根据一九八二年十一月水利电力部在南京召开的高等学校水利水电类专业教材编审会议的精神,在第一轮教材(一九八一年版《水泵及水泵站》)的基础上进行修订的。

在修订中力求突出高等学校教材特点,严格按照教学大纲要求,着重加强基本理论、基本概念和基本技能等方面的阐述,同时注意反映本学科的新发展和新成就。在阐述方法上,尽量做到由浅入深、循序渐进和理论联系实际。在一至六章水泵有关内容中,着重加强了应用方面的内容,如将水泵性能单独列为一章;工况确定及调节方面增添了数解法和反常情况下的确定方法等;在泵站部分(第七章至第十三章)着重加强了理论分析和泵站内各部分内在联系方面的阐述;同时注意了水泵与泵站之间的紧密联系和前后呼应。由于教材的特点,将那些浅显易懂、地区性很强和涉及其他课程范围较多的内容,一并删削。

本书根据国家要求,全部采用法定计量单位。

本书编写过程中,得到了许多兄弟院校及生产单位的积极支持和热情协助,在此一并表示感谢。

对于书中存在的缺点和错误,恳请读者批评指正。

编　者
1985 年 6 月

第三版前言

刘竹溪教授主编的《水泵及水泵站》（第二版）自 1986 年出版以来，经全国有关高等院校使用，效果良好，受到了广大读者的欢迎，并于 1987 年、1992 年分别获水电部、教育部高等院校水电类专业教材二等奖。

近 20 年来，随着科学技术的不断发展，新设备、新技术的不断出现，我国的机电排灌泵站工程技术和管理水平不断提高和完善，急需对教材内容进行更新，以符合新时代的要求。2002 年该教材被列为教育部普通高等教育"十五"国家级规划教材。

本书是在《水泵及水泵站》（第二版）的基础上，根据"十五"国家级规划教材的编审要求重新编写的，是高等工科院校"农业水利工程"专业的专业必修课教材。

全书共分 11 章，前 5 章为水泵部分，重点介绍了叶片式水泵的基本理论、设备性能和运行调节等方面的内容；后 6 章为泵站部分，加强了泵站工程规划设计、机电设备选型与配套、及泵站运行管理等方面的论述，不但介绍了机电排灌泵站工程的技术问题，还介绍了城镇和工业给排水泵站工程规划设计方面的内容，以扩大学生的知识面。本书在修订中力求反映国内外先进技术和设备，从系统、经济的观点出发，注意加强水泵与泵站之间的联系和前后呼应。

本书由武汉大学刘竹溪、刘景植教授主编，其中绪论、第五、六、九、十一章以及第一、三、七、八、十章部分节由刘景植编写，第一、二章由何忠人编写，第三、四、七章由陈坚编写，第八、十章由周龙才编写。刘景植还负责了全书的统稿和定稿工作。在统稿过程中，刘景植对参编者编写章节的内容作了增删、修改和润色，并对部分章节作了改写。此外，为适应双语教学的需要，在书中紧随泵站工程常用专业术语后的圆括号内列出了该专业术语的英文译名。

本书由北京工业大学窦以松教授主审。在编写过程中，参考了国内不少专家和教授的相关专著与教材，并在主要参考文献中列出，编者在此一并致谢。另外，本书还得到了武汉大学教务部、许多兄弟院校和生产单位的积极支持和热情协助,在此表示最衷心的感谢。

由于编者水平所限,书中难免存在缺点和错误,恳请读者批评指正。

编　者
2004 年 12 月

第四版前言

本教材自第一版（1981年）、新一版（1984年）、第二版（1986年）、第三版（2006年）出版以来受到了高等院校和工程界广大读者的欢迎和好评，曾于1987年、1992年分别获水电部、教育部高等院校水电类专业教材二等奖，并曾于2002年被列为教育部普通高等教育"十五"国家级规划教材。

在教学第一线从事水泵及水泵站教学的广大教师，对本教材给予了极大的关心和爱护。武汉大学水利水电学院的任课教师通过使用第三版教材的教学实践，总结了许多切身经验和心得，为教材的修订提意见出主意，为教材的进一步完善和提高提供了很好的帮助。

本书是在该教材第三版的基础上进行修订的。修订过程中除注意分析采纳高校任课教师的意见和建议外，还注意采纳了部分工程技术界读者的建议，尽量使本书既成为一本符合教学要求的好教材，又成为一本能供从事水泵及水泵站工程规划设计、泵站运行管理和泵站技术改造的技术人员参考使用的好科技书。这次修订保持了第三版的内容体系和章节安排，为便于复习，帮助学生掌握各章的知识要点和难点，本版各章末尾均增加了复习思考题。

该教材的参编人员和主审如第三版前言所示，第四版全书仍由武汉大学刘竹溪、刘景植主编，北京工业大学窦以松教授主审。参加本书修订工作的还有何忠人、陈坚、周龙才和刘德祥。刘景植在汇总了各位参编人的修订意见和建议后，完成了全书的修改定稿工作。

对于书中存在的缺点和错误，恳请读者批评指正。

编　者

2009年8月

目录

第五版前言
第一版前言
第二版前言
第三版前言
第四版前言

绪论 ··· 1
0.1 水泵及水泵站工程在国民经济中的作用和地位 ··· 1
0.2 国内外水泵站工程发展概况 ··· 2
0.3 本课程的内容和要求 ··· 7

第1章 泵的基础知识 ··· 8
1.1 泵的定义和分类 ··· 8
1.2 叶片泵的主要部件与典型结构 ··· 13
1.3 泵的性能参数 ··· 26

第2章 叶片泵的基本理论 ··· 32
2.1 叶片泵的基本方程 ··· 32
2.2 轴流泵叶轮水动力学理论 ··· 41
2.3 叶片泵相似理论 ··· 46
2.4 比转数 ··· 51

第3章 叶片泵的能量特性 ··· 56
3.1 基本性能曲线 ··· 56
3.2 通用性能曲线 ··· 63
3.3 相对性能曲线 ··· 66
3.4 全面性能曲线 ··· 68
3.5 综合性能曲线（型谱图） ··· 75

第4章 水泵汽蚀及安装高程确定 ··· 78
4.1 泵内汽蚀现象 ··· 78
4.2 汽蚀性能参数 ··· 80

  4.3 汽蚀相似律和汽蚀比转数 …………………………………………………… 86
  4.4 水泵安装高程的确定 ……………………………………………………… 90

第 5 章 水泵的运行工况与调节 …………………………………………………… 92
  5.1 水泵工作点及其确定 ……………………………………………………… 92
  5.2 水泵运行工况的调节 ……………………………………………………… 97
  5.3 水泵在特殊条件下的运行 ………………………………………………… 106

第 6 章 灌排泵站工程规划 ………………………………………………………… 116
  6.1 概述 ………………………………………………………………………… 116
  6.2 提水灌排区的划分 ………………………………………………………… 119
  6.3 站址选择 …………………………………………………………………… 121
  6.4 泵站主要设计参数确定 …………………………………………………… 124
  6.5 泵站枢纽布置 ……………………………………………………………… 131

第 7 章 机组设备选型与配套 ………………………………………………………… 139
  7.1 水泵选型 …………………………………………………………………… 139
  7.2 电动机与水泵的配套 ……………………………………………………… 143
  7.3 辅助设备及设施 …………………………………………………………… 151

第 8 章 泵站进水建筑物 ……………………………………………………………… 168
  8.1 前池 ………………………………………………………………………… 168
  8.2 进水池 ……………………………………………………………………… 174
  8.3 进水流道 …………………………………………………………………… 181

第 9 章 泵房 …………………………………………………………………………… 194
  9.1 泵房结构类型及其适用场合 ……………………………………………… 194
  9.2 泵房内部布置及主要尺寸确定 …………………………………………… 206
  9.3 泵房整体稳定及校核 ……………………………………………………… 215
  9.4 泵房结构计算 ……………………………………………………………… 222

第 10 章 泵站出水建筑物与压力管道 ……………………………………………… 227
  10.1 出水池与压力水箱 ……………………………………………………… 227
  10.2 出水流道 ………………………………………………………………… 235
  10.3 泵站断流方式 …………………………………………………………… 244
  10.4 出水管道 ………………………………………………………………… 248
  10.5 泵站水锤计算及防护 …………………………………………………… 260

参考文献 ………………………………………………………………………………… 270

绪　　论

0.1　水泵及水泵站工程在国民经济中的作用和地位

泵是把机械能转化成流经其内部流体的压能和动能的流体机械，泵站是以电动机、内燃机或其他动力机械为动力机的泵装置及其辅助设备和配套建筑物所组成的工程设施。泵是除电动机以外使用范围最广泛的机械，几乎没有一个国民经济行业不用到它，对发展生产、保证人们的正常生活和保障财产及人民生命安全具有至关重要的作用，其中又以水泵及水泵站的应用为最多。

在农业方面，水泵及其排灌泵站在抗御洪涝、干旱灾害，改善农业生产条件，实现高产稳产方面起着极为重要的作用。我国幅员辽阔，由于地形和气候的影响，天然降水的时空分布很不均匀。西北高原区、华北平原井灌区和南方丘陵区干旱少雨，处于缺水或严重缺水的状态，都必须用水泵提取地表水或地下水进行灌溉。我国南方地区降水量较大，但夏季多、冬春少，江河纵横、湖泊众多。南方农作物以水稻为主，用水量大，一般要用水泵把水从河道里抽到灌溉渠道再流入田间。在农田排涝排渍方面水泵也发挥了重要作用，特别是我国南方河网地区，东北、华中圩垸低洼区，排涝泵站分布广、数量多。目前，我国已建成固定排灌泵站 50 多万座，总装机功率 7000 余万 kW，电力排灌总面积近 5 亿亩，泵站的灌溉和排涝面积分别占全国有效灌溉面积和排涝面积的 56% 与 21%。

在城镇供排水方面，水泵及水泵站作用显著。在遍布全国城市、乡镇的自来水厂中，从原水到清水，再到管网及千家万户，水泵工作是必不可少的。为了解决水资源空间分布不均衡问题，我国已建设了南水北调工程这样的特大型跨流域调水工程和广东东深供水工程、引滦入津工程、引黄济青工程、辽宁大伙房供水工程等长距离调水工程，也建设了如上海青草沙水库供水工程这样的城市供水水源工程。随着我国人口高峰的日益临近，对水资源配置提出了很高的要求，调水工程建设方兴未艾，"十二五"时期我国计划建设 100 多项重大供水工程，部分工程已启动建设。"十三五"时期引江济淮、引汉济渭等跨流域调水工程都将要重点建设。水泵站在调水工程中乃是十分关键的节点。随着城镇规模的扩大和建设水平的提高，城镇防洪排水方面的问题愈来愈突出。近年来全国各地都建起了不少雨水泵站、城镇排水泵站，大大减轻了城镇洪涝灾害损失。从城镇水环境保护需要出发，不能再就近直排，而需要用水泵及水泵站把城镇生活污水、工业废水与污水截流抽送到污水处理厂进行处理。在污水处理厂内，污水到处理池再把处理过的水排出厂外，也需要水泵工作。城镇对水环境要求高，流动的水、清洁的水都需要通过水泵来实现，美丽壮观的喷泉当然也少不了水泵的工作。

在火力发电站有锅炉给水泵、冷却循环水泵在工作，在发电工艺流程中至关重要；在核电站工作的冷却水泵在保障主机组安全运行方面作用巨大。此外，纸浆、泥浆、煤、混凝土等水与固体物料的混合物采用泵输送的也越来越多。

0.2 国内外水泵站工程发展概况

0.2.1 国外水泵站工程发展概况

美国西北部的哥伦比亚河大古力泵站是世界有名的提灌工程，其设计流量为 460 m^3/s，扬程 94m，计划安装 12 台水泵，灌溉干旱高原农田 625 万亩。1949—1951 年首期安装了 6 台立式混流泵，单泵流量为 $45m^3/s$，配套电动机功率 47.807MW；1973 年加装了 2 台抽水蓄能机组，单机抽水能力为 $48m^3/s$。全站现有抽水能力 $366m^3/s$，配套电动机总功率 380MW。该站是从大古力水库内抽水，提水至高原上的一座调节水库，有效库容 9.4 亿 m^3。在灌水季节抽水蓄入高原水库，待供电峰荷期再放回大古力水库发电。所以，后期的 6 台水泵为抽水蓄能机组。

美国已建大型调水工程十多处，但就工程规模、调水量、调水距离、工程技术和综合效益等权衡，最具代表性的调水工程应首选加利福尼亚州的北水南调工程，它也是全美最大的多目标开发工程。加利福尼亚州位于美国西南部，西临太平洋，面积 41 万 km^2，人口 2300 万。北部湿润，萨克拉门托河等水量丰沛。南部地势平坦，光热条件好，是美国著名的阳光地带，但干旱少雨，圣华金河流域及以南地区水资源短缺。全州年径流量 870 亿 m^3，其中 3/4 在北部，而需水量的 4/5 在南部。为了开发南部，联邦政府建设了中央河谷工程，加州政府建设了北水南调工程，两项工程相辅相成，共同把加州北部丰富的水资源调到南部缺水地区。北水南调工程共建有 12 座大型泵站，利用 99 台水泵将加利福尼亚北部的水抽送到洛杉矶灌溉沿海的 133 万 hm^2 农田。计划最终年调水量 52.2 亿 m^3，干线抽水总扬程 1154m，电动机总功率 1.78GW，提水流量 $290m^3/s$（其中扬程在 920m 以上的流量为 $170m^3/s$）。其中埃德蒙斯顿泵站设计流量为 $125m^3/s$，净扬程为 587m，设计总功率 824MW，年耗电量约 60 亿 kW·h。装有 14 台功率为 58.84MW 四级立式离心泵，叶轮直径 4.88m，单泵流量 $9m^3/s$，效率 92.2%，转速 600r/min（与电动机同），泵高 9.45m，重 220t。水泵与电动机直联，机组总高近 20m，重 420t。该工程于 1951 年 5 月提出方案论证，1965 年 5 月最终确定方案，1971 年 9 月正式提出实施，1984 年完成最后 3 台机组的安装。泵站有两条出水管路，每条长 2500m，前段管路直径为 3860mm，后段管路直径为 4280mm。加州调水工程是一项宏大的跨流域调水工程，输水渠道南北绵延千余公里，纵贯加州，其输水能力各渠段不同，设计最大渠段输水流量达 $509m^3/s$，为加州南部经济和社会发展、生态环境的改善提供了充足的水源，使加州南部成为果树、蔬菜等经济作物生产出口基地，并保证了以洛杉矶为中心的 1700 多万人口的生活和工业等用水。现在加利福尼亚州是美国人口最多的州，洛杉矶成为美国第三大城市。

另外，还有在 1970 年开始运转的圣路易斯提水工程，它有两座泵站，其中一座泵站装有离心泵 3 台，扬程 38m，单泵流量 $62m^3/s$，单机功率 30MW；另一座泵站装有全调式混流泵 3 台，单泵流量为 $34\sim62m^3/s$，灌溉面积为 364 万亩。值得提出的是，该工程中另有一座抽水-发电站，站内装有 8 台双速可逆式水泵-水轮机组，在转速为 150r/min 下作为水泵-电动机抽水时，单机功率为 47MW，作为水轮机-发电机发电时，单机容量为53MVA；在转速为120r/min下作为水泵-电动机抽水时，其单机功率为10～25MW，作为水轮机-发电机发电时，其单机容量为34MVA。每台机组从抽水工况转变为发电工况，或者从发电工况转变为抽水工况，其转换时间仅需27s。该机组在电力系统峰荷期发电，在非峰荷期间则向水库抽水。这样，不仅能平衡电力系统负荷，而且可以回收大量电能。

日本全国排灌设备的总提排水能力为11000m³/s，其中排水流量为9400m³/s，提灌流量为1600m³/s，全国共有排灌泵站7200多座，其中，中、小型泵站占93%。如1973年建成的新川水系的25座泵站群中，只有新川河口是大型泵站。该站共装有6台口径为4200mm的贯流式水泵，扬程2.6m，单泵流量40m³/s，电动机功率7800kW，总排水量240m³/s，控制集水面积42万亩，排水受益面积30万亩。该站的水泵与其他设备均由中央控制室远距离操纵。为保证新川河内的水位稳定在设计范围内，泵站采用了自动调节水泵叶片角度和自动选择运转台数的控制机构，并根据内外水位差发出开启自流排水闸的信号。该站其他辅助设备和自动清污装置也均由中央控制室操纵。另外，1975年建成的三乡排水站，装有口径为4600mm的混流泵，单泵流量为50m³/s，设计扬程6.3m，配套动力为4560kW的柴油机。

荷兰地势低平，全国约有1/3～1/2的土地在海平面以下，加之大规模围海造田和部分地区开垦沼泽地等，排水问题十分突出。排水泵站的特点是扬程低、流量大。如1973年在北海运河入海处修建的爱茅顿排水站，装有大型贯流式水泵4台，采用低频、低速异步电动机驱动，将50Hz的电源经过变频器变为16.5Hz，以适应水泵低速运转，最大扬程2.3m，单泵流量37.5m³/s。该站排水能力为150m³/s，将来可能扩大至350～400m³/s。

荷兰目前已建成的大型泵站有600多座，安装口径1.2m以上的大型水泵机组2400多台。在水泵设计及装置配套方面，荷兰有世界著名的水力机械实验室，可对水泵装置进行性能测试、水锤计算、模型试验等；在机械方面，广泛利用计算机，从计算机辅助选型（CAS）、计算机辅助设计（CAD）到计算机辅助制造（CAM）；从水力、结构优化设计到叶片、导叶加工的严格控制，全程使用计算机，使产品在高度先进的设计和工艺基础上制造出来。荷兰的研究机构齐全，科研力量很强，设施完善，对水泵及其进、出水流道均有比较系统的研究。

从泵站设备、泵站运行管理等方面来看，国外泵站工程具有以下特点：

(1) 水泵机组综合性能好。国外大型水泵一般具有转速高、体积小、重量轻等优点，其流量是我国同口径水泵流量的1.5～2倍。如荷兰1.8m的水泵与我国2.8m水泵的性能基本相同，但前者的重量为23.1t，后者的重量却是48t，两者相差一倍多。另外，采用齿轮传动，大大减小了电动机的体积和重量。如荷兰口径3.6m的贯流泵，采用齿轮变速传动的结构设计后，与其配套的高速电机直径仅1.2m，电机和齿轮箱的总重量是15t。如果将这台泵改用我国常见的直接传动，其电机直径将由原来的1.2m增加到6.1m，重量由15t增加到49t。由此可见，国外水泵机组采用高速化的设计理念后，不仅使机组的体积减小、重量变轻，而且还可大幅降低泵房和土建投资。另外，水泵材质好加工精密。水泵的内外表面平整光滑，叶片表面加工光洁度高，这样就确保了水泵符合泵站的使用要求，不仅效率高，汽蚀性能好，而且大大地延长了水泵的使用寿命，减少了事故的发生。

（2）泵站自动化程度高。美国加州调水工程于1964—1974年安装了计算机自动控制系统，该系统可对17座泵站和电厂，71座节制闸的198个闸门和其他各种设备、设施实行计算机通信、监控、检测和调度。

日本现已完成20世纪60—70年代兴建的水利工程的设备改造和扩建，并安装了新的计算机监控系统。监控系统大都采用集中管理的分层分布式结构，即在一个水系上设有中央管理站，采用计算机和遥测、遥控装置对各种泵站、水工建筑物、渠道等进行集中监控，以达到水资源综合利用的目的。例如，新川河口排水站的6台贯流式轴流泵及其他设备均由中央控制室远距离操作。为保证新川河口的水位稳定在设计范围内，采用了自动调节水泵叶片安放角和自动选择运转台数的控制机构，并根据内外水位差的变化，可发出开启自动排水闸的信号。该站的其他辅助设备和自动清污装置，也均由中央控制室操作。

（3）运行管理人员少、素质好、分工严密。国外泵站一般雇用懂专业、有经验的管理人员，运行、管理人员普遍具有较高的专业技能，在泵站运行中，可以及时发现问题，并能正确地处理突发事件。运行管理人员总数只相当于我国的1/10左右，但运行管理有条不紊，长期保持正常运转。以荷兰为例，水泵制造厂不仅负责核心部件的生产和总装，还负责机组的大修，泵站的管理人员只负责值班运行、小规模的检修和大规模的检查。

0.2.2 我国水泵站工程发展概况

新中国成立以来，随着我国工农业的迅速发展，各类农田旱涝保收标准的提高，高塬灌区的大力发展，沿江滨湖渍涝地区的不断改造，地下水源的开发和利用，以及多目标的大型跨流域调水工程、长距离调水工程的规划与实施等等，促使我国水泵站工程得到了很大的发展。

我国大型排灌泵站的建设始于20世纪60年代初期。如江苏的江都排灌站，湖北的黄山头、沉湖、南套沟等泵站，安徽的驷马山泵站，山西省夹马口电灌站等相继先后建成。其中江都排灌站是我国建设最早、规模最大的综合利用泵站工程，是由4座大型泵站和10余座节制闸、船闸组成联合运行的水利枢纽。江都排灌站共安装大型轴流泵33台，总装机功率49.8MW，设计流量473m³/s，现已成为南水北调东线工程的起点泵站。这些早期建成的泵站，在抗击旱涝灾害保丰收中取得了十分显著的成效。

20世纪70年代及80年代，是我国大型泵站大发展时期，大型水泵制造技术和规划水平也有了很大提高。如陕西的东雷抽黄工程（设计流量60m³/s，8级提水，累计净扬程311m，总装机功率120MW）；湖北的樊口泵站（装有4m口径的大型轴流泵4台，站设计流量214m³/s，总装机功率24MW，排涝受益面积47万亩，灌溉受益面积20万亩）；天津的引滦入津调水工程（采用3级提水将滦河水送入天津，全线兴建大型泵站4座，共安装大型轴流泵27台，总装机20MW）；甘肃的景泰二期工程（18级泵站，累计净扬程602m，计划灌溉面积50万亩）。另外，还有江苏的皂河泵站、山西的尊村抽黄工程、湖北的新滩口泵站、宁夏的固海扬水工程、山东的引黄济青等，从工程设计、施工、安装到设备的设计制造、通信调度等方面采用了一些先进技术，安装了国内最大叶轮直径的轴流泵（江苏淮安二站，叶轮直径4.5m，单泵流量60m³/s，配套功率5000kW）、混流泵

(江苏皂河一站，叶轮直径6.0m，平均流量97.5m³/s，配套功率7000kW)；单机功率最大的离心泵(陕西东雷抽黄灌溉工程二级站，最大单机功率8000kW，单泵扬程225m)。同时在泵站工程和系统的优化调度、泵站水锤及防护的试验、泵站进水池的试验、进水流道的试验、大型拍门的试验研究等方面取得了很大发展。

20世纪80年代以来，江苏省为解决苏北里下河地区、苏北灌溉总渠、大运河的灌溉、航运水源和排涝，并结合南水北调东线工程兴建了一批大型泵站，如泰州高港站（安装立式轴流泵9台，设计流量300m³/s，1999年建成）、淮安三站（位于淮安市南郊苏北灌溉总渠与京杭大运河交汇处，与淮安一站、二站一起共同构成江水北调第二级泵站，建成于1997年6月，安装可逆式灯泡型贯流泵2台套，设计总流量66m³/s)、淮阴站（位于淮阴市清浦区和平乡苏北灌溉总渠与二河之间，为江水北调的第三级泵站，建成于1987年9月，安装立式全调节轴流泵4台套，设计总流量120m³/s)、泗阳一站、二站（位于泗阳县城南中运河原古运河河床内，共同构成淮水北调第一级站和江水北调第四级站，分别建成于1983年和1996年，安装立式全调节可逆式轴流泵共22台套，设计总流量160m³/s)、刘老涧站（位于宿豫县仰化乡中运河上，建成于1996年6月，安装立式全调节可逆式轴流泵4台套，设计总流量150m³/s，是江水北调的第五级站，淮水北调的第二级站)、皂河站（位于宿豫县皂河镇北5km处，建成于1987年3月，安装叶轮直径为6.0m的立式全调节混流泵2台套，设计总流量195m³/s，是江水北调的第六级站)、刘山北站（位于邳州市宿羊乡不牢河北岸，建成于1984年4月，安装立式轴流泵22台套，设计总流量50m³/s，为江水北调的第七级站)、解台站（位于铜山县大吴乡不牢河南岸，建成于1984年1月，安装立式轴流泵22台套，设计总流量50m³/s，江水北调的第八级站)、宝应泵站枢纽工程（南水北调东线工程第一梯级泵站的组成部分，2005年8月建成，泵站设计流量200m³/s，安装叶轮直径为3.2m的立轴导叶式混流泵4台，总装机功率13.6MW）。另外，为抽引长江水灌溉和抽排太湖地区涝水，于1998年12月建成了常熟抽水站，该站与节制闸组成常熟枢纽，共安装9台轴流泵，设计总流量180m³/s。该站为闸站结合式工程，两侧为节制闸，中间为抽水站，采用双层矩形开敞式流道，可实现双向运用，抽引长江水灌溉和抽排太湖地区涝水，并可利用下层流道自流引排水，具有泄洪、排涝、引水等综合功能。

20世纪90年代以来，广东珠江三角洲各地区建设了一批适应当地特点的低扬程大、中型立式、斜轴式和卧式排水泵站。

立式泵站如中山市于2001年建成并投入运行的东河泵站和2004年建成的洋关泵站。东河泵站装有叶轮直径3.25m的立式轴流泵(3200ZLQ42-2.4型)6台，总装机功率10.8MW，泵站设计扬程2.4m，最大扬程2.93m，设计总排涝流量273m³/s；洋关泵站装有叶轮直径2.92m的立式全调式轴流泵(3000ZLQ32.5-2.2型)4台；总装机功率5000kW，泵站设计扬程2.24m，最大扬程2.84m，最小扬程1.39m，设计总排涝流量130m³/s。

斜轴式泵站如1997年建成的顺德桂畔海泵站，站内装设叶轮直径为2.1m的45°斜轴式轴流泵(2500ISKM型)4台，单机设计流量17m³/s，单机配套电机功率630kW，泵站设计扬程2.69m，平均扬程2.23m，最大扬程2.88m。

卧式泵站如 2001 年建成的顺德陈村联安泵站，泵站进、出水管平面为"S"型，属堤后式，泵站内安装 5 台 1600ZWQ-3.6 型卧式轴流泵，单机设计流量 8.5m³/s，配套 5 台 T400-24/1730 型卧式 10kV、400kW 同步电动机，总装机功率 2000kW，泵站综合利用自动化控制、微机保护、图像监视和计算机网络、通信技术等先进的自动化监视和控制手段，大大提高了泵站运行管理水平。

近年来，由于潜水电泵在密封、绝缘、冷却和监控等技术有了长足进展，同时还成功地实现了水泵和出水管道的自动耦合，从而使大口径潜水电泵推广应用速度明显加快。目前我国不仅生产和安装了大口径 900mm 以上的轴流泵和混流泵，也有了口径 1.4m 和 1.6m 大型潜水电泵的系列产品。由于潜水电泵不怕水淹，又具有快速拆除和安装等机动性好和节省工程投资、改善运行条件、显著提高设备的可靠性和使用寿命的优点，特别是大型潜水电泵的问世，为潜水电泵站的技术推广打下了良好基础。

经过多年的努力，我国在贯流泵结构和装置性能等方面的研究取得了较大进展，建立了低扬程贯流泵产品系列，为贯流泵的应用奠定了良好基础。目前已建成了一批具有我国特点的贯流泵站，如淮安三站（安装单机流量 33m³/s，电机功率 2500kW 的可逆式灯泡型贯流泵 2 台套）、上海青浦区东大盈港枢纽工程排水泵站（设 56GZ-2.4-GP 型贯流泵 6 台）、无锡市城市防洪运东大包围江尖水利枢纽工程泵站（安装 20m³/s 的竖井式贯流泵机组 3 台，装机总功率 2400kW）、淮河入海水道芦杨泵站和妇女河泵站（分别安装 3 台 630kW 和 4 台 560kW 的 1600GLC-100 型圆锥齿轮传动贯流泵）等。

目前已建成的南水北调东线一期工程集中体现了我国低扬程泵站工程技术的发展水平。南水北调东线一期工程从江苏省扬州附近的长江干流引水，利用京杭大运河以及与其平行的河道输水，连通洪泽湖、骆马湖、南四湖、东平湖，并作为调蓄水库，经泵站逐级提水进入东平湖后，分水两路，一路向北穿黄河后自流到鲁北；另一路向东经新辟的胶东地区输水干线接引黄济青渠道，向胶东地区供水。黄河以南设 13 个梯级泵站，总扬程 65m。江苏境内双线输水，一条是运河线，为江苏江水北调工程；另一条是运西线；山东境内为单线输水。一期工程建成后有泵站 34 座，其中新建泵站 21 座，改造泵站 4 座。新增装机功率 235.2MW，总装机功率 366.2MW。这些泵站构成了规模巨大的大型低扬程泵站群，有大型竖井贯流泵（邳州泵站）、大型立式导叶式混流泵（宝应站、泗阳站、睢宁泵站、洪泽泵站）、大型直联灯泡贯流泵（淮阴三站、金湖泵站、泗洪泵站、韩庄泵站、二级坝泵站）、大型齿联灯泡贯流泵（蔺家坝泵站）和大型立式轴流泵等大型低扬程水泵装置形式。

除上述泵站外，我国从 20 世纪 50 年代开始还建设了一大批利用天然水能提水的水轮泵站，如湖南省临澧 1966 年兴建的青山水轮泵站，装有 AT100-8 型水轮泵 35 台，设计流量 15.26m³/s，扬水高度 50m，灌溉农田 35 万亩，是我国规模最大的水轮泵站。

至今，我国已拥有大型泵站 400 余座，在我国大型泵站比较集中的湖北、江苏、安徽、湖南、广东等省份，已初步形成了以大型泵站为骨干的防洪排涝以及跨流域调水工程体系、以重点中型泵站为主体的流域性调水、排灌工程体系和以中小型泵站为主导地位的地区性排涝、灌溉工程网络。水泵站工程的发展，特别是大型泵站的发展，有力地提高了各地抗御自然灾害的能力，促进了国民经济的快速、稳定、健康发展。

综上所述，我国的水泵站工程在数量上已居于世界首位，在工程规模上也已达到国外先进水平，但是，在技术水平、工程质量、工程管理以及经济效益指标等方面与国外先进水平相比，还有一定的差距。另外，我国幅员辽阔，有着丰富的水能、潮汐能、风能和太阳能等自然能源，如何因地制宜地开发利用这些自然能源的抽水装置和设施，以适应节约型社会建设的需要也是值得今后努力的一个方面。

0.3 本课程的内容和要求

本课程是农业水利工程专业的一门专业必修课，其主要内容包括水泵部分与水泵站部分。水泵部分介绍了叶片泵的类型、结构、基本原理、工作性能和工况调节等方面内容；水泵站部分则介绍了泵站工程规划、机组设备选型与配套、泵站建筑物及压力管道设计等方面内容。学习完本课程内容后，读者可以掌握水泵选型、水泵站建筑物设计的基本知识与方法，为今后从事水泵站设计、施工、建设管理打下比较好的基础。

与本课程相关的技术基础课、专业课有《工程水文及水利计算》《水力学》《材料力学》《结构力学》《土力学》《钢筋混凝土结构学》《电工学及电气设备》《水工建筑物》《水利工程施工》等，讲授时应注意突出本课程特点和基本内容，力求加强各个内容之间的内在联系和物理概念的阐述，力求讲透基本理论与基本概念，从而培养和提高学生分析问题与解决问题的能力。

第1章 泵的基础知识

1.1 泵的定义和分类

1.1.1 泵的定义

泵是流体机械中的一种工作机，它的工作就是把原动机的机械能或其他外加的能量，转换成流经其内部液体的动能和势能。由于一般不考虑液体工作介质的可压缩性，所以，通常也称其为水力机械。泵作为一种通用类流体机械被广泛地应用于国民经济各个行业。作为能量载体的介质为水体时即称为水泵。

1.1.2 泵的分类

泵用途广泛，品种系列繁多，对它的分类方法各不相同。按其工作原理，泵一般可分为以下 3 大类：

（1）叶片泵：通过带有叶片的转子旋转运动，将能量传递给连续绕流叶片液体的泵。例如离心泵、轴流泵和混流泵等，如图 1.1 和图 1.2 所示。

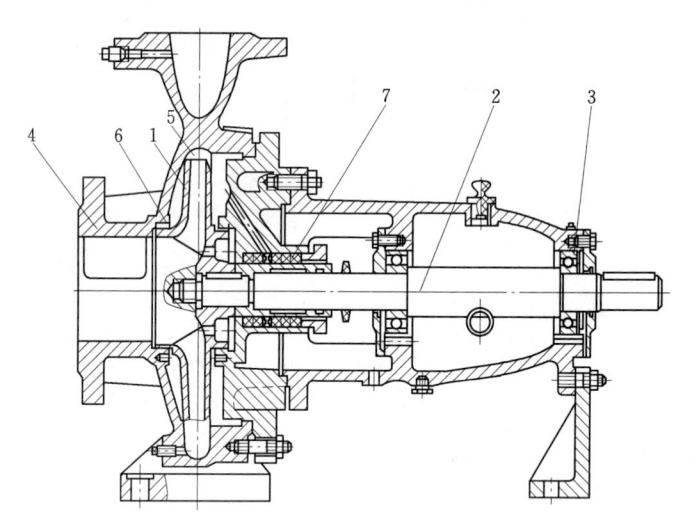

图 1.1 单级单吸悬臂式离心泵（IS 型）
1—叶轮；2—泵轴；3—轴承；4—吸入室；5—压水室；6—口环；7—轴封

（2）容积泵：通过泵体工作腔容积的周期性变化，将能量传递给流经其内部液体的泵。改变泵体工作腔容积有往复和回转两种运动方式，如图 1.3 所示为往复式活塞泵。常见的回转式容积泵有齿轮泵（图 1.4）和螺杆泵（图 1.5）。

（3）其他类型泵：除叶片泵和容积泵以外的泵。例如射流泵、气升泵、水锤泵等，见图 1.6。

1.1 泵的定义和分类

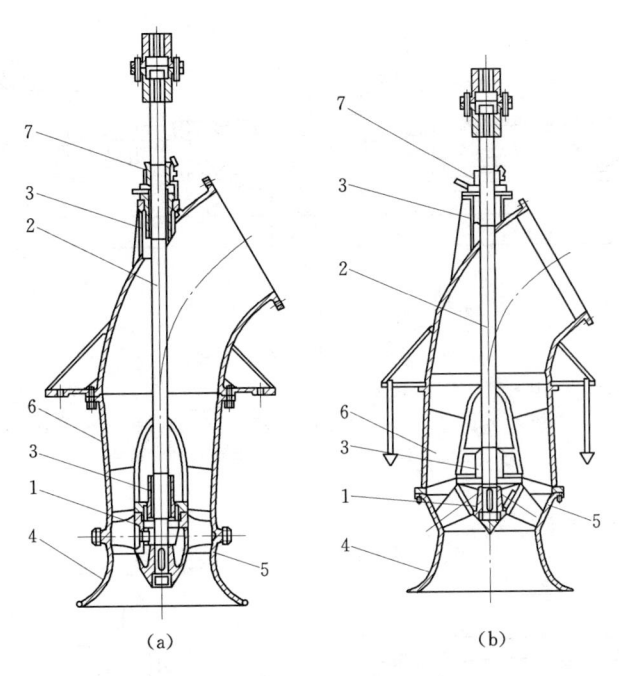

图 1.2 轴流泵、导叶式混流泵构造示意图
(a) 轴流泵；(b) 导叶式混流泵
1—叶轮；2—泵轴；3—导轴承；4—喇叭管；5—叶轮外壳；6—导叶体；7—填料函

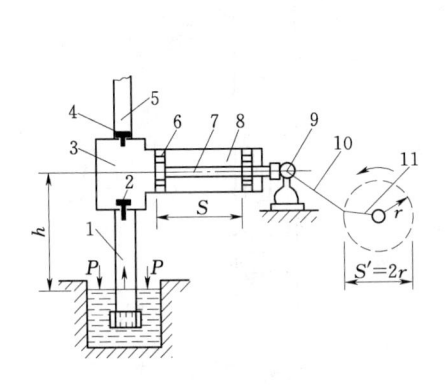

图 1.3 往复式活塞泵构造示意图
1—进水管；2—进水单向阀；3—工作室；4—排水单向阀；5—压水管；6—活塞；7—活塞杆；8—活塞缸；9—十字接头；10—连杆；11—皮带轮

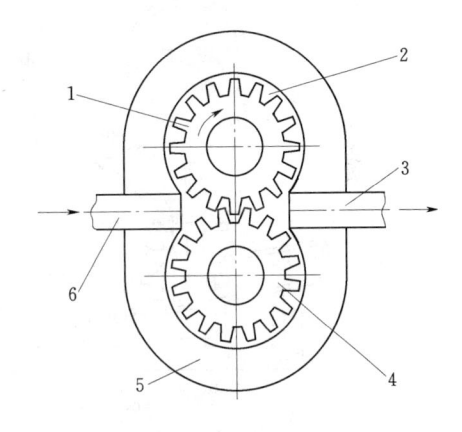

图 1.4 齿轮泵构造示意图
1—主动齿轮；2—工作室；3—出流管；4—从动齿轮；5—泵壳；6—入流管

叶片泵具有适用范围宽且覆盖面广、工作稳定可靠且效率高、性能均匀且其参数紧密相关、结构紧凑重量轻占地小且启动迅速驱动方便和运行状况调节控制容易等很多优点，特别是叶片泵可划分成各种系列，以满足不同流量和压力的需要。在水利工程中所采用的泵绝大多数是叶片式水泵，因此，本书仅对叶片式水泵及其装置进行分析和讨论。

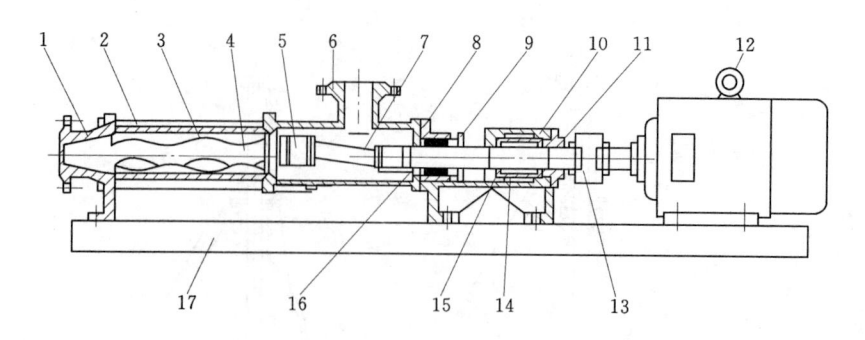

图 1.5 单螺杆泵结构示意图

1—出料腔；2—拉杆；3—螺杆套；4—螺杆轴；5—万向节总成；6—吸入管；7—连节轴；8—填料压盖；
9—填料压盖；10—轴承座；11—轴承盖；12—电动机；13—联轴器；
14—轴套；15—轴承；16—传动轴；17—底座

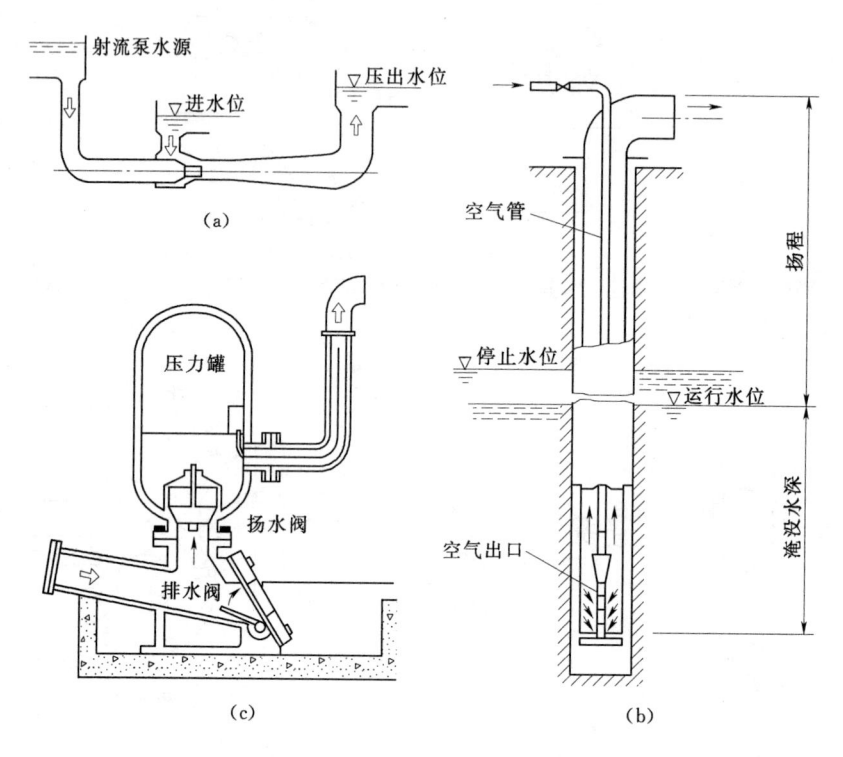

图 1.6 射流泵、气升泵、水锤泵构造及工作原理图
(a) 射流泵；(b) 气升泵；(c) 水锤泵

1.1.3 叶片泵的分类与型号

1.1.3.1 叶片泵的分类

叶片泵是一种使用面广且量大的通用流体机械设备。由于应用场合、性能参数、输运介质和使用要求的不同，其品种及规格繁多，结构也呈各种各样的型式。根据不同的要求，叶片泵一般可分为如下几类：

（1）按其工作原理可分为离心泵、混流泵和轴流泵。

（2）按泵轴的工作位置可分为卧式泵、立式泵和斜式泵。

(3) 按压水室的形式可分为蜗壳式泵和导叶式泵。
(4) 按叶轮的吸入方式可分为单吸式泵和双吸式泵。
(5) 按叶轮的个(级)数可分为单级泵和多级泵等。

综合以上方法，叶片泵可按如图 1.7 所示的方法进行分类。

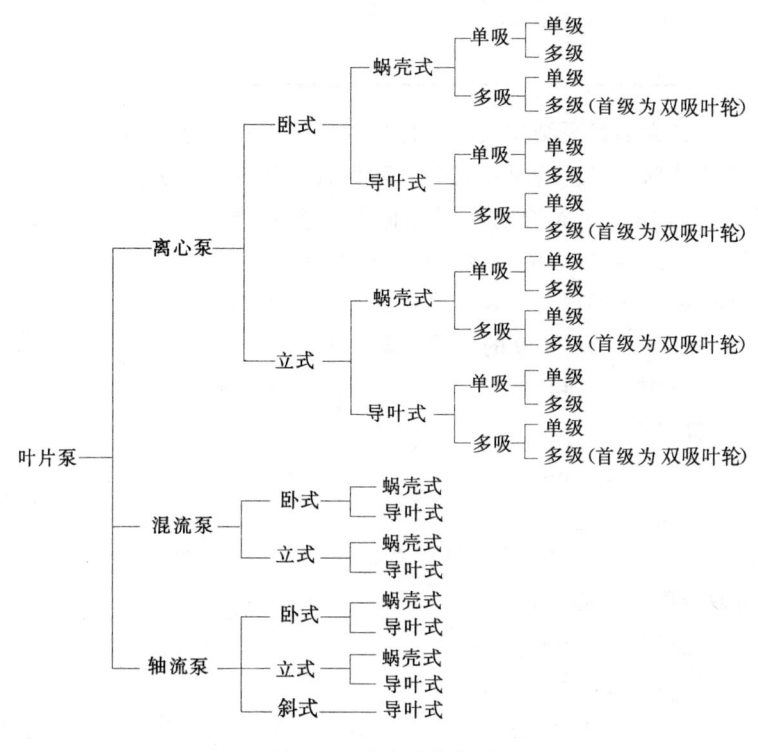

图 1.7 叶片泵分类图

叶片泵的结构型式名称一般是由几个描述该泵结构类型的术语来命名的。常用的叶片泵都可在上述的分类中找到自己所隶属的结构类型，如卧式单级单吸蜗壳式离心泵、立式多级导叶式混流泵等结构型式名称。

1.1.3.2 叶片泵的型号

叶片泵型号表明了泵的结构形式、规格和性能。在泵样本及使用说明书中，均有对该泵型号的组成及含义的说明。表 1.1 给出了部分泵型号中某些字母通常所代表的含义。

表 1.1　　　　　　　　常用泵型号中汉语拼音字母及其意义

字母	表示的结构形式	字母	表示的结构形式
B	单级单吸悬臂式离心泵	ZLB	立式半调节式轴流泵
D	节段式多级离心泵	ZLQ	立式全调节式轴流泵
R	热水泵	HD	导叶式混流泵
F	耐腐蚀泵	HL	立式混流泵
Y	油泵	S	单级双吸卧式离心泵

续表

字母	表示的结构形式	字母	表示的结构形式
DL	立式多级节段式离心泵	ZWB	卧式半调节式轴流泵
WG	高扬程卧式污水泵	ZWQ	卧式全调节式轴流泵
ZB	自吸式离心泵	HW	蜗壳式混流泵
YG	管道式油泵	QJ	井用潜水泵

该表中的字母皆为描述泵结构或结构特征的汉字拼音字母的第一个注音字母。但有些按国际标准设计或从国外引进的泵，其型号除少数为汉语拼音字母外，一般为该泵某些特征的外文缩略语。如 IS 表示符合有关国际标准（ISO）规定的单级单吸悬臂式清水离心泵；IH 表示符合有关国际标准的单级单吸式化工泵等。

泵的型号中除有上述字母外，还用一些数字和附加的字母来表示该泵的规格及性能。例如，水泵型号 IS200-150-400 的型号意义如下。

IS——符合 ISO 国际标准的单级单吸悬臂式清水离心泵；

200——水泵进口直径，mm；

150——水泵出口直径，mm；

400——叶轮名义直径，mm。

又如，水泵型号 S150-78A 的型号意义如下。

S——单级双吸卧式离心泵；

150——水泵进口直径，mm；

78——水泵扬程，m；

A——叶轮外径被车削的规格标志（若为 B、C 则表示叶轮外径被车削得更小）。

1.1.4 叶片泵的工作原理

1.1.4.1 离心泵的工作原理

在一个圆筒形容器里按一定的旋转方向搅动其中的液体，就可以看到如图1.8所示整个容器内的液面形成一个抛物线形凹面的现象。如果圆筒的半径 r 越大、旋转搅动的角速度 ω 越大，则液面上升的高度 $h=\dfrac{\omega^2 r^2}{2g}$ 就会越大，边壁 A 点处所受的静压也就越大。设想用高速旋转的叶轮代替被旋转搅动的圆筒形容器，圆筒里的液体为水，从叶轮中心点处连接管路和水源（进水池）相通，如图1.9所示，叶轮中心点处的水由于受到旋转叶轮离心力的作用被甩向叶轮的外缘，于是叶轮中心处就形成了真空。这样，水源水在大气压力的作用下通过进水管被送到叶轮中心。叶轮连续不停地高速旋转，叶轮中心的水就会连续不断地被甩出，又源源不断地被补充，被叶轮甩出的水则流入泵体蜗壳内，在将一部分动能转换成压能后，从泵出口流进出水管道，从而将水源的水连续不断地送往高处或远处。由上述可知，离心泵是利用叶轮的高速旋转，水沿轴向流入叶轮后在离心力作用下沿径向被甩出叶轮。所以把这种泵称为离心泵。如图1.9所示的正吸程离心泵启动前要求叶轮室内充满水，旨在能产生较大的离心力，有利于在进水池水面与叶轮入口之间形成较大的压差而让水源源不断地流进泵体内。

1.2 叶片泵的主要部件与典型结构

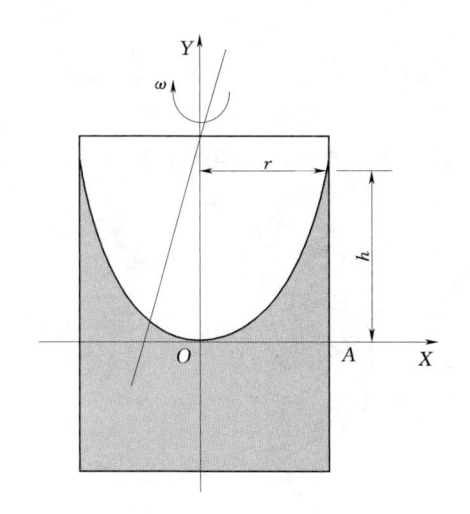

图1.8 旋转圆筒内的液面升高

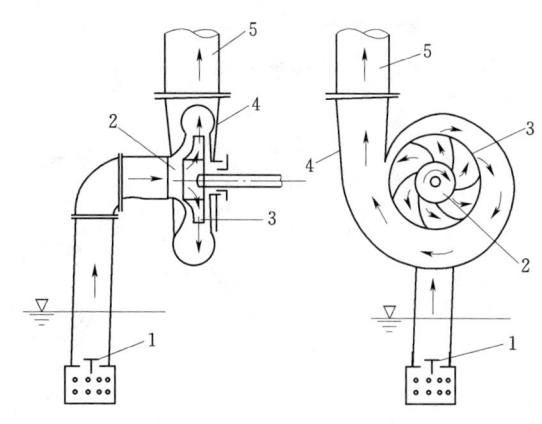

图1.9 离心泵工作原理图
1—底阀；2—叶轮入口；3—叶轮；4—泵壳；5—出水管

1.1.4.2 轴流泵的工作原理

轴流泵的工作原理与离心泵不同，它主要是利用旋转叶轮上的叶片对液体产生的升力使通过叶轮的液体获得能量的。由于轴流泵叶轮叶片背面（下表面）的曲率半径比工作表面（上表面）的小，当叶轮旋转液体绕过叶片时，叶片上表面上的流速小于叶片下方流速，由流体力学可知，叶片下表面的压力就比上表面的压力小。因此，水流对叶片的作用力 P_{down} 的方向垂直向下，此力即为轴向水推力。由牛顿第三定律可得，叶片对水流的作用力 P_{up} 的方向垂直向上，水在此力作用下增加了能量，被提升到一定的高度，如图1.10所示。与离心泵

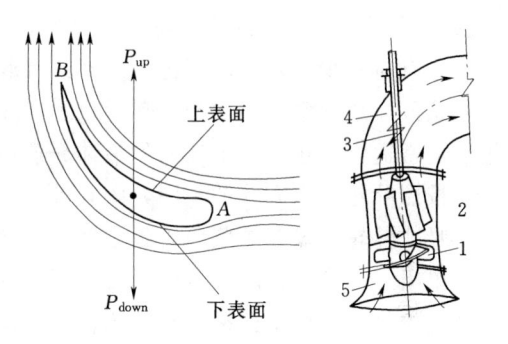

图1.10 轴流泵工作原理示意图
1—叶轮；2—导叶；3—泵轴；4—出水弯管；5—吸水喇叭管

不同的是，轴流泵内的水流沿轴向流进和流出叶轮，故称这种泵为轴流泵。

1.1.4.3 混流泵的工作原理

混流泵内水流既受离心力作用也受升力作用，水流沿轴向流进叶轮，而以斜向（处于轴向与径向之间）流出叶轮。可以看出，混流泵兼有离心泵和轴流泵的工作特点。因此，以下的分析讨论均以离心泵和轴流泵为主，兼顾叙述混流泵的有关内容。

1.2 叶片泵的主要部件与典型结构

1.2.1 离心泵的主要部件

离心泵（图1.1）的主要部件包括叶轮、泵轴、轴承、吸入室（也称为吸水室）、压水室、口环和轴封等。现将它们的典型构造和主要作用分述如下。

1.2.1.1 叶轮

叶轮又称工作轮或转轮。它的作用是通过其叶片的高速旋转运动对液体做功，将原动机机械能传递给工作液体。叶轮是离心泵的核心部件，通常由盖板、叶片和轮毂等组成。

按其结构形式，叶轮通常可分为闭式、半开式和开式3种形式，如图1.11所示。

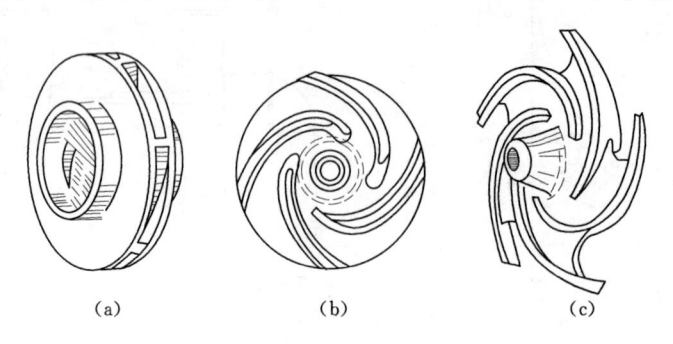

图1.11 离心泵的叶轮形式
(a) 闭式叶轮；(b) 半开式叶轮；(c) 开式叶轮

闭式叶轮由前、后盖板（轮盘）、叶片（一般为6～12片）及轮毂组成。相邻叶片和前后盖板的内壁构成的一系列弯曲槽道，称为叶槽。闭式叶轮一般用于输送清水的离心泵，具有泄漏少、效率高等优点。开式叶轮是前后两侧都没有盖板的叶轮，通常用于抽送浆粒状液体或污水，可避免叶轮在工作时的淤积和堵塞。半开式叶轮是只有后盖板的叶轮，通常适宜输送介于上述两种液体介质的流体。

按照叶轮进水方式的不同，闭式叶轮又可分为单吸式和双吸式两种。如图1.12所示为单吸式叶轮，只有单侧前盖板中间的一个进水口。

单吸式叶轮工作时，若前后两侧所受压力不一致就会使叶轮受到轴向力的影响，以闭式叶轮为例，我们来分析该叶轮工作时轴向力的产生及影响。

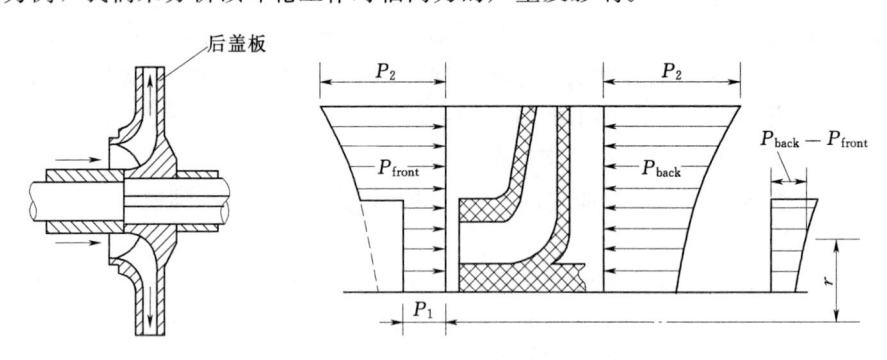

图1.12 单吸式叶轮　　图1.13 叶轮两侧压力分布

叶轮工作时，尽管前后两侧承受的压强相等，但由于前后盖板的承压面积不一样，致使作用在后盖板外侧表面上的力 P_{back} 比前盖板表面上的力 P_{front} 大，由于该压力差（$P_{back}-P_{front}$）形成的作用力方向与泵轴平行，故称为轴向力（图1.13）。由上述分析可知，轴向力由后盖板指向前盖板，其方向与叶轮入流方向相反，且轴向力的大小与叶轮的尺寸及水泵扬程的高低有关，泵尺寸愈大、扬程愈高，轴向力的值也愈大。显然，由于轴

1.2 叶片泵的主要部件与典型结构

向力的作用,势必使叶轮和泵轴一起向进水侧移动,导致叶轮与泵壳间的摩擦加剧,轻则泵的寿命缩短,重则使泵不能工作。因此,为了减轻轴向力的危害作用,单级单吸泵通常采用专门的措施以平衡该轴向力:①在对应叶轮入口部位的后盖板上钻若干个平衡孔,使叶轮后侧的压力水可经过这些小孔流向进水侧,以减轻轴向力对叶轮正常工作的危害作用,但这种措施一般会使泄漏损失增加,导致泵效率下降2%~5%;②在叶轮后盖板上,加设若干条径向凸起的平衡肋筋,随着叶轮高速旋转的同时,这些径向肋筋就迫使叶轮后侧的液体随之旋转。由流体力学的动水压强理论可知,随着该处液体旋转加快,该处压力也将会显著下降,从而达到减轻或平衡轴向力的目的。

对于多级单吸式泵,由于随着叶轮级数的增加,轴向力也随之增大,故多级泵通常设有专门的平衡轴向力的装置,称为平衡盘。

如图1.14所示的双吸式叶轮则在叶轮前、后盖板中间各有一进水口。双吸式叶轮由于前后形状对称,液体从叶轮两侧同时进入,因此该轴向力可自动平衡。

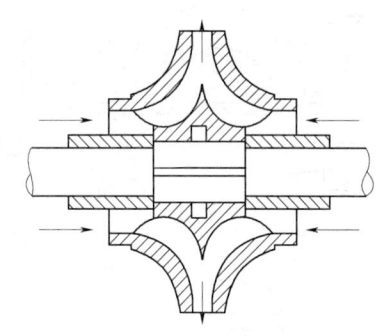

图1.14 双吸式叶轮

叶轮作为泵传递能量的主要部件,它的形状、大小及制造工艺等都直接关系到泵的工作性能。

1.2.1.2 泵轴

泵轴的作用是支承和连接叶轮成为泵的转动部分,并带动叶轮旋转。因此泵轴必须具有足够的抗扭和抗弯强度,通常用优质碳素钢制成。一般泵轴上装有轴套,以避免泵轴的磨损与腐蚀,因为轴套磨损与腐蚀后更换的代价比更换泵轴要小得多。泵轴、叶轮和其他转动部件(合称转子)必须经过静、动平衡试验,以免运转时机组振动过大。

泵轴和叶轮是用键来连接的,因此泵轴和叶轮上都设有键槽,键在叶轮转动中仅起传递扭矩的作用。而叶轮的轴向位置是依靠相应的轴向台阶(或轴套)来定位,由反旋螺母紧固。

1.2.1.3 轴承

轴承是泵的固定部分和转动部分的连接部件。它的作用有支承转动部件的重量,承受一定的轴向力和减小转动部件工作时的转动摩擦阻力,以提高传递能量的效率。

常用的轴承有滑动轴承和滚动轴承两种结构。滑动轴承具有转动摩擦力较大,但能承受较大径向力的特点;滚动轴承具有转动摩擦力较小,但不能承受较大径向力。通常,我国制造的单级离心泵泵轴的直径在60mm以下的均采用滚动轴承;泵轴的直径在75mm以上的均采用滑动轴承。

1.2.1.4 吸入室

吸入室是泵壳体内腔低压区部分,其主要作用是保证水流在叶轮进口前有较均匀的流态分布,以最小的水力损失引导液体平稳地流入叶轮。吸入室一般采用以下3种形式:①锥形吸入室,形似锥管(锥角一般为7°~8°)(图1.15),它具有结构简单、流速分布均匀等优点,常被单级单吸式离心泵所采用;②半螺旋形吸入室,形为半螺旋状

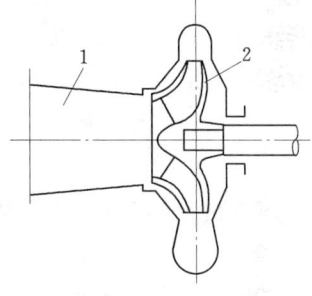

图1.15 锥形吸入室图
1—吸入室;2—叶轮

（图 1.16），该吸入室的水力损失最小，室内流速分布也较均匀，但会在叶轮进口前引起水流的预旋，该种吸入室常为单级双吸式离心泵所采用；③环形吸入室，其断面形状为环形（图 1.17），其优点是结构简单、轴向尺寸小，但水力损失较大，流速分布也不太均匀，一般为单吸分段式多级离心泵所采用。

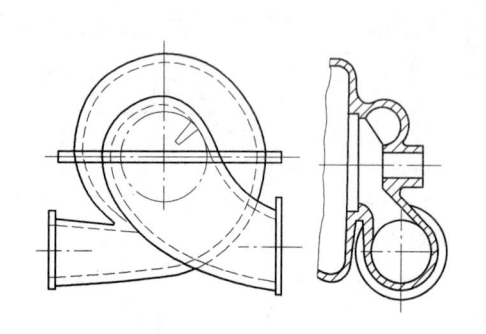

图 1.16　半螺旋形吸入室

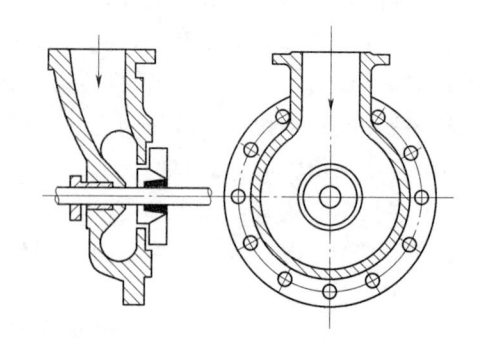

图 1.17　环形吸入室

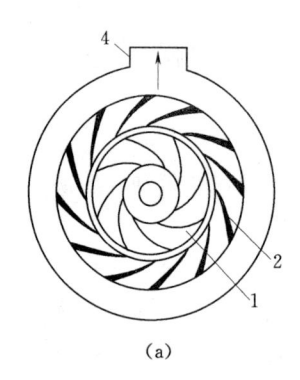

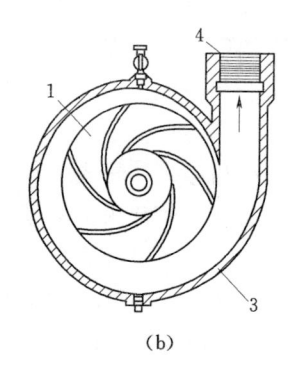

图 1.18　压水室
(a) 导叶式压水室；(b) 螺旋形压水室
1—叶轮；2—导叶；3—蜗壳；4—出水管

1.2.1.5　压水室

压水室是泵壳体内腔高压区部分，其主要作用是收集流出叶轮的水流，并将水流引入出水管。常见的压水室有螺旋形和导叶式两种，如图 1.18 所示。螺旋形压水室，又称蜗壳，不仅起收集水流的作用，同时还具有将水流的大部分动能转化成压能，以降低液流在输运过程中的能量损失的作用。它具有结构简单、制造方便和效率高的特点，常为单级双吸式离心泵和水平中开式多级离心泵所采用。导叶式压水室具有与环形吸入室相同的特点，一般在分段多级泵采用。

吸入室、压水室以及泵座一起组成泵壳，一般用铸铁制成。其结构型式可分为端盖式、中开式和节段式 3 种。

通常，泵壳的进口和出口法兰盘上设置有安装用于监测泵工作时进、出口压力的压力表计螺孔接口。为便于泵启动前充水（或抽真空），泵壳顶部设有充水（或排气）螺孔接口。泵壳底部设置的放水螺孔接口可放空泵内的积水,以防止水泵在较长时间不使用时的锈蚀与寒冬季节的冻裂。

1.2.1.6 口环

口环在叶轮吸入口的外缘与泵壳内壁的接缝处存在着一个转动交接缝隙,而缝隙两侧正是高低压区,这个缝隙偏大,泵壳内的高压水就会通过这个缝隙泄漏到叶轮进口处的低压区,从而降低水泵流量及效率。但偏小时,叶轮转动时就会和泵壳内壁发生摩擦,导致机械磨损加剧。通常在该间隙处镶嵌上金属环,该环既起到减少高压水泄漏的作用,又起到可承受磨损的作用,故又称为减漏环、承磨环。口环与叶轮进口外缘的间隙一般在0.1~0.5mm之间。通常口环的接缝面多做成折线形,目的是为了延长渗径,增大泄漏阻力,减少泄漏量。口环的结构型式如图1.19所示。

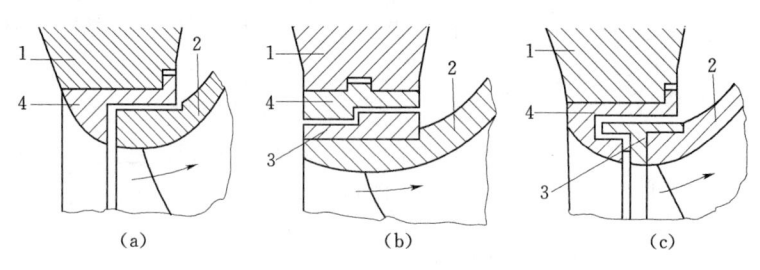

图1.19 口环的结构型式
(a) 单环型;(b) 双环型;(c) 双环迷宫型
1—泵壳;2—叶轮;3—镶在叶轮上的口环;4—镶在泵壳上的口环

1.2.1.7 轴封

轴封是用来密封泵轴穿过泵壳处的间隙,以阻止高压液流在该间隙处的大量泄漏或防止空气进入泵内。轴封有填料函与机械密封两种型式。

(1) 填料函由水封环、填料、底衬环和压盖等组成,其构造如图1.20所示。

填料又称盘根,一般它是用石棉、棉纱和合成树脂(如聚四氟乙烯树脂)纤维等编织成方形或圆形,再按用途经石墨、润滑脂等浸透后而成。若干根填料箍在泵轴或轴套上,放置在填料腔内。填料的中间部位装有带若干个小孔的水封环。水封环的作用是将泵内高压水通过水封管进入水封环上的小孔,使高压水渗入填料箍间进行水封,以加强填料间缝隙的密封作用。同时还可起到冷却和润滑泵轴的作用。因此安装水泵时应使水封环的位置对准水封管。

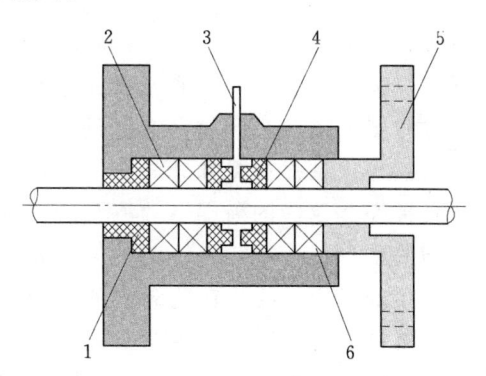

图1.20 填料函构造示意图
1—底衬环;2—填料;3—水封管;4—水封环;
5—填料压盖;6—填料腔

底衬环和压盖通常用铸铁材料制成,它们套在位于填料腔两端的泵轴上,用来压紧填料。压盖端部设有松紧螺丝,可调节填料的压紧程度。若填料压得过紧,不但会使水封环的水无法渗漏到填料间，而且还会使填料与泵轴间的摩擦力增大，造成填料发热、冒烟，严重时甚至烧毁，导致缩短填料使用寿命，同时，还会引起水泵轴功率的增加；若填料压得过松，则会降低密封的效果，使漏水量或漏气量增大，也会降低水泵运行的效率。一般以每分钟从填料中渗出 40～60 滴水为适宜的填料压紧程度。

填料函具有结构简单、价格低廉和拆装方便等优点，故在供排水离心泵的轴封机构中普遍使用。但是由于填料本身易磨损变质，使用寿命短，且需要经常更换及密封性能较差等缺点，所以国内外已采用一些新的轴封方法，如机械密封等技术。

（2）机械密封又称端面密封，其结构如图1.21 所示。它是在弹簧及冲件 4 和密封腔内液体压力的共同作用下，靠静环 1 和动环 2 在泵轴线垂直的端面上紧密贴合实现动密封，依靠辅助密封 3 分别进行动环与轴、静环与泵壳体之间的静密封。

与填料函相比，机械密封的结构要复杂些，但它具有泄漏量极少、使用寿命长、轴几乎无磨损和功率损失小等优点，故机械密封现在已愈来愈多地被采用。

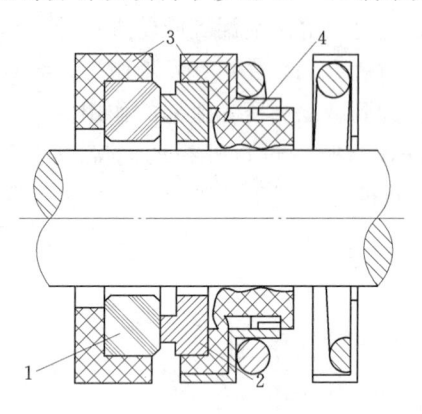

图 1.21 单端面机械密封
1—静环；2—动环；3—辅助密封；4—弹簧及冲件

1.2.2 轴流泵的主要部件

轴流泵的主要部件包括叶轮、泵轴、轴承、吸入室、叶轮室、压水室和填料函等。以下将分述它们的典型构造和作用。

1.2.2.1 叶轮

如图 1.22 所示，轴流泵的叶轮均为开敞式叶轮，通常由叶片（一般为 2～6 片）、轮毂等部分组成。中、小型轴流泵的导水锥是连接在轮毂的前端和叶轮一起转动的。大型轴流泵的导水锥往往是和叶轮分离，作为固定部件被安装轮毂的前端。轴流泵的叶片呈空间扭曲状，是通过叶片转动轴插入轮毂与其相连接的。根据叶片在轮毂上的定位方式可将轴流泵分为固定式、半调节式和全调节式 3 种。固定式叶轮的轮毂表面是圆柱形，可调节式叶轮的轮毂表面是球形。如图 1.22

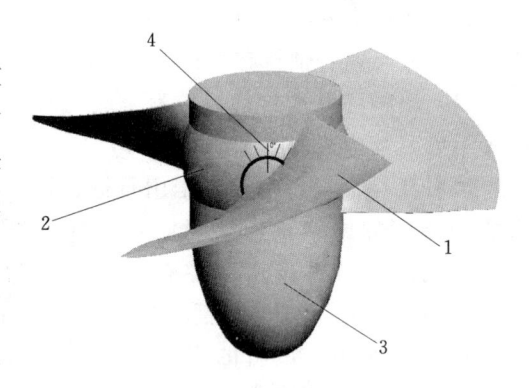

图 1.22 轴流泵叶轮
1—叶片；2—轮毂；3—导水锥；4—刻度线

所示水泵厂家会根据叶片调节的需要把设计位置相对标记为叶片的 0°安放角，在此叶片安放角下，水泵一般具有最高的效率。并在轮毂上逆时针率定标记正安放角刻度线，顺时针率定标记负安放角刻度线。所谓半调节式必须停机拆卸叶片，重新调整好合适的叶片安放角后再把叶片和轮毂连接定位。全调节式则可以根据生产需求在轴流泵运行中调节叶片安放角。中、小型轴流泵通常为固定式和半调节式，叶片和轮毂之间是靠定位销和叶片螺母相对固定的。大型全调节轴流泵的叶轮轮毂里面设置有曲柄连杆机构。

1.2.2.2 泵轴

泵轴用来传递扭矩,一般由优质碳素钢制成。中、小型轴流泵的泵轴多为实心的,而大型全调节式轴流泵的泵轴是空心的,以便于在空心轴内设置调角的压力油管或机械操作杆等调角机构的设施。

1.2.2.3 轴承

轴流泵的轴承有推力轴承与导轴承两种类型。

推力轴承承受立式泵机组转动部件的重量以及轴向水推力,并维持转动部件的轴向位置。中、小型立式轴流泵的推力轴承,可作为电动机的部件设在电动机机座内,也可作为水泵的部件设在水泵轴端传动装置内。大型立式轴流泵的推力轴承装在立式同步电动机上机架内,由推力头、绝缘垫、推力瓦块、镜板和抗震螺栓组成。

导轴承仅承受径向力,并起径向定位作用。中、小型立式轴流泵通常采用橡胶导轴承(图 1.23),有上、下导轴承之分。上导轴承设在泵轴穿过泵壳(出水弯管)处,下导轴承设在导叶毂内。橡胶导轴承均以水作润滑剂。值得注意的是:立式轴流泵的上导轴承一般位于进水池水面以上,因此上导轴承必须在泵启动前至泵进入正常运行的这个时段内专门供水润滑,否则极易因干摩擦而烧毁。大型立式轴流泵通常只设下导轴承,而上导轴承设在电动机机座内,且以油作为润滑剂。

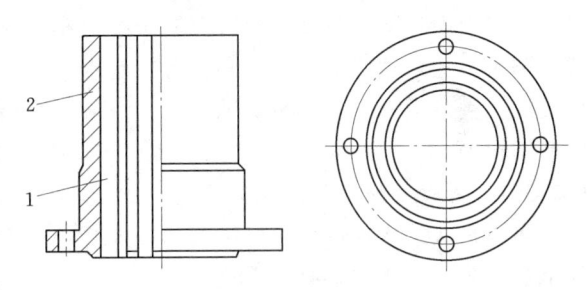

图 1.23 橡胶导轴承
1—橡胶;2—轴承外壳

1.2.2.4 吸入室

喇叭管是中小型立式轴流泵的吸入室,其作用是使水流以最小的水力阻力损失且均匀平顺地流入叶轮。大型轴流泵不用喇叭管,而采用肘形、钟形或簸箕形进水流道。

1.2.2.5 叶轮室

叶轮室为叶轮做功提供的空间,也被称作叶轮的外壳,俗称动叶外壳。叶片安放角固定的叶轮室内表面为圆柱面,叶片安放角可调的轴流泵其叶轮外壳的内表面为球面。

1.2.2.6 压水室

轴流泵压水室最常见的是导叶体(图 1.24),由导叶、导叶毂和泵壳等组成。导叶体安装在紧接叶轮出口的后方,呈圆锥形,其扩散角 δ 一般不大于 $8°\sim9°$,内有 $5\sim12$ 片导叶。导叶的进口方向与液体流出叶轮的方向一致,

图 1.24 轴流泵导叶体简图
(a) 导叶体;(b) 水在导叶体中的流向
1—导叶;2—泵壳;3—导叶毂;
4—叶轮;5—出水弯管

以减少液流的冲击损失。导叶的主要作用是迫使叶轮中流出的水流由呈旋转的螺旋运动改变为轴向的直线运动，并促使水流在圆锥形导叶体内随着断面的不断扩大而逐渐降低流速，将部分动能转换成为压能，以减少水力损失。

1.2.2.7 填料函

填料函安装在轴流泵出水弯管的轴孔处，其构造与离心泵的填料函相类似，但不设水封环和水封管。泵启动时，与上导轴承一样，必须有专门的供水以润滑填料，否则极易因干摩擦而增大启动力矩和增加启动功率、烧毁填料等现象。待泵启动结束且进入正常运行后，方可由泵内的压力水代替，以起到润滑冷却填料的作用。

1.2.3 机电排灌常用泵的典型结构

我国幅员辽阔，机电排灌工程的特点是排灌流量大、涉及范围广、用泵类型多、发展速度快。随着国民经济的综合实力不断增长，大量的机电排灌工程已经建成和正在建成，或运筹规划中。从工程规模而言多属于中、小型，但也不乏如"南水北调"等超大型跨流域的调水工程。这些工程的核心设备就是水泵，而且几乎都是叶片泵。因此，我们仍以叶片泵的三大泵类——离心泵、轴流泵及混流泵为核心，介绍机电排灌工程中常用叶片泵的典型结构。

1.2.3.1 离心泵的典型结构型式

离心泵从结构特点上，可按液体进入叶轮的方式分为单吸式和双吸式离心泵，按叶轮的个数可分为单级和多级离心泵。

因此，常见的离心泵典型结构型式有单级单吸式、单级双吸式和多级式3种。

（1）单级单吸离心泵。如图1.1所示为单级单吸悬臂式离心泵。单级单吸泵的特点是流量较小，通常小于400m^3/h；扬程较高，为20～125m。

（2）单级双吸式离心泵。多数单级双吸式离心泵均采用双支承结构，即支承转子的轴承位于叶轮两侧，且一般都靠近轴的两端。如图1.25所示的"S"型泵即为双支承结构的单级双吸卧式离心泵。它的转子为一单独装配部件。泵体转动部分用位于泵体两端的轴承体内的两个轴承呈双支承型式支承。"S"型泵是侧向吸入和压出的，并采用水平中开式的泵壳，即泵壳沿通过轴心线的水平面（中开面）剖分开。它的两个半螺旋吸水室及螺旋形压水室都是由泵盖8和泵体9在中开面处对合而成的。泵的进口和出口均与泵体铸为一体。用这种结构的优点是在检修水泵时无需拆卸进水管和出水管，也不必移动电机，只要揭开泵盖即可检修零部件；再者由于工作叶轮两侧吸入形状对称，且同时双向进水，有利于运行时轴向力的平衡。

双吸泵的特点是流量较大，通常为160～18000m^3/h，扬程较高，为12～125m。

（3）多级泵。多级泵是指泵轴上串装两个以上叶轮的泵，叶轮个数即为泵的级数，它的结构比单级泵复杂。如图1.26所示为节段式多级泵，泵体分为吸入段、中段（叶轮部分）和压出段等。该泵在叶轮8、中段7及导叶9的两端分别装有吸入段5和压出段12，然后用拉紧螺栓11将这些部件紧固成整体。泵运行时液体从第一级叶轮排出后经导叶进入第二级叶轮，再从第二级叶轮排出后经导叶进入第三级叶轮，依此类推，直至由压出段出口流出。由于这种泵的单吸式叶轮只能依次按一个方向布置，因此叶轮级数愈多，压力也愈高，产生的轴向推力也愈大，故多级泵在末级叶轮后面设有平衡盘14，以平衡轴向推力。

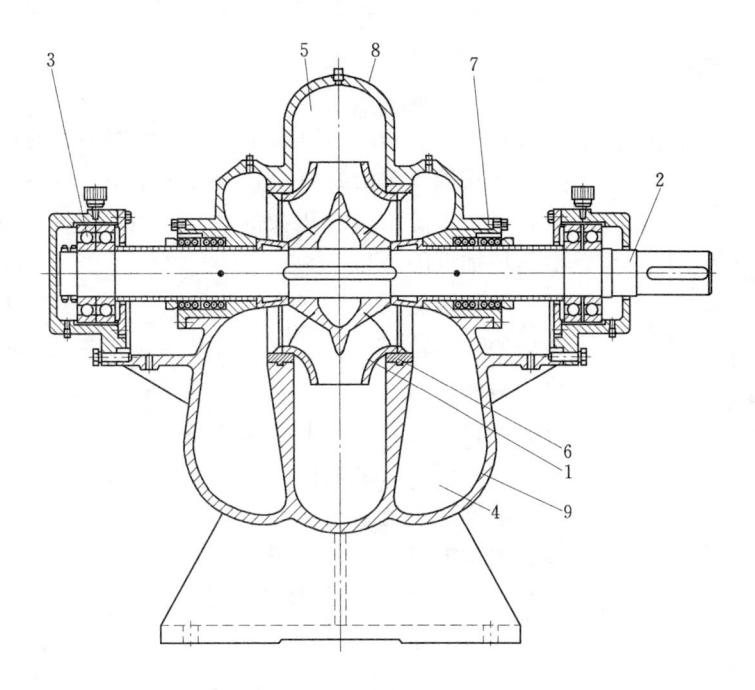

图1.25 单级双吸式离心泵（"S"型）
1—叶轮；2—泵轴；3—轴承；4—吸入室；5—压水室；
6—口环；7—填料函；8—泵盖；9—泵体

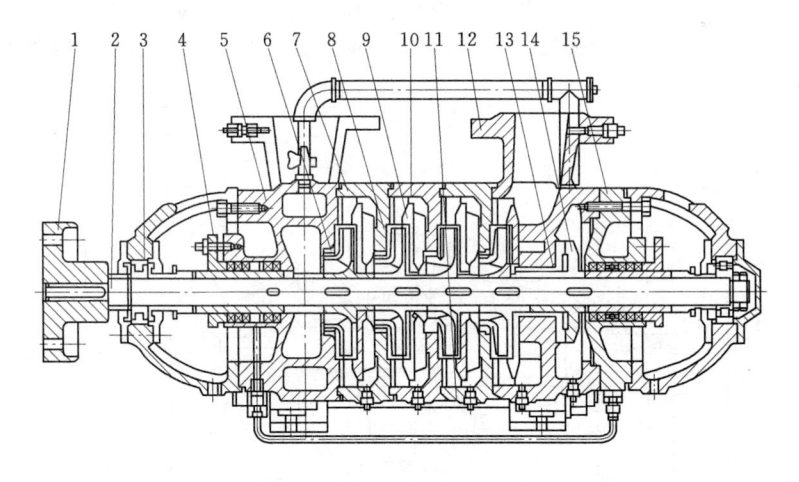

图1.26 卧式节段式离心泵（D型）
1—联轴器；2—泵轴；3—滚动轴承；4—填料压盖；5—吸入段；6—密封段；7—中段；8—叶轮；
9—导叶；10—密封环；11—拉紧螺栓；12—压出段；13—衬环；14—平衡盘；15—泵盖

如图1.27所示为一提取深层地下水的深井多级泵，亦称长轴井泵。

多级泵的特点是流量较小，一般为$6\sim450\text{m}^3/\text{h}$，扬程则特别高，一般都在数十米至数百米范围内，高压多级泵甚至高达数千米。

21

1.2.3.2 轴流泵的典型结构型式

轴流泵是一种低扬程、大流量的泵型，按其泵轴的工作位置可分为卧式、斜式和立式3种结构型式。

卧式轴流泵对泵房高度的要求较立式机组低，具有安装方便，检修容易，适宜在水源水位变幅不大的场合。

斜式轴流泵的特点是适宜于安置在斜坡上。根据这一特点，对于水源水位变化大的场合，可将整个水泵机组安置于沿斜坡铺设的滑道上。

立式轴流泵（图1.2）的特点有：占地面积小；轴承磨损均匀；叶轮淹没在水下，启动前不需要充水；能按水位变化的情况可适当调整传动轴的长度，从而可将电机安置在较高的位置上，既有利于通风散热，又可免遭洪水淹浸等。因此我国生产的大多数轴流泵都采用立式结构。

轴流泵的流量范围很大，为 $700 \sim 100000 m^3/h$，扬程一般在15m以下。

1.2.3.3 混流泵的典型结构型式

混流泵的结构型式可分为蜗壳型（图1.28）和导叶型［图1.2（b）］两种。低比转数的混流泵多为蜗壳型，且其结构与蜗壳型离心泵相似；高比转数的混流泵多为导叶型，而且其结构与轴流泵相似。混流泵也有卧式与立式之分，按其叶片可否调节的状况，也可分为固定式、半调节式和全调节式等型式。蜗壳式混流泵一般都采用单级单吸的悬臂结构。

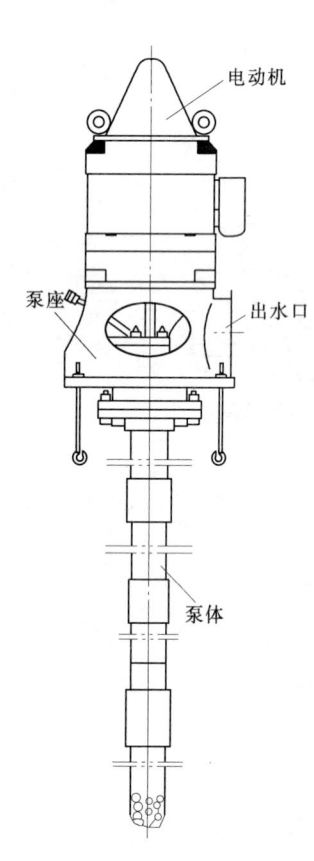

图1.27 深井多级泵

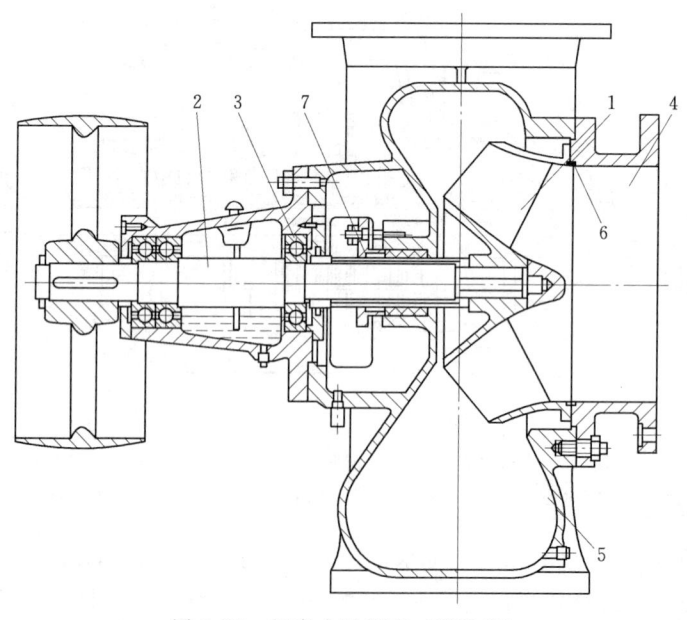

图1.28 蜗壳式混流泵（HW型）
1—叶轮；2—泵轴；3—轴承；4—吸入室；5—压水室；6—口环；7—轴封

混流泵是介于离心泵与轴流泵之间的一种叶片泵，其叶轮出流方向及泵的性能等也均有与此相应的特点，其结构型式同样介于离心泵和轴流泵两者之间，是一种中等扬程泵型。

1.2.3.4 潜水泵的典型结构型式

潜水泵是水泵和电动机同轴联成一体并潜入水下工作的抽水装置。根据叶轮型式的不同潜水泵有潜水离心泵、潜水轴流泵和潜水混流泵之分，如图1.29和图1.30所示。

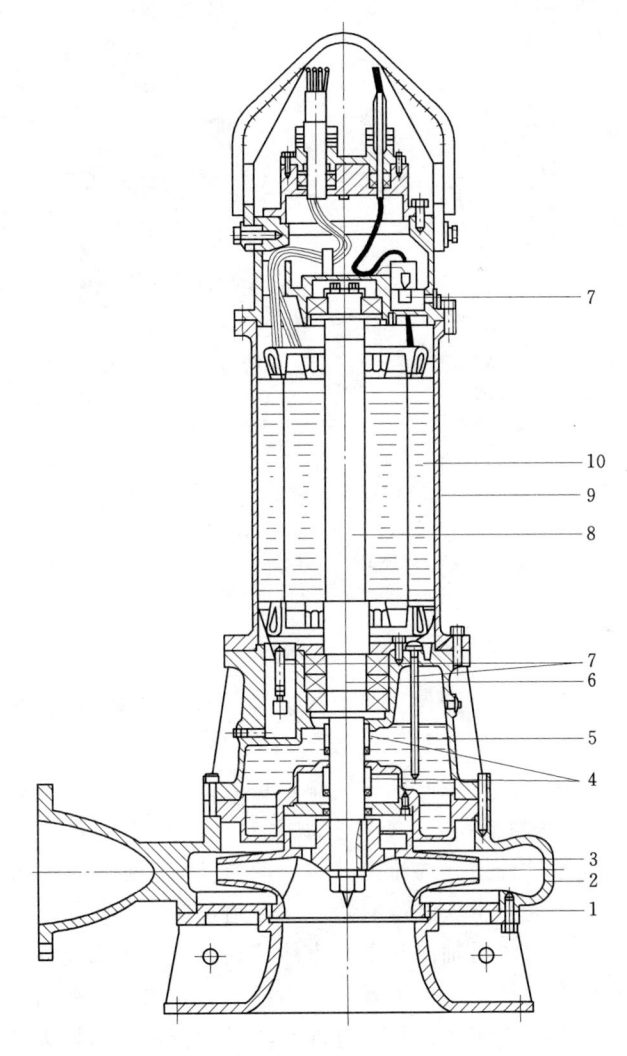

图1.29 潜水离心泵结构图
1—口环；2—泵壳；3—叶轮；4—轴密封；5—油室；6—轴承；
7—监测装置；8—泵/电机轴；9—冷却；10—电动机

由于机电一体潜水工作，潜水泵具有以下主要特点：
(1) 水泵叶轮和电动机转子安装在同一轴上，结构紧凑，重量轻。
(2) 对水源水位变化的适应性强，尤其适用于从水位涨落大的水源取水的场合。
(3) 安装简单、方便，省去了传统水泵安装过程中耗工、耗时、复杂的对中、找正的

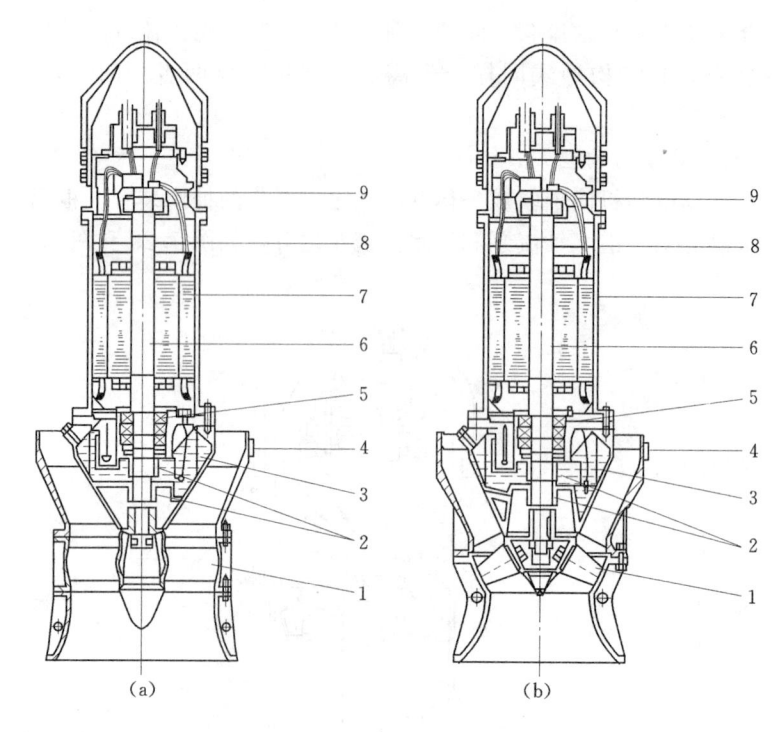

图1.30 潜水轴流泵和潜水混流泵结构图
(a)潜水轴流泵；(b)潜水混流泵
1—叶轮；2—轴密封；3—油室；4—防转装置；5—轴承；6—泵/电动机轴；
7—电动机；8—冷却；9—监测装置

安装工序。

(4) 新型潜水泵内装有齐全的保护、监控装置，对泵实施实时监控保护，可大大提高运行可靠性。

(5) 无需庞大的地面建筑，泵站结构简单，可大大减少工程土建投资。

1.2.3.5 贯流泵的典型结构型式

贯流泵是指水流沿泵轴通过泵内流道，没有明显转弯的轴流泵和混流泵。其结构的主要特征是泵轴无需穿过泵壳。贯流泵没有蜗壳，流道由圆锥形管组成。通常采用卧轴式布置，从流道进口到出口，水流沿轴向几乎呈直线流动，避免了水流拐弯形成的流速分布不均导致的水流损失和流态变坏，水流平顺，水力损失小，水力效率高。贯流泵主要有2种型式，即灯泡贯流式和竖井贯流式，其中灯泡贯流式的流道水力损失较小。灯泡贯流泵叶轮可以是叶片固定式，也可以是叶片可调式。灯泡贯流泵有两种结构形式：一是机电一体结构，如图1.31所示的是电动机装于叶轮后方的灯泡形泵体内，电动机与叶轮直联或齿联；二是如图1.32所示的机电分体结构，这种结构电动机安装在泵体外，采用锥齿轮正交传动机构与叶轮相连，因此，电动机可采用普通立式电机，泵内结构紧凑，密封和防渗漏问题易于解决，检修方便，运行可靠。

贯流式水泵具有以下明显特点：

(1) 贯流式结构流道平直、水力损失小，因此水泵装置效率较高（2%~3%），工程

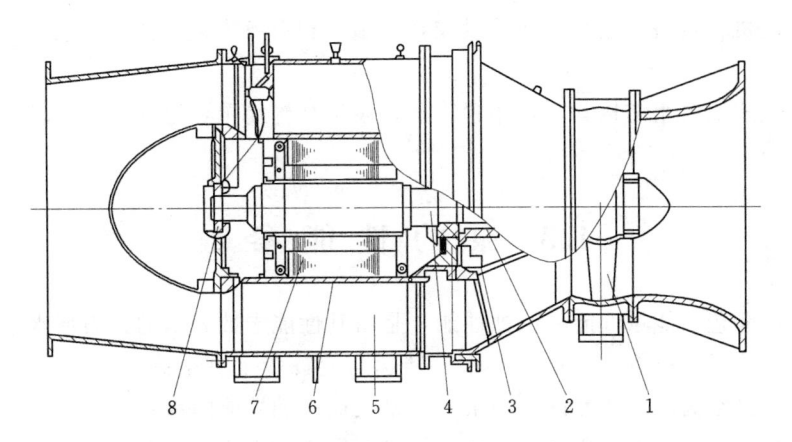

1.2 叶片泵的主要部件与典型结构

图 1.31 灯泡贯流泵（机电一体）结构图
1—叶轮；2—轴密封；3—监测装置；4—泵/电机轴；5—过水流道；
6—冷却；7—电动机；8—轴承

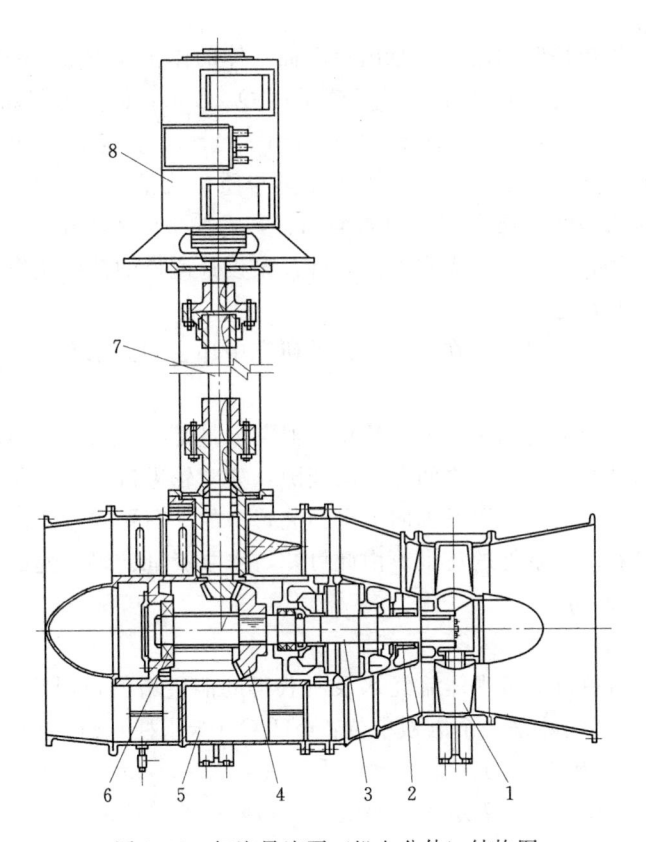

图 1.32 灯泡贯流泵（机电分体）结构图
1—叶轮；2—轴密封；3—泵/齿轮轴；4—传动机构；5—过水流道；6—轴承；7—中间轴；8—电动机

年运行费少，特别是在低扬程情况下，其装置效率明显高于立式轴流泵。

（2）贯流式水泵的汽蚀性能和运行稳定性也优于轴流式水泵，其汽蚀系数相对较小，机组可靠性高，运行故障率低，可用率高，检修时间缩短，检修周期延长。

(3) 贯流机组设备运输和安装重量较轻，施工和设备安装方便，可缩短建设工期，便于管理维护。

(4) 贯流式水泵组结构紧凑，布置简洁，泵站结构简单，土建工程量较小，可节省土建投资。

1.3 泵的性能参数

叶片泵性能包括能量性能与汽蚀性能，是由其性能参数表示的。表征水泵性能的基本参数有6个：流量、扬程、功率、效率、转速与允许吸上真空高度（或允许汽蚀余量），其中允许吸上真空高度（或允许汽蚀余量）是表征汽蚀性能的参数。这些参数之间互为关联，当其中某一参数发生变化时，其他工作参数也会发生相应的变化，但变化的规律取决于水泵叶轮的结构型式和特性。为了深入研究叶片泵的性能，必须首先掌握叶片泵性能参数的物理意义。

1.3.1 流量 Q

水泵的流量是指单位时间内流出泵出口断面水体的体积或质量，分别称为体积流量和质量流量。体积流量用符号 Q 表示，质量流量用 Q_m 表示。体积流量常用的单位是升/秒（L/s）、立方米/秒（m^3/s）或立方米/小时（m^3/h）；质量流量常用的单位为千克/秒（kg/s）或吨/小时（t/h）。根据定义，体积流量与质量流量有如下的关系：$Q_m = \rho Q$，式中 ρ 为被输送液体的密度（kg/m^3）。对水泵而言，一般采用体积流量。

由于各种应用场合对流量的需求不同，叶片泵设计流量的范围很宽，小的不足 1L/s，而大的则达几十、甚至上百 m^3/s。

除了上述的水泵流量以外，在叶轮理论的研究中还会遇到水泵理论流量 Q_T 和泄漏流量 q 的概念。

所谓理论流量是指通过水泵叶轮的流量。泄漏流量是指流出叶轮的理论流量中，有一部分经水泵转动部件与静止部件之间存在的间隙，如叶轮进口口环与泵壳之间的间隙、填料函中泵轴与填料之间的间隙以及轴向力平衡装置中的平衡孔或平衡盘与外壳之间的间隙等，流回叶轮进口和流出泵外的流量。由此可知，水泵流量、理论流量和泄漏流量之间有如下的关系：$Q_T = Q + q$。

1.3.2 扬程 H

水泵的扬程是指单位重量水体流经水泵所获得的能量增值，用符号 H 表示，其单位为 m(N·m/N=m)，实际是一个压强单位：mH_2O（米水柱）。它和风机常用的全压（单位体积能：Pa）、压缩机常用的比能（单位质量能：N·m/kg）均被称为工作机的能头。由水泵扬程的定义，扬程即可表示为水泵进、出口断面的单位能量差。

1.3.2.1 卧式叶片泵的扬程

图 1.33（a）的基准面（通过由叶轮叶片进口边的外端所描绘的圆的中心的水平面，各种类型叶片泵的基准面如图 1.34 所示）取通过泵轴的水平面。H_g 在吸水面以上为正吸程，水泵的进口断面是负压，安装真空表。分别列出水泵进口断面 1-1 和出口断面 2-2 处的单位总能量。

1.3 泵的性能参数

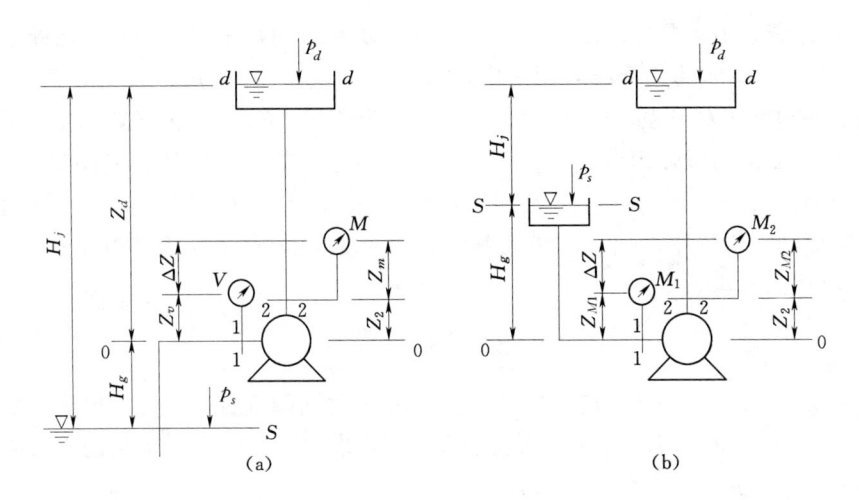

图 1.33 卧式水泵扬程示意图
(a) 正吸程；(b) 负吸程

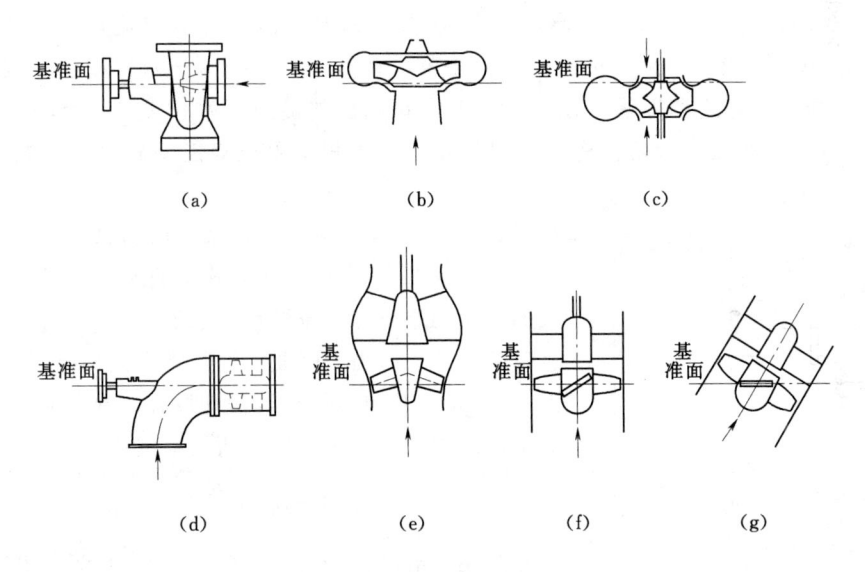

图 1.34 水泵基准面示意图
(a) 卧式单吸离心泵、混流泵；(b) 立式单吸离心泵；(c) 立式双吸离心泵；
(d) 卧式轴流泵；(e) 立式混流泵；(f) 立式轴流泵；(g) 斜式轴流泵

水泵进口断面 1—1 处的单位总能量 E_1：

$$E_1 = Z_1 + \frac{p_1}{\rho g} + \frac{v_1^2}{2g}$$

水泵出口断面 2—2 处的单位总能量 E_2：

$$E_2 = Z_2 + \frac{p_2}{\rho g} + \frac{v_2^2}{2g}$$

则泵的扬程：

$$H = E_2 - E_1 = Z_2 - Z_1 + \frac{p_2 - p_1}{\rho g} + \frac{v_2^2 - v_1^2}{2g} \tag{1.1}$$

式中：Z_1、Z_2 分别为水泵进、出口断面中心到泵基准面的位置高差，m，当断面中心位于泵基准面以上时，高差取正值，反之则取负值，一般 $Z_1=0$；p_1、p_2 分别表示水泵进、出口断面的平均绝相对压强，Pa，进口 1-1 断面为负压，故用真空表 V 测量该断面的压力，出口 2-2 断面的压强用压力表 M 来测量，设真空表的读数为 V（mH_2O），压力表的读数为 M（mH_2O），则有 $p_1/(\rho g)=-V+Z_v$、$p_2/(\rho g)=M+Z_m$；v_1、v_2 分别为水泵进、出口断面的平均流速，m/s；ρ 为被抽液体的密度，kg/m³；g 为重力加速度，m/s²。

代入式（1.1）则有

$$H=\Delta Z+M+V+\frac{v_2^2-v_1^2}{2g} \tag{1.2}$$

式中：$\Delta Z=Z_2+Z_m-Z_v$ 为压力表中心与真空表中心之间的垂直高差，一般 $Z_v=0$。

如图 1.33（b）所示 H_g 在吸水面以下为倒灌，也称为负吸程，水泵的进口断面是正压，安装压力表。此时，水泵扬程则为

$$H=\Delta Z+M_2-M_1+\frac{v_2^2-v_1^2}{2g} \tag{1.3}$$

由式（1.1）可以看出，液体经过水泵所获得的能量由 3 部分组成：①单位位能差 Z_2-Z_1；②单位压能差 $(p_2-p_1)/(\rho g)$；③单位动能差 $H_d=(v_2^2-v_1^2)/(2g)$。因为单位位能差与单位压能差之和即水泵出口断面与进口断面的测压管水位差 $H_{pt}=(Z_2-Z_1)+(p_2-p_1)/(\rho g)$ 亦称作单位势能差，所以通常也称扬程由单位势能差和单位动能差组成，即 $H=H_{pt}+H_d$。

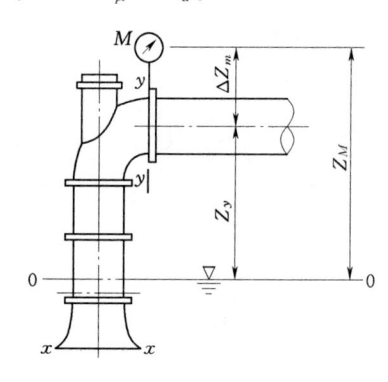

图 1.35 立式轴流（混流）泵扬程计算示意图

1.3.2.2 立式轴流泵（混流泵）的扬程

对于如图 1.35 所示的立式轴流泵（或混流泵），因泵的叶轮和进口部分淹没在进水池水位以下，不易测量进口断面处的压强。因此，通常将立式轴流泵的进口断面 $x-x$ 的单位重量能量近似地取在进水池液面 0-0 处的单位总能量，这时泵出口断面单位总能量 E_y：

$$E_y=Z_y+\frac{p_y}{\rho g}+\frac{v_y^2}{2g} \tag{1.4}$$

并在泵出口 $y-y$ 断面（一般为出水弯管出口断面）安装压力表 M。取进水池液面为 0-0 为基准面，列能量方程式，根据水泵扬程定义，可得水泵扬程：

$$\begin{aligned} H &= E_y-E_0 \\ &= Z_y+\frac{p_y}{\rho g}+\frac{v_y^2-v_0^2}{2g} \end{aligned} \tag{1.5}$$

式中：$\frac{p_y}{\rho g}=M+\Delta Z_m$，当进水池水面流速 v_0 很小可以忽略时，上式可简化为

$$\begin{aligned} H &= Z_y+\Delta Z_m+M+\frac{v_y^2}{2g} \\ &= Z_M+M+\frac{v_y^2}{2g} \end{aligned} \tag{1.6}$$

式中：Z_M 为压力表中心至进水池水面的位置高差，m；其余符号意义同前。

式（1.6）即为计算立式轴流泵或混流泵扬程的实用公式。该式表明，立式轴流泵或混流泵的扬程等于泵出口压力表中心至进水面的位置高差、出口断面压头及其平均动能 3 项之和。

1.3.3 功率 P

功率是指在单位时间内所做功的大小，单位是瓦（W）或千瓦（kW）。水泵的功率包含轴功率、有效功率和水功率等 3 种。

（1）轴功率 P。轴功率是指动力机经过传动设备后传递给水泵主轴上的功率，亦即水泵的输入功率。通常水泵铭牌上所列的功率均指的是水泵的轴功率。

（2）有效功率 P_e。有效功率是指单位时间内，流出水泵的水流获得的能量，即水泵对被输送水流所做的实际有效功的效能，即

$$P_e = \rho g Q H \tag{1.7}$$

（3）水功率 P_w。水功率是指水泵的轴功率在克服机械阻力后剩余的功率，也就是叶轮传递给通过其内的液体的功率。即

$$P_w = P - \Delta P_m = \rho g Q_T H_T \tag{1.8}$$

式中：ΔP_m 为水泵的机械损失功率；Q_T 为叶轮流量，$Q_T = Q + q$；H_T 为理论扬程，水泵输送理想水体时的理想扬程，即不考虑泵内任何水力损失的扬程。

水泵的输入功率（即轴功率），只有部分传给了被输送的水体，这部分功率即是有效功率，另一部分被用来克服水泵运行中泵内存在的各种损失，也就是泵内损失功率。泵内的功率损失可以分为 3 类，即机械损失、容积损失和水力损失。

（1）机械损失功率 ΔP_m。机械损失包括转子旋转所引起的水泵密封装置（口环、填料函）及轴承的机械摩擦损失和叶轮前后盖板外表面与液体之间的摩擦损失（圆盘摩擦损失）两部分。

水泵密封装置和轴承的摩擦损失与其结构型式有关，这两项损失之和大约只占轴功率的 1%～3%，相对其他各项损失来说很小。圆盘摩擦损失是机械损失的主要部分，约为轴功率的 2%～10%，其大小可用下式来计算：

$$\Delta P_{df} = K \rho u_2^3 D_2^2 = K \rho \left(\frac{\pi n}{60}\right)^3 D_2^5 \tag{1.9}$$

式中：ΔP_{df} 为圆盘摩擦损失功率，kW；K 为圆盘摩擦系数，由试验求得，其大小与叶轮出口的流动雷诺数、被输送液体的种类、叶轮轮盘外表面以及泵壳内表面的粗糙度等因素有关，一般可近似取 $K = 0.88 \times 10^{-6}$；D_2 为叶轮出口直径，m；u_2 为叶轮出口圆周速度，m/s；n 为叶轮转速，r/min；ρ 为被输送液体的密度，kg/m³。

由上式可知，圆盘摩擦损失与叶轮转速的 3 次方成正比，与叶轮外径的 5 次方成正比。可见，圆盘摩擦损失将随叶轮转速和外径的增大而急剧增加，从而使泵的效率降低。

（2）容积损失功率 ΔP_v。容积损失，又称泄漏损失，是由泄漏流量 q 引起的功率损失，即

$$\Delta P_v = \rho g q H_T \tag{1.10}$$

（3）水力损失功率 ΔP_h。当液体由水泵进口经过叶轮至水泵出口流出时，在泵内部沿

程会产生各种水力损失，主要有：①经过泵内各过流段的沿程表面摩擦损失；②由于液流沿程过流面积或者液流方向突然改变产生的局部水力损失；③由于其他原因产生的漩涡所引起损失等。这些损失都要消耗部分功率，该部分消耗在泵内流动过程中的功率统称为水力损失功率。显见，水力损失的大小与液体的种类及其在泵内的流动形态和泵内流道的结构型式、表面粗糙程度等因素有关。按其定义，水力损失的表达式可表示如下：

$$\Delta P_h = \rho g Q \Delta h_l = \rho g Q(H_T - H) \tag{1.11}$$

式中：Δh_l 为由于水力损失引起的损失扬程，即 $\Delta h_l = H_T - H$。

1.3.4 效率 η

水泵传递能量的有效程度称为效率。水泵的输入功率（即轴功率 P），由于机械损失、水力损失和容积损失，不可能全部传递给液体，液体经过水泵只能获得有效功率 P_e。效率是用来反映泵内损失功率的大小及衡量轴功率 P 的有效利用程度的参数，即有效功率 P_e 与轴功率 P 之比的百分数：

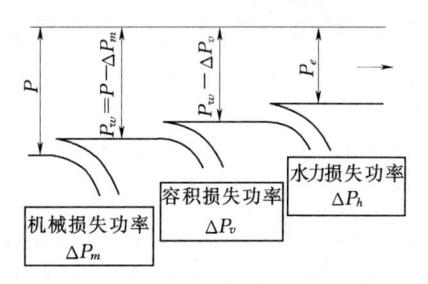

$$\eta = \frac{P_e}{P} \times 100\% \tag{1.12}$$

从图 1.36 的水泵功率能量平衡图可得各项功率的含义和相互关系，并可用机械效率 η_m、容积效率 η_v 和水力效率 η_h 分别来衡量各种损失的大小。

机械效率 η_m：衡量机械损失大小的参数，可用下式表示

图 1.36 水泵功率能量平衡示意图

$$\eta_m = \frac{P - \Delta P_m}{P} = \frac{P_w}{P} \times 100\% \tag{1.13}$$

容积效率 η_v：衡量容积损失大小的参数，可用下式表示

$$\eta_v = \frac{P_w - \Delta P_v}{P_w} = \frac{\rho g Q_T H_T - \rho g q H_T}{\rho g Q_T H_T} = \frac{\rho g Q H_T}{\rho g Q_T H_T} = \frac{Q}{Q_T} \times 100\% \tag{1.14}$$

水力效率 η_h：衡量泵内水力损失大小的参数，可用下式表示

$$\eta_h = \frac{P_w - \Delta P_v - \Delta P_h}{P_w - \Delta P_v} = \frac{P_e}{P_w - \Delta P_v} = \frac{\rho g Q H}{\rho g Q H_T} = \frac{H}{H_T} \times 100\% \tag{1.15}$$

在引入上述 3 个效率后，水泵的效率 η 还可表达为

$$\eta = \frac{P_e}{P} = \frac{P_w}{P} \frac{P_w - \Delta P_v}{P_w} \frac{P_e}{P_w - \Delta P_v} = \eta_m \eta_v \eta_h \tag{1.16}$$

由式（1.16）可知，水泵的总效率等于机械效率、容积效率和水力效率 3 个分效率的乘积。因此，要提高水泵的效率就需要在设计、制造及运行等方面尽可能减少机械、容积和水力损失。目前，离心泵的效率大致在 45%～90% 的范围内，轴流泵的效率范围约为 70%～90%。

1.3.5 转速 n

转速是指水泵轴或叶轮每分钟旋转的周数。通常用符号 n 表示，单位为转/分（r/min）。水泵的转速与其他的性能参数有着密切的关系，一定的转速，产生一定的流量、扬程，并对应一定的轴功率。当恒定的转速增大或变小时，将引起水泵性能参数及其相关关系发生相应的变化。水泵是按一定转速（额定转速）设计的，该转速下的工作特性为基

1.3 泵的性能参数

本性能。因此配套的动力机除功率应满足水泵运行的工况要求外,在转速上也应与水泵转速相一致。

水泵的转速随时间变化(非恒定)时,其性能则表现为不稳定,即上述性能参数及其相关关系是时间的函数。

目前,我国常用的水泵转速为:中、小型离心泵一般在 730～2950r/min 的范围;中、小型轴流泵一般为 250～1450r/min,大型的轴流泵的转速则更低,为 100～250r/min。

1.3.6 允许吸上真空高度或允许汽蚀余量

允许吸上真空高度和允许汽蚀余量是表征水泵在标准状态下的汽蚀性能(吸入性能)的参数。水泵工作时,常因装置设计或运行不当,会出现水泵进口处压力过低,导致汽蚀发生,造成水泵性能下降甚至流动间断、振动加剧的现象。泵内出现汽蚀现象后,水泵便不能正常工作,汽蚀严重时甚至不能工作。为了避免水泵汽蚀的发生,就必须通过泵的汽蚀性能参数来正确确定泵的几何安装高度和设计水泵装置系统。关于汽蚀的概念和汽蚀性能参数的定义及其物理意义等的进一步说明,详见第4章。

水泵的各个性能参数表征了水泵的性能,是了解运行特性的重要指标,它们通常可从水泵产品样本上获得。此外,每台水泵的铭牌上,简明地标示有水泵性能参数及其他一些数据。但需要指出的是,铭牌上标出的参数是指该水泵在额定转速(设计转速)下运行时的流量、扬程、轴功率、效率及允许吸上真空高度或允许汽蚀余量等值。例如 12sh-28 型双吸离心泵的铭牌如图 1.37 所示。

```
            离心式清水泵
型号:12sh-28           转速:1450r/min
扬程:12m               轴功率:32kW
流量:220L/s            效率:81%
允许吸上真空高度:4.5m   重量:660kg
        出厂日期×××年××月
              ×××水泵厂
```

图 1.37 12sh-28 型双吸离心泵铭牌示意图

第2章 叶片泵的基本理论

叶片泵工作时，能量传递的主要途径是由动力机带动叶轮旋转，进而通过旋转叶轮上的绕流叶片对液体作功，将机械能传递给过流液体。本章将以叶轮为核心主要分析讨论叶片泵的基本方程。但是，由于叶片泵内的实际流动状态十分复杂，单纯凭借理论并不能完全解决问题，大部分问题还必须借助于科学试验。因此，叶片泵的相似理论也将是本章重点介绍的主要内容之一。

2.1 叶片泵的基本方程

2.1.1 液体在叶轮内的流动

2.1.1.1 叶轮流道投影图及主要尺寸

叶片泵叶轮的叶片表面一般是空间曲面，为了研究流体质点在叶轮中的运动，必须用适当的方法描述叶轮流道的空间形状。由于叶轮是绕定轴旋转的，故用圆柱坐标系描述比较方便，取 z 轴与叶轮轴线重合，r 沿半径方向，θ 则为圆周方向（图2.1）。

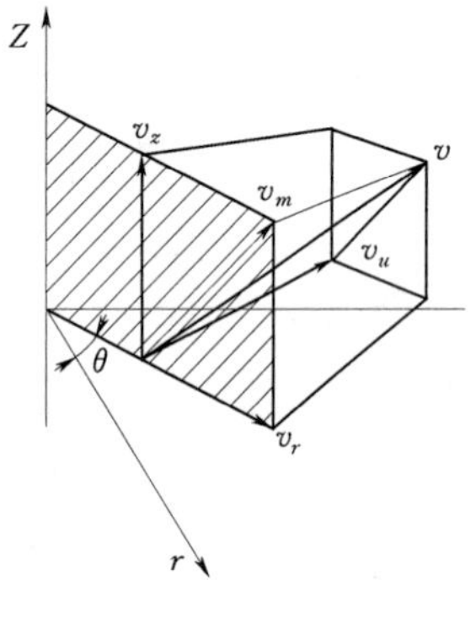

工程上都是用图形来表示叶轮和叶片的形状。为了与圆柱坐标系相适应，常用"轴面投影图"和"平面投影图"来确定叶轮和叶片的形状。平面投影图的作法与一般机械图的作法相同，是将叶轮流道投影到与转轴垂直的平面（也称为径向面）上而得。所谓轴面（也称子午面），是指通过叶轮轴线的平面。轴面投影图的作法不同于一般投影图的作法，它是将叶轮流道的每一点绕轴线旋转一定角度（圆弧投影）到同一轴面而成。

图2.1 圆柱坐标系中速度矢量及分解

图2.2给出了离心式和轴流式叶轮的两种投影图，图中不仅反映了叶轮流道的总体和特征形状，还标出了相关的重要尺寸。图2.2（a）中给出了叶轮和叶片的特征直径 D，叶槽的宽度 b 和反映叶片位置和形状的包角 φ，安放角 β_e。图2.2（b）中给出了叶轮（轮缘）直径 D（D_t），轮毂的直径 d_h，叶片的平面包角 φ 以及叶片在轮缘、轮毂处的轴面投影高度 h_t、h_h。所谓叶片的安放角 β_e 是指叶片上任意一点沿叶片骨线（叶片法向纵断面内切圆圆心的连线）顺流方向和该点圆周切线逆叶轮旋转方向之间的夹角。实践中，习惯于用脚标0代表叶轮的进口，脚标1代表叶片的进口边，脚标2代表叶片（叶轮）出口边。

叶轮内的流线是空间曲线，若假定流动是理想轴对称的，则空间流线绕轴旋转一周所形成的回转面即为流面。该回转面与轴面的交线也就是叶轮内空间流线的轴面投影，称为

2.1 叶片泵的基本方程

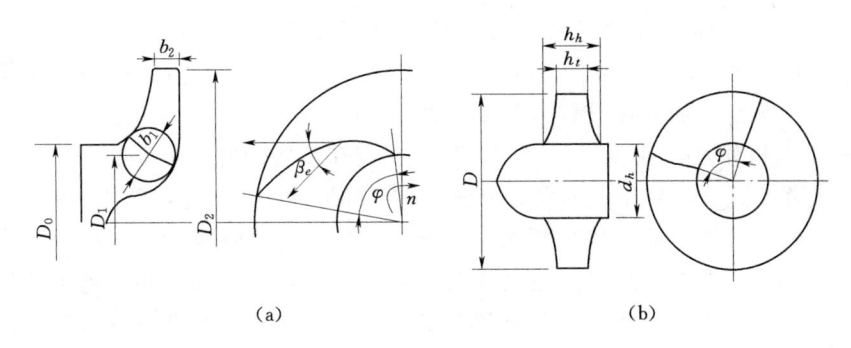

图 2.2 离心泵、轴流泵叶轮流道轴面、平面投影图
(a) 离心泵；(b) 轴流泵

轴面流线（图 2.3）。

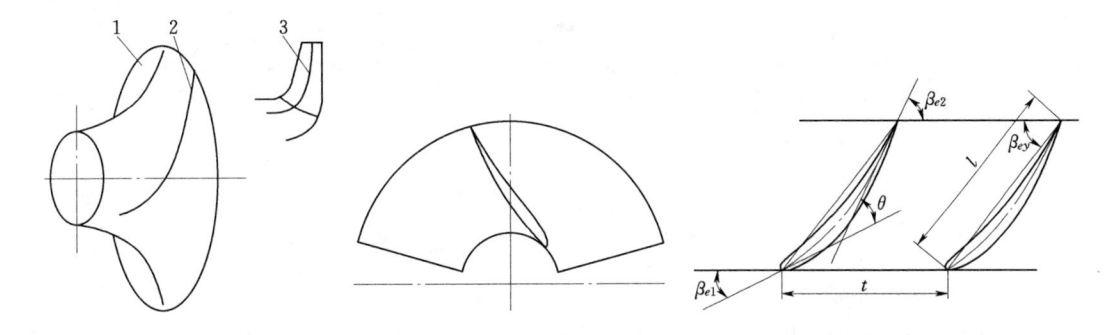

图 2.3 空间流线与空间流面
1—空间流面；2—空间流线；
3—轴面流线

图 2.4 混流泵空间流面展开

图 2.5 直列叶栅的几何参数

在离心泵叶轮中，上述流面近似称为一个平面，其展开图形同上述平面投影图。混流泵叶轮中，该流面是不可展开的，常用一近似的圆锥面代替，而圆锥面则可以展开为如图 2.4 所示的平面环列叶栅。在轴流泵叶轮中，它近似成为一个圆柱面，展开后可以成为一个平面直列叶栅（图 2.5）。

如图 2.5 所示轴流泵的流面展开图是一个减速增压的直列叶栅，栅中安放有翼型（叶片）。其中各翼型对应点的连线为叶栅列线，栅轴与叶栅列线垂直。叶栅中两相邻翼型对应点的距离为栅距 t，在半径为 r 的流面上 $t = 2\pi r/Z$（Z 为轴流泵的叶片数）。翼型骨线两端点的连线为翼弦，其长度通常用 l 表述。翼弦长 l 与栅距 t 之比反映栅中翼型的叶栅稠密度（实度），其倒数为相对栅距 t/l。翼弦长 l 的顺流方向与列线的逆旋转方向之间的夹角为栅中翼型安放角 β_{ey}。翼型（叶片）出口安放角 β_{e2} 与其进口安放角 β_{e1} 之差为翼型的弯曲角 θ。

2.1.1.2 液体在叶轮中的流动

为了分析液体在叶轮内的运动，了解液体与叶轮之间的相互作用和能量转换的过程，必须了解叶轮流道内液体的运动情况。首先，在水泵正常工作时，液体在叶轮中流动的理想状态为轴对称稳定流。其次，液体的流动主要发生在其不同的流面内，流面层间的相互干扰很少。最后，流体在叶槽中的相对运动主要受叶片表面形状的约束。这里由分析 $\vec{v}_z=0$ 的离心泵叶轮的近似平面内的流动入手。如图 2.6（a）所示，当叶轮旋转时，叶轮叶槽中每一液体质点在随叶轮一起作旋转运动的同时，还在叶轮产生的离心力作用下，相对于旋转叶轮作相对运动 [图 2.6（b）]。如果我们在旋转的叶轮上建立一个随叶轮一起旋转的动坐标系，而在固定不动的泵壳上建立一个静坐标系。由此，液体质点随叶轮一起旋转的运动，称为牵连运动，其速度称为牵连速度，又称圆周速度，用符号 $\vec{u}$ 表示；液体质点相对于动坐标系——叶轮的运动称为相对运动，其速度称为相对速度，用符号 $\vec{w}$ 表示；液体质点相对于静坐标系的运动称为绝对运动，其速度称为绝对速度，用符号 $\vec{v}$ 表示，如图 2.6（c）所示，它等于上述两种运动速度的矢量和。即

$$\vec{v}=\vec{u}+\vec{w} \tag{2.1}$$

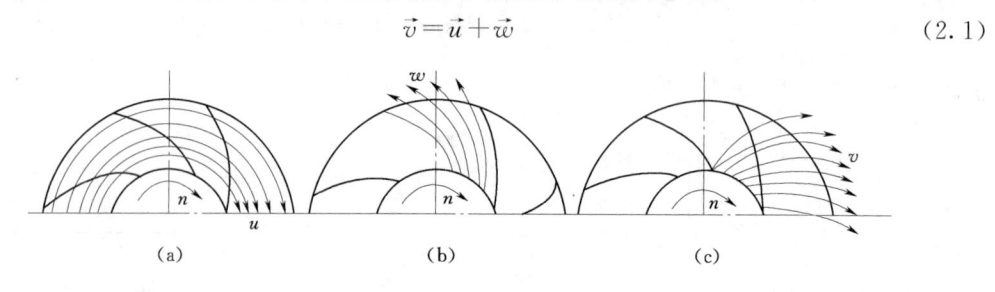

图 2.6　液体在叶槽内的运动
(a) 牵连运动；(b) 相对运动；(c) 绝对运动

2.1.1.3　速度三角形

式（2.1）可以用速度平行四边形来表示，如图 2.7（a）所示，为了简便，通常用速度三角形代替速度平行四边形，如图 2.7（b）所示。图中 α 角是绝对速度 $\vec{v}$ 与圆周速度 $\vec{u}$ 之间的夹角，称为液体的绝对流动角；β 角是相对速度 $\vec{w}$ 与圆周速度 $\vec{u}$ 反方向之间的夹角，称为液体的相对流动角。速度三角形是研究液体在叶轮内流动过程中能量转换的重要工具。如图 2.8 所示为一般情况下（如：混流泵）液体质点在叶轮内某空间运动速度的合成与分解。该空间速度三角形平面是和上述相应的空间流面相切的。

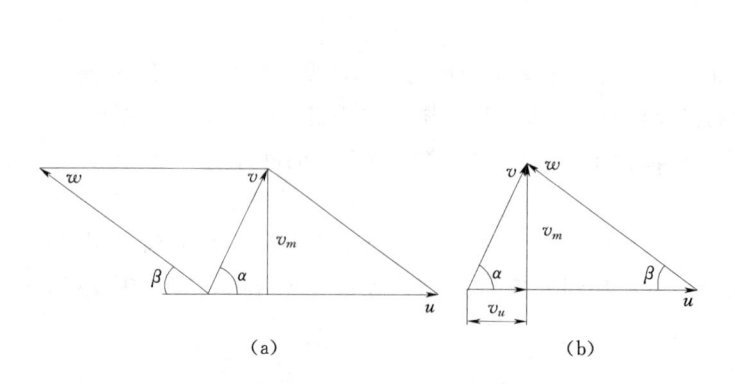

图 2.7　叶轮内液体质点流动的速度分解与合成
(a) 速度平行四边形；(b) 速度三角形

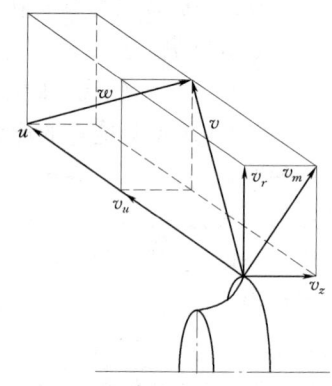

图 2.8　速度三角形在叶轮空间的位置

图 2.1 给出了在该坐标系下叶轮流场中任意流体质点的运动速度矢量及其在圆周、径

向与轴向三方向上的分量。即

$$\vec{v} = \vec{v}_r + \vec{v}_z + \vec{v}_u \tag{2.2}$$

其中圆周分量 v_u 沿圆周方向，与轴面垂直，该分量对叶轮与流体之间的能量转换有决定性作用。将径向速度 v_r 和轴向速度 v_z 合成：

$$\vec{v}_m = \vec{v}_r + \vec{v}_z \tag{2.3}$$

该速度在轴面内故称为轴面速度（离心泵叶轮的轴面速度中 $\vec{v}_z = 0$，对于轴流泵叶轮则是 $\vec{v}_r = 0$），该分量与流量有密切的关系，故一般情况下只研究速度矢量的两个分量

$$\vec{v} = \vec{v}_m + \vec{v}_u \tag{2.4}$$

由于各分量均有正交，故有：

$$v = \sqrt{v_u^2 + v_m^2} = \sqrt{v_r^2 + v_z^2 + v_u^2} \tag{2.5}$$

2.1.2 叶片泵的基本方程式及求解

叶片泵基本方程是研究泵性能的理论基础，它反映了泵性能参数之间的相互关系及其性能参数与几何参数之间的关系。泵的基本方程是欧拉于1756年首先导出的，所以也称为欧拉方程。

由于液体在叶轮内运动的复杂性，为了讨论方便，基于上述分析先对叶轮构造和液体在叶轮内的运动作如下4点假定：

（1）液体在叶轮的流动为轴对称稳定流。

（2）叶轮空间流面层间流动无关，轴面流速分布均匀。此假定把一个关于叶轮轴的轴对称的复杂的三维稳定流动问题简化为了一个二维面流动的问题。

（3）叶轮中的叶片数为无限多，叶片的厚度为无限薄，即认为液体质点严格地沿着叶片骨线规定的流线作相对流动。此假定进一步把一个二维面流动的问题理想化为一个一维流动（流束）问题。

（4）通过叶轮的液体为理想液体。据此可以不考虑液体的可压缩性和黏性。

欧拉方程的理论基础是流体力学的动量矩定理：

$$\sum M_o = \frac{\mathrm{d}(mvr)}{\mathrm{d}t} \tag{2.6}$$

上式中等式的左边为控制体流体质点系上所受外力对于某轴的力矩之和。等式的右边为该控制体流体质点系关于同一轴的动量矩对于时间的变化率。

取如图2.9所示，根据轴对称稳定流的假定，取全叶轮叶槽内的流体为控制体。在时间 $t=0$ 时，该控制体处于相对于叶槽 $abcd$ 的位置，经过 $\mathrm{d}t$ 时段后，该控制体运动到了 $efgh$ 位置。根据理想流体不可压缩的假定，在 $\mathrm{d}t$ 时段内由叶片进口边流入叶槽的液体 $abfe$ 和由叶片出口边流出的液体 $dcgh$ 的质量相等，用 $\mathrm{d}m$ 来表示。再由流经叶轮的液流为稳定流可知，$\mathrm{d}t$ 时段内叶槽的液体 $efcd$ 关于叶轮轴的动量矩是恒定不变的。因此，控制体的动量矩的变化即为质量为 $\mathrm{d}m$ 的液流动量矩的变化。根据动量矩定理可以得出：

$$\sum M_o = \frac{\mathrm{d}m}{\mathrm{d}t}(v_2 \cos\alpha_2 \cdot R_2 - v_1 \cos\alpha_1 \cdot R_1) \tag{2.7}$$

式中：R_1、R_2 分别为叶轮进、出口半径，m；v_1、v_2 分别为叶片叶轮进、出口处液流的绝对速度，m/s；α_1、α_2 分别为叶片叶轮进、出口处液流的绝对流动角；$\sum M_o$ 为作用在

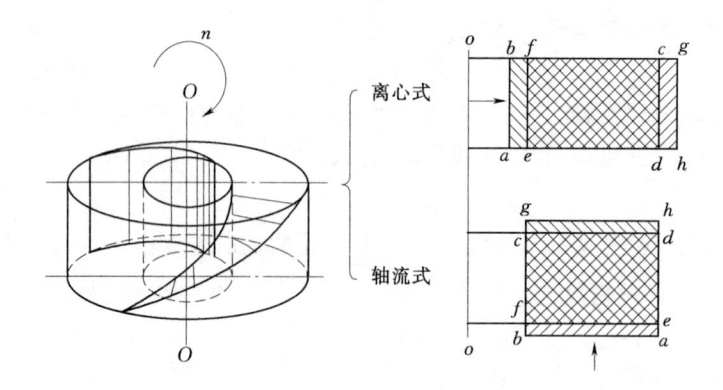

图 2.9 单位时间内流经叶轮的流体的动量矩变化

控制体上的所有外力对叶轮轴的力矩，N·m。

作用在控制体上的外力矩包括以下各力对叶轮轴的力矩：①叶片正、反两面作用于控制体液流上的压力 p_{front}、p_{back}，且叶片正面压力 p_{front} 大于叶片背面压力 p_{back}，在叶轮旋转时，也正是这个叶片正、反两面的压力差，叶轮才能够将机械能传给通过叶轮的液流，使液流的能量得到增加；②作用在控制体 ab 与 cd 表面的水压力，它们都沿着径向或轴向，故对叶轮轴不产生力矩；③控制体液流与轮盘及叶片表面的摩擦力，在理想流体的假定下，这些摩擦力不予考虑；④控制体液流的重力，对于叶轮内全部液流而言，其重力作用线通过叶轮中心，故也不产生力矩。

在等式两端乘以叶轮的转动角速度 ω 后，式（2.7）变为

$$\sum M_o \omega = \rho Q_T (v_{u2} R_2 \omega - v_{u1} R_1 \omega) \tag{2.8}$$

式中：$R_1\omega$、$R_2\omega$ 分别为叶片进、出口圆周速度 u_1、u_2；$\sum M_o\omega$ 为叶轮单位时间内对液流所做的功，即水功率 $P_w = \rho g Q_T H_T$。

将 u_1、u_2 及 $\sum M_o\omega = \rho g Q_T H_T$ 代入式（2.8）后得到：

$$\rho g Q_T H_T = \rho Q_T (v_{u2} u_2 - v_{u1} u_1)$$

消去等式两边的 ρQ_T 后即可得到单位重量理想液体流经水泵所获得的理论扬程 H_T：

$$H_T = \frac{v_{u2} u_2 - v_{u1} u_1}{g} \tag{2.9}$$

式（2.9）即为叶片泵基本方程的一般表达式。

如前所述在叶轮空间流面层间流动无关的假定条件下，液体质点在叶轮里任意一点的流动都可以用与该液体质点所在空间流面相切的速度三角形来描述。换句话说，只要能够确定某空间流面上叶片进、出口速度三角形，就可以求解式（2.9）。当给定一个叶轮流量 Q_T 流经一个在一定转速下旋转的叶轮时，再引入叶片数为无限多、无限薄的假定便可通过 3 个已知条件确定叶片进、出口速度三角形，求解欧拉方程。

首先是牵连速度（三角形的底边）的确定，即

$$u_{1,2} = \frac{\pi D_{1,2} n}{60} \tag{2.10}$$

进而，在轴面图上作出若干轴面流线，即可描绘出叶轮内的轴面速度的分布。在轴面图上作一曲线与所有的轴面流线都正交，该线绕轴旋转一周而成的回转称为轴面流动的过流断

面。在离心泵叶轮中，则认为它是一个类圆柱面，在轴流泵叶轮中，轴面流动的过流断面就是一个圆环面。这两种情况下，其面积都是易于计算的。换句话说叶片进、出口速度三角形的另一个条件，绝对速度在轴面图上的均布分量（三角形的高）也是可以确定的，即

$$\left. \begin{array}{l} v_{m1} = \dfrac{Q_T}{A_{m1}} \\ v_{m2} = \dfrac{Q_T}{A_{m2}} \end{array} \right\} \tag{2.11}$$

式中：A_{m1}、A_{m2} 分别为在叶片的厚度为无限薄的假定条件下的叶轮进、出口轴面流动的过流断面面积，m^2。

最后，再引入叶片数为无限多的假定，严格限制流经叶轮的液体沿叶片的骨线（型线）做相对运动，$\beta_{\infty 1,2}=\beta_{e1,2}$，某空间流面上叶片进、出口速度三角形就此确定。这时，即可求得叶片泵基本方程的解为

$$H_{T\infty} = \dfrac{u_2 v_{u2\infty} - u_1 v_{u1\infty}}{g} \tag{2.12}$$

应该指出的是流体质点通过不同的流面获得的扬程是不同的，为了获得流面层间能量的平衡，人们会把叶片做成空间扭曲面的形状。

前已述及，在推导叶片泵基本能量方程式时曾作了 4 点假定。关于轴对称稳定流的假定，在水泵正常运行的条件下一般是可以满足的。关于流面层间流动无关，在客观上人们是在努力保持各流面层间的能量平衡，尽可能地减少层间扰动的发生。但是关于叶片数无限多、无限薄和理想液体的假定与实际状况则有较大差距的。这是因为：①实际水泵叶轮的叶片数是有限的，液体在叶槽内的运动有一定的自由度，液流在叶槽内实际运动状况与无限多叶片假定中的"均匀一致"的运动状态就有差别；②实际的叶片是有厚度的，液体在叶槽里的流动是要受到一定程度的排挤的；③实际流体是有黏性的，在流动过程中是要产生水力阻力损失的。所以，应用上述的基本能量方程式来研究实际液体在有限叶片叶轮内的能量交换状况时，就必须考虑这几方面的影响，对基本方程进行修正，使基本能量方程符合实际液体在有限多叶片叶轮内的流动状况。关于叶片泵基本方程的修正方面的知识，请参阅有关文献。

2.1.3 基本方程的分析与讨论

（1）水泵扬程的大小仅取决于水质点在叶片出口边、进口边的运动状态的不同及其运动参数的改变，且以叶片出口边为主（在 $\alpha_1 \approx 90°$ 时，$v_{u1} \approx 0$）：

$$H_{T\infty} = \dfrac{v_{u2\infty} u_2}{g} \quad \left(H_T = \dfrac{v_{u2} u_2}{g} \right) \tag{2.13}$$

（2）基本方程在推导过程中，液体的密度 ρ 已被消去，这表明理论扬程 H_T 与被输送流体的种类无关，即基本方程不仅适用于液体，也适用于其他流体，如气体、液气、液固、气固等两相流体。只是应当注意的是，抽送不同介质的流体时，扬程的单位应该用被抽流体介质的米柱数来计算。或者说，同一台泵在抽送不同介质的流体时，所产生的理论扬程值是相同的，但扬程的单位是不同的，例如抽送水时为某水柱高度，抽送油或空气时则为相同数值的油柱或气柱高度。但是，由于抽送介质的密度不同，泵所产生的压力和所需的功率是不同的。当抽取含沙浑水时，由于浑水的密度大于清水，水泵所需的功率将增

加，浑水中泥沙的含量越大，增加的功率就越多。因此，对于高含沙水源取水的泵站，采取必要的泥沙防治措施，对节能和提高泵站经济效益具有重要意义。

（3）由出口速度三角形可得，$v_{u2\infty} = u_2 - v_{m2\infty}\cot\beta_{e2}$，而 $v_{m2\infty} = Q_T/(\pi D_2 b_2)$，则式（2.13）可改写为

$$H_{T\infty} = \frac{u_2^2}{g} - \frac{u_2 v_{m2\infty}}{g}\cot\beta_{e2}$$
$$= \frac{u_2^2}{g} - \frac{u_2 \cot\beta_{e2}}{g \pi D_2 b_2}Q_T = A - BQ_T \qquad (2.14)$$

上式中的 $A = \frac{u_2^2}{g}$，$B = \frac{u_2 \cot\beta_{e2}}{g \pi D_2 b_2}$，当叶轮的尺寸和转速一定时，均为常数。式（2.14）表明 $H_{T\infty}$ 与 Q_T 的函数关系是线性关系。

实际液体是有黏性的，将使得 H 与 Q 的函数关系不再保持式（2.14）的线性关系。

（4）由速度三角形，根据余弦定理 $w^2 = u^2 + v^2 - 2uv\cos\alpha = u^2 + v^2 - 2uv_u$，可以将基本能量方程式改变为下列形式：

$$H_T = \frac{v_2^2 - v_1^2}{2g} + \frac{u_2^2 - u_1^2}{2g} + \frac{w_1^2 - w_2^2}{2g} \qquad (2.15)$$

方程式（2.15）右边的第一项 $\frac{v_2^2 - v_1^2}{2g}$ 为液体流经叶轮后的单位动能增量，称为动扬程，用符号 H_d 表示，即 $H_d = \frac{v_2^2 - v_1^2}{2g}$。单位动能的增量越大，说明叶轮出口的绝对速度也越大，这将造成在以后的流动过程中产生大的能量损失，这是我们所不希望的。第二项与第三项之和 $\frac{u_2^2 - u_1^2}{2g} + \frac{w_1^2 - w_2^2}{2g}$ 表示液体流经叶轮后的单位压能增量，称为势扬程，用符号 H_p 表示，即 $H_p = \frac{u_2^2 - u_1^2}{2g} + \frac{w_1^2 - w_2^2}{2g}$。

（5）从基本方程可以看出，增大 u_2 或 $v_{u2\infty}$ 也可以提高泵的理论扬程。由于 $u_2 = \pi D_2 n/60$，所以增大叶轮的转速 n 或外径 D_2，都可以使理论扬程增加。由式（1.9）可知，离心式叶轮的圆盘摩擦损失与叶轮外径的 5 次方成正比。因此，增大叶轮直径，会使圆盘摩擦损失急剧增加，从而造成泵效率下降，另外，受材料强度、制造工艺以及泵体积和重量等因素的限制，故不能用过分增大叶轮直径的方法来提高泵的理论扬程。用提高转速的办法来增加泵的理论扬程，这是目前水泵设计中考虑的趋势。但是提高转速也受到诸如材料强度和抗汽蚀性能及调速设备的造价等因素的制约。$v_{u2\infty}$ 的大小则与叶片出口安放角 β_{e2} 的大小有关，而 β_{e2} 的大小又将影响叶片的弯曲程度。

2.1.4 叶型分析

2.1.4.1 离心泵叶轮

由式（2.14）可知，当 $\alpha_1 \approx 90°$，叶轮的外径 D_2、转速 n 和流量 Q_T 一定时，理论扬程 $H_{T\infty}$ 的大小取决于叶片的出口安放角 $\beta_{e2\infty}$。

离心泵叶轮的弯曲形式取决于叶片的出口安放角 $\beta_{e2\infty}$ 的大小，所以，根据 β_{e2} 角的大小可将叶片分为如图 2.10 所示的 3 种型式。

为了说明理论扬程中势扬程所占比重的大小，在这里引入反作用度的概念。反作用度

2.1 叶片泵的基本方程

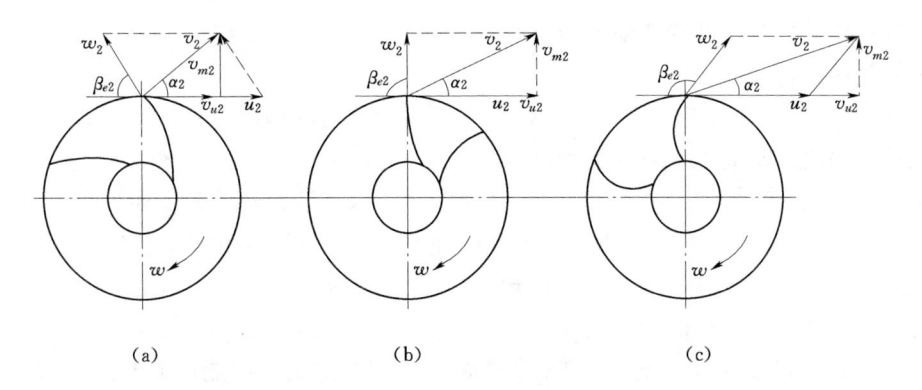

图 2.10 离心泵叶轮叶片型式及其出口速度三角形
(a) 后弯式叶片；(b) 径向叶片；(c) 前弯式叶片

τ 指的是势扬程 $H_{p\infty}$ 与理论扬程 $H_{T\infty}$ 的比值，即

$$\tau = \frac{H_{p\infty}}{H_{T\infty}} = 1 - \frac{H_{d\infty}}{H_{T\infty}} \tag{2.16}$$

由速度三角形可知，绝对速度 v 的大小可以用圆周分速 v_u 及轴面分速 v_m 来表示，即

$$v_{1\infty}^2 = v_{u1\infty}^2 + v_{m1\infty}^2$$

$$v_{2\infty}^2 = v_{u2\infty}^2 + v_{m2\infty}^2$$

将以上两式代入动扬程 $H_{d\infty}$ 的表达式得

$$H_{d\infty} = \frac{v_{u2\infty}^2 - v_{u1\infty}^2}{2g} + \frac{v_{m2\infty}^2 - v_{m1\infty}^2}{2g}$$

通常叶轮进、出口的轴面分速 v_{m1}、v_{m2} 相差不大，故它们的平方差可以忽略不计。如果叶轮进口处的绝对液体流动角 $\alpha_1 \approx 90°$，即对离心泵叶轮而言，液体流入叶轮的方向为径向，对轴流式叶轮而言，液体流入叶轮的方向则为轴向，那么在这种情况下，叶轮进口处的圆周分速 $v_{u1\infty} = 0$，则动扬程 $H_{d\infty}$ 的表达式可简化为

$$H_{d\infty} = \frac{v_{u2\infty}^2}{2g}$$

将上式和式（2.13）代入式（2.16），得：

$$\tau = 1 - \frac{v_{u2\infty}^2/2g}{u_2 v_{u2\infty}/g} = 1 - \frac{v_{u2\infty}}{2u_2} \tag{2.17}$$

为了便于分析比较，我们分别画出 3 种叶片形式的出口速度三角形，如图 2.11 所示，并假定它们的叶轮外形尺寸、转速和流量都是相等的。

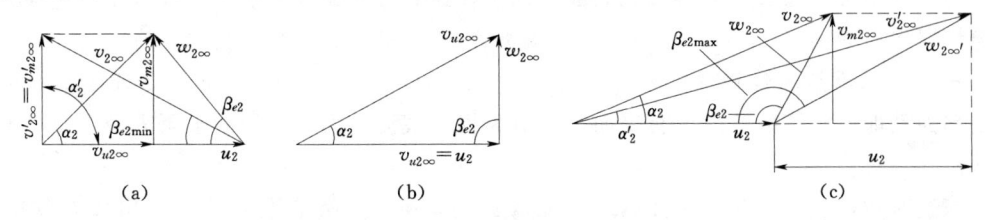

图 2.11 不同叶片出口安放角下的出口速度三角形
(a) $\beta_{e2\infty} < 90°$；(b) $\beta_{e2\infty} = 90°$；(c) $\beta_{e2\infty} > 90°$

39

(1) 后弯式叶片。叶片弯曲方向与叶轮旋转方向相反，叶片出口安放角 $\beta_{e2}<90°$，其对应的叶轮称后弯式叶轮。

由图 2.10 可以很直观的看出具有后弯式叶片叶轮的叶槽流道扩散较缓，相对平顺流畅。因此叶槽内流动局部水力损失相对最小。

由式（2.14）可知，当 $\beta_{e2}<90°$ 时，$\cot\beta_{e2}>0$，理论扬程随叶轮流量的增大而线性下降，且随着 β_{e2} 的减小，$\cot\beta_{e2}$ 值增大，扬程的降幅也在增大。但由于 $v_{u2\infty}<u_2$，从反作用度的表达式（2.17）可知：$\tau>1/2$。叶轮传递给液流的总能量中，压能所占比例大于动能，说明后弯式叶轮出口的绝对速度 v_2 最小，因此，液体流过叶轮及蜗壳时的能量损失最小。另一方面将液流的部分动能在蜗壳中转换为压能所造成的能量损失也最小。

反作用度随着叶片出口角的减小而增大，当 β_{e2} 减小至相对于某给定流量的最小角 $\beta_{e2\min}$ 时，如图 2.11（a）中的速度三角形所示，$\alpha_2'=90°$，$v_{u2\infty}'=0$，$\tau=1$，而 $H_{T\infty}=0$，这表示水泵未对液体作功，因而这种叶轮对水泵的作用而言是毫无意义的。如果再继续减小叶片出口安放角，并使 $\beta_{e2}<\beta_{e2\min}$，那么将有 $v_{u2\infty}<0$，从而 $H_{T\infty}<0$，这就意味着水泵不但没有把能量传递给液体，反而从液体那里吸收了能量。所以，后弯式叶轮的叶片出口安放角 β_{e2} 不能减小到等于或小于 $\beta_{e2\min}$ 的程度。

(2) 径向式叶片。叶片出口方向为径向（$\beta_{e2}=90°$）的叶轮称为径向式叶轮。

如图 2.11（b）中的速度三角形所示，由于 $\beta_{e2}=90°$，故 $\cot\beta_{e2}=0$，$v_{u2\infty}=u_2$。由式（2.14）和式（2.17）可知：$H_{T\infty}=u_2^2/g$，$\tau=1/2$。这说明，径向式叶片产生的理论扬程只与叶轮的外径和转速有关，而与通过叶轮的理论流量无关，且产生的总扬程中，势扬程和动扬程各占一半。

(3) 前弯式叶片。叶片弯曲方向与叶轮旋转方向相同，叶片出口安放角 $\beta_{e2}>90°$ 的叶轮称前弯式叶轮。

由图 2.10 可以看出一方面前弯式叶片叶轮的叶槽流道较短，过流断面的扩散较急剧。另一方面为了避免进口处产生漩涡，进口附近的叶片必须后弯，即流道有两个方向不同的弯曲，所以流道呈曲折状。因此，叶轮内的局部流动损失相对最大。

前弯式叶片由于 $\beta_{e2}>90°$，则 $\cot\beta_{e2}<0$，$v_{u2\infty}>u_2$，且 $v_{u2\infty}$ 随着叶片出口角的增大而增大。由式（2.14）可知，在叶轮外径和转速相同的情况下，前弯式叶轮产生的理论扬程大于后弯式和径向式叶片。且随着 β_{e2} 的增大，$H_{T\infty}$ 的增幅也随之增大。但从反作用度的表达式（2.17）可知：$\tau<1/2$，叶轮传递给液流的总能量中，动能所占比例大于压能。因此，液体流过叶轮及蜗壳时的能量损失也最大。而流体的输送主要是靠压能来克服流动过程中的阻力损失，为此需要将液流的部分动能在蜗壳中转换为压能，这种转换将造成很大的能量损失。如图 2.11（c）中的速度三角形所示，相对于某给定流量，存在 $\beta_{e2}=\beta_{e2\max}$，此时 $\tau=0$。这就意味着此时叶轮产生的理论扬程全部为动扬程，即叶轮传递给液流的能量全部为动能，液流的势能没有增加，这对为提高液流压力为目的的水泵来说也是没有实际意义的。

综上所述，后弯形叶片的优点是显而易见的，所以，离心泵叶轮叶片出口安放角 β_{e2} 一般取 $15°\sim45°$，常用角度多在 $15°\sim30°$ 的范围内，相应的反作用度 $\tau=0.70\sim0.75$（即叶轮产生的势扬程占总扬程的 $70\%\sim75\%$）。美国学者 A. J. Stepanoff 在某种条件下推得的叶片出口最佳安放角为 $\beta_{e2}=22.5°$。

2.1.4.2 轴流泵叶轮

（1）叶片呈空间扭曲状。由基本能量方程可知，液体经过叶轮所获得的能量和圆周速度 u 及叶片出口绝对速度的周向分速度 v_{u2} 的乘积成正比，即 $H_T \propto u v_{u2}$，而在转速一定的情况下，圆周速度 u 又和半径 r 成正比。这样，叶片上离转轴中心越远处液体的圆周速度就越大。为了使轴流泵在设计情况下不产生轴面二次回流和有较高的效率，通常要求不同半径上各圆柱流面的叶栅所产生的扬程相等，即

$$\frac{u_r v_{u2,r}}{g} = \frac{u_{r+\mathrm{d}r} v_{u2,r+\mathrm{d}r}}{g}$$

式中：u_r、$u_{r+\mathrm{d}r}$ 分别为不同半径为 r 和 $r+\mathrm{d}r$ 处的圆周速度；$v_{u2,r}$、$v_{u2,r+\mathrm{d}r}$ 分别为不同半径为 r 和 $r+\mathrm{d}r$ 处叶片出口圆周分速度。

若半径 $r<r+\mathrm{d}r$，则 $u_{r+\mathrm{d}r}>u_r$，因此，必须使 $v_{u2,r+\mathrm{d}r}<v_{u2,r}$ 才能保证上面所列的等式成立。而 $v_{u2}=u-v_m\cot\beta_2$，且在流量一定的情况下轴面速度 v_m 不随半径的改变而变化，即半径不同的各圆柱截面上的 v_m 值相等，故只有当 $\beta_{e2,r+\mathrm{d}r}<\beta_{e2,r}$ 时，才能满足两圆柱截面扬程相等的条件，达到设计要求。由此可知，在设计流量不变时，即 v_m 为定值的情况下，半径 r 越大处的叶片出口安放角应该越小。所以轴流泵的叶片从轮毂到轮缘的不同流面上的栅中翼型安放角 β_{ey} 是不相等的，轮毂流面的栅中翼型安放角 β_{eyh} 大于轮缘流面的栅中翼型安放角 β_{eyt}，如图 2.12 所示，轴流式叶轮应该具有呈空间扭曲状叶片。

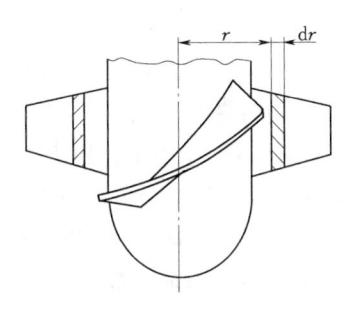

图 2.12 轴流泵的空间扭曲叶片

正是由于轴流泵叶轮的叶片呈空间扭曲状，才导致其高效区窄小。这是因为叶轮的运行工况偏离设计点后，叶片轮毂和轮缘圆周速度之间的比例被破坏，导致不同半径处叶片产生的扬程不再相等和进水条件恶化，从而使泵内的水流紊乱，水力损失增大，偏离设计点越远，水流紊乱程度越大，水力损失也越大。因此，轴流泵具有较窄的高效区。

（2）叶片出口向前弯曲。由于轴流泵叶轮同一圆柱面上的进、出口圆周速度和轴面速度相等，即 $u_1=u_2=u$ 和 $v_{m1}=v_{m2}=v_m$，因此，理论扬程 H_T 的表达式（2.12）可改写为

$$H_T = \frac{u v_m(\cot\beta_1 - \cot\beta_2)}{g} \tag{2.18}$$

从上式可以看出，在一定的转速和流量下，欲要求 H_T 有较大的正值，就必须要求 $\cot\beta_1 > \cot\beta_2$，即要求叶片进口安放角 β_{e1} 小于叶片出口安放角 β_{e2}。所以，为了有效地发挥叶片对液流的提升作用，叶片角应从进口的 β_{e1} 逐渐增加到出口的 β_{e2}。这就说明了轴流泵叶轮叶片出口向前弯曲的原因。

2.2 轴流泵叶轮水动力学理论

由叶片泵的基本方程可知，由于轴流泵叶轮的进口和出口半径相同，因此，液体在叶轮进、出口的圆周速度也相同，即 $u_1=u_2$，从而式（2.15）变为

$$H_T = \frac{w_1^2 - w_2^2}{2g} + \frac{v_2^2 - v_1^2}{2g} \tag{2.19}$$

所以轴流泵叶轮产生的扬程要比离心泵叶轮产生的扬程相对要低得多。

由于轴流泵叶轮的叶片数较少，叶片之间的流道宽大，以致在假定叶片无限多条件下导出的基本方程与实际情况出入较大。因为轴流泵叶轮的叶片剖面都采用机翼剖面的形状，故可以用机翼理论的升力原理来分析叶轮内的能量传递关系。

2.2.1 孤立翼型的空气动力特性

机翼理论的升力原理是以翼型的空气动力特性为基础的。所谓翼型即目前轴流泵叶片采用的"机翼型断面的叶型"，也被简称为叶型。轴流泵叶轮是否具有较高的工作效率，关键是其叶型的流线形状。而按空气动力学原理设计的机翼断面的流线形状，能很好的满足轴流泵叶轮叶型的要求。

把一个孤立的具有一定翼展（沿垂直于翼型方向上的长度）的翼型放置在相对无限大的一个具有平行流速的空气流场中，当实际流体绕流翼型时，就会产生如图 2.13 所示的流线。从该图可以看出，翼型上方的流体流速大于翼型下方的流速，因此，作用在翼型上表面的压力 P_{up} 小于作用于下表面上的压力 P_{down}，于是产生了一个作用在翼型上的力 R。合力 R 可以分解为两个分力，即垂直于来流方向的升力 R_y 和平行于流体流动方向的阻力 R_x，R 与升力 R_y 之间的夹角 λ 称为升力角或滑翔角。如图 2.14 所示，在一定冲角 $\Delta\alpha$（无穷远来流方向与翼型弦的顺流方向之间的夹角）的条件下升力角的大小与翼型和液体的黏滞性等因素有关。由图 2.14 上的力三角形的几何关系可以得到，$\tan\lambda = \dfrac{R_x}{R_y}$。显然，性能良好的翼型应具有升力大、阻力小的空气动力特性。因此，常用升阻比 R_y/R_x 或升力角 λ 来衡量翼型空气动力性能的好坏，升阻比越大或 λ 角越小表示其翼型性能越好。翼型的升力和阻力一般通过试验来确定，对单个翼型一般可采用以下公式计算：

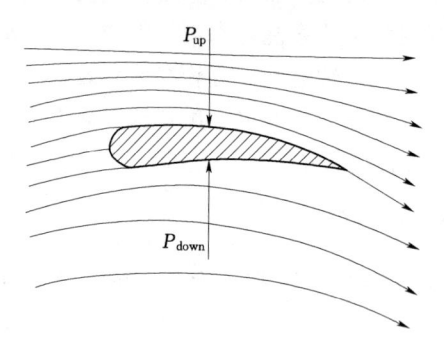

图 2.13 孤立翼型绕流受力分析 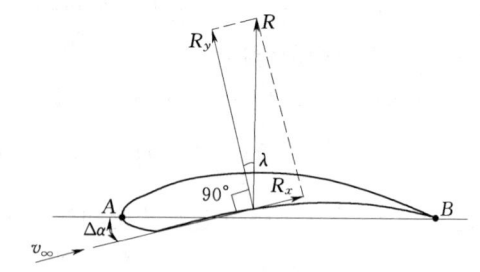　　图 2.14 实际流体绕流时作用在翼型上的力

$$R_y = C_y \rho \frac{v_\infty^2}{2} A \tag{2.20}$$

$$R_x = C_x \rho \frac{v_\infty^2}{2} A \tag{2.21}$$

式中：v_∞ 为无穷远来流的流体速度；ρ 为流体的密度；A 为翼型在翼弦平面上的投影面

积，为翼弦长 l 与翼展 b 的乘积，$A=lb$；C_y 为单个翼型的升力系数；C_x 为单个翼型的阻力系数。

升力系数 C_y 和阻力系数 C_x 是表征翼型性能好坏的重要参数，它们的数值取决于叶片的断面形状、相对厚度、表面粗糙度、冲角 $\Delta\alpha$ 和雷诺数 Re 等有关因素，通常可以在风洞或水洞内采用平行绕流翼型的试验方法加以确定，并将试验结果表示成阻力系数 C_x 和升力系数 C_y 与冲角 $\Delta\alpha$ 的关系曲线，如图 2.15 所示。

从图 2.15 可以看出，当冲角 $\Delta\alpha$ 从小变大时，阻力系数和升力系数都随冲角 $\Delta\alpha$ 而增大，但当冲角 $\Delta\alpha$ 超过某一数值时，由于在翼型的表面上形成较大的扩压区，导致流体的主流离开翼面，在翼型后面引起强烈的旋涡，使翼型上、下表面的压力差减小，并伴有强烈的噪音和振动。此时，阻力系数值急骤增高，而升力系数则开始陡降，这种现象称之为"失速"。相

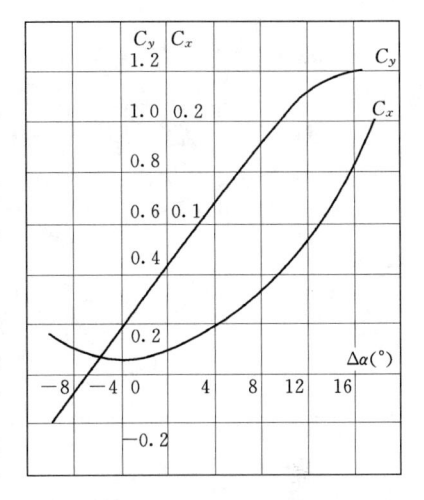

图 2.15 孤立翼型的空气动力特性

应升力系数最大值的点称为"失速点"。失速现象发生后会使翼型的空气动力性能极大地恶化，对轴流泵而言，失速工况将使泵的效率大大降低，并伴有噪音和振动。因此，在轴流泵设计中，一方面应使冲角小于失速点对应的冲角，另一方面应使升力角较小，使翼型具有较大的升阻比，以提高泵的效率。

2.2.2 叶栅的空气动力特性

当流体绕流叶栅时，由于叶栅中翼型彼此间的相互干扰影响，使得叶栅的空气动力特性和流体绕流单个翼型时的空气动力特性就不完全相同。其差异表现为：流体绕流单个翼型时，液流在翼型前后的速度大小相同，方向不变；而流体绕流叶栅时，由于叶栅改变了栅前来流的速度方向，使叶栅前后的相对速度无论其大小还是方向都会发生一定程度的改变。因此，通常采用修正后的升力系数 C_{yx} 及阻力系数 C_{xx} 和无穷远处来流的相对速度 w_∞ 来计算作用于叶栅翼型上的升力 R_{yx} 和阻力 R_{xx} 的数值，即

$$R_{yx}=C_{yx}\rho\frac{w_\infty^2}{2}A \tag{2.22}$$

$$R_{xx}=C_{xx}\rho\frac{w_\infty^2}{2}A \tag{2.23}$$

式中：w_∞ 为无穷远处来流的相对速度，根据 H.E. 儒柯夫斯基的证明，可用取叶栅翼型前、后相对速度 w_1 和 w_2 的几何平均值来代替，其大小和方向可由下面介绍的轴流泵叶轮速度三角形来确定；C_{yx} 为叶栅内翼型的升力系数；C_{xx} 为叶栅内翼型的阻力系数。

据有关试验资料证明，叶栅内翼型的阻力系数 C_{xx} 和升力系数 C_{yx} 与翼型的形状、叶栅稠密度 l/t 及翼型的安放角 β_e 有关。当叶栅稠度 $l/t=0.5\sim0.7$ 时（轴流泵的叶栅稠密度通常都在这个范围内），叶栅中翼型彼此之间几乎没有干扰。因此，叶栅内翼型的阻力系数和升力系数值可以借助单个翼型的试验方法确定。

2.2.3 液体在叶轮内的运动及速度三角形

把同一半径上的圆柱截面展开成平面叶栅，就可以方便地研究流体绕过平面叶栅的流动状态。由于流体在同一叶栅上每个叶片的流动状况是基本相同的，所以只要分析其中的一个叶片的流动状况就可以拓展至整个叶轮。

轴流泵叶轮中液体的运动同样也是复合运动，即任一液体质点的绝对速度 $\vec{v}$ 等于牵连速度 $\vec{u}$ 与相对速度 $\vec{w}$ 的矢量和。因此，叶轮中液体的运动也可以用速度三角形来描述。

轴流泵叶轮速度三角形的确定方法与离心泵叶轮基本相同，只是在轴流泵叶轮中，由于液体沿相同半径的圆柱形流面流动，所以在同一圆柱流面上叶栅前、后的牵连速度和轴面分速相同，或者说叶栅中任一翼型进、出口的圆周速度和轴面分速相同，即 $u_1=u_2=u$，$v_{m1}=v_{m2}=v_m$。因此，可以圆周速度 u 为底边、轴面分速 v_m 为高，把进、出口速度三角形绘在一起，如图 2.16 所示。图中的 w_∞ 为用来代替无穷远处来流的相对速度，其大小和方向由下列公式确定：

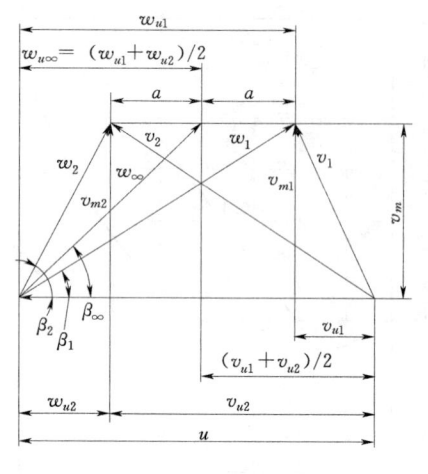

图 2.16 轴流泵叶轮进、出口三角形

$$w_\infty = \sqrt{w_{m\infty}^2 + \left(\frac{w_{u1}+w_{u2}}{2}\right)^2} = \sqrt{v_m^2 + \left(u - \frac{v_{u1}+v_{u2}}{2}\right)^2} \tag{2.24}$$

$$\tan\beta_\infty = \frac{w_{m\infty}}{w_\infty} = \frac{2v_m}{w_{u1}+w_{u2}} = \frac{2v_m}{2u-(v_{u1}+v_{u2})} \tag{2.25}$$

式中：$w_{m\infty}$ 为无穷远处来流的相对速度在轴面上的投影，其大小与进、出口的轴面分速和相对速度在轴面上的投影相同，即 $w_{m\infty}=w_{m1}=w_{m2}=v_{m1}=v_{m2}=v_m$；$w_{u1}$、$w_{u2}$ 分别为进、出口相对速度在圆周速度方向上的投影。

w_∞ 也可用几何作图方法来确定。

2.2.4 轴流泵基本能量方程式

轴流泵翼型的工作与机翼的飞行原理相似，所不同的是，轴流泵翼型的形状与机翼形状相反，凸面在下，凹面在上。因此，液体对叶片的作用力方向朝下，根据作用力与反作用力原理，叶片对液体的作用力方向向上，大小相等。

2.2.4.1 基本能量方程的推导

以叶栅理论为基础的轴流泵基本能量方程解决的是二维流面问题，相对于一维流束理论的叶片泵基本方程则无须再假定叶片无穷多（无限薄）。

（1）单翼型对液体的作用力。如图 2.12 在半径为 r 的流面叶栅中取一个翼展长度为 dr 的基元来分析单翼型对液体的作用力。如

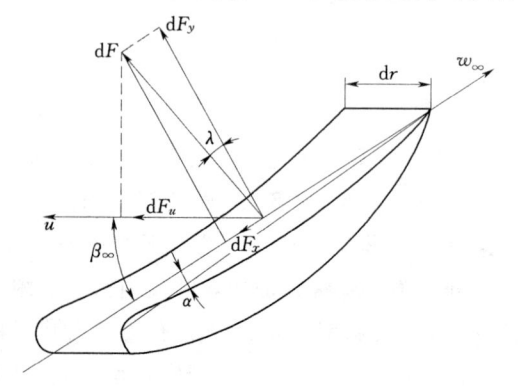

图 2.17 基元单翼型对液体的作用力

图 2.17 所示，无穷远处液体来流的流速为 w_∞，来流角为 β_∞；该基元翼型在弦上的投影面积为 dA，其大小为翼展 dr 与翼弦长 l 的乘积，即 $dA=ldr$。设该基元翼型对液体的作用力为 dF，它为迎面阻力 dF_x 与提升力 dF_y 的几何和，且 dF 与 dF_y 的夹角为 λ。则有：

$$dF=\frac{dF_y}{\cos\lambda}$$

基元叶片对液体的提升力 dF_y 可由叶栅中单个翼型的升力公式求得，即

$$dF_y=C_{yx}\rho\frac{w_\infty}{2}dA=C_{yx}\rho\frac{w_\infty}{2}ldr$$

(2) 单个翼型对液体所做的功。当叶轮以角速度 ω 转动时，只有合力 dF 的圆周分量 dF_u 对旋转轴有力矩，所以翼展为 dr 的翼型产生的力矩 dM 在单位时间内对液体所做的功 dP 为

$$\begin{aligned}dP&=dM\omega=dF_u r\omega\\&=dF\cos[90°-(\lambda+\beta_\infty)]r\omega\\&=\frac{dF_y}{\cos\lambda}\cos[90°-(\lambda+\beta_\infty)]r\omega\\&=C_{yx}\rho\frac{w_\infty^2}{2}\frac{ldr}{\cos\lambda}u\sin(\lambda+\beta_\infty)\end{aligned}$$

(3) 叶栅对液体所做的功。设叶栅中有 Z 个翼型，则整个叶栅对液体所做的功为 ZdP。如果以 dQ 表示半径为 r 和 $r+dr$ 的两个同心圆柱面之间的流量，则：$dQ=v_m\times 2\pi rdr=v_m Zt dr$。

由能量守恒原理，叶栅对在单位时间内流过的液体所做的功等于液流所获得的能量，即

$$ZdP=\rho g dQ H_T$$

则可得

$$H_T=\frac{ZdP}{\rho g dQ}=\frac{dP}{\rho g v_m t dr}$$

将 dP 的表达式代入上式后即得轴流泵叶轮的理论扬程：

$$H_T=C_{yx}\frac{l}{t}\frac{u}{v_m}\frac{w_\infty^2}{2g}\frac{\sin(\lambda+\beta_\infty)}{\cos\lambda} \tag{2.26}$$

因为有 $v_m=w_\infty\sin\beta_\infty$，所以有：

$$H_T=C_{yx}\frac{l}{t}\frac{uw_\infty}{2g}\frac{\sin(\lambda+\beta_\infty)}{\sin\beta_\infty\cos\lambda}=C_{yx}\frac{l}{t}\frac{uw_\infty}{2g}\left(1+\frac{\tan\lambda}{\tan\beta_\infty}\right) \tag{2.27}$$

式 (2.26) 和式 (2.27) 均为翼型的升力理论导出的轴流泵叶轮的基本能量方程，它表达了理想液体在通过叶轮时所获得的单位重量能的关系式。

2.2.4.2 轴流泵基本能量方程的修正

上述轴流泵叶轮的基本能量方程式的导出没有叶片无穷多、无限薄的假定。因此，只需要对理想液体的假定加以修正即可。采用水力效率 η_h 对理论扬程进行修正，即

$$H=\eta_h H_T$$

从理论上说，当给定了流体机械的工作参数 Q、H、n 后，如果利用欧拉方程式可以

决定进出口处的速度三角形，也就可求得与之相适应的叶片几何形状了。但实际上，几何形状与速度分布的关系极为复杂，故工程应用不得不引入一些简化。引入不同的简化，就得到不同的理论与方法。

（1）一维理论采用了叶片无穷多及轴面流速度均匀分布的假定。在此假定下，流动状态只是轴面流线长度坐标的函数，故称为"一维理论"，又称为"流束理论"。它可以非常简单而方便地对叶片泵的工作进行定性的分析，用以阐述其工作原理简洁且易于为初学者理解，所以本书中仍将主要采用一维理论的方法。

（2）二维理论如在上述轴流泵叶轮基本能量方程的推导中，我们保留 v_m 均匀分布而放弃叶片无穷多（无限薄）的假定，直接应用流体力学直列叶栅理论求解。

（3）三维理论则完全放弃上述叶片无穷多（无限薄）及轴面流速度均匀分布的假定，直接研究三维流场。如借助于适用的湍流模型，利用 N-S 方程求解叶轮内的黏性流动。

目前三维流动计算已取得了很大的进展，可以在很大程度上减少模型试验的次数和规模，也是当前叶片式流体机械理论研究的重点和发展方向。

2.3 叶片泵相似理论

由于泵内液体流动的复杂性，目前叶片泵的工作性能或参数单纯凭借理论分析不能准确地求解，一般需要依靠模型试验研究来解决。这就需要知道如何将原型泵（真机）缩小或放大为模型泵以及又如何将模型泵的试验结果换算到原型泵上去。叶片泵相似理论就是其模型试验的理论依据。

2.3.1 相似条件

流动相似是指两个流动的相应点上所有表征流动状况的相应物理量都维持各自的固定比例关系。水泵是一种水力机械，其表征流动的量则主要有表征流场几何形状、液体运动状态及动力的物理量等3种，即两个流动系统的相似可以用几何相似、运动相似和动力相似来描述。因此，两台水泵内部的流动相似，必须满足几何相似、运动相似和动力相似3个条件。

2.3.1.1 几何相似

几何相似是指两个流动的边界几何形状相似。对于两台水泵的流动系统来说，几何相似就是泵内过流部分任何对应几何尺寸的比值为同一常量，且各对应角度相等、叶轮的叶片数 Z 相同，如图2.18所示两个几何相似的叶轮，即

$$\frac{D_{1P}}{D_{1M}} = \frac{D_{2P}}{D_{2M}} = \frac{b_{1P}}{b_{1M}} = \frac{b_{2P}}{b_{2M}} = \cdots = \lambda_l \tag{2.28}$$

$$\beta_{e1P} = \beta_{e1M}, \beta_{e2P} = \beta_{e2M} \tag{2.29}$$

$$Z_P = Z_M \tag{2.30}$$

上列式中，下标"P""M"分别表示原型泵和模型泵的各参数，λ_l 为长度比尺。

水泵过流部件表面粗糙度的相似是边界相似的条件之一，也属于几何相似的范畴。设 Δ 为水泵的绝对粗糙度，则应有：

$$\frac{\Delta_P}{\Delta_M} = \lambda_l \tag{2.31}$$

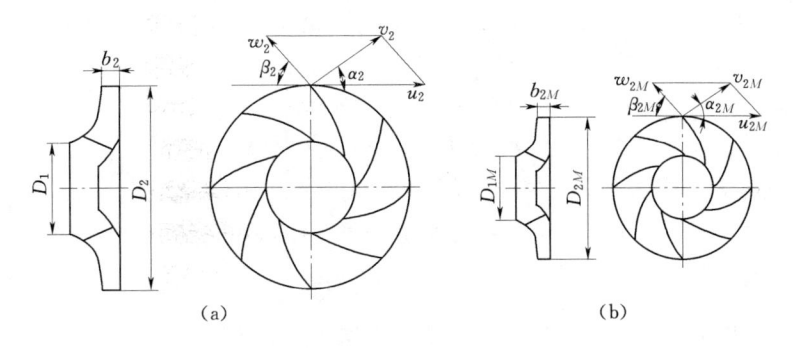

图 2.18 原型泵和模型泵的几何相似
(a) 原型泵叶轮；(b) 模型泵叶轮

在工艺上要做到绝对粗糙度相似是有一定困难的，因此，在几何相似中，应首先满足外形相似，然后再尽量考虑粗糙度相似。

2.3.1.2 运动相似

运动相似是指两种流动相应质点的运动情况相似，即相应质点在相应瞬间里作相应的位移。所以运动状态的相似要求流速相似，或者说速度场相似。对于两台水泵泵内液体流动运动相似来说，就是泵内液流各对应点上的同名速度方向相同，且大小维持固定的比例。也就是各对应点上的速度三角形相似（图 2.18），即

$$\frac{v_P}{v_M}=\frac{w_P}{w_M}=\frac{u_P}{u_M}=\lambda_v \tag{2.32}$$

$$\alpha_P=\alpha_M, \beta_P=\beta_M \tag{2.33}$$

式（2.32）中 λ_v 为速度比尺。由于 $u=\frac{\pi D n}{60}$，速度比尺 λ_v 则可表达为

$$\lambda_v=\frac{u_P}{u_M}=\frac{D_P n_P}{D_M n_M}=\lambda_l \frac{n_P}{n_M} \tag{2.34}$$

2.3.1.3 动力相似

动力相似是指作用于两个流动中相应点上的各对同名力 F_i 的方向相同，其大小成比例，且比值相等。即

$$\frac{F_{iP}}{F_{iM}}=\lambda_F \tag{2.35}$$

式中：λ_F 为作用力比尺。

液体在泵内流动时主要受惯性力 F、黏滞力 f、压力 P 和重力 G 等 4 种力的作用。因此，根据动力相似的条件泵内流动的动力相似必须满足：

$$\frac{F_P}{F_M}=\frac{f_P}{f_M}=\frac{P_P}{P_M}=\frac{G_P}{G_M}$$

上述 4 种力中，惯性力是企图维持液体原有运动状态的力，其余各种都是企图改变流动状态的力。液体运动的变化就是惯性力与其他各种力相互作用的结果。因此，各物理力之间的比例关系可分别以惯性力 F 对其他各种力的比例来表示，且在两个相似流动里，这个比例应保持固定不变。依据牛顿定理有 $\vec{F}=\vec{f}+\vec{P}+\vec{G}$，并应用分比和合比的关系可

得到如下关系式：

$$\left.\begin{array}{l} \dfrac{f_P}{f_M}=\dfrac{F_P}{F_M} \text{或} \dfrac{f_P}{F_P}=\dfrac{f_M}{F_M} \\[2mm] \dfrac{P_P}{P_M}=\dfrac{F_P}{F_M} \text{或} \dfrac{P_P}{F_P}=\dfrac{P_M}{F_M} \\[2mm] \dfrac{G_P}{G_M}=\dfrac{F_P}{F_M} \text{或} \dfrac{G_P}{F_P}=\dfrac{G_M}{F_M} \end{array}\right\} \quad (2.36)$$

2.3.2 相似准则

利用因次分析方法，建立它们在量纲上的因次关系：

压力： $P \propto pL^2$

黏滞力： $f \propto \mu L v$

重力： $G \propto \rho g L^3$

惯性力： $F \propto \rho L^2 v^2$

式中：P 为压强；L 为线性长度；μ 为动力黏滞系数，$\mu = \rho \nu$，ν 为运动黏滞系数或运动黏度；v 为流速；ρ 为密度。

把上述关系代入式 (2.36) 可得下列表征液流动力相似的无量纲相似准则。

(1) 欧拉数 E_u。欧拉数为流体质点所受的压力与惯性力的比值，即

$$E_u = \frac{P}{F} = \frac{pL^2}{\rho L^2 v^2} = \frac{p}{\rho v^2} \quad (2.37)$$

(2) 雷诺数 Re。雷诺数为流体质点所受的惯性力与黏滞力的比值，即

$$Re = \frac{F}{f} = \frac{\rho L^2 v^2}{\mu L v} = \frac{vL}{\nu} \quad (2.38)$$

(3) 佛汝德数 Fr。佛汝德数为流体质点所受的惯性力与重力比值的开方，即

$$Fr = \sqrt{\frac{F}{G}} = \sqrt{\frac{\rho L^2 v^2}{\rho g L^3}} = \frac{v}{\sqrt{gL}} \quad (2.39)$$

另外，在欧拉场里，某点的加速度是当地加速度与迁移加速度之和，即 $\dfrac{\mathrm{d}v}{\mathrm{d}t} = \dfrac{\partial v}{\partial t} + v\dfrac{\partial v}{\partial s}$，定义斯特罗哈数 S_t 为某点的当地加速度与迁移加速度之比，即

$$S_t = \frac{\partial v/\partial t}{v \partial v/\partial s} = \frac{L}{vT} \quad (2.40)$$

以上 4 个相似准则证明了模型试验可以模拟真机的流动过程（表象为运动相似），给出了在满足几何相似的静态基础上试验设计应遵循的准则。上述 4 个相似准则进行分析，忽略那些在流动中所起作用不大的力，抓住主要作用力的影响以及必须满足的相似准则。

欧拉数是表征压力相似的相似准数。在水泵中，压力（差）是最重要的作用力，欧拉数相等则是必须满足的相似准则。

雷诺数是表征黏滞力相似的相似准数。在水泵中，黏滞力也是重要的作用力之一，它直接影响水泵的水力效率。要保证模型泵和原型泵的雷诺数 Re 相同，在实践中是非常困难的，但有关试验表明，在雷诺数 $Re > 10^5$ 时，流体已处于阻力平方区（即自动模拟区），阻力与雷诺数无关，只与表面粗糙度有关。由于水的运动黏滞系数很小，泵内水流的雷诺

数 Re 一般都大于 10^5，即可认为雷诺数相似准则自动得到满足。

佛汝德数是表征重力相似的相似准数。由于水泵工作过程中没有自由表面，重力对速度分布没有影响。因此，可以忽略该相似准则的要求。

斯特罗哈数是表征流动非恒定性的相似准数。即使是在稳定工况下，由于叶片数有限，叶片两面的速度不同，当叶轮转动时，人们在空间固定点上观察到的绝对运动将呈现非恒定的周期性变化。所以斯特罗哈数相等是必须满足的相似准则。

2.3.3 相似律

水泵相似律反映了相似水泵各性能参数之间的关系。下面分别讨论两台几何相似的水泵在相似运行工况下的流量、扬程、轴功率与水泵叶轮几何尺寸及转速之间的关系。

2.3.3.1 第一相似律——流量相似律

在斯特罗哈数的表达式中，取叶轮（片）外径 D_2 作为特征长度，以叶轮旋转一周的时间 $1/n$ 为特征时间，以叶轮出口的轴面流速 v_{m2} 为特征速度，并考虑到 $Q_T = v_{m2}\pi D_2 b_2 \psi_2$，$\psi_2$ 为反映叶片厚度减小过流断面面积程度的叶片出口排挤系数，b_2 为叶片出口宽度，可知 v_{m2} 与叶轮流量 Q_T 成正比，与 $D_2^2 \psi_2$ 成反比，即可得：

$$St = \frac{L}{vT} = \frac{D_2}{\dfrac{Q_T}{D_2^2 \psi_2} \dfrac{1}{n}} = \frac{D_2^3 \psi_2 n}{Q_T}$$

满足相似准则斯特罗哈数相等的要求，并代入 $Q_T = Q/\eta_v$ 变形后则可得原型、模型泵流量之比为

$$\frac{Q}{Q_M} = \frac{n}{n_M}\left(\frac{D_2}{D_{2M}}\right)^3 \frac{\eta_v}{\eta_{vM}} \frac{\psi_2}{\psi_{2M}} \tag{2.41}$$

由于两泵几何相似，则它们的排挤系数相等，即 $\psi_2 = \psi_{2M}$：

$$\frac{Q}{Q_M} = \frac{n}{n_M}\left(\frac{D_2}{D_{2M}}\right)^3 \frac{\eta_v}{\eta_{vM}} \tag{2.42}$$

上式即为流量相似律的表达式，它指出两台几何相似的水泵，在运动相似的条件下，其流量与泵叶轮直径 D_2 的三次方成正比，与转速 n 和容积效率 η_v 的一次方成正比。

2.3.3.2 第二相似律——扬程相似律

在欧拉数的表达式中，仍取叶轮（片）外径 D_2 作为特征长度，以 $\rho g H_T$（叶轮扬程）为特征压力，取叶轮的圆周速度 u_2 为特征速度，并考虑到 $u_2 = \dfrac{2\pi n}{60}\dfrac{D_2}{2} = \dfrac{\pi n D_2}{60}$，$u_2$ 与 $D_2 n$ 成正比，即可得：

$$E_u = \frac{p}{\rho v^2} = \frac{gH_T}{D_2^2 n^2}$$

满足相似准则欧拉数相等的要求，并代入 $H_T = H/\eta_h$ 变形后则可得原型、模型泵扬程之比为

$$\frac{H}{H_M} = \frac{D_2^2 n^2}{D_{2M}^2 n_M^2} \frac{\eta_h}{\eta_{hM}} \tag{2.43}$$

式（2.43）即为扬程相似律的表达式，它指出两台几何相似的水泵，在运动相似的条件下，其扬程与水泵叶轮出口直径 D_2 和转速 n 的平方成正比，与水力效率 η_h 的一次方成

正比。

2.3.3.3 第三相似律——轴功率相似律

由水泵的轴功率 $P=\rho g Q H/\eta$，可得两台相似水泵的轴功率之比为

$$\frac{P}{P_M}=\frac{\rho g Q H/\eta}{\rho_M g Q_M H_M/\eta_M}$$

将流量和扬程相似律式（2.42）、式（2.43）及水泵效率 $\eta=\eta_m\eta_v\eta_h$ 代入上式得：

$$\frac{P}{P_M}=\frac{\rho}{\rho_M}\frac{D_2^3 n\eta_v}{D_{2M}^3 n_M\eta_{vM}}\frac{D_2^2 n^2}{D_{2M}^2 n_M^2}\frac{\eta_h}{\eta_{hM}}\cdot\frac{\eta_{mM}\eta_{vM}\eta_{hM}}{\eta_m\eta_v\eta_h}=\frac{\rho}{\rho_M}\frac{D_2^5 n^3}{D_{2M}^5 n_M^3}\frac{\eta_{mM}}{\eta_m} \tag{2.44}$$

式（2.44）即为轴功率相似律的表达式，它指出两台几何相似的水泵，在运动相似的条件下，其轴功率与水泵叶轮出口直径 D_2 的五次方、转速 n 的三次方及液体密度的一次方成正比，与机械效率 η_m 的一次方成反比。

以上 3 个相似律反映了相似泵在相似工况下，流量 Q、扬程 H 及轴功率 P 与叶轮直径 D_2、水泵转速 n、液体的密度 ρ 及效率 η 等几何量和物理量之间的关系。需要强调的是，这些关系必须在满足相似工况的条件下才成立，因此，在使用相似律时要注意判别它们是否满足相似工况。

经验表明，当原型泵和模型泵之间的模型比 λ_l 不大（$\lambda_l\leqslant 3$）时，可以认为原型泵和模型泵在相似工况下运行时的各种效率近似相等且过流液体相同（如：均输送常温清水），即 $\eta_m=\eta_{mM}$，$\eta_v=\eta_{vM}$，$\eta_h=\eta_{hM}$，$\rho=\rho_M$。此时，可以得到相似律的简化形式：

$$\frac{Q}{Q_M}=\frac{D_2^3}{D_{2M}^3}\frac{n}{n_M} \tag{2.45}$$

$$\frac{H}{H_M}=\frac{D_2^2}{D_{2M}^2}\frac{n^2}{n_M^2} \tag{2.46}$$

$$\frac{P}{P_M}=\frac{D_2^5}{D_{2M}^5}\frac{n^3}{n_M^3} \tag{2.47}$$

2.3.3.4 相似泵效率之间的关系

相似律的简化式（2.45）~式（2.47）是在认为大小不同的两台相似泵的各种效率相等的基础上导出的，事实上，由于叶轮口环的相对间隙和泵内过流部件表面相对粗糙度随尺寸的增大而减小，故泵的容积效率和水力效率将随水泵尺寸的增大而提高。同样，泵的机械效率也由于水泵尺寸增大时，填料函和轴承中的损失增加得较小，所以机械效率也随之提高。因此，大小不同的相似泵，特别是当尺寸相差较大时，应用上述相似律简化式将带来较大的误差。所以相似泵之间的效率换算是必要的。

工程实践中早期多采用水轮机效率换算公式，如穆迪（Moody）公式

$$\frac{1-\eta}{1-\eta_M}=\left(\frac{D_M}{D}\right)^{0.25}\left(\frac{H_M}{H}\right)^{0.1}$$

但实践证明这些公式不能很好地适用于水泵。经过研究，得到了一些泵效率换算公式，如 Ackeret 公式、IEC995（1991）公式，可参阅有关资料。

2.3.4 比例律

当两台几何尺寸相同的水泵在不同转速下输送相同的液体时，式（2.45）~式（2.47）可简化为

$$\frac{Q_1}{Q_2}=\frac{n_1}{n_2} \tag{2.48}$$

$$\frac{H_1}{H_2}=\frac{n_1^2}{n_2^2} \tag{2.49}$$

$$\frac{P_1}{P_2}=\frac{n_1^3}{n_2^3} \tag{2.50}$$

以上 3 个公式是同一台水泵在不同转速下运行时的流量、扬程、轴功率与转速之间的关系，称为比例律。式中下标"1""2"分别表示两种不同转速所对应的性能参数。

比例律公式表明：当叶片泵的转速变化时，它的流量与转速的一次方成正比、扬程与转速的二次方成正比、轴功率与转速的三次方成正比。

有关试验表明：水泵转速的变化对容积效率和水力效率的影响不太大，而对机械效率影响较大。因为机械损失中的轮盘摩擦损失、轴承摩擦损失与填料函损失分别与转速的三次方、二次方和一次方成正比，所以转速增加得越多，机械损失增加也越大。这样由比例律换算引起的误差也就越大，所以在应用比例律时，要注意转速的变化不能太大，通常转速的变化范围以增速不大于 20%、降速不大于 50% 为宜。

2.4 比 转 数

比转数，也称比转速，是由一族相似的叶片泵在相似工况下的工作参数 n、H、P（或 Q）组成的不包含叶轮特征尺寸 D_2 的一个综合性相似判别数。它能够综合反映叶轮几何形状与性能，对种类繁多的叶片泵进行分类和比较。可以为叶片泵的设计、模型试验及工程应用带来许多方便。

2.4.1 比转数的定义及其表达式

由于习惯不同，目前世界各国使用的比转数也不同，有动力比转数、运动比转数和无量纲比转数（叶轮的型式数）之分。

2.4.1.1 动力比转数 n_s

在相似等效的理想条件下，可用有效功率 P_e 代替轴功率 P，则式（2.44）轴功率相似律的简化式（2.47）可改写为

$$\frac{P_e}{P_{eM}}=\frac{D_2^5}{D_{2M}^5}\frac{n^3}{n_M^3} \tag{2.51}$$

由扬程相似律简化式（2.46）和式（2.51）可得：

$$\frac{H}{(nD_2)^2}=\frac{H_M}{(n_M D_{2M})^2}=\text{常数}$$

$$\frac{P_e}{n^3 D_2^5}=\frac{P_{eM}}{n_M^3 D_{2M}^5}=\text{常数}$$

将上面两式联立，消去叶轮直径 D_2 后得到：

$$\frac{n\sqrt{P_e}}{H^{5/4}}=\frac{n_M\sqrt{P_{eM}}}{H_M^{5/4}}=\text{常数} \tag{2.52}$$

式（2.52）表明，一族相似水泵在相似工况下的转速和功率平方根的乘积与扬程 5/4 次方之比恒等于某一常数，用 n_s 表示该常数，则：

$$n_s = \frac{n\sqrt{P_e}}{H^{5/4}} \tag{2.53}$$

若功率的单位采用公制马力（PS，1PS＝0.7355kW），且由于常温清水的密度 $\rho=1000\text{kg/m}^3$，则有效效率 $P_e=\rho gQH/735.5=1000\times9.81QH/735.5=13.34QH$。将该有效功率代入上式中可得：

$$n_s = 3.65\frac{n\sqrt{Q}}{H^{3/4}} \tag{2.54}$$

式（2.53）、式（2.54）中的 n_s 被定义为水泵的动力比转数，它的物理意义可以这样来理解：将水泵的叶轮按比例缩放成某一标准叶轮，使其在输送常温清水时产生的扬程 $H_s=1\text{m}$、有效功率 $P_{es}=1\text{PS}=0.7355\text{kW}$（其相应的流量 $Q=0.075\text{m}^3/\text{s}$）。该标准叶轮称为动力比叶轮，动力比叶轮的转速 n_s 即为水泵的动力比转数。

式（2.54）是我国和苏联习惯采用的水泵比转数计算公式，式中各量规定采用的单位分别是：流量 Q 为 m^3/s，扬程 H 为 m，转速 n 为 r/min。

2.4.1.2 运动比转数 n_{sQ}

由流量和扬程相似律的简化式（2.45）、式（2.46）可得：

$$\frac{Q}{nD_2^3} = \frac{Q_M}{n_M D_{2M}^3} = 常数 \tag{2.55}$$

$$\frac{H}{(nD_2)^2} = \frac{H_M}{(n_M D_{2M})^2} = 常数 \tag{2.56}$$

联立上面两式，并消去叶轮直径 D_2 后得到：

$$\frac{n\sqrt{Q}}{H^{3/4}} = \frac{n_M\sqrt{Q_M}}{H_M^{3/4}} = 常数 \tag{2.57}$$

上式表明，相似水泵的转速和流量平方根的乘积与扬程 3/4 次方之比恒等于某一常数，若用 n_{sQ} 表示该常数，则：

$$n_{sQ} = \frac{n\sqrt{Q}}{H^{3/4}} \tag{2.58}$$

式（2.58）中的 n_{sQ} 被定义为水泵的运动比转数，它的物理意义可以这样来理解：将水泵的叶轮按比例缩放成某一标准叶轮，使其在输送常温清水时产生的扬程 $H_s=1\text{m}$，流量 $Q_s=1\text{m}^3/\text{s}$。该标准叶轮称为运动比叶轮。运动比叶轮的转速 n_{sQ} 即为水泵的运动比转数。

式（2.58）是各国习惯采用的水泵比转数计算公式，由于各国使用的单位制不同，同一台泵的 n_{sQ} 值也不同。为方便比较，将有关国家使用的比转数公式、使用的单位及各比转数相互换算关系列入表 2.1 中。

表 2.1　有关国家使用的比转数公式、使用的单位及各比转数相互换算关系

国别		中国、苏联	美国	英国	德国	日本
公式		$n_s=3.65\dfrac{n\sqrt{Q}}{H^{3/4}}$	\multicolumn{4}{c|}{$n_{sQ}=\dfrac{n\sqrt{Q}}{H^{3/4}}$}			
单位	Q	m^3/s	USgal/min	UKgal/min	m^3/s	m^3/min
	H	m	ft	ft	m	m
	n	r/min	r/min	r/min	r/min	r/min

2.4 比 转 数

续表

国别	中国、苏联	美国	英国	德国	日本
换算系数	1	14.1494	12.9115	0.274	2.1222
	0.0707	1	0.9125	0.258	0.15
	0.0775	1.0959	1	0.283	0.1644
	3.65	3.88	3.53	1	0.581
	0.4712	6.6674	6.084	1.722	1

2.4.1.3 无量纲比转数 K

由于各国采用不同的比转数，采用的计量单位也不同，因此，同一台泵出现了多个不同的比转数值，这在应用上十分不便。因此，国际标准推荐使用无量纲比转数，又称型式数，用符号 K 表示。

将式（2.55）、式（2.56）中的转速 n 用角速度 ω 来代替，则有

$$\frac{Q}{\omega D_2^3} = \frac{Q_M}{\omega_M D_{2M}^3} = 常数 \tag{2.59}$$

$$\frac{H}{(\omega D_2)^2} = \frac{H_M}{(\omega_M D_{2M})^2} = 常数 \tag{2.60}$$

式（2.59）中分子、分母的量纲均为 m³/s，因此公式右边的常数是一无因次量；而式（2.60）中分子的量纲为 m，分母的量纲为 m²/s²，因此公式右边的常数是一量纲为 s²/m 的有因次量，为了使该常数也成为无因次量，可在等式两侧同乘以加速度 g，即

$$\frac{gH}{(\omega D_2)^2} = \frac{gH_M}{(\omega_M D_{2M})^2} = 常数 \tag{2.61}$$

将式（2.59）与式（2.61）联立，消去叶轮直径 D_2 后得：

$$\frac{\omega \sqrt{Q}}{(gH)^{3/4}} = \frac{\omega_M \sqrt{Q_M}}{(gH_M)^{3/4}} = 常数 \tag{2.62}$$

上式右边的常数亦为无量纲的无因次常数，若用符号 K 表示该常数，则有：

$$K = \frac{\omega \sqrt{Q}}{(gH)^{3/4}} = \frac{2\pi}{60} \frac{n \sqrt{Q}}{(gH)^{3/4}} \tag{2.63}$$

上式即为无量纲比转数（型式数）的表达式，式中 Q 的单位为 m³/s，H 的单位为 m，g 的单位为 m/s²，n 的单位为 r/min。

无因次比转数 K 与我国目前使用的动力比转数 n_s 之间有如下的换算关系：

$$K = 0.005176 n_s \tag{2.64}$$

$$n_s = 193.2 K \tag{2.65}$$

2.4.1.4 关于比转数的几点说明

（1）一台水泵的比转数是唯一的。作为相似准则的比转数 n_s 指的是由相应于水泵设计转速 n 下的最高效率点参数 Q_R，H_R 代入式（2.54）或式（2.58）、式（2.63）的计算值，其他工况下的性能参数都不能作为计算比转数的依据。同一台水泵在不同转速下运行时，水泵的最高效率点将发生变化，但因其对应的各参数值按比例律变化，所以计算所得的比转数仍然不变。

(2) 比转数相等是水泵相似的必要条件,这是因为比转数公式是从相似律公式推导而来,因此,相似的水泵具有相同的比转数 n_s。但反过来说,几何不相似的水泵的比转数有可能相等,例如12HB-50型混流泵与40ZLB-50型轴流泵的比转数 n_s 均等于500,即这两种泵的比转数相等,但两者的叶轮完全不同,因此,比转数相等不是水泵相似的充分条件。

(3) 比转数 n_s 指的是水泵比叶轮的转速,并不反映水泵真实转速的大小。实际上,比转数大的水泵一般具有较低的转速,而比转数小的水泵一般具有较高的转速。

(4) 比转数公式中的流量 Q、扬程 H 是对单级单吸水泵而言的。对于非单级单吸水泵,在计算比转数时,应将其设计流量、设计扬程分别折算成单吸、单级的情况。因此当计算双吸泵的比转数时,式中的 Q 应取双吸泵流量的 1/2;而计算多级泵的比转数时,式中的 H 应取单个叶轮的扬程。

对于双吸泵,比转数计算公式中的流量应取双吸泵设计流量的 1/2,即

$$n_s = 3.65 \frac{n\sqrt{Q/2}}{H^{3/4}} \tag{2.66}$$

对于单吸多级泵,比转数计算公式中的扬程应取多级泵(i 级)设计扬程的 $1/i$,即

$$n_s = 3.65 \frac{n\sqrt{Q}}{(H/i)^{3/4}} \tag{2.67}$$

(5) 比转数公式是特指泵工作抽送液体为常温清水的状况。

2.4.2 比转数的应用

比转数是叶片泵分类的基础,利用比转数 n_s 可以对水泵进行分类和根据比转数的大小决定叶片泵的泵型。

从比转数表达式可以看出,比转数 n_s 的大小与泵的转速、扬程及流量有关。在一定的转速下,扬程 H 越大,流量 Q 越小,水泵的比转数 n_s 就越低,即高扬程小流量的离心泵,其比转数较低;而低扬程大流量的轴流泵,其比转数就较高。从泵的基本方程已知,在一定的转速下,泵的扬程、流量与叶轮的结构型式及几何尺寸有关,因此有必要对比转数 n_s 与叶轮几何尺寸间的关系进行分析。

水泵的流量可表达为 $Q = \pi D_1 b_1 \psi_1 v_{m1} \eta_v$,由进口速度三角形可知,当 $\alpha_1 = 90°$ 时,叶轮进口的轴面分速 $v_{m1} = u_1 \tan\beta_{e1} = \frac{\pi D_1 n}{60}\tan\beta_{e1}$,则:

$$Q = \pi D_1 b_1 \psi_1 \frac{\pi D_1 n}{60}\tan\beta_{e1} \eta_v$$

当 $\alpha_1 = 90°$ 时,泵的扬程为

$$H = \eta_h S_l H_{T\infty} = \eta_h S_l \frac{u_2 v_{u2}}{g} = \eta_h S_l \frac{u_2(u_2 - v_{m2}\cot\beta_{e2})}{g}$$

因为 $v_{m2} = \frac{Q}{\pi D_2 b_2 \psi_2 \eta_v} = \frac{D_1 b_1 \psi_1}{D_2 b_2 \psi_2}\frac{\pi D_1 n}{60}\tan\beta_{e1}$ 及 $u_2 = \frac{\pi D_2 n}{60}$,则有:

$$H = \frac{\eta_h S_l}{g}\left(\frac{\pi D_2 n}{60}\right)^2\left[1 - \left(\frac{D_1}{D_2}\right)^2 \frac{b_1 \psi_1}{b_2 \psi_2}\frac{\tan\beta_{e1}}{\tan\beta_{e2}}\right]$$

将上列的 Q 和 H 代入比转数的表达式(2.54)可得:

2.4 比 转 数

$$n_s = 3.65\left(\frac{g}{\eta_h S_l}\right)^{\frac{3}{4}} \sqrt{\frac{\eta_v}{\pi}} \frac{60\dfrac{D_1}{D_2}\sqrt{\dfrac{b_1}{D_2}\psi_1\tan\beta_{e1}}}{\left[1-\left(\dfrac{D_1}{D_2}\right)^2\dfrac{b_1}{b_2}\dfrac{\psi_1\tan\beta_{e1}}{\psi_2\tan\beta_{e2}}\right]^{\frac{3}{4}}} \qquad (2.68)$$

从式（2.68）可以看出，n_s 随叶轮进、出口直径之比 D_1/D_2、进、出口叶槽宽度之比 b_1/b_2、进口叶槽宽度与叶轮直径之比 b_1/D_2 及叶片进口安放角 β_{e1} 的增大而增大，随叶片出口安放角 β_{e2} 及滑移系数 S_l（有限多叶片对无限多叶片水泵基本方程的修正系数）的减小（叶片数减少）而增大。由此可知，随着比转数 n_s 的增大，叶轮外形由扁平狭长向粗短变化，叶轮内流道由朝径向延伸向轴向延伸、水流方向由径向向轴向变化，叶片形状由二维圆柱形逐渐向三维扭曲形变化。这些变化都是十分有规律的，随着比转数 n_s 从小到大的变化，泵型也就从离心泵过渡至混流泵，最终变为轴流泵。因此，按照比转数 n_s 值的范围可以对水泵进行分类。表 2.2 列出了比转数 n_s 与叶轮形状的关系。

表 2.2 叶片泵分类表

水泵类型	离心泵 低比转数	离心泵 中比转数	离心泵 高比转数	混流泵	轴流泵
比转数	30~80	80~150	150~300	300~500	500~1000
叶轮简图					
直径比 D_2/D_0	≈3.0	≈2.0	≈1.8~1.4	≈1.2~1.1	=1.0
叶片形状	圆柱形叶片	进口处扭曲形，出口处圆柱形	扭曲形叶片	扭曲形叶片	扭曲形叶片

第3章 叶片泵的能量特性

熟悉水泵的性能，掌握其变化规律，有助于合理、经济地选择水泵及配套动力机，合理地确定水泵的安装高程以及解决水泵在运行中的各种问题，从而保证水泵装置长期处于安全经济的运行状态。

叶片泵基本性能包括能量性能与汽蚀性能，本章重点阐述能量性能，汽蚀性能的介绍见第4章。与叶片泵能量特性有关的工作参数有流量、扬程、轴功率、效率与转速，它们之间的相互关系及其变化规律，常用性能曲线表达。

根据用途的不同，叶片泵性能曲线可分为基本性能曲线、通用性能曲线、相对性能曲线、全面性能曲线与综合性能曲线（型谱图）。

3.1 基本性能曲线

所谓基本性能曲线，是指水泵的实际性能曲线，即在一定的转速 n 下，泵的扬程 H、轴功率 P、效率 η 和汽蚀性能参数（允许吸上真空高度 $[H_s]$ 或允许汽蚀余量 $[NPSH]$）随流量 Q 而变化的关系曲线，这4条曲线（H-Q、P-Q、η-Q、$[H_s]$ 或 $[NPSH]$-Q 曲线）通常绘在以流量为横坐标、其他参数为纵坐标的同一直角坐标系中。水泵基本性能曲线一般通过水泵性能试验得到。

3.1.1 基本性能曲线的变化规律

通过对基本性能曲线的定性分析可以了解性能曲线的形状及其变化规律，离心泵与轴流泵的工作原理不同，其性能曲线差异明显。图3.1、图3.2分别为8Sh-13型离心泵和14ZLB-100型轴流泵的基本性能曲线图。

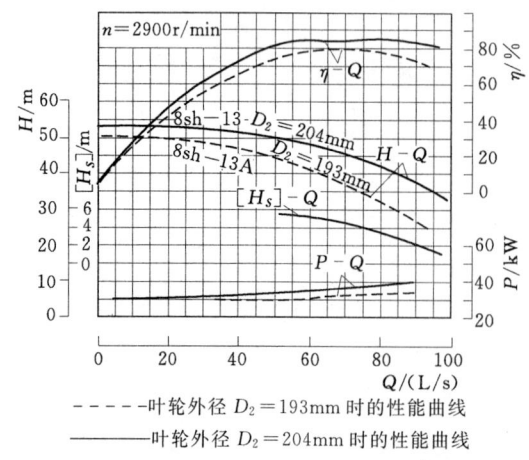

图 3.1　8Sh-13 离心泵基本性能曲线

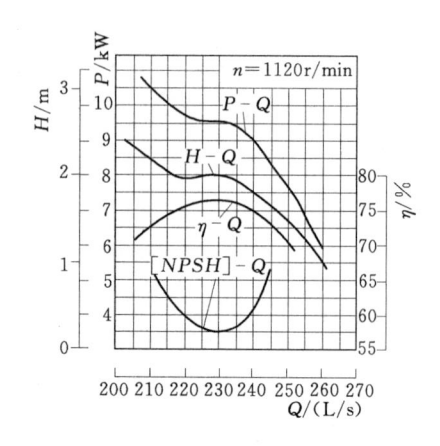

图 3.2　14ZLB-100 轴流泵基本性能曲线

3.1.1.1 扬程与流量关系曲线（H-Q 曲线）

叶片泵叶轮叶片出口安放角 $\beta_{e2}<90°$，当 $\alpha_1=90°$ 时，无限多叶片理论扬程 $H_{T\infty}$ 与理论流量 Q_T 的关系式（2.14）表明 $H_{T\infty}$-Q_T 曲线是一条下降直线，如图 3.3 所示。

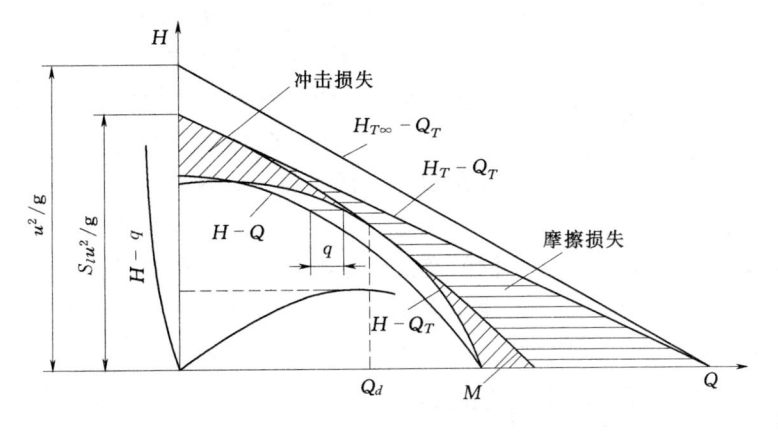

图 3.3 H-Q 曲线定性分析

有限叶片叶轮产生的理论扬程 H_T 可以用滑移系数 S_l 来修正无限多叶片理论扬程 $H_{T\infty}$ 得到，即 $H_T=S_l H_{T\infty}$（可参阅参考文献[10]）。由于 S_l 恒小于 1，且可认为在所有工况下都保持不变，因此，H_T-Q_T 曲线是一条如图 3.3 所示位于 $H_{T\infty}$-Q_T 直线下方的下降直线。

为了获得水泵扬程 H 与流量 Q 的关系曲线，还应当从 H_T-Q_T 直线的纵坐标减去因液体在泵内流动产生的摩擦水头损失和冲击水头损失。已知摩擦水头损失与流量的平方成正比，从 H_T-Q_T 直线扣除各相应流量下的摩擦水头损失后就可得到图 3.3 中的曲线 M。在设计流量 Q_d 下的冲击水头损失为 0，当偏离设计工况时，冲击水头损失与 $(Q-Q_d)^2$ 成正比，从曲线 M 减去各对应流量下的冲击水头损失后即可得到在不同理论流量 Q_T 下的扬程 H 变化曲线（图 3.3 中的 H-Q_T 曲线）。

图 3.3 中的 H-q 曲线为水泵扬程 H 与泄漏流量 q 的关系曲线，从 H-Q_T 曲线上的各点分别减去各对应扬程下的泄漏流量，即可得到图 3.3 中的 H-Q 曲线。

由上面的分析可知，叶片泵 H-Q 曲线是一条下降的曲线，即扬程 H 随着 Q 的增加而减小。离心泵与轴流泵工作原理与结构型式不同，其 H-Q 曲线有所不同；同一泵型，但叶片出口安放角不同，其 H-Q 曲线也有所不同。

离心泵的 H-Q 曲线可以大致分为以下 3 种基本类型：

(1) 叶片出口安放角 β_{e2} 较小，H-Q 曲线随流量增加下降的幅度较大，曲线陡降，如图 3.4 中的曲线 Ⅰ 所示。具有这种型式 H-Q 曲线的离心泵，其比转数 n_s 较大，它适用于扬程变化较大时要求流量变化较小的场合，如从水位变幅较大的水源取水的供水泵。

(2) 叶片出口安放角 β_{e2} 较大，H-Q 曲线随流量增加下降的幅度较小，曲线平坦，如图 3.4 中的曲线 Ⅱ 所示。具有这种型式 H-Q 曲线的水泵，比转数 n_s 中等，它适用于流量变化较大时要求扬程变化较小的场合，如自来水厂从清水池取水的供水泵。

(3) 叶片出口安放角 β_{e2} 超过某一值后，H-Q 曲线随流量的增加先上升后下降，曲线具有驼峰，如图3.4中的曲线Ⅲ所示。曲线Ⅲ上的k点（Q_k，H_k）对应于扬程的最大值，是离心泵稳定工作区与不稳定工作区的分界点。k点右边（$Q>Q_k$）为水泵的稳定工作区，左边（$Q<Q_k$）为不稳定工作区，水泵在该区域工作时容易发生流量和扬程的波动，从而影响泵的稳定运行。一般比转数较小的离心泵都具有驼峰形状的H-Q曲线，在使用这种水泵时，只允许在$Q>Q_k$的工况下运行。

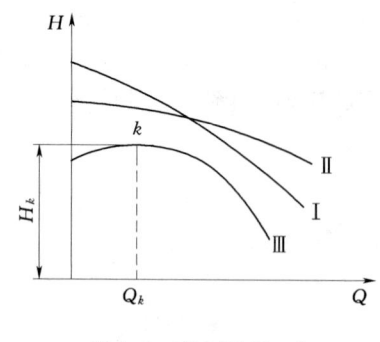

图3.4 离心泵H-Q曲线的3种型式

轴流泵的H-Q曲线具有与离心泵H-Q曲线相同的变化趋势，但两者具有明显差异。图3.5中的曲线a为轴流泵的H-Q曲线，从图中可见在流量大约为40%～60%额定流量的范围内出现性能不稳定的"马鞍形"区。这是因为：当流量小于设计流量时，随着流量的减小，叶片的冲角增大，升力系数C_y也随之增大，扬程逐渐增高，当流量减小到马鞍形上顶点k对应的流量Q_k时，升力系数C_y达最大值，点k即为失速点，继续减小流量至马鞍形下顶点j对应的流量Q_j时，使得冲角大于失速冲角，以至于液流在叶片背面完全脱流，升力急剧下降，泵的扬程随之降低，并伴随有强烈的振动和噪声。当流量再继续减小时，分布在叶片上不同半径处翼型产生的扬程出现差别，$v_{u2外}$的增率大于$v_{u2内}$的增率，因此叶片内、外缘产生的扬程不相等，内、外缘H-Q曲线也不相同，如图3.6所示，图中曲线a、b分别为叶片外缘和内缘的H-Q曲线，交点d为设计工况，对应的流量Q_d为设计流量。当$Q<Q_d$时，外缘产生的扬程大于内缘产生的扬程，从而产生向心的从生涡流。这种从生涡流一般要经过叶轮好多次，而每通过一次均获得一次能量。因此，泵的扬程又急剧升高，直至流量达到零时，扬程增至最大。流量为0时的运行点称为关闭工况点，这时水泵的扬程最大。轴流泵关闭工况点的扬程约为设计点的1.5～2倍。另外，水泵在"马鞍形"区内运行时，机组工作不稳定，应避免在此区内运行。

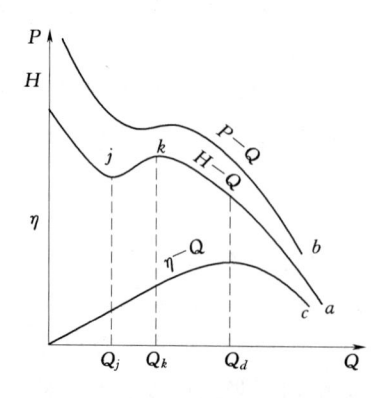

图3.5 轴流泵性能曲线

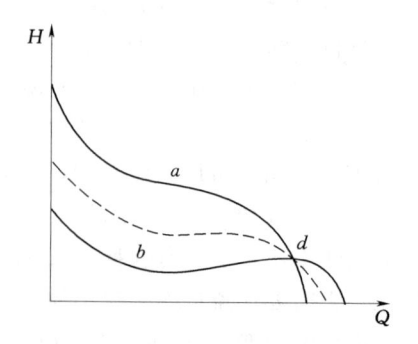

图3.6 轴流泵叶片内、外缘H-Q曲线

3.1.1.2 轴功率与流量的关系曲线（P-Q曲线）

（1）离心泵的P-Q曲线。由于水泵的轴功率P等于水功率P_w与机械损失功率ΔP_m

之和，由式（2.14）与 $H_T=S_l H_{T\infty}$，可得：

$$P=P_w+\Delta P_m=\rho g Q_T H_T+\Delta P_m=A'Q_T-B'Q_T^2+\Delta P_m \tag{3.1}$$

式中：$A'=\rho g S_l A$；$B'=\rho g S_l B$；S_l 为滑移系数。

考虑到机械损失功率 ΔP_m 与水泵的流量无关，可绘出 $P\text{-}Q_T$ 曲线，如图 3.7 中的 CD 线。从 CD 曲线上所对应的流量 Q_T 扣除泄漏量 q 后，即得 $P\text{-}Q$ 曲线，如图 3.7 中的 EF 线。

从图 3.7 中得到的 $P\text{-}Q$ 曲线可知，离心泵的轴功率与流量关系曲线是一条随着流量的增加先逐渐上升到最大轴功率然后下降的曲线。$P\text{-}Q$ 曲线的有效部分一般为随流量增加轴功率增大的上升线段，即使有下降部分，其范围也很小，功率的下降也很有限。因此，离心泵 $P\text{-}Q$ 曲线是随着流量的增大轴功率增加的上升曲线，在流量等于 0 时，轴功率最小（为机械损失功率 ΔP_m 与容积损失功率 ΔP_v 之和）。因此，离心泵应在出口阀门关闭的条件下启动，即离心泵应关阀启动，以减小动力机的启动负荷。

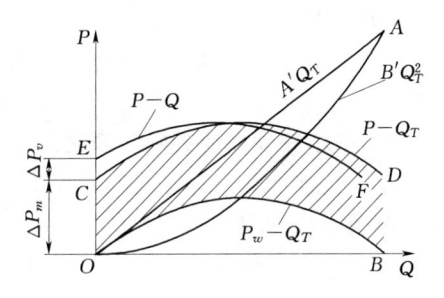

图 3.7 离心泵 $P\text{-}Q$ 曲线分析

（2）轴流泵的 $P\text{-}Q$ 曲线。轴流泵的 $P\text{-}Q$ 曲线与离心泵完全不同，如图 3.5 中的 $P\text{-}Q$ 曲线所示。它是一条随流量增加而下降的曲线，即轴流泵在流量等于 0 时的轴功率最大，且随着流量的增加轴功率迅速减小。这是因为当流量减小时，由于叶轮内水流的紊乱，使能量损失大大增加，从而引起轴功率的增加。因此，与离心泵相反，轴流泵应开阀启动，以减小动力机的启动负荷。轴流泵在出口设逆止阀、拍门等起停机断流作用，而对抽水出流阻力很小，有利于轴流泵开阀启动。

3.1.1.3 效率与流量关系曲线（$\eta\text{-}Q$ 曲线）

有了 $H\text{-}Q$ 曲线与 $P\text{-}Q$ 曲线后，可查出同一流量 Q 下相应的扬程 H 和轴功率 P，然后按下列公式计算泵的效率：

$$\eta=\frac{\rho g Q H}{P} \tag{3.2}$$

由式（3.2）可知，当 $Q=0$、$H\neq 0$ 或 $H=0$、$Q\neq 0$ 时，水泵效率 $\eta=0$。因此，水泵 $\eta\text{-}Q$ 曲线是一条通过坐标原点，并与横坐标上对应于扬程等于 0 的流量点相交，开口向下的类似抛物曲线（图 3.8）。曲线的顶点（最高效率点 $\eta_{\max}$）对应的流量为泵的设计流量 Q_d 或称额定流量，对应的运行工况为设计工况。当流量小于设计流量时，水泵效率随着流量的增加而增高；当流量大于设计流量时，

图 3.8 $\eta\text{-}Q$ 曲线

水泵的效率随着流量的增加而降低。实际上水泵在正常运行时的扬程不可能等于 0，因此效率曲线下降线段也不会与横坐标相交。

水泵偏离设计工况点运行时效率下降的原因是，在设计流量时，叶轮进口处的水流相对速度与叶片进口端相切，叶轮出口处的水流绝对速度与蜗壳扩散管内壁或导叶进口端相切。而当流量偏离设计流量时，上述两种速度的方向都发生了变化，从而引起漩涡，增加

了流动损失，导致效率下降。

3.1.1.4 汽蚀性能参数与流量关系曲线（$[H_s]$ 或 $[NPSH]$-Q 曲线）

汽蚀性能参数与流量关系曲线是指允许吸上真空高度 $[H_s]$ 或允许汽蚀余量 $[NPSH]$ 与水泵流量 Q 之间的关系曲线，可参见图 3.1 中的 $[H_s]$-Q 曲线与图 3.2 中的 $[NPSH]$-Q 曲线。关于汽蚀性能参数的含义及汽蚀性能曲线变化规律的分析说明详见第 4 章。

3.1.2 基本性能曲线的数学表达式

基本性能曲线全面、直观地反映了水泵的特性，为便于计算机根据性能试验的实测数据绘制基本性能曲线以及数值求解水泵工作点，需要求出基本性能曲线的数学表达式。

水泵基本性能曲线可用一组 n 次多项式（n 一般为 2 或 3）来表示：

$$H = \sum_{i=0}^{n} A_i Q^i \tag{3.3}$$

$$P = \sum_{i=0}^{n} B_i Q^i \tag{3.4}$$

$$\eta = \sum_{i=0}^{n} C_i Q^i \tag{3.5}$$

$$[H_s] = \sum_{i=0}^{n} D_i Q^i \text{ 或 } [NPSH] = \sum_{i=0}^{n} D_i Q^i \tag{3.6}$$

式中：A_i、B_i、C_i、D_i 为常系数。这些系数可以借助性能试验的实测数据或已知的性能曲线，采用最小二乘法来确定。现以 H-Q 曲线为例来说明系数 A_i 的确定方法。

设一组 H-Q 曲线上数据为 (Q_j, H_j)，$j=1, 2, \cdots, m$（m 远大于 n），根据最小二乘法，数据 H_j 与式（3.3）右边 $\sum_{i=0}^{n} A_i Q^i$ 之差的平方和 $S(A_n, A_{n-1}, \cdots, A_i, \cdots, A_0) = \sum_{j=1}^{m} \left(H_j - \sum_{i=0}^{n} A_i Q_j^i \right)^2$ 应为最小，即 S 对 A_k 的偏导数等于 0。

$$\frac{\partial S}{\partial A_k} = 2 \sum_{j=1}^{m} \left(\sum_{i=0}^{n} A_i Q_j^i - H_j \right) Q_j^k = 2 \sum_{j=1}^{m} \sum_{i=0}^{n} A_i Q_j^i Q_j^k - 2 \sum_{j=1}^{m} H_j Q_j^k = 0$$

式中：$k=0, 1, \cdots, n$。

因此有

$$\sum_{j=1}^{m} \sum_{i=0}^{n} A_i Q_j^i Q_j^k = \sum_{j=1}^{m} H_j Q_j^k$$

这是一个 $n+1$ 元线性方程组，可写成如下的矩阵形式：

$$\begin{bmatrix} \sum_{j=1}^{m} Q_j^{2n} & \sum_{j=1}^{m} Q_j^{2n-1} & \cdots & \sum_{j=1}^{m} Q_j^{n} \\ \sum_{j=1}^{m} Q_j^{2n-1} & \sum_{j=1}^{m} Q_j^{2n-2} & \cdots & \sum_{j=1}^{m} Q_j^{n-1} \\ \vdots & \vdots & \cdots & \vdots \\ \sum_{j=1}^{m} Q_j^{n} & \sum_{j=1}^{m} Q_j^{n-1} & \cdots & \sum_{j=1}^{m} Q_j^{0} \end{bmatrix} \begin{bmatrix} A_n \\ A_{n-1} \\ \vdots \\ A_0 \end{bmatrix} = \begin{bmatrix} \sum_{j=1}^{m} H_j Q_j^{n} \\ \sum_{j=1}^{m} H_j Q_j^{n-1} \\ \vdots \\ \sum_{j=1}^{m} H_j Q_j^{0} \end{bmatrix} \tag{3.7}$$

3.1 基本性能曲线

解此方程组即可求得 H-Q 曲线数学表达式中的系数 A_i，$i=0,1,\cdots,n$。

为了提高计算速度和精度，还需考虑相关系数 R 和标准残差 S，其表达式为

$$R = \frac{\sum_{j=1}^{m}(Q_j-\overline{Q})(H_j-\overline{H})}{\sqrt{\sum_{j=1}^{m}(Q_j-\overline{Q})^2 \sum_{j=1}^{m}(H_j-\overline{H})^2}} \tag{3.8}$$

式中：$\overline{Q} = \sum_{j=1}^{m}\frac{Q_j}{m}$；$\overline{H} = \sum_{j=1}^{m}\frac{H_j}{m}$。

$$S = \frac{1}{m}\sqrt{\sum_{j=1}^{m}\left(\sum_{i=0}^{n}A_iQ_j^i - H_j\right)^2} \tag{3.9}$$

相关系数表述了一组数据的离散程度，通过计算 R 的值，可以帮助确定拟合曲线的多项式的方次，以达到减少不必要的计算、提高计算速度的目的。R 的值越小，说明该组数据的离散程度越大。标准残差表述了曲线方程对各点拟合的程度，S 值越小，说明拟合的程度越高。一般说来，H-Q 曲线的数学表达式用一个二次多项式（$n=2$）表示，其精度就可满足要求了。

利用上述方法即可求出适当精度的 H-Q、P-Q、η-Q 与 $[H_s]$-Q 或 $[NPSH]$-Q 曲线的数学表达式。

3.1.3 叶片泵基本性能试验

进行水泵基本性能试验时，通常是在一定的转速 n 下测定水泵的扬程 H、轴功率 P、效率 η 和允许吸上真空高度 $[H_s]$ 或允许汽蚀余量 $[NPSH]$ 随流量而变化的关系，把这些关系用曲线表示出来，即为 H-Q、P-Q、η-Q 和 $[H_s]$-Q 或 $[NPSH]$-Q 曲线（有关水泵汽蚀性能试验请参阅有关文献）。

下面简述测定离心泵性能曲线（H-Q、P-Q、η-Q 曲线）的方法和步骤。

3.1.3.1 试验装置及试验原理

图 3.9 为一开敞式离心泵试验装置。它由被测试水泵机组、进水管路、出水管路、水池、出水堰箱以及各种测试仪器仪表组成。

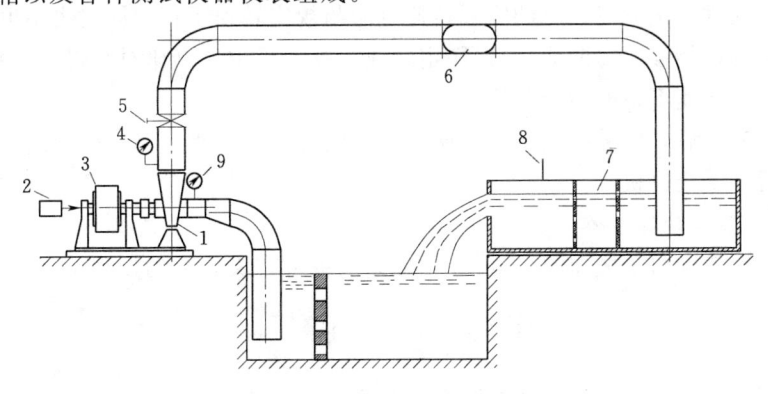

图 3.9 离心泵基本性能试验装置（开式台）
1—被试水泵；2—转速仪；3—测功计（马达天平）；4—压力表；5—闸阀；
6—流量计；7—堰箱；8—测针；9—真空表

水泵性能试验需要测定的参数包括每一工况下水泵的流量、扬程、轴功率和效率。其原理是，通过改变出水管路上的闸阀开度来控制水泵的流量和扬程，每改变一次闸阀开度，测量水泵的转速、流量及真空表、压力表、测功机（马达天平）或电功率表的读数，根据经过处理后的试验数据，即可绘出泵的性能曲线。试验中的流量可用出水堰箱中 90°薄壁三角堰或管道流量计测出；扬程利用水泵进口被测断面真空表、出口被测断面压力表测定；轴功率利用马达天平或扭矩仪测定或用两瓦特表法测出电动机的输入功率，在扣除电动机和联轴器的功率损失后，就可得到水泵的轴功率。

3.1.3.2 试验步骤

（1）试验前的准备工作。

1）熟悉设备的使用方法。

2）记录必要数据，如试验水泵和电动机型号、额定参数，水泵进、出口直径、压力表中心与真空表测点间的垂直距离、三角堰堰底测针读数以及其他使用仪表的率定参数等。

3）检查真空表、压力表的指针是否对零，拨动联轴器检查转子转动是否灵活，电线是否接好等。

4）用砝码调平马达天平，并记下砝码重量。

5）关闭出水闸阀和压力表接管上的旋塞开关。

6）打开通往水泵抽气管上的闸阀，启动真空泵，泵内充满水后，关闭抽气管上的闸阀，关停真空泵。

（2）启动机组。按电钮启动试验泵机组，打开真空表、压力表上的开关，并将出水管路上的闸阀打开 1~3 圈，检查机组及各种仪表的工作是否正常，如正常，便可进入观测（注意关闭抽气管上的闸阀）。

（3）试验数据测量。逐渐打开出水管上的闸阀（流量从零到最大，调节次数应不少于 10 次），每调节 1 次闸阀，待系统稳定后，记录真空表、压力表、堰箱水位测针（或流量计二次仪表）、砝码（或电功率表、扭矩仪）和转速仪的读数。如试验中发现某些数据有偏差或异常，则应重测，直到满意为止。

（4）数据处理。试验时，泵的实际转速可能与规定转速不符，同时也不恒定，为得到额定转速下泵的性能参数（曲线），以额定转速为准，采用比例律对测得的参数进行换算，并据此绘出额定转速下泵的性能曲线。

（5）试验完毕后，应关闭真空表、压力表上的开关及出水管路上的闸阀，拿掉马达天平上的砝码后，安全停机。

3.1.3.3 性能参数计算

（1）试验转速 n_t 下的扬程 H_t(m)。按照泵的扬程定义，泵的扬程 H 可按下式计算：

$$H_t = Z + \frac{p_1}{\rho g} + \frac{p_2}{\rho g} + \frac{v_2^2 - v_1^2}{2g} \tag{3.10}$$

式中：Z 为压力表中心至真空表测点的垂直高差，m，当压力表中心高于真空表中心时为正，否则为负；p_1、p_2 分别为真空表、压力表读数，Pa；v_1、v_2 分别为泵进、出口断面的平均流速，m/s。

(2) 试验转速 n_t 下的流量 Q_t(L/s)。

1) 当采用90°薄壁三角堰测量时，其流量按下式计算。

$$Q_t = 0.0154 \left(\frac{h}{10}\right)^{2.47} \tag{3.11}$$

式中：h 为堰上水头，mm。

2) 当采用涡轮流量计测量时，其流量按下式计算。

$$Q = f/\xi \tag{3.12}$$

式中：f 为涡轮流量计工作时的电脉冲信号频率，次/s；ξ 为涡轮流量计仪表参数，次/L。

(3) 试验转速 n_t 下的轴功率 P_t(kW)。

1) 当采用马达天平测轴功率时，其轴功率为

$$P_t = M\omega \tag{3.13}$$

式中：M 为电动机定子转矩，N·m，$M=FL$；F 为砝码重量，N；L 为力臂长，即电机转轴中心线至砝码称盘吊点的距离，m；ω 为角速度，rad/s，$\omega = 2\pi n/60$，n 为泵的转速，r/min。

2) 当采用电功率表测量时，通常采用两瓦特表法，其轴功率为

$$P_t = P_{in}\eta_m \tag{3.14}$$

式中：P_{in} 为电动机输入功率，即两功率表读数之和，kW；η_m 为电动机效率，由率定的电动机效率曲线查得。

(4) 试验转速 n_t 下的效率 η_t(%)。

$$\eta_t = \frac{P_{e_t}}{P_t} \times 100\% = \frac{\rho g Q_t H_t}{1000 P_t} \times 100\% \tag{3.15}$$

式中：P_{e_t} 为试验转速 n_t 下的有效功率，kW。

(5) 额定转速下性能参数换算。额定转速 n 下泵的流量 Q、扬程 H 和轴功率 P 可根据试验测量值由比例律公式换算得出：

$$\begin{aligned} Q &= Q_t n/n_t \\ H &= H_t (n/n_t)^2 \\ P &= P_t (n/n_t)^3 \\ \eta &= \eta_t \end{aligned} \tag{3.16}$$

式中：各符号的意义同上。

3.1.3.4 性能曲线绘制

根据性能参数换算得到的数据（流量 Q、扬程 H、轴功率 P 和转速 n），在以流量 Q 为横坐标、其他参数为纵坐标的直角坐标系中分别绘制转速 n 恒定为额定转速的 H-Q、P-Q 曲线与 η-Q 曲线。

3.2 通用性能曲线

基本性能曲线反映了水泵在额定转速下的性能，其中对轴流泵、导叶式混流泵、贯流

泵等低扬程泵而言，由于叶片安放角可调节，反映的则是水泵在额定转速和设计叶片安放角下的性能。然而，在实际运行中常常采用改变转速或叶片安放角的办法，来适应工况变化对水泵性能的要求。为此，就需要知道水泵在各种不同转速或转速一定、不同叶片安放角时的性能。同一直角坐标系中绘制的一台水泵在不同转速或转速一定、不同叶片安放角时的一簇性能曲线称为通用性能曲线，前者称为变速通用性能曲线，后者称为变角通用性能曲线。

3.2.1 变速通用性能曲线

3.2.1.1 基于水泵性能试验结果

通过对泵的性能试验，可以得到某一转速下泵的基本性能曲线，如果在试验中改变水泵转速，重复实验，可以得到多种转速下泵相应的基本性能曲线，如图3.10所示。但该曲线使用起来不够方便，且转速变化档次越多，图上线条越密集。为使用便利，通常将图3.10中的曲线变换为仅在图中反映不同转速下的扬程-流量曲线，且用等效率线代替不同转速时的效率曲线，如图3.11所示。水泵在不同转速下的功率可由对应点的 Q、H 和 η 计算得出。变换后的通用性能曲线的作图方法和步骤如下：

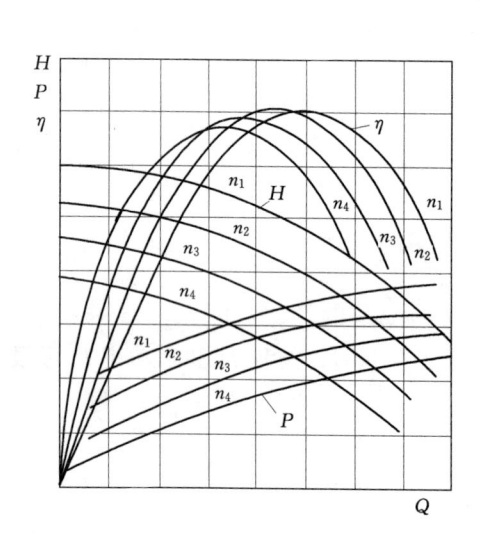

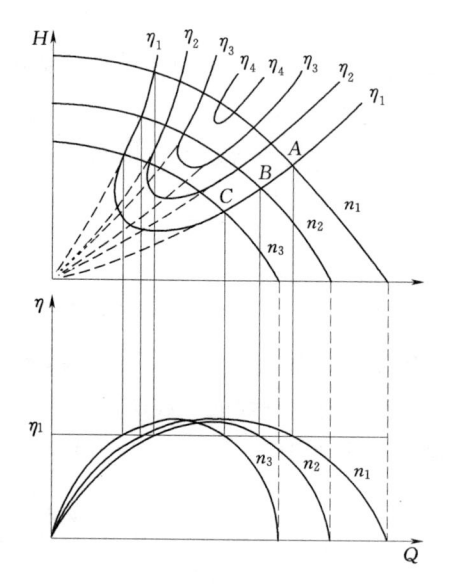

图3.10 不同转速时水泵的性能曲线　　图3.11 离心泵不同转速下的通用性能曲线

（1）保留图3.10中不同转速时泵的 H-Q 曲线。

（2）在不同转速的 η-Q 曲线中，取某一等效率值 η_1 作水平线与各效率线相交于两点，在图3.11中交3条效率曲线共得6个点，各点效率值皆等于 η_1。

（3）将所得各点分别投影到与各转速相对应的 H-Q 曲线上，再将 H-Q 线上这些投影点连成曲线，即得效率为 η_1 值的等效率曲线。

（4）同样的，分别取等效率值 η_2、η_3、η_4、…，仿照步骤（2）、（3）的做法，可分别得出相应于 η_2、η_3、η_4 等的等效率曲线。

3.2.1.2 基于水泵比例律

泵在不同转速下的基本性能曲线可以根据额定转速下的基本性能曲线通过水泵比例律

3.2 通用性能曲线

(详见第 2 章 2.3 节) 换算得到。

图 3.12 中转速为 n_2 时的 H-Q 曲线是借助于转速为 n_1 时的 H-Q 曲线绘出的。具体作法是：首先在已知转速为 n_1 的 H-Q 曲线上取若干点 1、2、…，然后将这些点的坐标值 (Q_1,H_1)、(Q_2,H_2)、…及转速 n_1、n_2 分别代入比例律公式 (2.48) 与式 (2.49)，求出在转速 n_2 下各自对应工况点的坐标值 (Q_1',H_1')、(Q_2',H_2')、…〔注意：根据比例律，点 1 与点 1'、点 2 与点 2'均为相似工况点，具有同样的 K_i $(i=1,2,\cdots)$ 值，且在同一条相似工况抛物线 $H=K_iQ^2$ 上〕，最后将点 1'、2'、…用光滑的曲线连接起来，即得转速为 n_2 时的 H-Q 曲线。其他转速的 H-Q 曲线，用同样的方法亦可绘出。这样，就得到了水泵在不同转速时的性能曲线图，即如图 3.13 所示的变速通用性能曲线图。

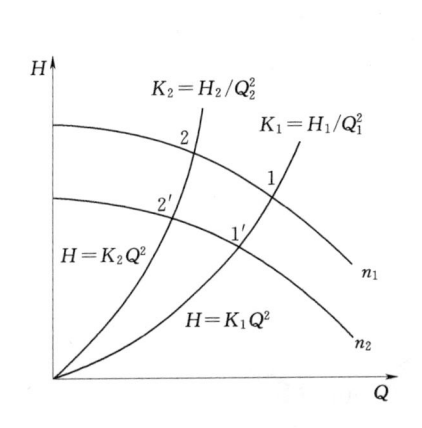

图 3.12　相似工况抛物线

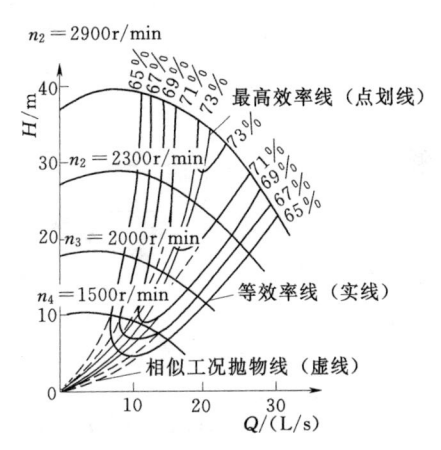

图 3.13　某离心泵变速通用性能曲线

由图 3.13 可以看出，在转速降低的一定范围内，由水泵变速基本性能试验得到的等效率曲线与相似工况抛物线基本吻合，而随着转速的降低，等效率线越来越偏离相似工况抛物线，试验得到的等效率曲线箱效率较高的方向偏移，最后在最高效率线上闭合。这说明在偏离额定转速的一定范围内，可以认为相似工况抛物线就是等效率线，即水泵的效率不随转速的变化而改变；超出这个范围，必须考虑水泵效率随着转速的下降而下降的情况。这是因为相似工况抛物线是由比例律导出的，而比例律又是在假定泵内各种效率相等的情况下换算得到的，当转速变化较大时，相应效率发生的变化也大，从而使得等效率曲线与相似工况抛物线的差别也大。图 3.13 示例表明，当转速从 2900r/min 下降到 1500r/min 时，水泵效率从高于 73% 下降到 69%，由此可见水泵在低速下运行是不经济的。一般情况下，水泵转速的调节应控制在额定转速的 50%～120% 范围内，且当水泵高于额定转速运行时，必须考虑轴承、泵体的强度和寿命。

3.2.2　变角通用性能曲线

轴流泵、导叶式混流泵、贯流泵等低扬程泵多采用叶片安放角可调的叶轮（半调式或全调式叶轮），故一般采用转速不变、改变叶片安放角的方法来满足工况变化对水泵性能的要求。变角通用性能曲线是指在同一直角坐标系中绘制的水泵在额定转速、不同叶片安放角下的一簇 H-Q 曲线、等效率曲线和等轴功率曲线（图 3.14）。

变角通用性能曲线的绘制可以仿照变速通用性能曲线的绘制方法，图 3.14 中的等轴功率曲线的作法类似等效率曲线的绘制方法。

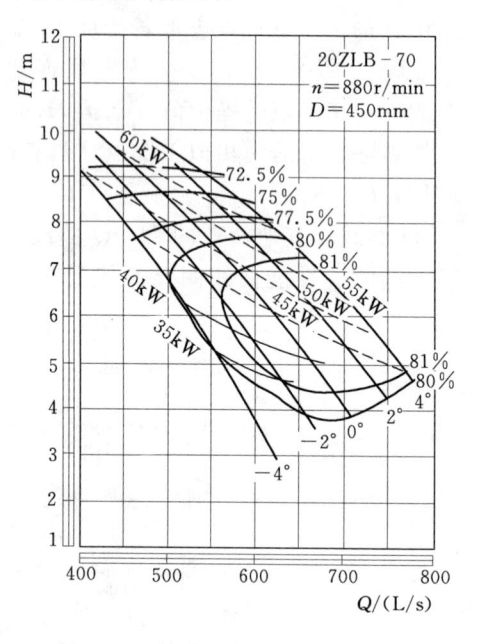

图 3.14　轴流泵变角通用性能曲线

3.3　相对性能曲线

为了便于对不同比转数水泵的性能进行比较，常常用到相对性能曲线。在介绍相对性能曲线以前，先介绍相对性能参数的概念。

3.3.1　参数

相对性能参数是指各叶片泵在非设计工况下的工作参数 Q、H、P 和 η 与设计工况点（最大效率点）各对应参数（Q_d、H_d、P_d、η_d）的百分比，即

相对流量 q：

$$q=\frac{Q}{Q_d}\times 100\% \tag{3.17}$$

相对扬程 h：

$$h=\frac{H}{H_d}\times 100\% \tag{3.18}$$

相对轴功率 p：

$$p=\frac{P}{P_d}\times 100\% \tag{3.19}$$

相对效率 η'：

$$\eta'=\frac{\eta}{\eta_d}\times 100\% \tag{3.20}$$

3.3.2 曲线

相对性能曲线是指在以相对流量 q 为横坐标的直角坐标系中，水泵相对扬程 h、相对轴功率 p 和相对效率 η' 与相对流量 q 之间的关系曲线，如图 3.15 所示。由水泵相似律很容易证明，比转数 n_s 相等的相似水泵具有相同的相对性能曲线，也就是说，用同一组相对性能曲线便可代表一系列相似水泵的性能。因此，如把式（3.17）～式（3.20）改写成

$$\left. \begin{array}{l} Q=qQ_d \\ H=hH_d \\ P=pP_d \\ \eta=\eta'\eta_d \end{array} \right\} \tag{3.21}$$

就可根据已知的相对性能曲线计算和绘制出设计点参数已知的叶片泵的性能曲线。这个方法不但非常简易，而且比任何现有理论所给出的结果都可靠。因此，在工程中经常采用这个方法，由模型泵的相对性能曲线来换算原型大泵的基本性能曲线。

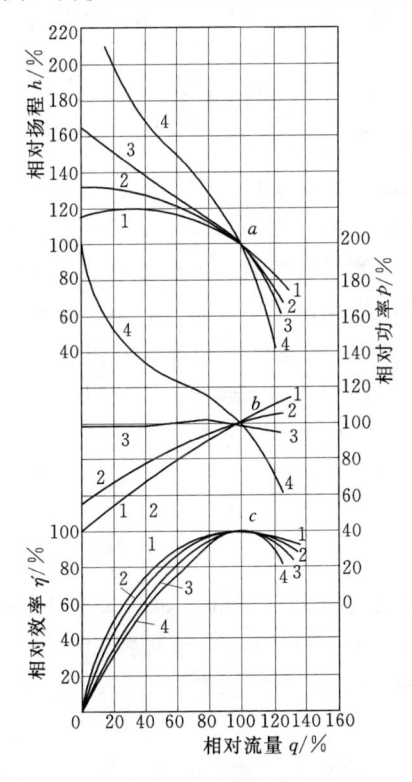

图 3.15 不同比转数泵的相对性能曲线

1—离心泵（$n_s=100$）；2—离心泵（$n_s=200$）；
3—混流泵（$n_s=400$）；4—轴流泵（$n_s=700$）；
a—相对扬程；b—相对功率；c—相对效率

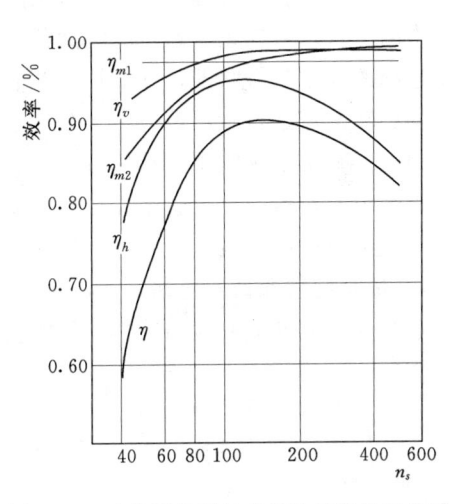

图 3.16 叶片泵各种效率与比转数关系曲线

图 3.15 清楚地表示出叶片泵性能曲线随比转数 n_s 而变化的规律：n_s 越小，泵的 H-Q 曲线越平缓，$Q=0$ 时的轴功率 P 越小，η-Q 曲线在效率最高点两侧下降得越平缓，高效区范围越宽；反之，n_s 越大，H-Q 曲线越陡峻，$Q=0$ 时的轴功率 P 越大，η-Q 曲线

在效率最高点两侧下降得越急剧，高效区范围越窄。即：随着比转数 n_s 的增大，H-Q 曲线逐渐变陡；P-Q 曲线由随流量增加轴功率变大的上升曲线变为比较平坦，继而变为轴功率随流量的增加而减小的下降曲线。

图 3.16 表示了叶片泵各种效率与比转数的关系，其中 η_{m1} 为轴承及填料函内的功率损失相应的机械效率，η_{m2} 为圆盘损失相应的机械效率。由图可以看出，$n_s=90\sim210$ 的离心泵具有最高的总效率。

3.4 全面性能曲线

前面论述的性能曲线都是水泵在正常运行状态下的性能曲线。所谓正常运行状态或工况是指：①叶轮按规定的方向转动；②水从吸水侧流入水泵，从出水侧流出水泵；③水泵出口水流的总能头大于水泵进口的总能头；④动力机将机械能传递给水泵，即水泵从动力机吸收功率。由于水泵正常运行时的性能曲线位于 H-Q 直角坐标系的第一象限内，故也称为第一象限性能曲线。

在某些特殊情况下，水泵可以在反常的条件下运转。如果把水泵正常运行时的转速 n、流量 Q、扬程 H 和轴功率 P 或与规定转速方向相同的转矩 M 定义为正值，那么，叶轮倒转时的转速、水倒流时的流量、水泵进口处的总能头高于出水处的总能头和水泵向动力机输出的功率或与规定转速方向相反的转矩则均为负值。把水泵在一个或几个负值工作参数条件下的运行状态称为反常运行工况，比如出水侧没有安装单向阀的单泵或并联抽水装置中的一台水泵在正常运行时突然断电引起的断电水泵经历正转正流、正转倒流和倒转倒流过程的反常运行状况；又如抽水蓄能电站中的水泵-水轮机可逆式机组作为水轮机运行时的倒转倒流运行状况等等。水泵反常运行出现的问题都涉及到第一象限以外的工作特性，因此，有必要了解水泵在所有运行状态下的工作特性。因为水泵的工作特性是用性能曲线来表示的，所以要了解水泵在四个象限上的特性变化，就必须借助于水泵的四象限性能曲线或全面性能曲线。

3.4.1 试验装置和试验方法

水泵的全面性能曲线与基本性能曲线一样，是通过试验得到的。如图 3.17 所示为一水泵全面性能曲线试验装置。该装置对试验泵机组的要求是：运转可逆，转速可调，能双向测力矩。对回路的要求是：流动可逆，流量可调，能双向测流量。图 3.17 中 P 为试验泵，E 为测功电动机，V_1、V_2、V_3 和 V_4 为控制阀门，用于改变试验泵的运行方式，l 为管路，D 为循环水箱，P_1 是向试验泵 P 出口强制逆向供水的辅助泵，其扬程要大于泵 P 的扬程，使试验泵能在负流量、正扬程下运转；P_2 是向试验泵 P 进口供水的辅助泵，其流量和扬程均

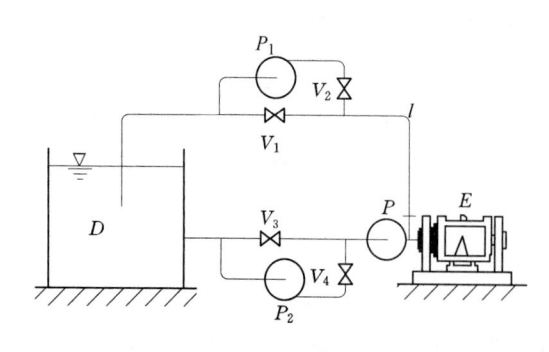

图 3.17 水泵全面性能曲线试验装置
P—试验泵；$V_1\sim V_4$—控制阀门；P_1、P_2—辅助泵；
D—循环水箱；E—测功电动机；l—管路

3.4 全面性能曲线

要大于试验泵 P 的流量和扬程,使试验泵能在正流量、负扬程下运转。

上述试验装置可测出水泵在各种工况下的性能参数及曲线,测试方法和泵的基本性能试验大体相同。根据表 3.1 所列的方法进行试验,便可测得如图 3.18 所示的水泵全面性能曲线。

表 3.1　　　　　　　　试验设备操作状态及其测定的运行工况

P	P_1	P_2	V_1	V_2	V_3	V_4	测定的运行工况
水泵正转	停	停	开	关	开	关	正流量、正扬程、正转矩
	停	开	开	关	关	开	正流量、负扬程、正转矩
	停	开	开	关	关	开	正流量、负扬程、负转矩
	开	停	关	开	开	开	负流量、正扬程、正转矩
水泵反转	停	开	开	关	关	开	正流量、负扬程、负转矩
	停	开	开	关	关	开	正流量、负扬程、负转矩
	开	停	关	开	开	开	负流量、正扬程、负转矩
	开	停	关	开	开	开	负流量、正扬程、负转矩
水泵停转	停	开	开	关	关	开	正流量、负扬程、负转矩
	开	停	关	开	开	开	负流量、正扬程、正转矩

3.4.2 水泵运行工况分析

水泵可能出现的各种运行工况可以用图 3.18 来说明。图 3.18 (a) 和 (c) 分别是水泵正、反转时,不同转速下的相对扬程 h 与相对流量 q 关系曲线;图 3.18 (b) 是水泵正、反转时,不同转速下的相对转矩 β (水泵转矩 M 与设计点转矩 M_d 比值的百分数,即 $\beta = M/M_d \times 100\%$) 与相对流量 q 关系曲线。从图 3.18 可以看出,图中的 h-q 曲线被纵、横坐标轴和 0 转矩线,β-q 曲线被纵、横坐标轴和 0 转速线分为 8 个区,水泵正转时有 A、B、G、H 4 个区,水泵反转时有 C、D、E、F 4 个区。

水泵在 A 区运行时,水泵正转,其流量 Q、扬程 H 和转矩 M 均为正值,故其功率为正值,即 $\frac{\pi}{30}(+M)(+n) > 0$,表示功率自动力机传给水泵,且有 $\rho g(+Q)(+H) > 0$,表示水流通过水泵后其能量增加,所以 A 区为水泵正常运行工况区,或称正转水泵工况区。

水泵在 B 区运行时,水泵正转,扬程 H 和转矩 M 均为正值,故功率 $\frac{\pi}{30}(+M)(+n) > 0$,表示功率自动力机传给水泵,但此时由于水泵出口的水头超过了流量为零时水泵的工作扬程,水流反向流过水泵,故流量 Q 为负值,则有 $\rho g(-Q)(+H) < 0$,表示水流通过水泵后其能量减少,所以 B 区为制动耗能工况区。

水泵在 G 区运行时,水泵正转,此时由于水泵进口水头大于出口,水流被强制通过水泵,故流量 Q 为正值,扬程 H 和转矩 M 均为负值,故其功率 $\frac{\pi}{30}(-M)(+n) < 0$,表示

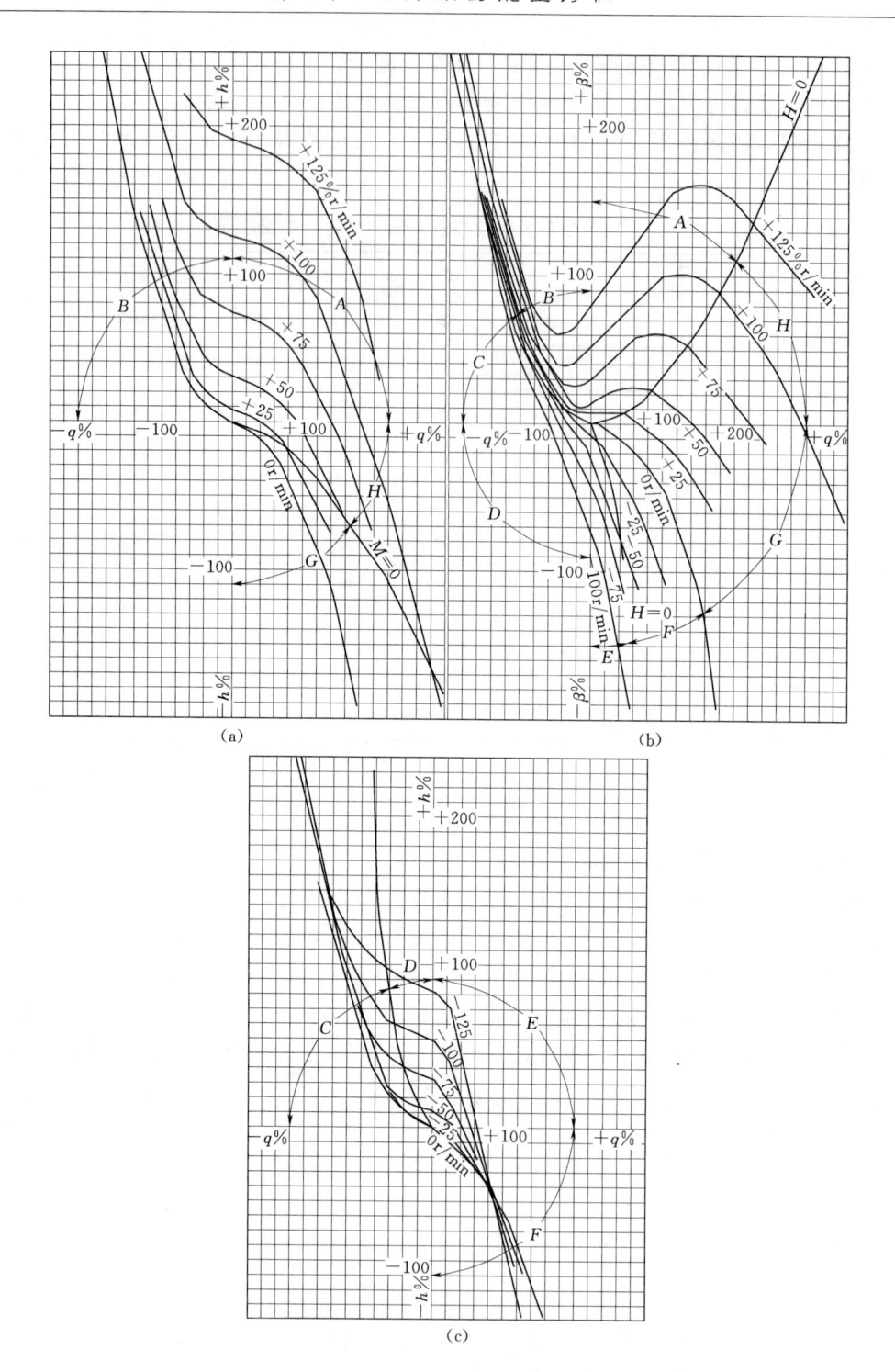

图 3.18 双吸离心泵（$n_s=90$）四象限运行工况

(a) 水泵正转时的相对流量 q-相对扬程 h 曲线；(b) 水泵正、反转时的相对流量 q-相对转矩 β 曲线；
(c) 水泵正转时的相对流量 q-相对扬程 h 曲线

A—正常泵；B—耗能；C—正常水轮机；D—耗能；E—反转泵；F—耗能；G—反转水轮机；H—耗能

功率自水泵传给动力机，而 $\rho g(+Q)(-H)<0$，表示水流通过水泵后其能量减少，所以 G 区为反转水轮机工况区。

水泵在 H 区运行时，水泵正转，同 G 区一样，水泵进口水头大于出口，水流被强制通过水泵，扬程 H 为负值，流量 Q 为正值，$\rho g(+Q)(-H)<0$，表示水流通过水泵后其能量减少，但转矩 M 为正值，故其功率 $\frac{\pi}{30}(+M)(-n)>0$，表示功率自动力机传给水泵，所以 H 区为制动耗能工况区。

水泵在 E 区运行时，水泵反转，其流量 Q、扬程 H 为正值，转矩 M 为负值，故其功率 $\frac{\pi}{30}(-M)(-n)>0$，表示功率自动力机传给水泵，且有 $\rho g(+Q)(+H)>0$，表示水流通过水泵后其能量增加，所以 E 区为反转水泵工况区。

水泵在 C 区运行时，水泵反转，其扬程 H、转矩 M 均为正值，故其功率 $\frac{\pi}{30}(+M)(+n)<0$，表示功率自水泵传给动力机，而流量 Q 为负值，故 $\rho g(-Q)(+H)<0$，表示水流通过水泵后其能量减少，所以 C 区为正转水轮机工况区。

水泵在 D 区运行时，水泵反转，水泵出口的水头超过了流量为零时水泵的工作扬程，水流反向流过水泵，其扬程 H 为正值，流量 Q、转矩 M 均为负值，故其功率 $\frac{\pi}{30}(-M)(-n)>0$，表示功率自动力机传给水泵，且有 $\rho g(-Q)(+H)<0$，表示水流通过水泵后其能量减少，所以 D 区为制动耗能工况区。

水泵在 F 区运行时，水泵反转，水泵进口水头大于出口，水流被强制通过水泵，其流量 Q 为正值，扬程 H、转矩 M 均为负值，故其功率 $\frac{\pi}{30}(-M)(-n)>0$，表示功率自动力机传给水泵，且有 $\rho g(+Q)(-H)<0$，表示水流通过水泵后其能量减少，所以 F 区为制动耗能工况区。

3.4.3 全面性能曲线绘制

为使水泵的全面性能曲线能够适用于所有比转数相等的相似泵，而与泵的尺寸大小和转速无关，故用相对性能参数来表示。所考虑的 4 个相对性能参数——相对转速 α、相对流量 q、相对扬程 h 和相对转矩 β 中，任何两个都可以取作自变量，因此，可以有 6 种不同组合的自变量组，通常采用相对流量 q 作为横坐标、相对转速 α 作为纵坐标来绘制 $h=$ 常数与 $\beta=$ 常数的两组曲线。

作图时，先绘出如图 3.18 所示不同转速下的 h-q 曲线和 β-q 曲线，再从不同 h 处画水平线与不同转速下的 h-q 曲线和 β-q 曲线相交，然后根据这些交点的数据，将其点绘在 α-q 坐标图中，即可绘出如图 3.19～图 3.21 所示的水泵全面性能曲线。

在图 3.19～图 3.21 中，各有两条零扬程线、零转矩线，它们与坐标系中的 4 个半轴都是水泵运行工况的分界线。这些分界线将平面分为 8 个区，自第 I 象限 $M'=0$ 的线开始逆时针方向旋转，按工况定义依次得到的各区工况是：正转水泵工况、制动耗能工况、正转水轮机工况、制动耗能工况、反转水泵工况、制动耗能工况、反转水轮机工况和制动耗能工况。

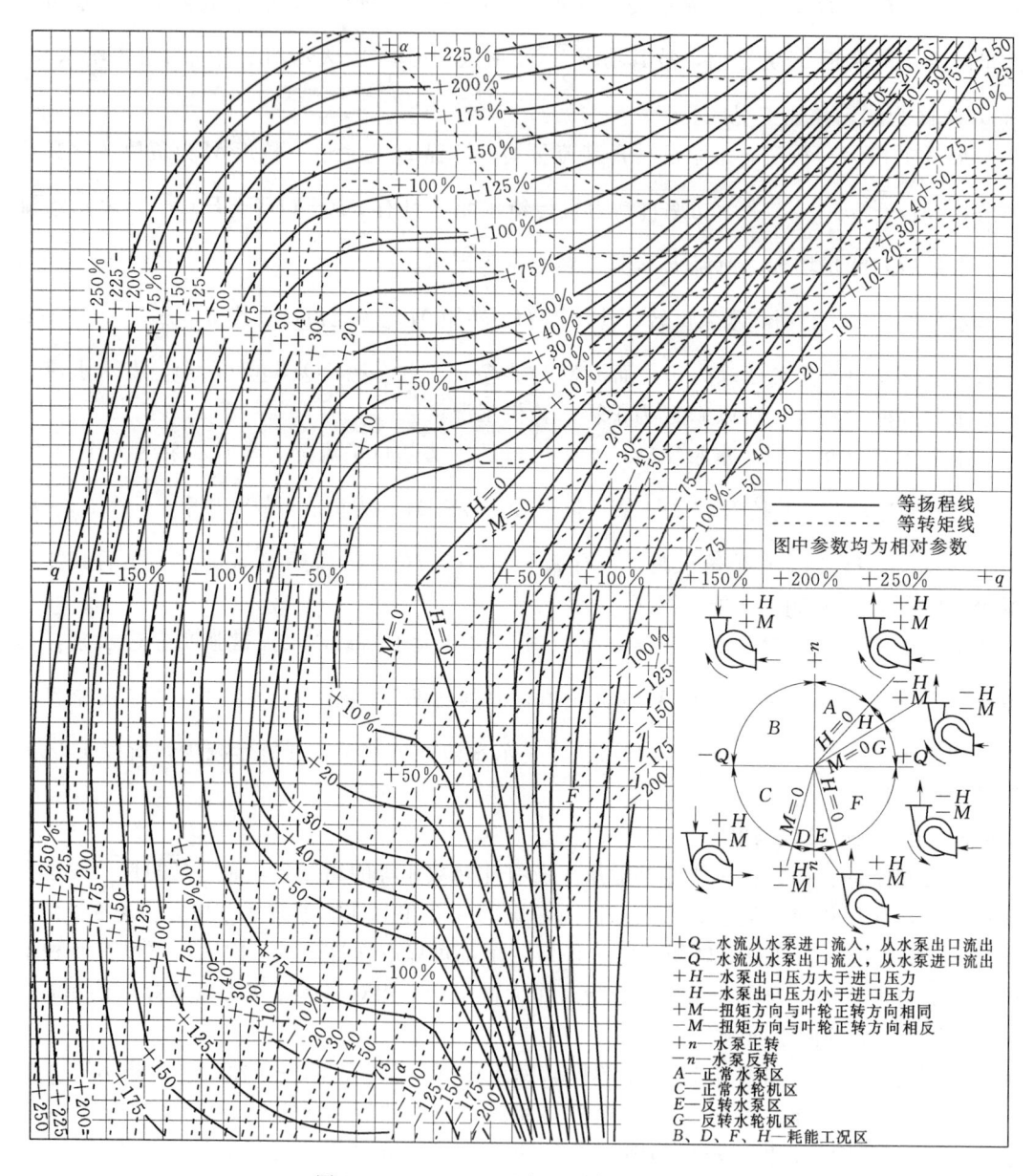

图 3.19　$n_s=90$ 双吸离心泵全面性能曲线

3.4 全面性能曲线

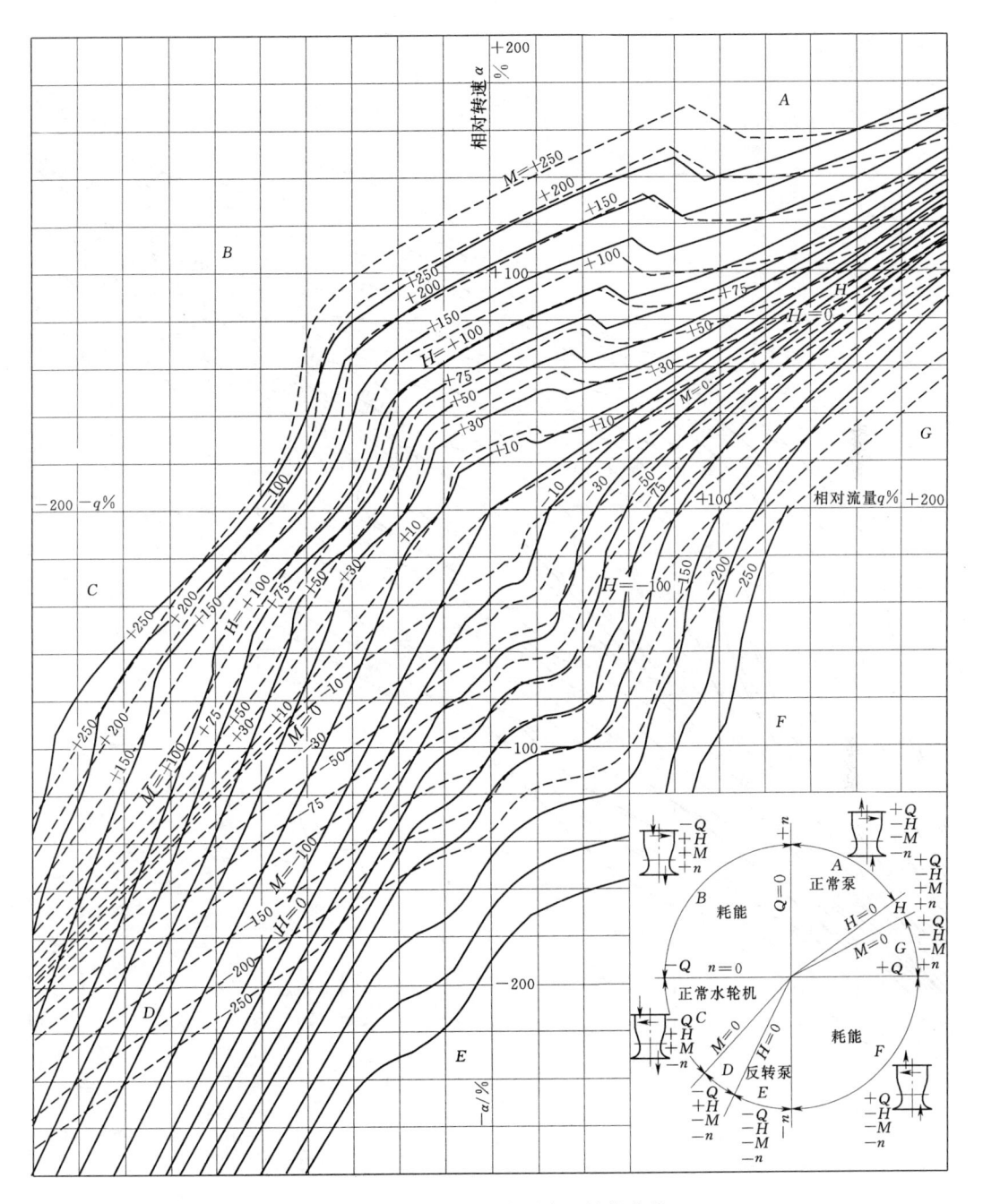

图 3.20 $n_s=530$ 混流泵全面性能曲线

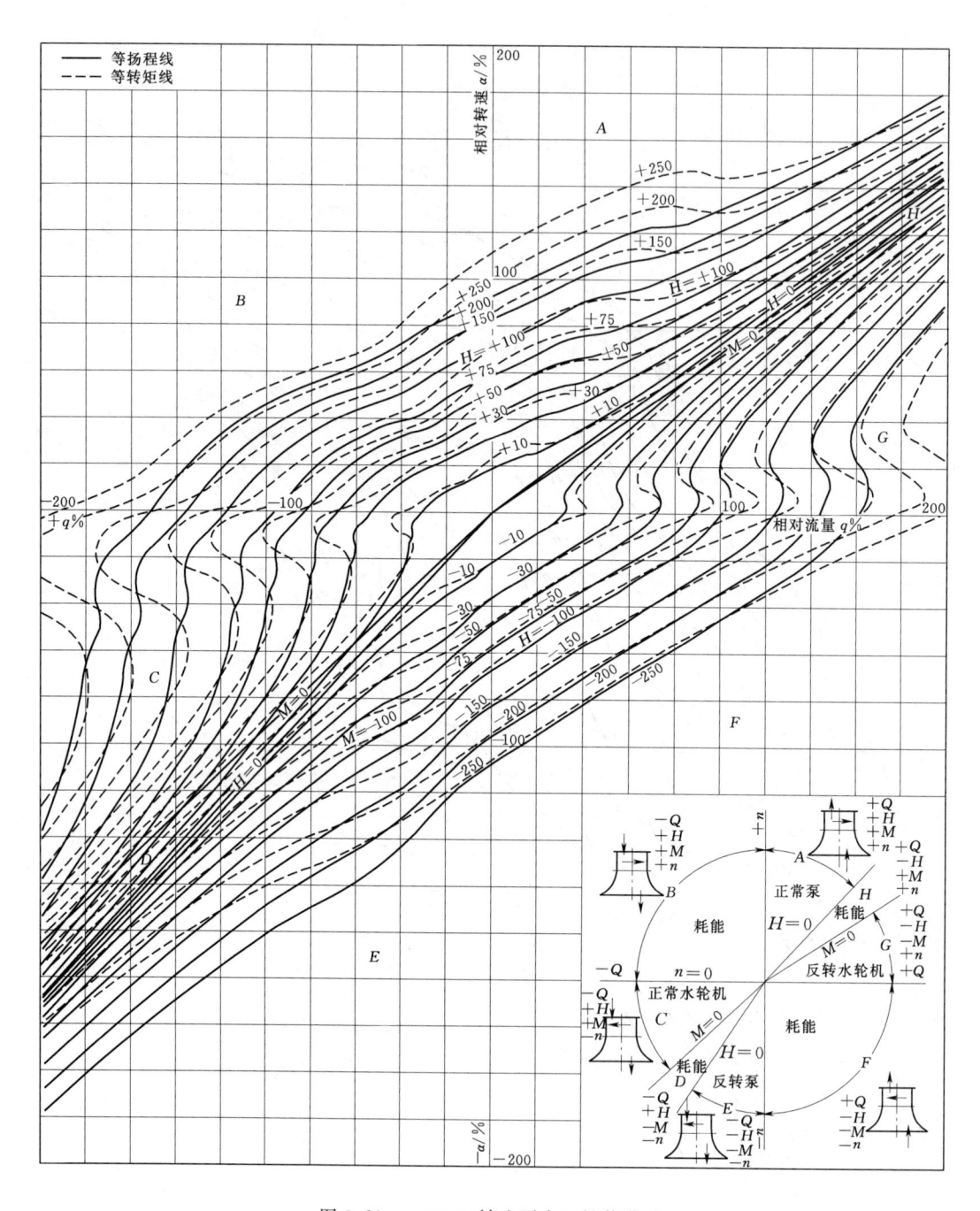

图 3.21　$n_s=950$ 轴流泵全面性能曲线

3.5 综合性能曲线（型谱图）

叶片泵根据不同的要求有各种不同的型号，同一型号水泵根据流量和扬程应用范围的不同又有各种不同的规格。所谓叶片泵综合性能曲线，或称型谱图，是指在同一直角对数坐标系中绘有同一型号各种不同规格的一系列泵的 H-Q 曲线的工作范围（即高效率区）线段的性能曲线图。绘制叶片泵的型谱图，既是泵类产品系列化、标准化的需要，也为用户提供了便利条件。用户可以根据流量和扬程的要求，从型谱图上很容易地选择自己所需要的水泵。

目前国内应用较多的是离心泵的型谱图。为扩大泵的适用范围，大多数规格的离心泵还有仅将叶轮沿外径车削使其叶轮外径适当减小的变型规格。由于叶轮外径的减小，泵的流量和扬程都将减小，从而使 H-Q 曲线的位置向下偏移，那么该泵的高效工作范围成为如图 3.22 所示的由原标准叶轮与经车削切割后的叶轮的 H-Q 曲线和与设计点效率（最高效率）相差一般不大于 7% 的等效率线所围的阴影区域。图 3.22 中曲线 1 为泵在标准叶轮外径 D_2 时的 H-Q 曲线，曲线上的点 A 和点 B 为高效区的边界点；曲线 2 为叶轮按允许车削量切割后泵的 H-Q 曲线；曲线 3 和 4 分别是通过点 A 和点 B 的等效率线（相似工况抛物线）。因此，离心泵的综合性能曲线是绘有同型号不同规格的所有泵的高效工作区域的性能曲线图。图 3.23 和图 3.24 分别是 IS 型和 Sh 型离心泵的综合性能曲线（型谱图）。

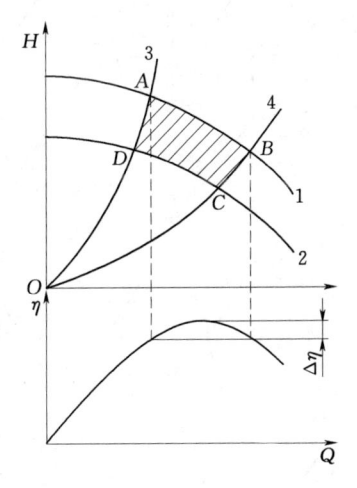

图 3.22 离心泵高效区的确定

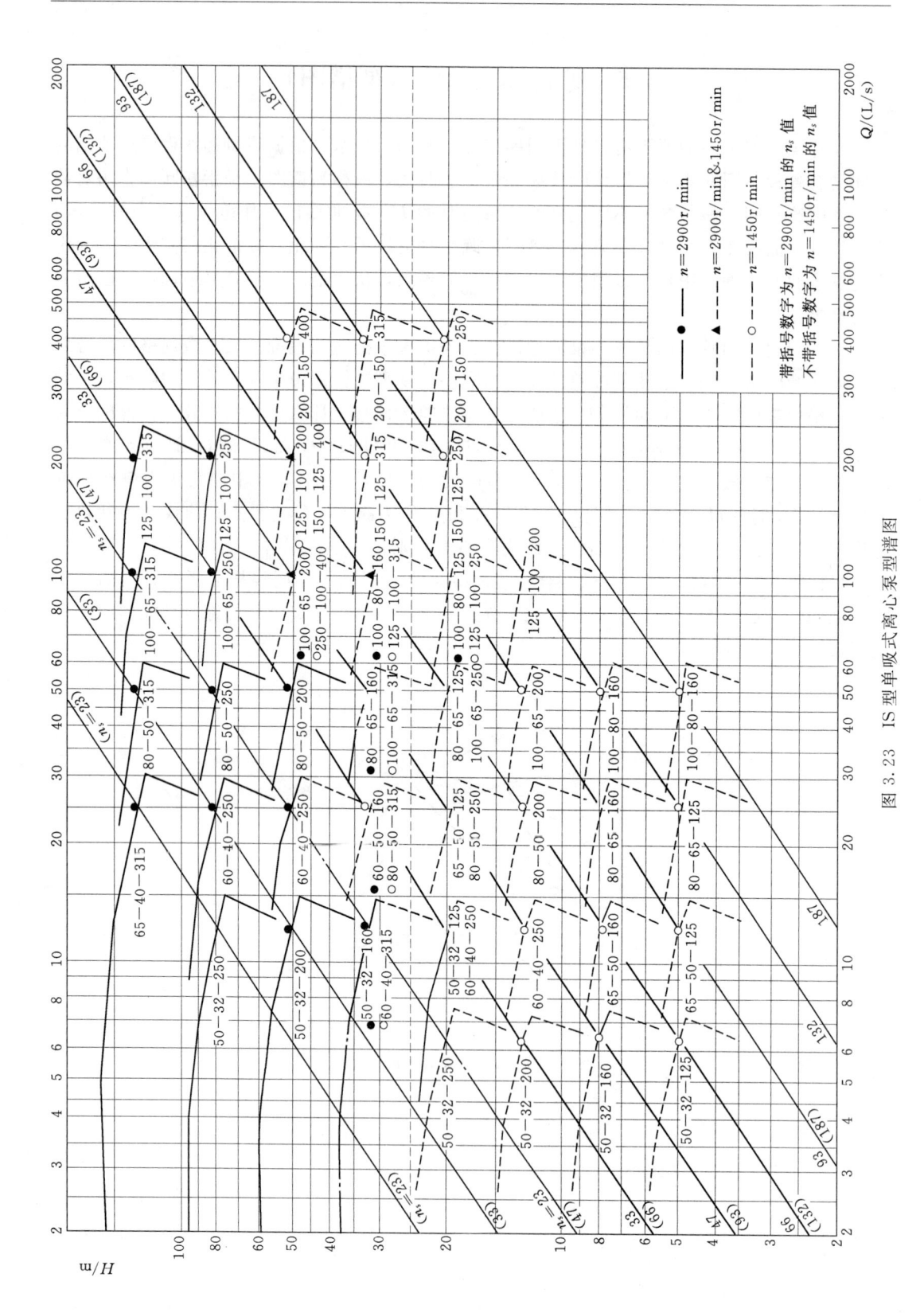

图 3.23 IS 型单吸式离心泵型谱图

3.5 综合性能曲线（型谱图）

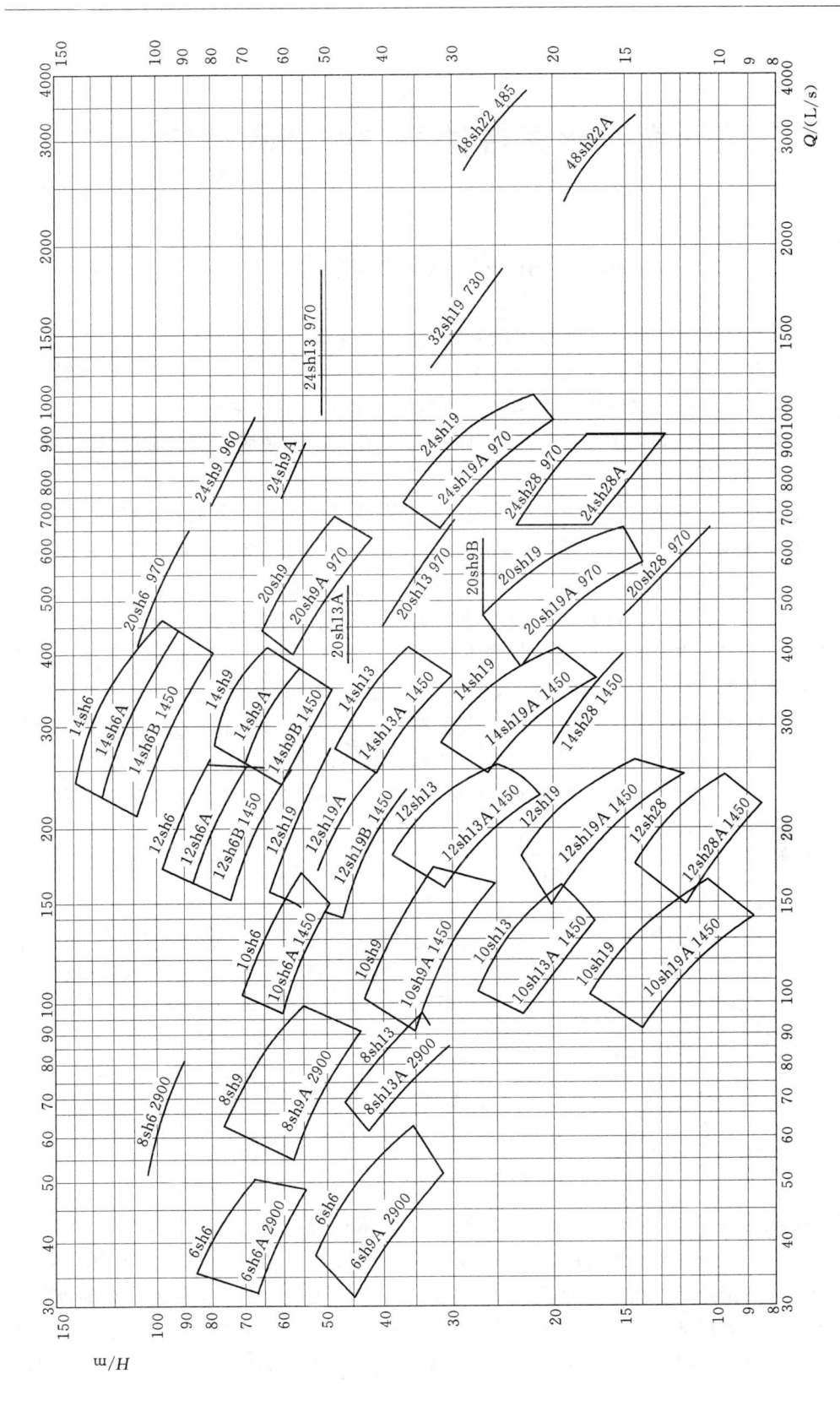

图 3.24 sh 型离心泵型谱图

第4章 水泵汽蚀及安装高程确定

4.1 泵内汽蚀现象

水泵在运行期间,若由于某种原因使泵内局部压强降低到水的汽化压强时,水就会产生汽化而形成汽液流。从水中离析出来的大量汽泡随着水流向前运动,到达高压区时受到周围液体的挤压而溃灭,汽泡内的汽体又重新凝结成水,伴随着空泡产生、发展和溃灭,还会产生一系列的物理和化学变化,使材料的边壁遭受侵蚀和破坏。我们通常把这种现象称为水泵的汽蚀现象。

汽蚀过程中,由于泵内含有大量的汽泡,叶轮与水流之间的能量转换规律遭到破坏,从而引起水泵性能变坏(流量、扬程和效率迅速下降),甚至达到断流状态,并伴随有强烈的振动和噪声。这种性能的变化,对于不同比转数的泵有着不同的特点。如低比转数的离心泵因叶槽狭长、出口宽度较小,当汽蚀发生后,汽泡区很容易扩展到叶槽的整个范围,引起水流断裂,水泵性能曲线呈急剧下降形状,如图4.1(a)所示。对于中、高比转数的离心泵和混流泵,由于叶槽较宽,汽泡不容易堵塞通道,只有在脱流区继续发展时,汽泡才会布满整个叶槽,因此在性能出现断裂之前,其性能曲线先是比较平缓地下降,然后才迅速呈直线下降,如图4.1(b)所示。对高比转数的轴流泵,由于叶片之间的通道相当宽阔,故汽蚀发生后汽泡区不易扩展到整个叶槽,因此性能曲线下降缓慢,以至无明显的断裂点,如图4.1(c)所示。

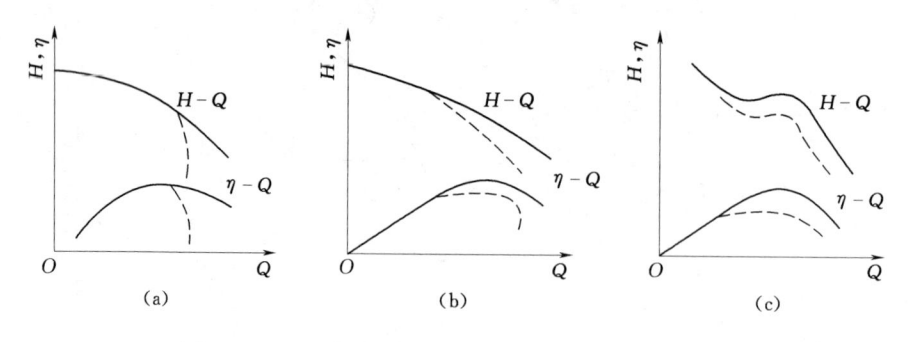

图4.1 不同比转数泵因汽蚀影响性能曲线下降的形状
(a)离心泵;(b)混流泵;(c)轴流泵

汽蚀形成的机理是复杂的,解释也有许多种。一般认为,当离析出的汽泡被水流带到高压区后,由于汽泡周围的水流压力增高,汽泡四周的水流质点高速地向汽泡中心冲击,水流质点互相撞击,产生强烈的冲击压力。根据观察资料表明,其产生的冲击频率每分钟可达几万次,瞬时局部压强可达几十兆帕或几百兆帕。如此大的压强,反复作用在微小的金属表面上,将首先引起材料的塑性变形和局部硬化,并产生金属疲劳现象,材质变脆,接着会发生裂纹与剥落，以致使金属表面呈蜂窝状的孔洞。汽蚀的进一步作用，可使裂纹相互贯穿，直到叶轮或泵壳蚀坏和断裂，这就是汽蚀的机械剥蚀作用。除了机械剥蚀作用外，在汽蚀过程中还伴有化学腐蚀、电化学作用以及水流中所含固体颗粒的磨蚀作用等。在产生的汽泡中，因夹杂有一些活泼的气体（如氧气），它借助汽泡凝结时所释放出来的热量，对金属起化学腐蚀作用。汽泡在进入高压区后，由于体积缩小而温度升高，同时，由于水锤冲击引起水流和壁面的变形也会引起温度增高。曾有试验证明，汽泡凝结时的瞬时局部温度可达300℃左右。水流在局部高温、高压下，会产生一些带电现象。过流部件因汽蚀产生温度差异，冷热过流部件之间形成热电偶，产生电位差，从而对金属表面发生电解作用（即电化学作用），金属的光滑层因电解而逐渐变得粗糙。表面光洁度破坏后，机械剥蚀作用才开始生效。这样，在机械剥蚀、化学腐蚀和电化学等共同作用下，就更加快了材料的破坏速度。这里需要特别提及的是，当水流中泥沙含量较高时，由于泥沙的磨蚀，破坏了水泵过流部件的表层，当其中某些部位发生汽蚀时，则有加快金属材料破坏的作用。图4.2即为轴流泵和离心泵叶轮被蚀坏的情况。

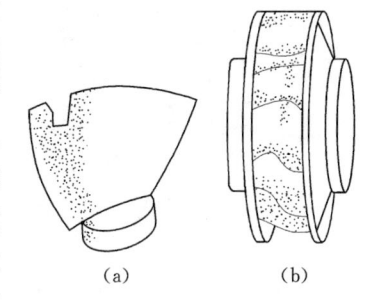

图 4.2　被破坏的叶轮
(a) 轴流泵；(b) 离心泵

汽蚀发生后，随着产生的压力瞬时周期性的升高和水流质点彼此间的撞击以及对泵壳、叶轮的打击，将使水泵产生强烈的噪声和振动。其振动可引起机组基础或机座的振动。当汽蚀振动的频率与水泵自振频率相接近时，能引起共振，从而使其振幅大大增加。

水泵在运转时，首先在叶片背面流速最高的部位出现汽蚀。图4.3为水泵在设计工况运行时，由于水泵安装过高而在叶片进出口背面出现的低压区。

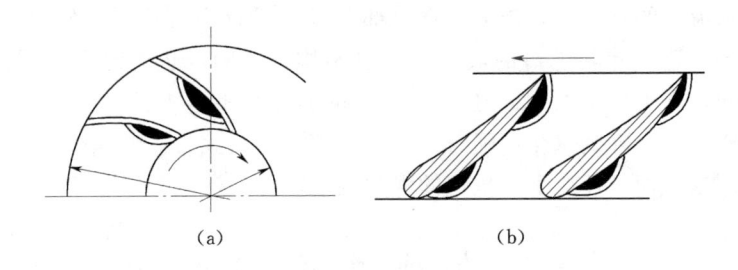

图 4.3　叶片背面的低压区
(a) 离心泵叶轮；(b) 轴流泵叶片

当水泵流量大于设计流量时，叶轮进口相对速度 w_1 的方向发生偏离，β_1 角增大，叶片前缘正面发生脱流和漩涡，产生负压甚至发生汽蚀，如图4.4所示。

当水泵流量小于设计流量时，叶槽进口相对速度 w_1 偏向相反方向，β_1 角减小，叶片背面产生漩涡区，从而加重了叶片背面低压区的汽蚀程度。

上述3种情况所产生的汽蚀，其汽泡的形成和破坏基本上发生在叶片的正、背面，我们称之为叶面汽蚀。叶面汽蚀是水泵常见的汽蚀现象。

当泵内水流通过突然变窄的间隙时，速度增加而压强减小，也会产生汽蚀。例如，在

79

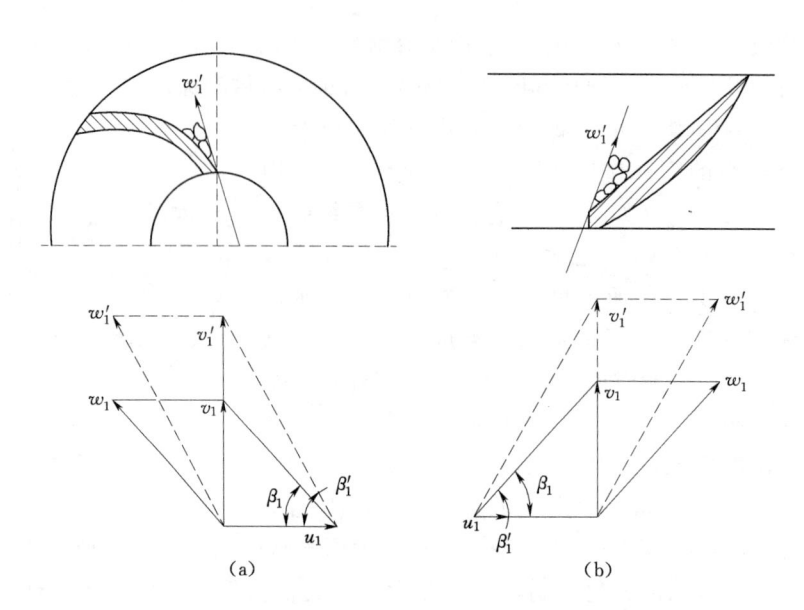

图 4.4　流量大于设计流量时叶片正面漩涡区
(a) 离心泵；(b) 轴流泵

轴流泵的叶片外缘与泵壳之间很小的间隙内，在叶片正、背两侧很大的压力差作用下，引起极大的回流速度，造成局部压力下降，从而引起间隙汽蚀。间隙汽蚀会使泵壳对应叶片外缘部位，形成一圈蜂窝麻面状的汽蚀带。在离心泵的口环与叶轮外缘间隙处，亦会引起类似的间隙汽蚀。

另外，水泵进水条件的好坏也对水泵的汽蚀性能有很大的影响。当进水池存在大量漩涡，且这些漩涡夹带大量气体进入泵内时，会使水泵产生振动，运行效率明显下降。对于采用弯肘形进水流道的立式泵，当流道弯肘部分线型设计不合理时，使得弯道内的流速、压强分布不均匀，造成叶轮进口的流速分布也不均匀，同样也容易引起汽蚀的发生。另外，当水泵在非设计工况运行时，还可能在叶轮下方产生自下而上的称为涡带的带状漩涡，当涡带中心压强下降到汽化压强时，该涡带即成为汽蚀带。此涡带伸入泵内不仅会促进和加重水泵汽蚀，而且还会引起机组的强烈振动。

4.2　汽蚀性能参数

表征水泵汽蚀性能的参数有两种，分别是汽蚀余量和吸上真空度，前者是绝对能头参量，常用于轴流泵和大型混流泵；后者是相对能头参量，常用于离心泵和中、小型混流泵。

4.2.1　汽蚀余量

汽蚀余量是国际上通常采用的标准水泵汽蚀性能参数，用 $NPSH$ 或 Δh 表示。汽蚀余量是指在水泵进口断面，单位重量的水体所具有的超过当时水温条件下饱和汽化压强水头（简称"压头"）的富裕能头，其大小以换算到水泵基准面上的米水柱数来表示。根据该定义，汽蚀余量的表达式可写为

$$\Delta h = \frac{p_x}{\rho g} + \frac{v_x^2}{2g} - \frac{p_v}{\rho g} \tag{4.1}$$

式中：$\frac{p_x}{\rho g}$ 为水泵进口断面上的绝对压头，m；$\frac{v_x^2}{2g}$ 为水泵进口断面的平均流速水头，m；$\frac{p_v}{\rho g}$ 为泵所输送水流水温下的汽化压头，m。

在工程实际中，常常会遇到下面两种情况。一种情况是，在某一装置中运行的水泵发生了汽蚀，但在装置条件完全相同的使用条件下更换另一型号的泵，就不发生汽蚀。这说明泵在运行中是否发生汽蚀与水泵本身的汽蚀性能有关。另一种情况是，对同一台水泵来说，在某种吸入装置条件下运行时会发生汽蚀，但在改变吸入装置条件后就不发生汽蚀。这说明泵在运行中是否发生汽蚀与装置的吸入条件有关。因此，通常用必需汽蚀余量来描述水泵本身的汽蚀性能；用有效汽蚀余量，又称装置汽蚀余量，来描述装置吸入条件对水泵汽蚀的影响。必需汽蚀余量用符号 $NPSH_r$ 或 Δh_r 表示，有效汽蚀余量用符号 $NPSH_a$ 或 Δh_a 表示。

4.2.1.1 必需汽蚀余量 $NPSH_r$ 或 Δh_r

必需汽蚀余量 Δh_r 是仅仅表示水泵本身汽蚀性能而与水泵装置的吸入条件无关的参数，它是指叶轮内压强最低点的压强刚好等于所输送水流水温下的汽化压强时的汽蚀余量，其实质是水泵进口处的水在流到叶轮内压强最低点，压强下降为汽化压强时的水头损失，如图 4.5 所示。

现以如图 4.5 所示的离心泵为例，分析水泵进口断面 x-x 与叶轮内压力最低点所在的断面 k-k 二者之间的能量关系，来说明必需汽蚀余量的物理意义及其数学表达式。该图反映了液体从水泵进口到叶轮出口沿流程压力及能头的变化：从泵进口到叶片进口附近，液体压强随流向而下降，到叶片进口稍后偏向前盖板的 k 点处压强变为最低，此后，在叶片的作用下，液体能量得到增加，压强很快上升。水泵进口部分压强的下降是由于流动过程中的沿程阻力损失以及流动过程中速度的大小和方向发生变化和叶片进口端的绕流引起流速分布不均匀产生的局部阻力损失造成的。

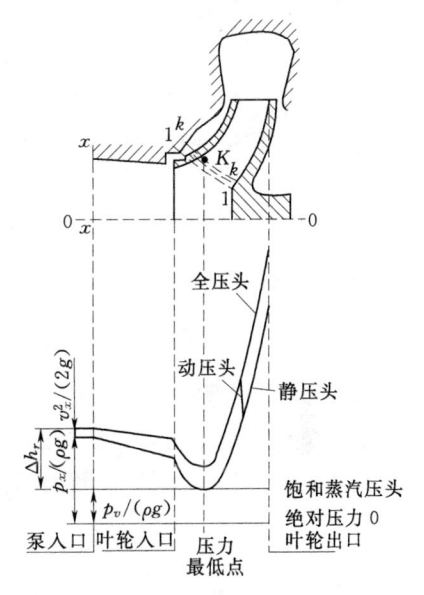

图 4.5 必需汽蚀余量示意图

今以水泵的基准面 0-0 为参考基准面，列水泵进口断面 x-x 到叶轮叶片进口稍后断面 k-k 的能量方程，以建立必需汽蚀余量的理论公式，即水泵的汽蚀基本方程。

从水泵进口断面 x-x 到叶片进口前断面 1-1，列水流的能量方程

$$\frac{p_x}{\rho g} + \frac{v_x^2}{2g} = \frac{p_1}{\rho g} + \frac{v_1^2}{2g} + h_{x-1} \tag{4.2}$$

式中：p_x、p_1 分别为断面 x-x 和断面 1-1 的绝对压力；v_x、v_1 分别为断面 x-x 和断面 1-1 的平均流速；h_{x-1} 从断面 x-x 到断面 1-1 的水力损失。

从断面 1-1 到叶片进口稍后压强最低点所在断面 k-k，列水流的相对运动能量方程（假定两断面位置高度相同，即 $Z_1 \approx Z_k$）

$$\frac{p_1}{\rho g}+\frac{w_1^2}{2g}-\frac{u_1^2}{2g}=\frac{p_k}{\rho g}+\frac{w_k^2}{2g}-\frac{u_k^2}{2g}+h_{1-k} \quad (4.3)$$

式中：w、u 分别为相对速度和圆周速度；h_{1-k} 为断面 1-1 到断面 k-k 的水力损失。

将式 (4.2) 代入上式可得

$$\frac{p_x}{\rho g}+\frac{v_x^2}{2g}=\frac{p_k}{\rho g}+\frac{v_1^2}{2g}+\frac{w_k^2-w_1^2}{2g}+\frac{u_1^2-u_k^2}{2g}+h_{x-1}+h_{1-k} \quad (4.4)$$

由于断面 k-k 与断面 1-1 距离很近，可以近似认为 $u_1 \approx u_k$，如果用速度水头来表示水力损失，即 $h_{x-1}=\zeta_v \frac{v_1^2}{2g}$，$h_{1-k}=\zeta_w \frac{w_1^2}{2g}$，那么上式变为

$$\frac{p_x}{\rho g}+\frac{v_x^2}{2g}=\frac{p_k}{\rho g}+\frac{v_1^2}{2g}+\frac{w_k^2-w_1^2}{2g}+\zeta_v \frac{v_1^2}{2g}+\zeta_w \frac{w_1^2}{2g} \quad (4.5)$$

对上式进行整理后可得：

$$\frac{p_x}{\rho g}+\frac{v_x^2}{2g}=\frac{p_k}{\rho g}+(1+\xi_v)\frac{v_1^2}{2g}+\left(\frac{w_k^2}{w_1^2}-1+\xi_w\right)\frac{w_1^2}{2g}$$

将上式作移项处理，并令 $\mu=1+\xi_v$、$\lambda=\frac{w_k^2}{w_1^2}-1+\xi_w$，则得：

$$\frac{p_x}{\rho g}+\frac{v_x^2}{2g}-\frac{p_k}{\rho g}=\mu \frac{v_1^2}{2g}+\lambda \frac{w_1^2}{2g} \quad (4.6)$$

如果叶轮内最低压强点的压强 p_k 降低到等于汽化压强 p_v，则该式变为

$$\frac{p_x}{\rho g}+\frac{v_x^2}{2g}-\frac{p_v}{\rho g}=\mu \frac{v_1^2}{2g}+\lambda \frac{w_1^2}{2g} \quad (4.7)$$

式 (4.7) 等号左边表示当叶轮内最低压强点的压强 p_k 等于汽化压强 p_v 时，水泵进口断面的单位总能量与 k 点压头之间的能头差，也就是当叶轮内最低压强点的压强 p_k 等于汽化压强 p_v 时，水泵进口断面的汽蚀余量，即必需汽蚀余量 Δh_r，故式 (4.7) 可写为

$$\Delta h_r = \mu \frac{v_1^2}{2g}+\lambda \frac{w_1^2}{2g} \quad (4.8)$$

式 (4.8) 即为必需汽蚀余量的理论计算公式。式中的 μ 为因叶片进口处绝对流速变化和水泵进口至叶片进口的水力损失引起的压降系数，λ 为因叶片进口处相对流速变化和液体绕流叶片端部所引起的压降系数。对于低比转数的小型泵，$\mu \frac{v_1^2}{2g}$ 项具有决定性的意义，$\lambda \frac{w_1^2}{2g}$ 项则无重要意义；对于高比转数水泵，$\lambda \frac{w_1^2}{2g}$ 项成为主要的影响因素，而 $\mu \frac{v_1^2}{2g}$ 项居次要地位。由于目前压降系数 μ 和 λ 还无法用理论计算的方法得到，所以必需汽蚀余量也就不能用计算的方法来确定，故 Δh_r 需通过泵的汽蚀性能试验确定。

式 (4.8) 表明了当叶轮内最低压强点的压强 p_k 等于汽化压强 p_v 时，水泵进口所需的最小能量。当水泵进口具有的能量大于该能量时，压强最低点的压强将高于汽化压强，水泵运行时就不会发生汽蚀；当水泵进口具有的能量小于该能量时，压强最低点的压强将低于汽化压强，水泵运行时就会发生汽蚀。因此，必需汽蚀余量 Δh_r 是水泵是否发生汽蚀

的临界判别条件。从式（4.8）可以看出，Δh_r 的大小只与水泵进口部分的结构和流动特性有关，而与水泵的吸入装置特性无关。在流量和转速相同的条件下，Δh_r 越小，表明为了水泵不发生汽蚀，水泵进口断面所需要的能量就越小，也就越容易满足，因此，水泵的抗汽蚀能力也就越强。

4.2.1.2 允许汽蚀余量 $[NPSH]$ 或 $[\Delta h]$

允许汽蚀余量是将必需汽蚀余量适当加大以保证水泵运行时不发生汽蚀的汽蚀余量，用符号 $[NPSH]$ 或 $[\Delta h]$ 表示，即

$$[\Delta h] = \Delta h_r + k \tag{4.9}$$

式中：k 为安全值，一般 $k=0.3 \mathrm{mH_2O}$。

由于大型泵一方面 Δh_r 较大，另一方面从模型试验换算到原型泵时，由于比尺效应的影响，0.3m 的安全值尚嫌小，$[\Delta h]$ 可采用下式计算：

$$[\Delta h] = (1.1 \sim 1.3)\Delta h_r \tag{4.10}$$

应当注意，$[\Delta h]$ 和 Δh_r 一样也是由水泵本身特性决定的汽蚀参数，在泵的流量和转速相同的情况下，其数值越小，则表明泵的汽蚀性能越好。

通常在水泵出厂时，厂家也会通过汽蚀试验实测给出 $[\Delta h]$-Q 性能曲线。由上述理论分析不难得到，该曲线应该是一条下凹的曲线，即存在有最小的极值点（汽蚀性能最佳工况点）。不过该抗汽蚀性能最佳工况点往往不会和效率最高点重合。

4.2.1.3 有效汽蚀余量 $NPSH_a$ 或 Δh_a

水泵在实际运行中，其进口断面的能量并不是由水泵提供的，而是由吸水面上的压头提供的。吸水面上的压头提供给水泵进口断面能量的大小不仅与吸水面压头的大小有关，还与水泵的吸水装置特性有关。有效汽蚀余量或者装置汽蚀余量就是指水泵吸水装置给予泵进口断面上的单位能量减去汽化压头后剩余的能量，即吸水装置提供的汽蚀余量。

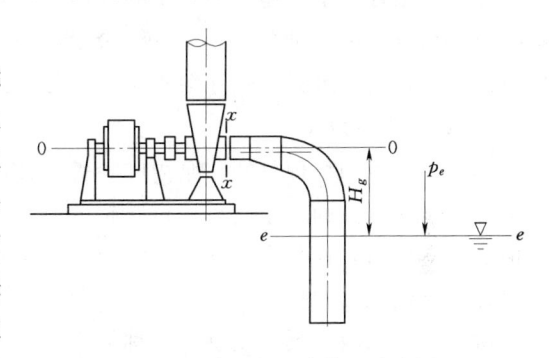

图 4.6 水泵的吸水装置示意图

当水泵安装于吸水面上方时，如图 4.6 所示，以泵的基准面 0-0 为基准，列出吸水面 e-e 至泵进口 x-x 断面的能量方程为

$$\frac{p_e}{\rho g} + \frac{v_e^2}{2g} - H_g - h_w = \frac{p_x}{\rho g} + \frac{v_x^2}{2g}$$

将汽蚀余量的定义式（4.1）代入上式，并假定进水池中水的流速 $v_e \approx 0$，即可得有效汽蚀余量 Δh_a 的计算式：

$$\Delta h_a = \frac{p_x}{\rho g} + \frac{v_x^2}{2g} - \frac{p_v}{\rho g} = \frac{p_e}{\rho g} - \frac{p_v}{\rho g} - H_g - h_w \tag{4.11}$$

当水泵安装于吸水面下方时，水泵的安装高度 H_g 为负值，称为灌注水头（倒灌）。

式（4.11）即为有效汽蚀余量的计算表达式。从该式可以看出，吸入装置提供给水泵进口的有效汽蚀余量的大小只与吸入装置特性，即吸水面压头 $p_e/(\rho g)$、被抽液体的汽化

压头 $p_v/(\rho g)$、水泵的安装高度 H_g 以及吸水管路系统的阻力损失 h_w 有关,而与水泵本身的特性无关。当吸水面压强为大气压时,在 H_g 及吸水管路系统保持不变的情况下,Δh_a 随水泵安装地点海拔高程和被吸液体温度的升高以及流量 Q 的增加而减小,水泵发生汽蚀的可能性增大;在 $p_e/(\rho g)$、$p_v/(\rho g)$ 及吸水管路系统和 Q 保持不变的情况下,Δh_a 与水泵的安装高度 H_g 密切有关,H_g 越大,即水泵安装得越高,Δh_a 越小,水泵发生汽蚀的可能性也就越大;另外,在其他条件不变的情况下,吸水管路系统的阻力损失系数越大,将引起阻力损失的增大,从而使 Δh_a 减小。

由上面的分析可知,必需汽蚀余量是由水泵进口部分的结构和流动特性决定的、与装置的吸入条件无关的汽蚀性能参数。它说明了水泵开始发生汽蚀时,水泵进口断面上的单位能量减去汽化压头后的剩余能量值,Δh_r 越小,表明泵本身的汽蚀性能越好。

有效汽蚀余量是吸水面上的压头提供给水泵进口的汽蚀余量,它的大小由吸水装置条件(吸水管路的长短、管径、管路附件的种类及数量,水泵安装高度,水面压力,水温和流量等)决定,而与水泵本身特性无关。它说明了吸水装置能够提供给水泵进口断面上的单位能量减去汽化压头后的剩余能量值,Δh_a 越大,对水泵运行不发生汽蚀越有利。在水泵吸水装置确定后,Δh_a 就可以根据式(4.11)计算得到。

若 $\Delta h_a = \Delta h_r$,则表明水泵运行时,吸水装置提供给水泵进口的能量使叶轮内压强最低点的压强正好等于汽化压强,水泵开始发生汽蚀。因此,要保证水泵运行不发生汽蚀,就必须使有效汽蚀余量大于必需汽蚀余量,即必须满足 $\Delta h_a > \Delta h_r$ 的条件。因为只有满足该条件,叶轮内的最低压强才会不小于汽化压强,水泵也才不会发生汽蚀。

4.2.2 吸上真空度 H_s

从汽蚀发生的机理可知,泵内叶轮进口处压强的降低是水泵产生汽蚀的直接原因,而水泵进口断面压强的大小又是决定叶轮进口处压强的主要影响因素,且水泵进口断面的压强值能够用压力表计很方便地测得,故可以用水泵进口断面的相对真空度作为衡量水泵运行时是否发生汽蚀的指标。

所谓水泵的吸上真空度(也常称为吸上真空高度)是指水泵进口断面 x-x 上的真空度,其大小以换算到水泵基准面上的米水柱数来表示,即

$$H_s = \frac{p_a}{\rho g} - \frac{p_x}{\rho g} \tag{4.12}$$

式中:p_a 为标准大气压。

由式(4.1)和式(4.12)可得汽蚀余量 Δh 和吸上真空度 H_s 的关系式为

$$\Delta h + H_s = \frac{p_a - p_v}{\rho g} + \frac{v_x^2}{2g} \tag{4.13}$$

4.2.2.1 临界吸上真空度 H_{sr}

在一个标准大气压、水温为 20℃ 的标准状况下,水泵开始产生汽蚀时的吸上真空度被称为临界吸上真空度,用符号 H_{sr} 表示:

$$H_{sr} = \frac{p_a - p_v}{\rho g} + \frac{v_x^2}{2g} - \Delta h_r \tag{4.14}$$

式(4.14)表明了当叶轮内最低压强点的压强 p_k 等于汽化压强 p_v 时,水泵进口断面

上出现的最大真空度。当水泵进口真空度小于该真空度时,压强最低点的压强将高于汽化压强,水泵运行时就不会发生汽蚀;当水泵进口真空度大于该真空度时,压强最低点的压强将低于汽化压强,水泵运行时就会发生汽蚀。显见,临界吸上真空度 H_{sr} 是水泵运行是否发生汽蚀的分界点,它直接反应水泵汽蚀发生的临界状态。在流量和转速相同的条件下,H_{sr} 越大,表明在水泵不发生汽蚀时,水泵进口断面所允许出现的真空度就越大,因此,水泵的抗汽蚀能力也就越强。

4.2.2.2 允许吸上真空度 $[H_s]$

允许吸上真空度是保证水泵运行不发生汽蚀的吸上真空度,我国国家标准规定把试验得到的临界吸上真空度 H_{sr} 减去 0.3m 的安全量作为允许的吸上真空度 $[H_s]$,即

$$[H_s] = H_{sr} - 0.3 \tag{4.15}$$

应当指出的是,和上述汽蚀余量的概念不同,$[H_s]$ 和 H_{sr} 是相对真空度,它也是由水泵本身的吸水特性决定的,但在水泵的流量和转速相同的情况下,其数值越大,则表明水泵的汽蚀性能越好。

由上述理论分析不难理解与 $[\Delta h]$-Q 性能曲线相反,厂家通过汽蚀试验实测给出 $[H_s]$-Q 性能曲线是一条上凸的曲线,即存在有最大的极值点(汽蚀性能最佳工况点)。只不过低比转数水泵的正常工作区往往会向大流量方向偏离,所以常见 $[H_s]$-Q 性能曲线的总体趋势是随流量的增大而下降的。

4.2.2.3 装置吸上真空度 H_{sa}

装置吸上真空度 H_{sa} 与水泵进水侧装置形式之间的关系可用图 4.6 来说明。以泵的基准面 0-0 平面为基准,列进水池水面 e-e 和泵入口断面 x-x 的能量方程:

$$-H_g + \frac{p_e}{\rho g} = \frac{p_x}{\rho g} + \frac{v_x^2}{2g} + h_w \tag{4.16}$$

分别用标准大气压头 $p_a/\rho g$ 减上式等号两边并移项后得到:

$$H_{sa} = \frac{p_a - p_x}{\rho g} = \frac{p_a - p_e}{\rho g} + H_g + \frac{v_x^2}{2g} + h_w \tag{4.17}$$

当进水面 e-e 上的压力 p_e 等于标准大气压力 p_a 时,式(4.17)变为

$$H_{sa} = H_g + \frac{v_x^2}{2g} + h_w \tag{4.18}$$

式(4.17)和式(4.18)均为计算吸上真空度的数学表达式,由该两式可以看出,装置吸上真空度 H_{sa} 的大小与吸水面上的压强 p_e、水泵的安装高度 H_g、水泵进口断面的平均流速 v_x 以及吸水管路中的水力损失 h_w 有关。式(4.18)说明,在水泵吸水过程中,进水池水面与泵进口断面之间的能量差,一方面用于水流运动所需的流速水头,另一方面用于克服水流在吸水管路中流动所引起的水头损失 h_w,再一方面用于把水从进水池水面提升到泵进口的高度 H_g。显然,这三者中任一项的增大,都会引起吸上真空度 H_{sa} 的增加。H_{sa} 越大,表明泵进口断面的压力越低,水泵运行时就越容易发生汽蚀。

4.3 汽蚀相似律和汽蚀比转数

4.3.1 汽蚀相似律

现设想有两台泵，它们的进水侧几何形状相似，而且在运动相似的条件下工作。根据式（4.8），可列出下式

$$\frac{\Delta h_{r1}}{\Delta h_{r2}} = \frac{\mu_1 v_{11}^2 + \lambda_1 w_{11}^2}{\mu_2 v_{12}^2 + \lambda_2 w_{12}^2} \tag{4.19}$$

式中：下标1、2分别代表第一台泵和第二台泵；其他符号意义与式（4.8）相同。

在几何和运动相似的条件下：

$$\mu_1 = \mu_2 \quad \lambda_1 = \lambda_2 \tag{4.20}$$

且：

$$\frac{v_{11}}{v_{12}} = \frac{w_{11}}{w_{12}} = \frac{u_{11}}{u_{12}} = \frac{n_1 D_{11}}{n_2 D_{12}} \tag{4.21}$$

式中：D_{11}、D_{12}分别为第一台泵和第二台泵叶轮进口直径。

由式（4.19）～式（4.21）可得：

$$\frac{\Delta h_{r1}}{\Delta h_{r2}} = \left(\frac{n_1 D_{11}}{n_2 D_{12}}\right)^2 \tag{4.22}$$

该式即为常用的汽蚀相似律公式，它表明进口部分相似的水泵的必需汽蚀余量与转速的平方成正比，与叶轮进口直径的平方成正比。对同一台水泵，当其转速发生变化时则有：

$$\frac{\Delta h_{r1}}{\Delta h_{r2}} = \frac{n_1^2}{n_2^2} \tag{4.23}$$

式（4.23）说明，同一台泵的必需汽蚀余量与转速的平方成正比，当转速增加后，必需汽蚀余量大幅增加，从而泵的汽蚀性能大大下降。

式（4.22）和式（4.23）可以用来解决几何尺寸和转速都相差不大的两台相似泵之间汽蚀性能的换算问题，当几何尺寸和转速相差较大时，其计算结果的误差也较大。经验表明，当转速在额定转速25%的范围内变化，用式（4.23）换算的结果误差不大。

对于允许吸上真空度$[H_s]$，当水泵转速变化时，可以采用下列近似公式进行换算：

$$\frac{10 - [H_s]_1}{10 - [H_s]_2} = \frac{n_1^2}{n_2^2} \tag{4.24}$$

值得注意的是：两台泵的汽蚀性能相似，除应遵守几何和运动相似条件外，还必须保持二者的动力相似。另外，从相似定律的观点来看，间隙、粗糙度、气核和空泡都无法按比例缩放，因而空泡的形成和破灭过程，就无法按比例模拟。因此，两台相似泵按式（4.22）换算时，存在尺度效应的问题。

4.3.2 汽蚀比转数

水泵汽蚀性能的好坏，只有在流量和转速相等的情况下才能用汽蚀余量或吸上真空高度的大小来衡量，由于不同水泵的流量和转速均不相同，因此汽蚀余量或吸上真空度不能用来对不同泵的汽蚀性能进行比较，为此，需要引入一个包括流量、转速和必需汽蚀余量

等设计参数在内的汽蚀性能相似特征参数——汽蚀比转数。目前国内外习惯使用的为有量纲数，我国用符号 C 表示，国外用符号 S 表示。

由流量相似律和汽蚀相似律公式，$\dfrac{Q_1}{Q_2}=\dfrac{D_{21}^3 n_1}{D_{22}^3 n_2}$，$\dfrac{\Delta h_{r1}}{\Delta h_{r2}}=\dfrac{D_{11}^2 n_1^2}{D_{12}^2 n_2^2}$，在消去直径项后可得：

$$\frac{n_1\sqrt{Q_1}}{\Delta h_{r1}^{3/4}}=\frac{n_2\sqrt{Q_2}}{\Delta h_{r2}^{3/4}}=\frac{n\sqrt{Q}}{\Delta h_r^{3/4}}=\text{常数} \tag{4.25}$$

上式中的常数用 S 表示，即

$$S=\frac{n\sqrt{Q}}{\Delta h_r^{3/4}} \tag{4.26}$$

式（4.26）是美国、英国、日本等国家习惯采用的汽蚀比转数的定义式。计算中，由于各国使用的单位制不同（表 4.1），所以计算得到的同一台泵的汽蚀比转数值也不相同。

我国是将在式（4.1）右边乘以 $10^{3/4}$（即 5.62）后的表达式作为汽蚀比转数的定义式，即：

$$C=5.62\frac{n\sqrt{Q}}{\Delta h_r^{3/4}} \tag{4.27}$$

式中：n 为额定转速，r/min；Q 为对应于单吸泵最高效率点的流量，m^3/s，若为双吸泵，则以 $Q/2$ 代入；Δh_r 为对应于泵最高效率点的必需汽蚀余量，m。

从汽蚀比转数表达式及其推导过程，可以得出以下几点结论：

汽蚀比转数 $C(S)$ 表达式与比转数 n_s 表达式具有类似的数学表达形式。

进口部分几何相似的水泵，在相似工况下的汽蚀比转数相等，即具有相同的汽蚀性能，因此，可以把它作为水泵汽蚀性能相似的判据。与比转数不同的是，只要进口部分相似（包括几何、运动和动力相似）的水泵，它们的汽蚀比转数相等，而只有整体相似的水泵，它们的比转数才相等。

汽蚀比转数表达式中的流量 Q 是以单吸叶轮为标准的，对于双吸式叶轮，应用额定流量的一半代入公式进行计算。

汽蚀比转数可用于判别不同泵汽蚀性能的好坏。从式（4.26）、式（4.27）可以看出，$C(S)$ 值越大，表明泵的汽蚀性能越好。汽蚀性能较差的泵（如有粗大泵轴穿过进水口的小型离心泵），$C=600\sim700$；汽蚀性能一般的泵（例如 Sh 型泵与口径较大的 IS 型泵），$C=800\sim1000$；汽蚀性能较好的泵（如高比转数泵），$C=1000\sim1500$；采取某些特殊措施的泵，例如加装诱导轮的离心泵，C 值可达 3000 以上。对于 $n_s=800\sim1000$ 的轴流泵，可取 $C=1200$。这个数据说明，轴流泵具有较好的汽蚀性能。

水泵的汽蚀比转数与效率是一对互相矛盾的指标，汽蚀比转数大的水泵具有好的汽蚀特性，但效率较低，因此，应根据主要矛盾来选择合适的水泵。

对汽蚀性能要求较低，主要考虑效率的场合，可在汽蚀比转数 $C=600\sim800$ 的范围内选择水泵；对兼顾汽蚀性能和效率的场合，汽蚀比转数可在 $C=800\sim1000$ 的范围内选择；对汽蚀性能要求较高的场合，汽蚀比转数可在 $C=1000\sim1600$ 的范围内选择。

由于各国用来计算汽蚀比转数的公式形式及所用的单位不同，因而对同一台泵计算得出的 C 或 S 值也不相同，为方便比较，可用表 4.1 进行换算。

表 4.1 各国汽蚀比转数换算表

国别	中国、俄罗斯	日本	英国	美国
计算公式	$C=5.62\dfrac{n\sqrt{Q}}{\Delta h_r^{3/4}}$		$S=\dfrac{n\sqrt{Q}}{\Delta h_r^{3/4}}$	
单位	Q—m³/s, n—r/min, Δh_r—m	Q—m³/min, n—r/min, Δh_r—m	Q—UK gal/min, n—r/min, Δh_r—ft	Q—US gal/min, n—r/min, Δh_r—ft
换算值	1	1.378	8.386	9.210
	0.726	1	6.084	6.667
	0.119	0.164	1	1.096
	0.109	0.150	0.913	1

在水泵设计中根据所选模型泵的汽蚀比转数 C，利用式（4.27），可以估算原型泵的必需汽蚀余量：

$$\Delta h_r = \left(\frac{5.62 n\sqrt{Q}}{C}\right)^{4/3} \tag{4.28}$$

也可以根据所选水泵的使用条件，利用该式确定水泵不发生汽蚀的最大转速，即

$$n_{\max} = \frac{C\Delta h_r^{3/4}}{5.62\sqrt{Q}} \tag{4.29}$$

由于各国采用不同的汽蚀比转数计算表达式，采用的计量单位也不同，因此，同一台泵出现了多个不同的汽蚀比转数值，这在应用上十分不便，也不利于国际间的交流。因此，国际标准推荐使用无量纲汽蚀比转数，用符号 K_s 表示。无量纲汽蚀比转数可由流量相似律和汽蚀相似律公式导出，其表达式类似于水泵型式数（无量纲比转数）K 的表达式：

$$K_s = \frac{2\pi}{60}\frac{n\sqrt{Q}}{(g\Delta h_r)^{3/4}} \tag{4.30}$$

无量纲汽蚀比转数 K_s 与我国目前使用的汽蚀比转数 C 之间有如下的换算关系：

$$C = 297.5 K_s \tag{4.31}$$

4.3.3 托马汽蚀系数

除汽蚀比转数以外，工程实际中常采用托马汽蚀系数 σ 作为水泵的汽蚀相似特征数。在相似工况下，叶轮内对应点流速平方之比等于扬程之比，所以式（4.22）可改写为

$$\frac{\Delta h_{r1}}{\Delta h_{r2}} = \left(\frac{n_1 D_{11}}{n_2 D_{12}}\right)^2 = \frac{u_1^2}{u_2^2} = \frac{H_1}{H_2}$$

或

$$\frac{\Delta h_{r1}}{H_1} = \frac{\Delta h_{r2}}{H_2} = 常数$$

上式说明，在相似工况下，泵的必需汽蚀余量与扬程之比为常数，令上式中的常数为 σ，则

4.3 汽蚀相似津和汽蚀比转数

$$\sigma = \frac{\Delta h_r}{H} \quad (4.32)$$

式中：Δh_r 为第一级叶轮对应于最高效率点的必需汽蚀余量；H 为第一级叶轮对应于最高效率点的扬程。

式（4.32）为托马汽蚀系数的定义式。

式（4.32）是德国学者托马在1924年提出供水轮机用的，故称托马系数，后来在叶片泵方面也得到广泛的应用。从式（4.32）中可以看出，σ 与扬程和必需汽蚀余量有关，但对叶片泵，特别是离心泵，扬程主要取决于叶轮出口条件，与进口条件基本无关。因此，托马系数用作离心泵的汽蚀相似判据是不适宜的。但由于托马汽蚀系数公式简单，在长期使用中也积累了较多的资料，所以目前各国仍广泛采用托马系数 σ 作为泵汽蚀性能的相似判据。

托马汽蚀系数与汽蚀比转数具有相同的性质，即它的大小与泵的几何尺寸无关，只要工况相似，σ 值就相等。σ 值越小，表明泵的抗汽蚀能力越强。

托马汽蚀系数与比转数都是水泵相似律导出的，所以，从理论上来讨论，可以确定 σ 与 n_s 之间的关系。由比转数的表达式可得：

$$H = \left(\frac{3.65n\sqrt{Q}}{n_s}\right)^{4/3} \quad (4.33)$$

将该式代入式（4.33），则有：

$$\sigma = \frac{\Delta h_r n_s^{4/3}}{(3.65n\sqrt{Q})^{4/3}} = k n_s^{4/3} \quad (4.34)$$

由于上式中的 Δh_r 和 Q 值均是对应于最高效率点的值，故对每一台泵而言，k 为常值。由式（4.34）中可以看出，托马汽蚀系数 σ 是比转数 n_s 的函数，对于一系列结构类似的泵，美国水力协会根据经验数据作出了表示 σ 与 n_s 关系的连续曲线，如图4.7所示，图中的 σ 曲线可用下列方程式表示：

对单吸式离心泵

$$\sigma = 216 \times 10^{-6} n_s^{4/3} \quad (4.35)$$

对双吸式离心泵

$$\sigma = 137 \times 10^{-6} n_s^{4/3} \quad (4.36)$$

在缺乏试验资料时，可根据 n_s 在图4.7中查得对应的 σ 值或用式（4.35）、式（4.36）计算出 σ 值后，由式（4.34）即可求出必需汽蚀余量 Δh_r。

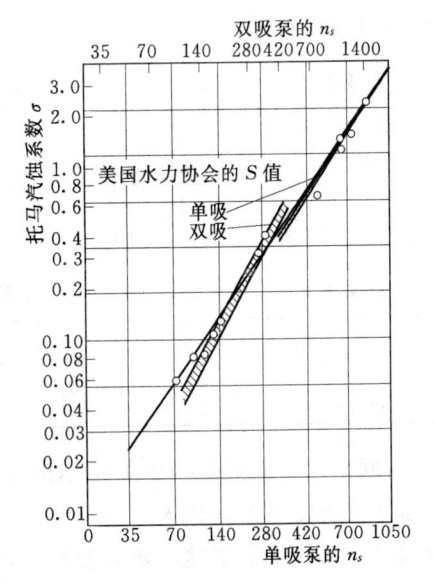

图4.7 托马汽蚀系数与水泵比转数关系曲线

由汽蚀比转数 C、托马汽蚀系数 σ 以及比转数 n_s 的表达式很容易得到它们之间关系的表达式：

$$C = \frac{1.54 n_s}{\sigma^{3/4}} \quad (4.37)$$

4.4 水泵安装高程的确定

水泵安装高程是指水泵基准面的海拔高程，它等于吸水面（进水池水面）的海拔高程 $\nabla_{吸水面}$ 与水泵安装高度 H_g 之和，即

$$\nabla_{水泵基准面} = \nabla_{吸水面} + H_g \tag{4.38}$$

因此，水泵安装高程的确定，归结于合理地确定水泵安装高度 H_g。水泵安装高度可以通过水泵的允许吸上真空度或允许汽蚀余量的表达式计算得出。

4.4.1 用 $[\Delta h]$ 表达的水泵安装高度计算公式

依据理论上抗汽蚀安全条件：

$$\Delta h_a \geq [\Delta h] \tag{4.39}$$

则有：

$$\Delta h_a = \frac{p_e}{\rho g} - \frac{p_v}{\rho g} - H_g - h_w \geq [\Delta h] \tag{4.40}$$

定义水泵允许安装高度（基准面安装高度达最大值）为 $[H_g]$，即

$$[H_g] = \frac{p_e}{\rho g} - \frac{p_v}{\rho g} - [\Delta h] - h_w \tag{4.41}$$

式中：$p_e/(\rho g)$ 为吸水面上的大气压头（表4.2）；$p_v/(\rho g)$ 为被抽水实际温度下的汽化压头（表4.3）。

表 4.2　　　　　　　　不同海拔高度的大气压头

海拔高度/m	−100	0	100	200	300	400	500	600	700	800	900	1000	1500	2000
$\frac{p_e}{\rho g}$/m	10.4	10.33	10.2	10.1	10.0	9.8	9.7	9.6	9.5	9.4	9.3	9.2	8.6	8.1

表 4.3　　　　　　　　不同温度时水的汽化压头

温度/℃	0	10	20	30	40	50	60	70	80	90	100
$\frac{p_v}{\rho g}$/m	0.06	0.13	0.24	0.43	0.75	1.25	2.02	3.17	4.82	7.14	10.33

同样，当水泵实际转速 n' 不同于额定转速 n 时，须按式（4.23）求出实际转速下的 $[\Delta h]'$，再将 $[\Delta h]'$ 代入式（4.41）进行计算。

4.4.2 用 $[H_s]$ 表达的水泵安装高度计算公式

依据 $H_{sa} \leq [H_s]$ 抗汽蚀安全条件则有：

$$H_{sa} = \left(\frac{p_a}{\rho g} - \frac{p_e}{\rho g}\right) + H_g + \frac{v_x^2}{2g} + h_w \leq [H_s] \tag{4.42}$$

即

$$[H_g] = [H_s] - \left(\frac{p_a}{\rho g} - \frac{p_e}{\rho g}\right) - \frac{v_x^2}{2g} - h_w \tag{4.43}$$

用式（4.43）来计算确定水泵允许安装高度 $[H_g]$ 时应注意，水泵产品样本或说明

4.4 水泵安装高程的确定

书给出的 $[H_s]$ 值是标准状态（标准大气压、20℃水温、清水）下的数值，如果泵的使用条件与标准状态不同但为清水则有通用公式：

$$\begin{aligned}[H_g]&=[H_s]-\frac{v_x^2}{2g}-h_w-\left(\frac{p_a}{\rho g}-\frac{p_e}{\rho g}\right)-\frac{p_v}{\rho g}+0.24\\ &=[H_s]-\frac{v_x^2}{2g}-h_w-\left(10.33-\frac{p_e}{\rho g}\right)-\frac{p_v}{\rho g}+0.24\\ &=[H_s]-\frac{v_x^2}{2g}-h_w+\left(\frac{p_e}{\rho g}-\frac{p_v}{\rho g}\right)-(10.33-0.24)\end{aligned} \quad (4.44)$$

当不是清水时，还要根据水中的泥沙含量大小对按式（4.44）确定的数值减去一个数值 B。B 的取值与泥沙含量有关，泥沙含量越大，B 值越大。比如，经室内实验得到，泥沙含量 $5\sim10\text{kg/m}^3$，$B=0.5\sim0.8\text{m}$。

当水泵实际转速 n' 不同于额定转速 n 时，须按式（4.24）求出实际转速下的 $[H_s]'$，再将 $[H_s]'$ 代入式（4.44）进行计算。

最后，应当说明的是：①水泵安装高程的确定除了必须满足水泵允许安装高度 $[H_g]$ 的要求，还要依据水泵的结构和吸水装置的布置同时满足水泵吸水装置吸入口最小（临界）淹没深度的技术要求；②大中型水泵的汽蚀参数一般只能借助模型泵汽蚀试验结果，利用汽蚀相似律换算得出。但是，由于汽蚀试验代价较高，加上尺寸效应的影响，因而许多厂家提不出泵的最小安全汽蚀余量，只给出叶轮淹深的推荐值，在泵站工程设计及水泵安装时，应保证叶轮的淹没深度不小于该推荐值。

在按式（4.41）或式（4.44）计算出水泵的允许安装高度后，即可由式（4.38）求得水泵的安装高程。

第5章　水泵的运行工况与调节

水泵在泵装置（仅一台泵）或泵系统（含多台泵）中工作，其水泵扬程、流量等工作性能不仅与水泵本体性能有关，还与泵装置性能、泵系统结构以及进、出水池水位有关。水泵性能已在第3章阐述。水泵装置由水泵本体与进、出水管路组成；泵系统中的多台泵有串联、并联等不同的运行方式。

对于一个实际的泵装置或泵系统，在特定的泵装置扬程（也称泵站扬程，为泵站出水池水位与进水池水位之差）下，水泵在其性能曲线上的工作点是确定的，即水泵工作点（水泵运行工况）是确定的。特定的泵装置或系统，在不同的泵装置扬程下，水泵工作点是不同的，从而就可知道水泵实际工作区间或范围。确定了水泵工作点及其范围，就可以检验泵的流量是否满足要求、水泵是否运行在高效区间、水泵的安装高度是否合理以及水泵与动力机的选择是否适当等。

当水泵工作点不满足要求时，就需要对水泵运行工况进行调节。水泵工况调节的方法有改变管路水力性能、调节水泵转速、调节叶片安放角或改变叶轮外径等。

水泵一般都在正常抽水工况运行，但往往也会在一些特殊条件下运行，如事故飞逸、倒转抽水、倒转发电等，把握水泵在这些特殊条件下的运行特性具有重要意义。

5.1　水泵工作点及其确定

5.1.1　泵装置中水泵工作点的确定
5.1.1.1　管路水头损失

由于水的黏滞性及固体边壁对水流的影响，使得水流在通过管路（含管道与管路沿线阀门、拍门等水力元件）时要消耗能量，称为管路水力损失。

由水力学可知，截面为圆形的管路水力损失：

$$h_w = h_f + h_l = \sum \lambda_i \frac{L_i}{d_i} \frac{v_i^2}{2g} + \sum \zeta_i \frac{v_i^2}{2g} = \left(\sum \lambda_i \frac{L_i}{d_i 2g A_i^2} + \sum \frac{\zeta_i}{2g A_i^2} \right) Q^2 \tag{5.1}$$

式中：λ、ζ 分别为沿程和局部阻力损失系数；L、d、A 分别为管道的长度、直径和截面积；Q 为通过管路的流量。

令 $S = \sum \lambda_i \dfrac{L_i}{d_i 2g A_i^2} + \sum \dfrac{\zeta_i}{2g A_i^2}$，则有

$$h_w = SQ^2 \tag{5.2}$$

式中：S 为管路阻力参数，表示流量为 $1\text{m}^3/\text{s}$ 时的水头损失（m），s^2/m^5。

当沿程阻力系数 $\lambda = \dfrac{8g}{c^2}$（$c$ 为谢才系数，g 为重力加速度）时，可以得到截面为圆形

5.1 水泵工作点及其确定

的管路阻力参数：

$$S = 10.28 \sum \frac{L_i n_i^2}{d_i^{5.33}} + 0.083 \sum \frac{\zeta_i}{d_i^4} \tag{5.3}$$

式中：n 为管道糙率，如钢筋混凝土管 $n=0.013\sim0.015$。

5.1.1.2 装置需要扬程曲线

在某一确定装置中运行的水泵为了把水从进水池送到出水池，必须提供该装置需要的能量，称为装置需要扬程，用 H_r 表示。装置需要扬程这部分能量除了将水提升了装置扬程 H_{st}（也常用 H_{sy} 表示）外，还要克服进、出水管路中的阻力。从而有：

$$H_r = H_{st} + h_w = \nabla_{\text{out}} - \nabla_{\text{in}} + SQ^2 \tag{5.4}$$

式中：∇_{out} 为出水池水位；∇_{in} 为进水池水位。

式（5.4）反映了泵装置需要扬程与流量之间的关系，如图 5.1 所示，H_r-Q 曲线称为装置需要扬程曲线。

5.1.1.3 水泵工作点

当水泵在装置中正常运行时，水泵的工作扬程提供的能量要满足装置需要扬程所需要的能量要求，即

$$H = H_r \tag{5.5}$$

图 5.1 装置需要扬程曲线

满足式（5.5）的水泵流量与扬程为水泵工作点或运行工况的性能参数。

（1）图解法。如果水泵扬程用水泵基本性能曲线中的 H-Q 曲线表达，而装置需要扬程用 H_r-Q 曲线表达，则从 $H=H_r$ 可以得到 H_r-Q 曲线与 H-Q 曲线的交点，即为水泵工作点。如图 5.2 所示。这就是确定水泵工作点的图解法。

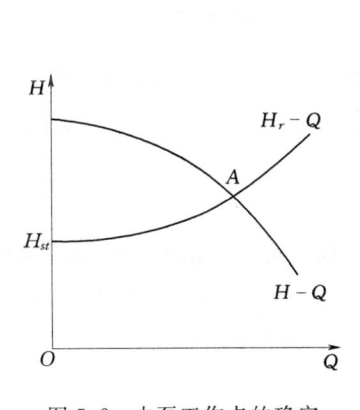

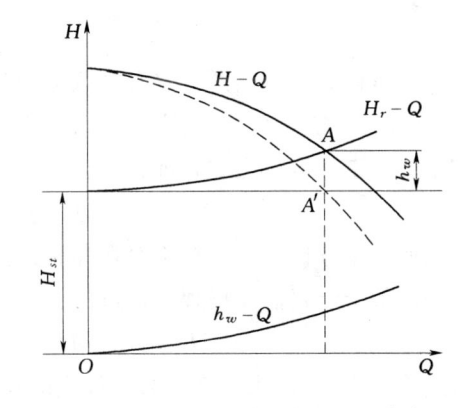

图 5.2 水泵工作点的确定　　图 5.3 泵装置工作点与水泵工作点

如果把式（5.5）两边都减去管路水力损失 h_w，则可得：

$$H_{st} = H - h_w = H - SQ^2 \tag{5.6}$$

按照式（5.6）也可以作图获得水泵工作点。如图 5.3 所示，首先作 h_w-Q 管路水头损失曲线，然后作 $(H-h_w)$-Q 曲线与 $H=H_{st}$ 水平线，两者交点 A'，为装置工作点。过

A' 点作横坐标轴的垂线，与水泵 H-Q 曲线的交点，即为水泵工作点 A。

（2）数解法。水泵扬程 H 一般可用水泵流量 Q 的二次多项式表达，即
$$H = a_0 Q^2 + a_1 Q + a_2 \tag{5.7}$$
式中：a_0、a_1、a_2 为常系数。

根据式（5.5）、式（5.4）与式（5.7），可求得水泵流量 Q，进而可得水泵扬程，即可得到水泵工作点的流量与扬程。注意解方程时要结合物理意义对数值解进行检验与取舍。

5.1.2 水泵并联运行工作点的确定

水泵的并联运行是指多台水泵向同一条出水管路供水的工作方式。为了适应流量较大的变化范围，一般大、中型排灌泵站或给水泵站均装有多台水泵。为了节省管路工程的投资，常常采用 2~3 台水泵合用一条出水管。如图 5.4 所示为两台离心泵的并联装置，图中 C 点为两台水泵出水管的并联点，A、B 两点分别为泵Ⅰ和泵Ⅱ吸水管的进口端，D 点为共用出水管的出口端。CD 管段称为出水干管，Ⅰ—C、Ⅱ—C 分别称为泵Ⅰ、泵Ⅱ的出水支管。

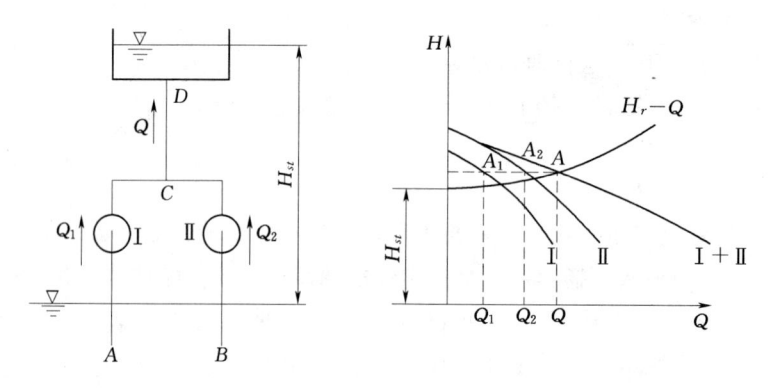

图 5.4 两台水泵并联运行水泵工作点的确定

从图 5.4 可以看出，当两台水泵并联运行时，通过并联点以前两台水泵的进、出水管段 AC、BC 的流量 Q_1、Q_2 分别为泵Ⅰ和泵Ⅱ的工作流量，通过 CD 出水干管的流量 Q 等于泵Ⅰ和泵Ⅱ的工作流量之和，即
$$Q = Q_1 + Q_2 \tag{5.8}$$

下面我们再来分析一下两台水泵在并联运行时扬程的特点。由上面的分析知道，水泵的工作扬程应等于装置需要扬程。通过管路 ACD 的水流需要泵Ⅰ提供的扬程为
$$H_1 = H_{r1} = H_{st} + S_{AC} Q_1^2 + S_{CD} Q^2 \tag{5.9}$$
同理，通过管路 BCD 的水流需要泵Ⅱ提供的扬程为
$$H_2 = H_{r2} = H_{st} + S_{BC} Q_2^2 + S_{CD} Q^2 \tag{5.10}$$
式中：H_{st} 为装置扬程；S_{AC}、S_{BC}、S_{CD} 分别为 AC、BC、CD 管段阻力参数。

5.1.2.1 图解法

水泵并联运行工作点的确定可用图解法。当泵系统组成复杂时，图解法步骤多、繁琐。这里考虑一种比较简单的情形：并联点前管路的阻力损失占整个管路阻力损失的比重很小，以至可以忽略不计，即 $S_{AC} \approx 0$，$S_{BC} \approx 0$，这样在舍去式（5.9）、式（5.10）右边

的第二项后有 $H_{r1}=H_{r2}=H_r$，$H_1=H_2$，表明两泵在并联运行时具有相等的扬程。此时，如图5.4所示，图解法确定两台水泵并联运行工作点的步骤如下：

（1）绘制两台水泵并联后的总和性能曲线 $H\text{-}Q_{Ⅰ+Ⅱ}$。采用等扬程流量叠加方法（横加法）。总和性能曲线 $H\text{-}Q_{Ⅰ+Ⅱ}$ 可以看做一台并联等效泵的扬程与流量关系曲线，并联等效泵的流量等于各台水泵在同一扬程下的流量之和，$Q=Q_{Ⅰ+Ⅱ}$。

（2）绘制出水干管装置需要扬程曲线 $H_r\text{-}Q$。

（3）并联等效泵 $H\text{-}Q_{Ⅰ+Ⅱ}$ 曲线与装置需要扬程曲线 $H_r\text{-}Q$ 交于 A 点，A 点的流量为两台泵的总流量；A 点扬程则与泵Ⅰ、泵Ⅱ扬程相等。过 A 点作横坐标轴的平行线，与泵Ⅰ、泵Ⅱ的 $H\text{-}Q$ 曲线交于 A_1 点与 A_2 点，A_1 点对应流量为泵Ⅰ流量，A_2 点对应流量为泵Ⅱ流量。从而两台水泵的工作点都可得到。

5.1.2.2 数解法

考虑一般情形，两台水泵的进出水支管阻力参数不等，且不可忽略；两台泵性能不相同。列写方程组如下：

$$\left.\begin{aligned} H_1 &= H_{r1} = H_{st} + S_{AC}Q_1^2 + S_{CD}Q^2 = a_0 Q_1^2 + a_1 Q_1 + a_2 \\ H_2 &= H_{r2} = H_{st} + S_{BC}Q_2^2 + S_{CD}Q^2 = b_0 Q_2^2 + b_1 Q_2 + b_2 \\ Q &= Q_1 + Q_2 \end{aligned}\right\} \quad (5.11)$$

式中：$a_0 \sim a_2$、$b_0 \sim b_2$ 均为常系数。

式（5.11）是关于两个未知量 Q_1 与 Q_2 的非线性方程组，可采用迭代法求解。

当两台水泵性能相同，即 $a_0=b_0$，$a_1=b_1$，$a_2=b_2$；并联点前的管路布置对称，即 $S_{AC}=S_{BC}\neq 0$，从而有 $Q_1=Q_2=\dfrac{Q}{2}$。由式（5.11）可得到 Q_1 的一元二次方程：

$$(S_{AC}+4S_{CD}-a_0)Q_1^2 - a_1 Q_1 + H_{st} - a_2 = 0 \quad (5.12)$$

从而比较容易地可以得到 Q_1 及 Q_2、H_1、H_2。

这里要指出的是，并联水泵台数一般为 2～3 台，最多不超过 4 台。主要原因是当多台泵并联运行系统仅运行其中一台泵时运行水泵的流量比多台泵都运行时该泵的流量大得多，而离心泵随着流量增加允许吸上真空高度减小、水泵轴功率增大，从而水泵安装高程大大降低，泵房土建成本加大，配套电动机功率增加很多。如果不按照多台泵并联运行系统仅一台泵运行条件确定水泵安装高程与电动机功率，则水泵容易出现汽蚀、性能下降、电动机超载的情况导致被迫停机。

5.1.3 水泵串联运行工作点的确定

水泵的串联运行是指几台水泵顺次连接，前一台水泵的出口向后一台水泵的进口供水的运行方式。串联工作常用于下列场合：①一台水泵最大扬程比泵站净扬程小；②装置的管路阻力较大，要求提高扬程以增加输出流量。

两台水泵串联工作时，通过每一台水泵的流量相同；两台泵串联工作时的总扬程为该流量下各水泵的扬程之和。因此，两泵串联运行时的等效泵扬程与流量关系曲线Ⅰ+Ⅱ可由泵Ⅰ与泵Ⅱ的扬程与流量关系曲线按"纵加法"绘出，即将同一流量值时的各台水泵的扬程加起来，就得到该流量值下的串联等效泵的扬程。串联等效泵的扬程与流量关系曲线

Ⅰ+Ⅱ与装置需要扬程曲线Ⅲ（$H_r=H_{st}+SQ^2$，其中 S 为装置整个管路系统的阻力参数）的交点 A 即是串联等效泵的工作点。过 A 点作纵坐标轴的平行线分别与两泵的 H-Q 曲线Ⅰ、Ⅱ相交，交点 A_1、A_2 即为串联运行时每台水泵的工作点。这就是确定水泵串联运行工作点的图解法，如图 5.5 所示。

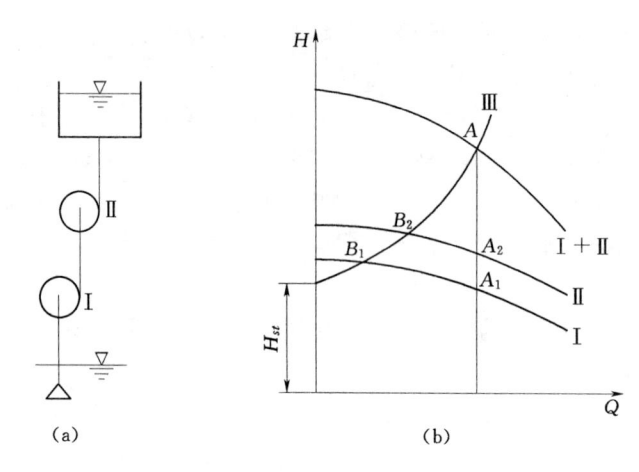

图 5.5 两台泵串联运行工作点的确定
(a) 串联泵装置；(b) 图解法

用数解法来确定水泵串联运行时的工作点只需联解下列方程即可：

泵Ⅰ的 H-Q 曲线方程：$\qquad H_1=a_0+a_1Q+a_2Q^2 \qquad$ (5.13)

泵Ⅱ的 H-Q 曲线方程：$\qquad H_2=b_0+b_1Q+b_2Q^2 \qquad$ (5.14)

装置需要扬程方程：$\qquad H_r=H_{st}+SQ^2 \qquad$ (5.15)

根据 $H=H_1+H_2$ 与 $H=H_r$ 可得关于 Q 的一元二次方程：

$$(S-a_2-b_2)Q^2-(a_1+b_1)Q+H_{st}-a_0-b_0=0 \qquad (5.16)$$

求解方程式（5.16）即可得到 Q，进而可得 H_1 与 H_2，即得到了串联水泵运行工作点。

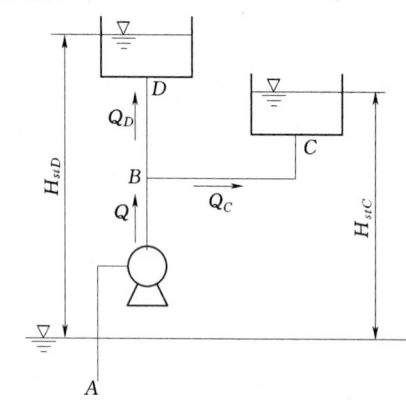

水泵串联运行时，台数越多，最后一台水泵承受的压力越大，泵壳可能破裂，或者出现泵壳接缝和填料函处的漏水。所以要求水泵串联运行前应当征得制造厂的同意，或者采用多级站提水的方式，每台泵都有进水池，可减少其压力。对性能不同的水泵进行串联时，应将扬程高的泵安装在后面，因为扬程高的泵能够承受的压力也较大。

5.1.4 水泵在具有分支出水管路装置中运行工作点的确定

当一台水泵同时向高低不同的出水池供水时，需要将水泵出水管路分成几支。图 5.6 为一台水泵

图 5.6 水泵在分支出水管路中工作

同时向高低不同的两个出水池供水的示意图。图中 A 点为水泵进水管的进口，B 点为出

水管的分支点，BC 为向低池 C 供水的管道，BD 为向高池 D 供水的管道；H_{stC}、H_{stD} 分别为低池和高池的装置扬程；Q 为通过水泵的流量（即通过 AB 管段的流量），Q_C、Q_D 分别为低池和高池的供水流量。根据连续性原理，显然有：

$$Q = Q_C + Q_D \tag{5.17}$$

下面再来分析一下装置需要的扬程。

供水到低池需要水泵提供的能量：

$$H_{rC} = H_{stC} + S_{AB}Q^2 + S_{BC}Q_C^2 \tag{5.18}$$

供水到高池需要水泵提供的能量：

$$H_{rD} = H_{stD} + S_{AB}Q^2 + S_{BD}Q_D^2 \tag{5.19}$$

由于在该装置中运行水泵只能有一个扬程 H，因此有：

$$H = H_{rC} = H_{rD} \tag{5.20}$$

因此，用数解法来确定水泵的工作点，只要联解方程式（5.17）、式（5.18）、式（5.19）、式（5.20）和水泵的性能方程 $H = a_0 + a_1 Q + a_2 Q^2$ 就可得到高、低池的供水流量 Q_C、Q_D，进而得到水泵流量 Q、扬程 H，即得到了水泵工作点。

5.2　水泵运行工况的调节

水泵在实际运行过程中，由于外部条件的改变，如进、出水池水位或用户用水量的变化等，水泵的工作点往往会偏离设计点，从而引起水泵运行效率的降低、功率偏高或汽蚀的发生等等。这时，就需要用改变装置需要扬程曲线 H_r-Q 曲线或水泵 H-Q 性能曲线的方法来变动水泵的工作点，使之符合要求。我们把为适应外界条件变化而人为地改变水泵运行工作点，称为泵的工况调节。常用的水泵工况调节方法有节流、变速、变径与变角调节。

5.2.1　节流调节

离心泵为便于关阀启动，其出水管路上一般都装有阀门。改变阀门的开度，将会引起局部阻力损失的变化，从而使装置需要扬程曲线发生改变。例如减小阀门的开度，管路的阻力损失增大，装置需要扬程曲线变陡（图 5.7），于是水泵的工作点就沿着水泵的 H-Q 曲线朝着流量减小的方向移动。这种通过改变阀门开度的工况调节方法称为节流调节。显然，这种调节方式具有调节方法可靠，简单易行，不需增加任何调节设备等优点，但是这种调节方式不经济。下面对节流调节的经济性作如下的说明。

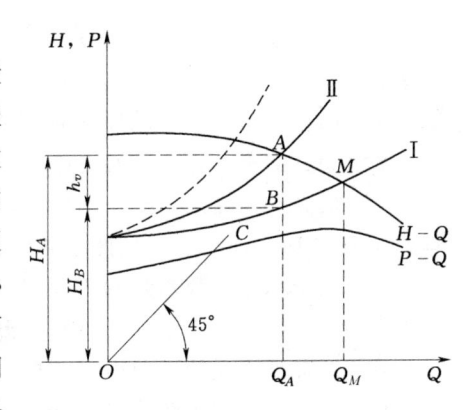

图 5.7　节流调节水泵的工作点

如图 5.7 所示，曲线 H-Q 和 P-Q 分别为水泵的扬程和功率曲线，曲线 Ⅰ 为当出水管路上的阀门全开时的装置需要扬程曲线。阀门全开时水泵的工作点为 M，其对应的流量为 Q_M，扬程为 H_M。当关小阀门减小水泵供水流量时，管路的阻力损失增加（即管路

的阻力参数 S 变大），装置需要扬程曲线变为曲线Ⅱ，水泵的工作点也从 M 点变为 A 点，与之相对应，流量也从 Q_M 改变为 Q_A，扬程从 H_M 变为 H_A，且有 $Q_A<Q_M$，$H_A>H_M$。显然，阀门关得越小，其附加阻力越大，工作点越向左边移动，水泵的扬程越高，流量也就越小。

如图 5.7 所示，调节出水管阀门的开度，使其减小时，水泵装置扬程（泵站扬程）H_{st} 并没有发生改变，但水泵的扬程却增大。这是由于水泵所供应的能量有一部分消耗于克服阀门的附加阻力，造成额外损失的结果。此时，水泵的能量平衡方程变为

$$H_A = H_B + h_v \tag{5.21}$$

式中：H_B 为阀门全开、流量为 Q_A 时装置需要水泵提供的扬程；h_v 为由于阀门关小引起的附加阻力损失，其大小取决于阀门的开度。显见，由于水泵扬程的增加所多消耗的功率 ΔP 为

$$\Delta P = \frac{\rho g Q_A h_v}{\eta_A} \tag{5.22}$$

如果阀门开度调节前工作点的位置对应于水泵最高效率点或在最高效率点的左边，则关小阀门时不仅增大了管路的附加阻力，而且使水泵效率 η 下降，增加了水泵内的能量损失，这显然是不经济的。如果泵工作点位于水泵最高效率点的右边，则在流量大于水泵设计流量（对应于最高效率点的流量）的范围内，关小阀门虽然增大了管路的阻力，但水泵效率 η 却上升。这样是否经济，应进一步加以分析。定义管路效率 η_{pi}，即

$$\eta_{pi} = \frac{H_{st}}{H} = \frac{H - h_w}{H} = 1 - \frac{h_w}{H} \tag{5.23}$$

再根据管路效率与泵效率的乘积 $\eta_{pi}\eta$，来判断节流调节的经济性。根据式（5.23）和泵效率的定义式，可以写出

$$\eta_{pi}\eta = \frac{H_{st}}{H} \cdot \frac{\rho g Q H}{P} = \frac{\rho g Q H_{st}}{P} \tag{5.24}$$

式（5.24）中的 ρg 和 H_{st} 不随 Q 而变化，功率 P 则随流量 Q 而变化。离心泵的 P 随 Q 的减小而减小。如果过坐标原点画一条斜度为 45°的直线，它表示 P 与 Q 两者的减小率相等条件下的相对功率线，从图中可以看出 P 的减小变化率明显小于 Q 的减小变化率。从而，水泵装置的 $\eta_{pi}\eta$ 值将随 Q 的减小而减小。因此对于实际的水泵装置来说，即使泵工作点位于最高效率点的右边，节流调节仍然是不经济的。如果是高比转数轴流泵，则轴功率 P 随 Q 的减小而增大，显然水泵装置的 $\eta_{pi}\eta$ 值将随 Q 的减小剧烈下降，因此，节流调节不适合用于高比转数水泵的工况调节。

节流调节可用于离心泵与低比转数混流泵的工况调节。通过出水管上的阀门进行水泵工况的节流调节虽不经济，但由于简单、易行，在水泵性能试验中，仍被广泛采用；在生产实践中，有时也可用来防止过载和汽蚀。

但应注意，进水管中不宜装阀门来进行工况调节，因为阀门关小时有引起汽蚀的危险。

5.2.2 变速调节

叶片泵基本性能曲线对应的水泵转速是定值。改变水泵的转速，水泵的性能曲线将遵循比例律发生改变，而装置需要扬程曲线不变，从而水泵工作点发生了改变，达到调节水

泵工况的目的。

5.2.2.1 变速调节的转速确定方法

由水泵比例律,可以得到:

$$\frac{H_1}{H_2}=\left(\frac{Q_1}{Q_2}\right)^2=\left(\frac{n_1}{n_2}\right)^2$$

故有:

$$\frac{H_1}{Q_1^2}=\frac{H_2}{Q_2^2}=\frac{H}{Q^2}=K$$

从而

$$H=KQ^2 \tag{5.25}$$

式(5.25)表达的是一条抛物线,称之为相似工况抛物线,K 为常数。因式(5.25)是根据比例律推导得出的,所以符合 $H=KQ^2$ 的所有点是相似工况点。又因为在推导比例律时认为各点效率相等,所以相似工况抛物线也是一条等效率曲线。

如图 5.8 所示,水泵在额定转速为 n 的 H-Q 曲线与装置需要扬程曲线 $H_r=H_{st}+SQ^2$ 的交点,即泵的工作点为 $A(Q_A,H_A)$,如果要求水泵工作流量为 $Q_{A1}(\neq Q_A)$,此时水泵转速应为多少?

因对应流量 Q_{A1} 的工况点 A_1 一定在装置需要扬程曲线上,从而可得到 A_1 的扬程 H_{A1},此时过 A_1 的相似工况抛物线常数 $K=\frac{H_{A1}}{Q_{A1}^2}$,作相似工况抛物线 $H=KQ^2$,与转速为 n 的 H-Q 曲线交于 A_2 点,可知 A_2 点的流量为 Q_{A2}。转速为 n_1 的 A_1 点与转速为 n 的 A_2 点是相似工况点,符合比例律,从而可求得转速 $n_1=\frac{Q_{A1}}{Q_{A2}}n$。

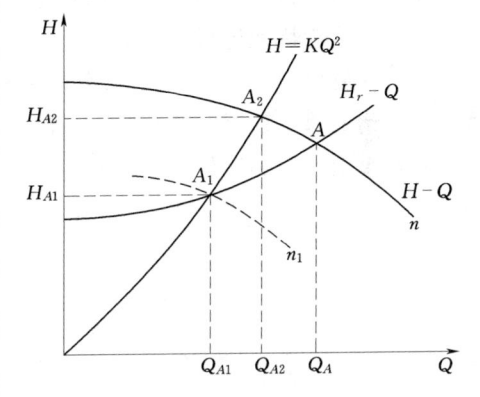

图 5.8 变速调节的转速确定方法

5.2.2.2 变速调节的特点

变速调节,适用于所有叶片泵。

采用变速调节运行,可实时调节运行工况,使水泵及其装置高效、稳定运行。当水泵低速启动时,启动阻力矩小,易于启动。

水泵变速调节的变速范围是有限制的。若转速降幅过大,相似工况抛物线与等效率线不重合,实际效率下降了。转速过小,机械效率下降很快,从而水泵效率下降,因此一般水泵降速值不超过额定转速的 30%。若增速过大,轴功率与转速的三次方成正比,易造成动力机超载;同时圆盘摩擦损失、轴承磨损损失、填料函损失分别与转速的三次方、二次方、一次方成正比,必需汽蚀余量与转速的二次方成正比,因此一般不宜采用增速的方法,特别需要时,转速增加值也不要超过额定转速的 5%。另外采用变速调节时还要注意不要使变速后的转速接近水泵临界转速以防止引起共振而损坏机组。

当动力机为三相异步电动机,变频器为常用的调速设备,在城镇给水泵站中得到广泛应用。对于大型轴流泵站,动力机一般为同步电动机,一般采用双速电机进行有级调速。

5.2.3 变径调节

在新泵站设计进行水泵选型或对老泵站进行改造时,常常遇到现有型号或已有的水泵容量过大的问题。对容量过大水泵进行改造的最简便方法就是车削叶轮。沿外径车小离心泵或混流泵的叶轮,将使水泵的性能曲线发生改变,使水泵的流量、扬程和功率降低,从而使水泵的工作点也发生相应的改变。为了扩大水泵的使用范围,我国制造的 IS 型单级悬臂式离心泵与 S 型单级双吸中开式离心泵,除了标准直径的叶轮外,大多还有一种或两种叶轮外径车小的变型。

通过改变水泵叶轮外径来改变水泵性能曲线的水泵工况调节方法,称为变径调节,也称为车削调节。

5.2.3.1 车削定律

叶轮被车削直径变小后,与原叶轮在几何形状上并不相似,因此,不能用相似律来对车削前后的叶轮特性进行换算。但是,当车削量不大时,可以近似地认为车削前后叶轮叶片的出口安放角 β_2 不变,流动状态近乎相似,即车削前后的出口速度三角形相似,因而可以借用相似律来计算叶轮车削前后的性能参数。

叶轮车削前后的流量、扬程及功率关系可用下列各式来表示:

$$\frac{Q_a}{Q} = \frac{\psi_{2a} \pi D_{2a} b_{2a} V_{m2a} \eta_{va}}{\psi_2 \pi D_2 b_2 V_{m2} \eta_v} \tag{5.26}$$

$$\frac{H_a}{H} = \frac{\eta_{ha} V_{u2a} u_{2a}}{\eta_h V_{u2} u_2} \tag{5.27}$$

$$\frac{P_a}{P} = \frac{\rho g Q_a H_a / \eta_a}{\rho g Q H / \eta} \tag{5.28}$$

式中:下标 a 表示叶轮车削后的参数。因为叶轮车削前后的出口速度三角形相似,则有:

$$\frac{V_{m2a}}{V_{m2}} = \frac{V_{u2a}}{V_{u2}} = \frac{u_{2a}}{u_2} = \frac{D_{2a}}{D_2} \tag{5.29}$$

对低比转数 ($n_s < 60$) 的离心泵,当叶轮外径变化不大时,其出口宽度 b_2 变化很小,可以认为叶轮的出口宽度不变,即 $b_2 = b_{2a}$,假定叶轮车削前后的效率相等及叶轮出口水流排挤系数不变,那么在转速保持不变的情况下,式 (5.26)~式 (5.28) 可改写为

$$\frac{Q_a}{Q} = \frac{D_{2a}^2}{D_2^2} \tag{5.30}$$

$$\frac{H_a}{H} = \frac{D_{2a}^2}{D_2^2} \tag{5.31}$$

$$\frac{P_a}{P} = \frac{D_{2a}^4}{D_2^4} \tag{5.32}$$

对中、高比转数的离心泵或蜗壳式混流泵,叶轮车削后,其出口宽度 b_2 变化稍大,但可以认为叶槽内不同过水断面具有基本上相等的过流面积,即 $\psi_{2a} \pi D_{2a} b_{2a} = \psi_2 \pi D_2 b_2$,同样,在假定叶轮车削前后的效率相等及转速保持不变的情况下,式 (5.26)~式 (5.28) 可改写为

$$\frac{Q_a}{Q} = \frac{D_{2a}}{D_2} \tag{5.33}$$

5.2 水泵运行工况的调节

$$\frac{H_a}{H}=\frac{D_{2a}^2}{D_2^2} \tag{5.34}$$

$$\frac{P_a}{P}=\frac{D_{2a}^3}{D_2^3} \tag{5.35}$$

式（5.30）~式（5.35）称为叶轮的车削定律，它们可用于叶轮车削前后工作参数的换算。

5.2.3.2 车削量计算

水泵使用中常遇到这样的问题，所需工作点 $A(Q_A,H_A)$ 位于水泵原有 H-Q 曲线的下面（图 5.9），若采用车削叶轮的方法使新的 H-Q 曲线经过 A 点，叶轮的外径应是多少？即需要求出车削量 ΔD_2。为了求出叶轮车削后的直径 D_{2a}，在应用车削定律时，必须在原 H-Q 曲线上找到与 A 点对应的 B 点。这就引出了车削抛物线的概念。消去式（5.30）与式（5.31）或式（5.33）与式（5.34）中的 D_{2a}/D_2，就得到：

对低比转数的离心泵：
$$\frac{H}{Q}=\frac{H_a}{Q_a}=K \tag{5.36}$$

对中、高比转数的离心泵或混流泵：
$$\frac{H}{Q^2}=\frac{H_a}{Q_a^2}=K \tag{5.37}$$

即
$$H=KQ \text{ 或 } H=KQ^2 \tag{5.38}$$

方程式（5.38）表示的是顶点在坐标原点的射线或抛物线族，称为车削射线或抛物线（图 5.9 中所示为车削抛物线）。

为了解决上面提到的问题，把 Q_A 和 H_A 的值代入式（5.37），求出 K 值，并按式（5.38）画车削抛物线，使它和水泵原有的 H-Q 曲线相交，定出交点 B 的 Q_B 和 H_B 值，就可以用式（5.33）算出车削后的叶轮外径 D_{2a}。如果是车削射线的情形，类似地也可以得到车削后的叶轮外径 D_{2a}。

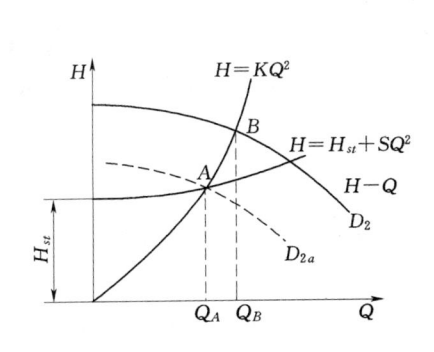

图 5.9 车削调节与车削抛物线

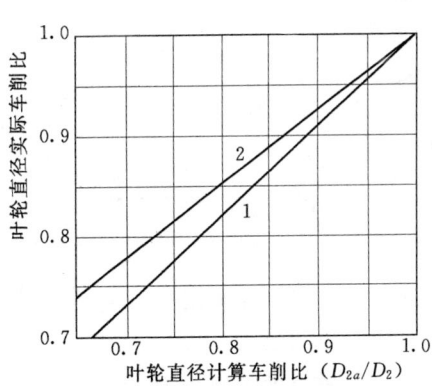

图 5.10 叶轮车削量校正图
1—径流式叶轮；2—混流式叶轮

车削定律来自相似理论，但车削前后的叶轮实际上并不相似，因此用车削定律计算出的车削量一般偏大，应按图 5.10 中的车削量校正图换算出其实际车削量。

校正方法是根据公式计算出的 D_{2a}，求出 $\dfrac{D_{2a}}{D_2}\times 100\%$（即横坐标所示的叶轮直径计算车削比),从图上查出叶轮直径的实际车削比,然后计算实际车削量。这种方法仍然不够准确,其精度随叶轮比转数的增加而降低。

车削调节通常只适用于比转数不超过 350 的叶片泵。对于轴流泵来说,车小叶轮就需要更换泵壳或者在泵壳内壁加衬里,这是不合算的。

离心泵和混流泵的叶轮车削量不能超出某一范围,不然原来的构造被破坏,水力效率会降低。叶轮车削后,轴承与填料函内的损失不变,有效功率则由于叶轮直径变小而减小,因此机械效率也会降低。现综合国外资料把许可的车削范围和效率下降值列入表 5.1。

表 5.1　　　　　　　　　叶片泵的车削限度与车削后的效率下降值

泵的比转数 n_s	60	120	200	300	350	>350
许可的最大车削量	20%	15%	11%	9%	7%	
效率下降值	每车削 10% 下降 1%		每车削 4% 下降 1%			

对于不同的叶轮应当采用下列不同的车削方式,如图 5.11 所示,比转数 $n_s<140$ 的离心泵叶轮车削时,其车削量在两个圆盘和叶片上都是相等的(如果叶轮出口与导叶连接,为了保持叶轮外缘与导叶之间的间隙不变,对水流的引导作用较好,则只车削叶片,不车削圆盘);高比转数离心泵,叶轮两边车削成两个不同的直径,内缘的直径 D''_{2a} 大于外缘的直径 D''_{2a},且 $(D'_{2a}+D''_{2a})/2=D_{2a}$;混流泵叶轮,只在它的外缘把叶轮直径车削到 D_{2a},在轮毂处的叶片完全不车削。

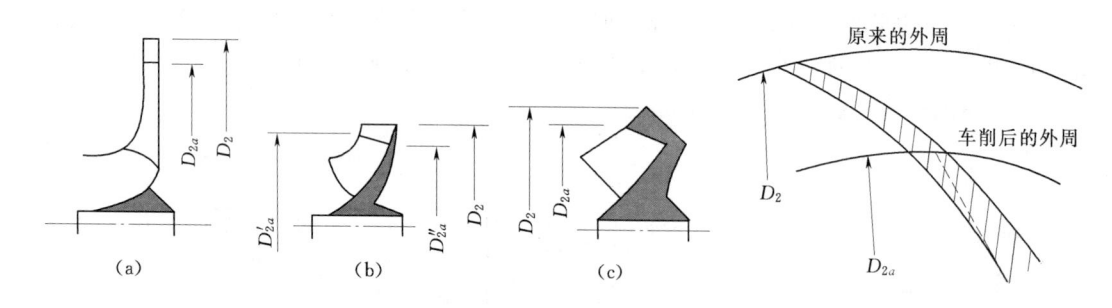

图 5.11　叶轮的车削方式
(a) 低比转数离心泵;(b) 高比转数离心泵;(c) 混流泵

图 5.12　车削前后的叶片

低比转数离心泵叶轮车削之后,如果照图 5.12 中的虚线把叶片末端锉尖,可以使水泵的流量和效率略为增大。

叶轮被车削后不能恢复原有的尺寸和性能,这是车削调节不如变速调节的地方。但是,离心泵的叶轮被车削后,进水侧的构造不变,所以,汽蚀性能不变,这是车削调节优越于变速调节的地方。由于具有这个优点,车削调节在某些场合特别适用于防止或减轻汽蚀。例如对于中、高比转数离心泵,采用车削调节有时可以有效地防止汽蚀,在很大程度上减小功率的消耗。

5.2.4　变角调节

轴流泵或导叶式混流泵、贯流泵等低扬程水泵的性能与叶片安放角关系很大,可以通过改变水泵叶片安放角实现水泵工况的调节,这种方法称为变角调节。

5.2.4.1 变角调节的原理

如图 5.13 中虚线所示,安放角 β 增大时,在同一流量下,v_{u2} 变大为 v'_{u2},扬程增大。但调角后叶轮的出水速度 v'_2 的方向偏离导叶进水端的方向,以致产生漩涡,引起效率下降。

在图 5.13 中延长 v_2 和 w'_2,使之相交,就可以看出,叶片安放角加大后,只有在流量较大的情况下,出水速度的方向才与设计出水方向一致。

以上分析说明,当轴流泵的安放角加大时,同一流量下的扬程与功率增加,最高效率点则以几乎不变的数值向右移动(图 5.14)。

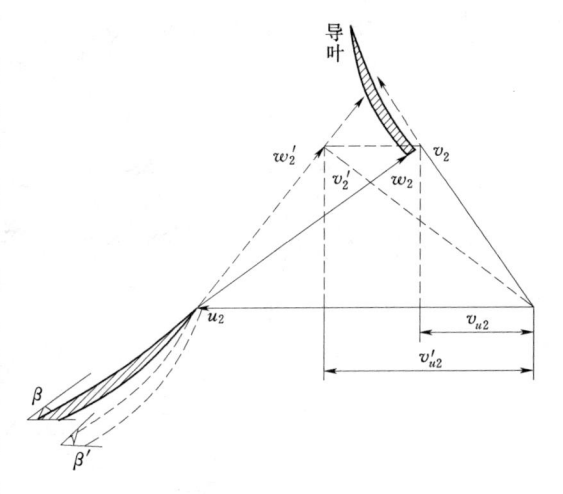

图 5.13 增大叶片安放角对叶片出口速度三角形的影响

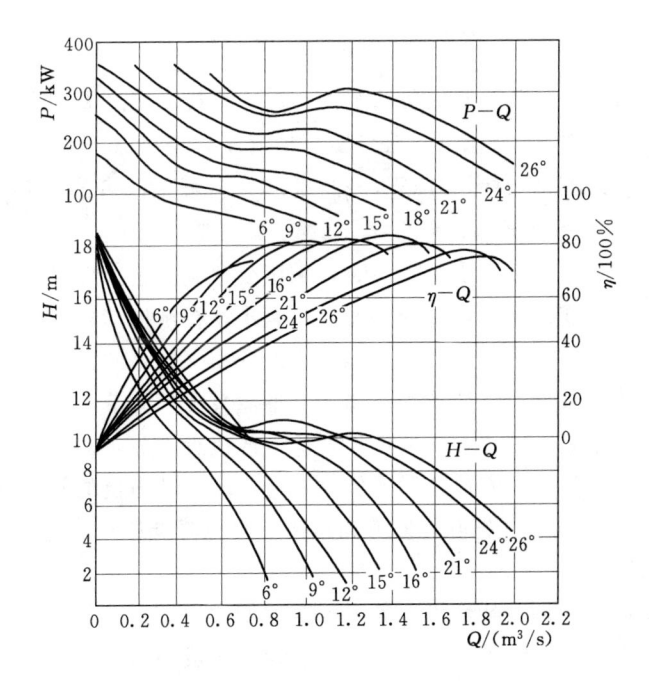

图 5.14 不同叶片安放角轴流泵的工作性能

为了方便说明,我们根据图 5.14 画出其通用性能曲线图(图 5.15),并在图 5.15 中画出三条假定的装置需要扬程曲线,中间一条是泵站设计扬程 $H_{st.d}$ 情况下的曲线,上面的一条和下面的一条分别是泵站扬程大于设计扬程($H_{st.high} > H_{st.d}$)和小于设计扬程($H_{st.low} < H_{st.d}$)时的曲线。假如叶片固定在安放角 $\beta=0°$ 的位置,从图 5.15 可以看出:泵站扬程为 $H_{st.d}$ 时,工作点 A 的 $Q=2\text{m}^3/\text{s}$,$P=128\text{kW}$,$\eta > 83.6\%$;泵站扬程为

$H_{st,high}$时，工作点 B 的 $Q=1.85\text{m}^3/\text{s}$，$P=142\text{kW}$，$\eta=83.0\%$；泵站扬程为 $H_{st,low}$ 时，工作点 C 的 $Q=2.2\text{m}^3/\text{s}$，$P=106\text{kW}$，$\eta>83.6\%$。

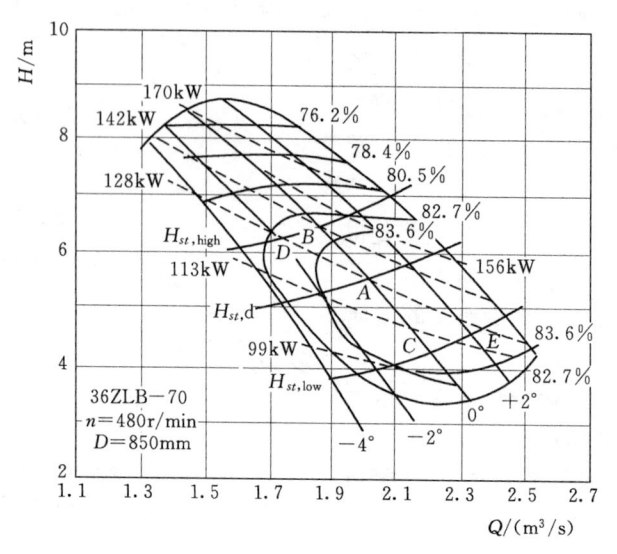

图 5.15 轴流泵通用性能曲线

假如在 $H_{st,high}$ 情况下将叶片安放角调节为 $-2°$，则其工作点 D 的流量 $Q=1.75\text{m}^3/\text{s}$，轴功率 $P=128\text{kW}$，效率 $\eta=82.9\%$；在 $H_{st,low}$ 情况下，将叶片安放角调节为 $+2°$，则其工作点 E 的 $Q=2.32\text{m}^3/\text{s}$，$P=121\text{kW}$，$\eta>83.6\%$。可见两者的轴功率 P 值均接近于 $H_{st,d}$ 下的 P 值，且效率也比较高。

由上分析可知，当泵站扬程变化较大时，采用变角调节是合理可行的。当进出水池水位差变大（即泵站扬程变大）时，把叶片安放角调小，在维持较高效率情况下，适当地减小出水量，使电动机不致过载；当进出水池水位差变小（即泵站扬程变小）时，把叶片安放角加大，使电动机满载，更多地抽水。总之，轴流泵变角调节，能使它在最有利的工作状态下运行，达到效率高，抽水多，电机长期保持或接近满载，动力机运行状态较好。

另外，在启动时，将叶片安放角调至最小，可以减轻动力机的起动负荷（大约只有额定功率的1/4）；在停车前，先把叶片安放角调小，可以降低停车时的倒流速度。

5.2.4.2 调节方式

按水泵叶片安放角的调节特性可分为下列 3 种型式：

（1）固定式。在中、小型轴流泵中，叶片和轮毂铸成一体。

（2）半调式。叶片借螺纹和定位钉固紧在轮毂上，须停机调节。

（3）全调节。叶片安放角可以在不停机情形下进行调节。

全调节水泵的叶片安放角，通过叶片调节机构进行调节，叶片的枢轴利用连杆、拐臂与操作架连在一起，装在转轮体内，操作架上下移动，使枢轴转臂上下方向转动，带动叶片随着转动，达到改变叶片安放角的目的。

图 5.16 是油压操作叶片调节机构原理示意图。油压式调节机构是采用油压接力器，通过曲柄连杆机构来转动叶片，由叶片转动机构和控制机构两部分组成。

5.2 水泵运行工况的调节

叶片转动机构：接力器活塞与操作架以及操作架与耳柄之间均为刚性连接，耳柄与连杆之间和连杆与转臂之间为铰接，转臂与叶片枢轴是刚性连接。当接力器活塞在工作油压的作用下向上或向下运动时，操作架、耳柄、连杆跟着一起运动，由于叶片的枢轴放置在轮毂体内，因此，转臂和叶片不能上下移动，只能转动，从而达到调节叶片安放角的目的。

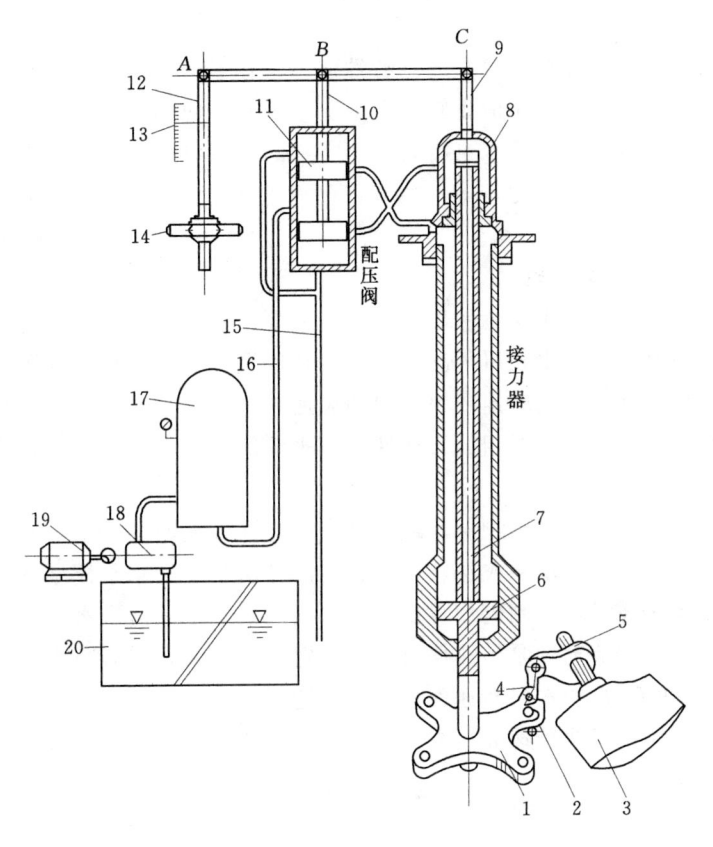

图 5.16 油压操作叶片调节机构原理示意图
1—操作架；2—耳柄；3—叶片；4—连杆；5—转臂；6—接力器活塞；7—操作油管；8—受油器；9—回复杆；10—阀杆；11—配油阀活塞；12—调节杆；13—角度指针；14—手轮；15—回油管；16—进油管；17—贮油器；18—油泵；19—电动机；20—油箱

油压控制机构：由受油器、配压阀和操作机构（调节器）几部分组成。油压控制机构安装在电动机的顶部，作用在接力器活塞上的压力油，由受油器通过随轴一起转动的操作油管供给，操作油管为单管式，它和接力器活塞下腔相通，操作油管与泵轴孔之间的环状空间与接力器活塞的上腔相通。

在需要调节时，首先转动调节器的手轮，使调节杆上下移动，一直到角度指针在某一要求的角度位置时止。这时由于受油器和配油阀不通，没有压力进入，而且接力器活塞的阻力很大，所以 C 点不动。而配压阀的阀体和阀座之间的阻力很小，故阀杆 B 和调节杆 A 一起以 C 点为支点上下转动。由于阀体上下移动后压力油通过配油阀进入到接力器活塞的上腔或下腔，使得活塞向上或向下移动，从而带动叶片的转动机构转动叶片,达到调节的目的。当接力器活塞向上或向下移动时,就带动配压阀杆 B 以 A 点为支点上下转动,一直到配压阀的阀体恢复到原来的位置,这时水泵就在另一叶片安放角下正常运行。

5.3 水泵在特殊条件下的运行

第 3 章中已经介绍了叶片式水泵的全特性(四象限特性)。如果在额定转速或变速条件下水泵运行在第一象限,即正流正转水泵工况,则称对应的运行条件为一般条件,除此之外为特殊条件。在特殊条件下水泵将表现出特殊的运行特性,对它们进行分析研究有重要意义。水泵运行的特殊条件比较多,本节着重阐述事故飞逸、逆转抽水、逆转发电条件下的水泵特性。

5.3.1 飞逸条件下的水泵特性

当泵系统发生事故造成水泵突然停机后,如果泵出水管道上阀门或闸门等断流设施失灵,则水泵将经历倒流逆转水轮机工况,当逆转转速达到最大值且持续运行时,水泵将处于飞逸状态,该转速称为飞逸转速或泵机组的飞逸转速。飞逸转速超过机组允许的最大转速时会对泵机组带来损害。泵机组的飞逸转速与水泵的结构、动力机等有关。

5.3.1.1 水泵的飞逸转速

水泵的飞逸转速可以通过模型试验或者已有的全面性能曲线推求等不同的途径获得。

(1) 模型实验法。确定水泵飞逸转速最直接的方法是进行水泵模型飞逸特性试验。飞逸特性试验方法是,通过切换闸阀使得试验台中的辅助水泵反向供水(水流从水泵出口侧流向水泵进口侧)并调节辅助泵转速保持某一稳定工作水头,然后减小电动机或发电机出力,当出力等于 0 时测得的水泵转速就是飞逸转速。

飞逸转速常用单位飞逸转速 $n_{11,R}$(r/min) 表示,即

$$n_{11,R} = \frac{n_R D_m}{\sqrt{H_m}} \tag{5.39}$$

式中:H_m 为模型泵工作水头,m;n_R 为工作水头 H_m 下测得的飞逸转速,r/min;D_m 为模型泵叶轮直径,m。

对于特定的同一系列离心泵或蜗壳式混流泵,单位飞逸转速是唯一的,而对同一系列的轴流泵或导叶式混流泵而言,不同叶片安放角下的单位飞逸转速则不相同,同一叶片安放角下的单位飞逸转速却是唯一的,表 5.2 中列出了某轴流泵模型飞逸特性试验结果。

表 5.2   某轴流泵模型不同叶片安放角下的单位飞逸转速

叶片安放角	0°	+2°	+4°	+6°
单位飞逸转速/(r/min)	340.2	335.2	335.1	334.5

由于单位飞逸转速对同一系列水泵是同一数值,从而根据模型试验得到的单位飞逸转速可以计算得到原型泵在不同扬程或不同叶片安放角、不同扬程下的飞逸转速,其中额定(设计)扬程下的飞逸转速为额定飞逸转速。原型泵的飞逸转速 $n_{R,p}$ 可用式(5.40)计算:

5.3 水泵在特殊条件下的运行

$$n_{R,p} = n_{11,R} \frac{\sqrt{H_p}}{D_p} \tag{5.40}$$

式中：H_p 为原型泵扬程（水头），m；D_p 为原型泵叶轮直径，m。

(2) 查全特性曲线。在水泵全特性曲线中扬程、流量、力矩、转速均以相对值表示，即

$$\overline{H} = \frac{H}{H_r}; \overline{Q} = \frac{Q}{Q_r}; \overline{M} = \frac{M}{M_r}; \overline{n} = \frac{n}{n_r}$$

下标"r"表示额定值。

水轮机工况中各参数符号为：$\overline{H}>0$，$\overline{Q}<0$，$\overline{n}<0$，$\overline{M}>0$，即位于第三象限内。

对于特定的 $\overline{H}$，在曲线第三象限中查找 $\overline{M}=0$ 线与对应 $\overline{H}$ 的等扬程线的交点，过该交点作水平线与 $\overline{n}$ 纵轴相交得到的 $\overline{n}$ 值就是对应 $\overline{H}$ 下的飞逸转速。如果 $\overline{H}=100\%$，则可得到额定飞逸转速。

(3) 近似查表法。目前只有少数水泵具有全特性曲线。对于某一水泵，在既不做模型飞逸特性试验也没有全特性曲线情况下，如何确定飞逸转速呢？根据有关资料，现有表5.3 与表 5.4 可以查用。表 5.3 是常用双吸离心泵额定飞逸转速；表 5.4 是斯捷潘诺夫所编各种泵的逆转转速试验值，由于制造工艺水平的差异，表中数值仅供参考。从表 5.3 与表 5.4 中可见，逆转额定飞逸转速均未超过额定转速的 130%，对于一般水泵机组来说则不会引起损坏。表 5.4 中所列"转子固定"一行，是倒流时叶轮固定不转所测得的流量及叶轮承受的转矩。

表 5.3 中 n_R 为标准飞逸转速（r/min），是在水泵设计扬程 H_d 时的飞逸转速；n_r 为水泵额定转速（r/min）。根据表 5.3 数据，可求得水泵扬程为 H 时的最大飞逸转速（r/min）：

$$n_{R\max} = n_R \sqrt{\frac{H}{H_d}} \tag{5.41}$$

表 5.3　　　　　　　　　　　　离心泵额定飞逸转速参考值

编号	泵型	电动机机型	$\frac{n_R}{n_r}\left(\dfrac{\text{标准飞逸转速}}{\text{额定转速}}\right)$
1	48sh-22A	YL134/44-12	1.18
2	32sh-19	JRQ-1410-6	1.30
3	24sh-19	JSQ-1410-6	1.25
4	24sh-19A	JC-137-4	1.09
5	14sh-19	JC-114-4	0.99
6	14sh-15		1.23
7	14sh-9	JSQ-148-4	1.17
8	14sh-16	JSQ-1410-4	1.05
9	10sh-13	J82-4	1.15

注　适用于同型号水泵，而且电动机的飞轮转动惯量 GD^2 比较接近。

表 5.4　　　　　　　　　　　倒流逆转水泵工作参数

泵型	比转数 n_s	口径 /mm	转子不固定 $\overline{H}=+100\%, \overline{M}=0$		转子固定 $\overline{H}=+100\%, \overline{n}=0$	
			$-\overline{Q}/\%$	$-\overline{n}/\%$	$-\overline{Q}/\%$	$+\overline{M}/\%$
多级泵	84	37.5	85	104	160	
多级泵	86	50	76	108	117	96
双吸泵	90	100	68	117	118	120
四级泵	91	100		117		
	120	200	58	125	115	146
单吸泵	124	50	52	106	103	110
	137	200	75	125	108	130
蜗壳式单吸泵	151	200	60	123	95	125
双蜗壳单吸泵	151	200	50	123	108	140
双吸泵	247	300	80	125	84	116
转桨式	473	400	112	126	79	88
	509	400	85	128	37	74
	955	400	121	128	66	37

注　各参数以设计工况的百分数表示。

5.3.1.2　水泵并联系统中水泵事故飞逸情况

（1）仅其中一台水泵事故飞逸情况。当并联运行的几台水泵中有一台因事故停机不能断流，其他水泵继续工作时，则该泵将发生倒流逆转，整个并联系统需讨论如下问题：①运行水泵的工况；②并联系统供水流量；事故停机水泵的倒流流量；③事故停机水泵的飞逸转速。

以两台离心泵（$n_s=90$）并联运行来分析上述问题，该离心泵的全特性曲线如图 3.19 所示，从全特性曲线上可查得该泵在额定转速下（$\overline{n}=100\%$）的性能曲线 $\overline{H}-\overline{Q}$（均以相对值表示），即图 5.17 中的曲线 I，并联后的组合性能曲线为（I+II），与装置性能曲线（$\overline{H}_{st}+S\overline{Q}^2$）-$\overline{Q}$ 的交点 A，即为水泵并联后正常运行的工作点（$\overline{H}_A=100\%$，

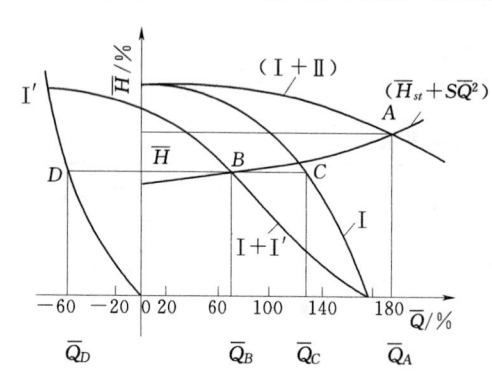

图 5.17　并联系统中一台泵事故飞逸运行工况

$\overline{Q}_A=200\%$）。

当 1 台水泵事故停机后，另 1 台水泵继续工作，则事故停机泵在反向水流作用下逆转，最终将在飞逸转速下运行。此时转矩 $M=0$，事故停机泵的逆转性能曲线就是全性能曲线第Ⅲ区中零转矩所对应的 $\overline{H}-\overline{Q}$ 曲线，亦即事故停机泵逆转阻力曲线，即图 5.17 中的曲线 I′，其中参数列于表 5.5 中。

5.3 水泵在特殊条件下的运行

表 5.5　　　　　　　　　　事故停机泵逆转参数

$\overline{H}/\%$	0	10	20	30	40	50	75	100
$\overline{Q}/\%$	0	−21	−31	−38	−42	−47	−58	−68

工作泵与事故停机泵并联运行组合性能曲线为（Ⅰ+Ⅰ′），该曲线与装置性能曲线 $(\overline{H}_{st}+S\overline{Q}^2)\text{-}\overline{Q}$ 的交点 B，即为 2 台并联运行泵 1 台事故飞逸另 1 台正常运行条件下的工作点（$\overline{H}_B=74\%$，$\overline{Q}_B=72\%$）。过 B 点作横坐标轴的平行线与曲线Ⅰ的交点 C，即为工作泵的工作点（$\overline{H}_C=74\%$，$\overline{Q}_C=130\%$）；横坐标轴的平行线与曲线Ⅰ′的交点 D，即为事故停机泵的工作点（$\overline{H}_D=74\%$，$\overline{Q}_D=-58\%$）。由此可知，工作泵流量为额定值的 130%；而事故停机泵倒流流量为其额定值的 58%；并联系统总管中的流量即工作泵继续向管网供水流量为额定值的 72%（=130%−58%）。事故停机泵的逆转转速（对应于 $\overline{H}_{st}=74\%$，$\overline{Q}=-58\%$），由全性能曲线第Ⅲ区中 $M=0$ 的线上，查得 $\overline{n}=-99\%$。

（2）全部泵事故飞逸情况。仍以两台离心泵（$n_s=90$）并联系统进行分析。当全部事故停机时，两台水泵在倒流水流作用下，最终都将逆转达到事故飞逸状态，其单台逆转性能曲线（或称阻力曲线）仍为图 5.17 中曲线Ⅰ′，两台逆转并联组合性能曲线为（Ⅰ′+Ⅱ′），如图 5.18 所示。这时管路阻力随倒流流量的增加而增加，其性能曲线近似为 $(\overline{H}_{st}-S\overline{Q}^2)\text{-}\overline{Q}$，此曲线与（Ⅰ′+Ⅱ′）的交点 A，即为两台并联水泵都处于事故飞逸状态的工作点。其对应于 1 台水泵的倒泄流量 $\overline{Q}_B=-53\%$，阻力水头为 $\overline{H}_B=60\%$，再由全性能曲线可求得逆转转速 $\overline{n}=-90\%$。

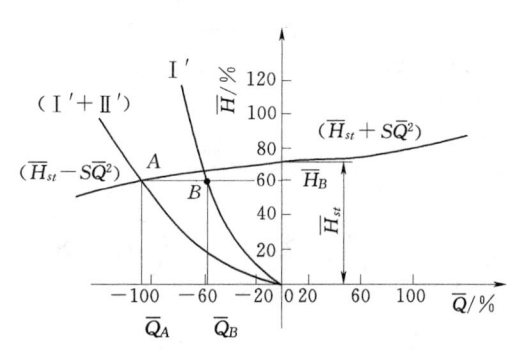

图 5.18　并联系统中全部水泵事故飞逸

当多台相同或不同型号水泵并联，同样可用上述方法求得失电逸转的运行工况。但是必须具备全性能曲线，而在现有水泵类型中，具有全性能曲线的很少，因此在实用上往往受到限制。若要对并联系统的水泵进行全性能（四象限）工况试验，其试验装置比较复杂，一般情况下是没有条件进行的。但如只进行水泵逆转阻力损失试验，则无论在泵站或在实验室中都是比较容易进行的。如图 5.19 所示两台并联水泵Ⅰ和Ⅱ中，将水泵Ⅱ用闸阀关死后，水泵Ⅰ在静水头作用下逆转，就可测得其阻力曲线Ⅰ′。设备台泵进水管口至并联点很短，该段水头损失可忽略不计；如不能忽略时，可从各台泵的性能曲线上先减去该段水头损失。现求水泵Ⅰ失电逆转后的运行工况。

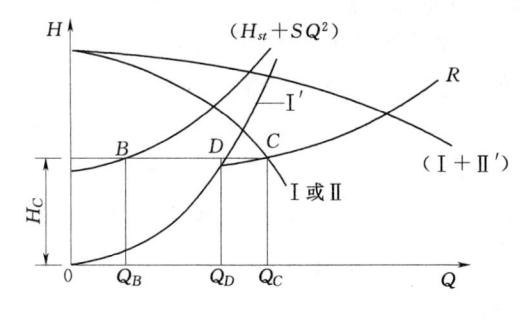

图 5.19　用水泵逆转阻力曲线求失电后运行工况

水泵Ⅰ的逆转阻力曲线为Ⅰ′，装置性能曲线为 $H_{st}+SQ^2$，并联后的组合阻力曲线为 R，R 与工作泵性能曲线的交点 C，即为工作泵的工作点。由此得到：①工作泵扬程、流量为 H_C、Q_C；②工作泵继续向管网供水流量为 Q_B；③失电泵逆转倒泄流量 Q_D；④失电泵逆转飞逸转速为

$$\overline{n_P}=\overline{n_0}\sqrt{\frac{H_{st}}{H_0}} \tag{5.42}$$

式中各参数意义和求解方法如图 5.19 所示。

（3）失电泵固定转子时的运行工况。若对失电泵组刹车，将其转子固定，使其不能逆转，工作泵继续向管网供水，并联系统运行工况的确定与前述方法类似。仍以 $n_s=90$ 离心泵为例，当转子固定（即 $\overline{n}=0$），其性能曲线可根据全面性能曲线上所对应的 $\overline{H}$ 和 $\overline{Q}$ 求得，其对应的 $\overline{H}$-$\overline{Q}$ 关系见表 5.6。

表 5.6　　　　　　　　　　失电泵固定转子时参数

$\overline{H}/\%$	0	10	20	30	40	50	75	100
$\overline{Q}/\%$	0	-39	-52	-65	-74	-82	-102	-119

上述 $\overline{H}$-$\overline{Q}$ 亦即转子固定时倒流阻力曲线，见图 5.20 中曲线Ⅰ′，与工作泵性能曲线Ⅰ并联后的组合性能曲线为（Ⅰ+Ⅰ′）。（Ⅰ+Ⅰ′）与装置性能曲线（$\overline{H_{st}}+S\overline{Q}^2$）交于 B 点，过 B 点作横坐标轴的平行线与曲线Ⅰ的交点 C，即为工作泵的工作点（$\overline{H_C}=70\%$，$\overline{Q_C}=132\%$）；与曲线Ⅰ′的交点 D，即为转子固定泵的工作点（$\overline{H_D}=70\%$，$\overline{Q_D}=-97\%$）。由此可知，离心泵转子固定比转子飞逸时过流阻力要小（$\overline{\Delta H}=70\%-74\%=-4\%$），倒泄流量要大（$\Delta\overline{Q}=97\%-58\%=39\%$）。

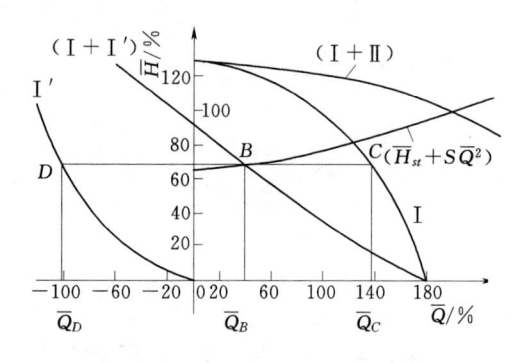

图 5.20　并联系统中一台泵失电（固定转子）运行工况

5.3.1.3　水泵串联系统中一台或全部事故停机运行情况

在串联系统中当一台水泵事故停机后，另一台水泵继续工作，则工作泵的扬程、流量及转矩各为多少？是否会产生过载危险？事故停机泵在管流作用下将进入全特性曲线中的Ⅷ区（逆转水轮机工况，$\overline{H}<0$，$\overline{Q}>0$，$\overline{n}>0$，$\overline{M}<0$），并以飞逸转速旋转，其转速多少？当全部水泵同时失电而停机时，其逆转转速如何确定？

现仍以两台 $n_s=90$ 离心泵为例，对其串联系统进行分析。两台泵串联正常运行组合性能曲线为（Ⅰ+Ⅱ），管路性能曲线为（$\overline{H_{st}}+S\overline{Q}^2$），两曲线交点 A 为串联系统正常运行的工作点（$\overline{H_A}=200\%$，$\overline{Q_A}=100\%$），见图 5.21。

当水泵事故停机后，在正向管流（从泵进口流向泵出口）作用下水泵正向旋转向动力机输出功率，最终达到飞逸转速，在逆转水轮机工况（第Ⅷ区）零转矩（$\overline{M}=0$）曲线上

工作。由全特性曲线查得 $M=0$ 曲线对应的 $\overline{H}$-$\overline{Q}$ 关系如表 5.7 所示。在图 5.21 中，事故停机泵空载性能曲线为 Ⅰ′，将 Ⅰ′ 与 Ⅰ 的扬程纵向叠加，得到组合性能曲线（Ⅰ+Ⅰ′）。曲线（Ⅰ+Ⅰ′）与 $(\overline{H}_{st}+S\overline{Q}^2)$ 交于 B 点，过 B 点作横坐标轴的垂线与曲线 Ⅰ 的交点 C，即为工作泵的工作点（$\overline{H_C}=126\%$，$\overline{Q_C}=32\%$）；该垂线与曲线 Ⅰ′ 的交点 D，即为事故停机泵的空载工作点（$\overline{H_D}=-5\%$，$\overline{Q_D}=32\%$）。由全特性曲线Ⅷ区 $M=0$ 曲线对应 $\overline{H_D}$、$\overline{Q_D}$ 值的转速为 $\overline{n}=12\%$。

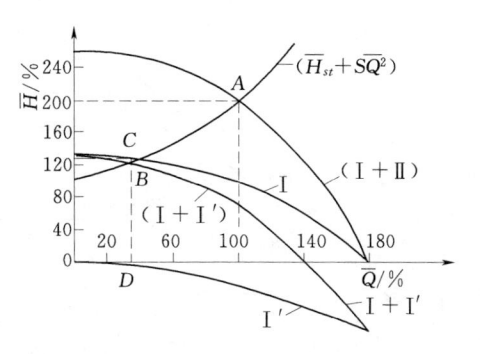

图 5.21 串联系统中一台泵事故飞逸运行工况

表 5.7 事故停机泵空载参数

$\overline{H}/\%$	0	10	20	30	40	50	75	100
$\overline{Q}/\%$	0	60	89	110	125	145	180	210

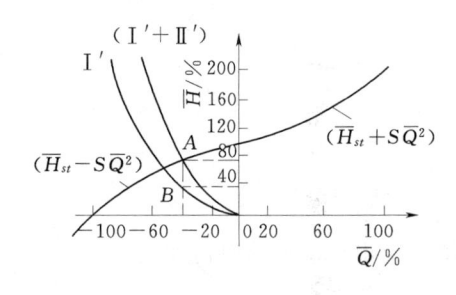

图 5.22 串联系统中全部水泵失电运行工况

如两台泵同时事故停机，在倒流水流作用下同时逆转，并进入飞逸状态。确定其工作点的方法与并联情况相似，前提是取得水泵逆转阻力曲线。将水泵事故停机逆转阻力曲线绘于图 5.22 中，如曲线 Ⅰ′（Ⅱ′）。在曲线 Ⅰ′ 上任取一点作横坐标轴的垂线并将对应的扬程数值乘以 2，从而得到曲线（Ⅰ′+Ⅱ′），它与管路倒流时性能曲线（$\overline{H}_{st}-S\overline{Q}^2$）交于 A 点，过 A 点作横坐标轴的垂线与曲线 Ⅰ′ 交于 B 点，即为事故停机逆转水泵工作点（$\overline{H_B}=38\%$，$\overline{Q_B}=-40\%$）。

5.3.2 水泵作水轮机运行

水泵与水轮机同属水力机械，水泵可以作为水轮机使用。抽水蓄能电站常采用水泵-水轮机可逆式水力机械，由于水头、扬程一般很大，叶型上类似于离心泵，如广州抽水蓄能电站、浙江天荒坪抽水蓄能电站等；轴流泵也可以作为水轮机运行，水轮机运行时水流方向、转速方向与水泵工况运行时相反，泵站既可以正向抽水又可以反向发电，如江苏江都水利枢纽第三抽水站、江苏泗阳站等。这里主要讨论轴流泵。

分析轴流泵水泵工况与水轮机工况的水流流动特征，可作进口、出口速度三角形如图 5.23 所示，注意水泵工况与水轮机工况的工作面是相同的。

水泵最优工况方程为

$$\frac{H_P}{n_P}=\frac{u_p v_{u2P}}{g} \tag{5.43}$$

作为水轮机运行是，最优工况方程为

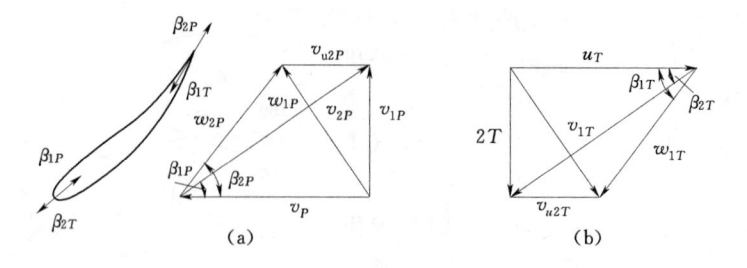

图 5.23 轴流泵速度三角形
(a) 水泵工况；(b) 水轮机工况

$$H_T\eta_T = \frac{u_T v_{u1T}}{g} \tag{5.44}$$

式中：H_P、H_T 分别为水泵、水轮机最优工况理论扬程、水头；u_P、u_T 分别为水泵、水轮机最优工况时的叶轮圆周速度；v_{u2P}、v_{u1T} 分别为水泵最优工况叶轮出口、水轮机最优工况时的叶轮进口绝对速度的圆周分量；η_P、η_T 分别为水泵、水轮机最优工况时的水力效率。

以式（5.44）除以式（5.43）得：

$$\frac{H_T}{H_P}\eta_T\eta_P = \frac{u_T v_{u1T}}{u_P v_{u2P}} \tag{5.45}$$

从图 5.23 速度三角形可以求出：

$$v_{u1T} = u_T - v_{2T}\cot\beta_{1T} \tag{5.46}$$

$$v_{u2P} = u_P - v_{1P}\cot\beta_{2P} \tag{5.47}$$

式中：v_{1P}、v_{2T} 分别为水泵最优工况进口、水轮机最优工况出口水流绝对速度。

将式（5.46）和式（5.47）代入式（5.45）得

$$\frac{H_T}{H_P}\eta_T\eta_P = \frac{u_T^2 - u_T v_{2T}\cot\beta_{1T}}{u_P^2 - u_P v_{1P}\cot\beta_{2P}} = \frac{u_T^2(1-\tan\beta_{2T}\cot\beta_{1T})}{u_P^2(1-\tan\beta_{1P}\cot\beta_{2P})} \tag{5.48}$$

如不考虑叶栅偏转作用，可近似地认为

$$\beta_{1P} = \beta_{2T} \quad \beta_{2P} = \beta_{1T}$$

故速度三角形相似，则：

$$\tan\beta_{2T}\cot\beta_{1T} = \tan\beta_{1P}\cot\beta_{2P}$$

式（5.48）可化为

$$\frac{H_T}{H_P}\eta_T\eta_P = \frac{u_T^2}{u_P^2} = \frac{n_T^2}{n_P^2} \tag{5.49}$$

式中：n_P、n_T 分别为水泵、水轮机最优工况时的转速，r/min。

将式（5.49）用单位转速表示，则有：

$$\sqrt{\eta_T\eta_P} = \frac{\dfrac{n_T D}{\sqrt{H_T}}}{\dfrac{n_P D}{\sqrt{H_P}}} = \frac{n_{11,T}}{n_{11,P}} \tag{5.50}$$

式中：$n_{11,P}$、$n_{11,T}$ 分别为水泵、水轮机最优工况时的最优单位转速。

5.3 水泵在特殊条件下的运行

现以 ZLQ13.5-8 轴流泵为例进行分析。

对于水泵最优工况：模型泵叶轮直径 300mm，当转速为 1450r/min、扬程为 5.529m 时，水泵进入最优工况 $\eta_P=67\%$。

$$n_{11,P}=\frac{n_P D}{\sqrt{H_P}}=\frac{1450\times 0.3}{\sqrt{5.529}}=183(\text{r/min})$$

对于水轮机最优工况：当转速为 1450r/min、水头为 12.11m 时，水轮机进入最优工况 $\eta_T=73\%$。

$$n_{11,T}=\frac{n_T D}{\sqrt{H_T}}=\frac{1450\times 0.3}{\sqrt{12.11}}=125(\text{r/min})$$

将有关数据代入式（5.50）两边，可得

$$\sqrt{\eta_T \eta_P}=\sqrt{0.73\times 0.67}=0.699$$

$$\frac{n_{11,T}}{n_{11,P}}=\frac{125}{183}=0.683$$

从计算结果看，两边基本相等，说明式（5.50）反映了水泵、水轮机最优工况之间的关系。

当 ZLQ13.5-8 型轴流泵（$D=2.0\text{m}$）抽水时转速为 250r/min（扬程为 4.76m），那么作为水轮机运行反向发电时转速 n_T 应为多少呢？

当水头 $H=4\text{m}$，则：

$$n_T=\frac{n_{11,T}\sqrt{H_T}}{D}=\frac{125\times\sqrt{4}}{2}=125(\text{r/min})$$

我们可以发现水轮机转速正好等于水泵转速的一半，对于电机制造来说，技术上是可以实现的，即作为电动机的磁极对数是作为发电机磁极对数的一半。

5.3.3 水泵逆转抽水运行

水泵正常运行的定义是正向（水流从水泵进口至水泵出口）正转（保证叶片正面工作）抽水。当动力机驱动水泵逆转时，水泵叶片背面工作。那么对设计时只考虑正向正转抽水的水泵，能否逆转抽水呢？

根据离心泵（$n_s=90$）、混流泵（$n_s=530$）及轴流泵（$n_s=950$）全特性曲线，可以得到当叶轮逆转时（$\bar{n}=-100\%$）这 3 种叶片泵的 $\bar{H}$、$\bar{Q}$ 数值，如表 5.8 所示。

表 5.8　　　　　　　　　　叶轮逆转条件下的 $\bar{H}$ 与 $\bar{Q}$ 值

离 心 泵		混 流 泵		轴 流 泵	
$n_s=90$		$n_s=530$		$n_s=950$	
$\bar{H}/\%$	$\bar{Q}/\%$	$\bar{H}/\%$	$\bar{Q}/\%$	$\bar{H}/\%$	$\bar{Q}/\%$
-100	+105	-100	+36	-200	0
-50	+83	-75	0	-100	-10
-30	+73	-50	-15	-75	-55
0	+56	-10	-44	-30	-80
+10	+50	0	-54	-10	-92

续表

离心泵		混流泵		轴流泵	
$n_s=90$		$n_s=530$		$n_s=950$	
$\overline{H}/\%$	$\overline{Q}/\%$	$\overline{H}/\%$	$\overline{Q}/\%$	$\overline{H}/\%$	$\overline{Q}/\%$
+30	+35	+10	-74	0	-95
+50	+20	+30	-92	+10	-100
+62.5	0	+50	-106	+30	-108
+75	-60	+75	-102	+50	-115
+100	-100	+100	-134	+100	-135

由表 5.8 可见，离心泵在逆转时（$\overline{n}=-100\%$），当扬程 $\overline{H}$ 为 0～62.5%，$\overline{Q}\geqslant0$，可以正向抽水；当 $\overline{Q}\leqslant0$ 时，$\overline{H}>0$，不能实现反向抽水。混流泵在逆转时（$\overline{n}=-100\%$），当扬程 $\overline{H}$ 从 0～75% 时，$\overline{Q}\leqslant0$，可以反向抽水；当 $\overline{Q}\geqslant0$ 时，$\overline{H}<0$，说明不能正向抽水。轴流泵在逆转时（$\overline{n}=-100\%$），扬程 $\overline{H}$ 从 0～-200%，$\overline{Q}\leqslant0$，说明可以反向抽水，而无 $\overline{Q}>0$ 工况，说明不能正向抽水。

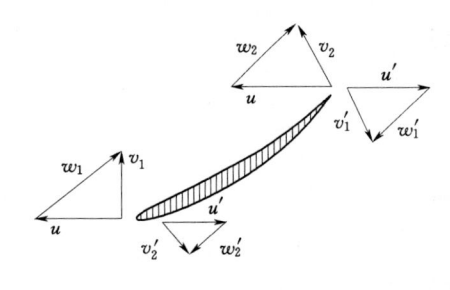

图 5.24 正、逆转抽水速度三角形

从表 5.8 中还可以看出，轴流泵逆转反向抽水工作范围较宽，流量也较大。但无论在何种情况下，逆转抽水的流量均小于正转抽水流量。以轴流泵为例，反向逆转时，原来的后导叶变为前导叶，叶片背面凸出，水流经叶片时流态较乱，同时由于无后导叶，使出口流速圆周分量 v'_{u2} 的能量无法回收，致使效率下降。同时，扬程、流量减少，水泵需要的功率减小。由图 5.24 可知，设正转、逆转转速均为额定转速值，即 $u=u'$，当叶轮正向正转抽水时，进口流速 v_1 基本上无预旋影响，水流轴向进入叶栅。而反向逆转抽水时，因后导叶变为前导叶，水流进口绝对速度 v'_1 受导叶影响，产生预旋，不可能轴向进入叶栅，其轴向分速度 v'_{m1} 小于 v_1，故流量为

$$Q'_k = v'_{m1} A'_{m1} < Q_k = v_1 A_{m1} \tag{5.51}$$

式中：假设正、反转时水泵过水断面面积 A_{m1} 和 A'_{m1} 相等，即 $A_{m1}=A'_{m1}$。

表 5.9 是正、反向抽水与正、逆转轴流泵模型试验结果，表中数据很好地印证了上述分析结论。

表 5.9　　　　　　　　　　正、逆转试验数据

叶轮旋转方向	叶片安放角/(°)	扬程/m	流量/(L/s)	效率/%	说明
正向正转	0	1.1	133.5	52.5	叶片正面工作
反向逆转	0	1.1	99	35.3	叶片背面工作

表 5.10 是斯捷潘诺夫的试验资料，也说明了水泵逆转时泵效率将减小。

5.3 水泵在特殊条件下的运行

表 5.10 各种泵的最高效率的比较

叶片泵类型	比转数 n_s	正转泵效率 /%	逆转泵效率 /%	说明
离心泵	90	83	9	逆转以叶片背面工作
混流泵	530	82	9	
轴流泵	950	80	34	

综上所述，水泵逆转抽水在理论上可行，但泵效率低，汽蚀性能差。

第6章 灌排泵站工程规划

6.1 概 述

6.1.1 规划的原则和任务

灌排泵站是用来解决自流方式不能解决的灌溉或排水问题。灌排泵站工程规划就是根据兴建工程的目的和当地的经济、地形、能源、气象等条件，因地制宜地进行泵站站点及泵站枢纽（包括取水口、引水渠、进水池、泵房、出水压力管道、出水池）布置。规划不善，不仅会增大工程投资和运行管理费用，影响泵站总体效益的发挥，还会给泵站的运行管理带来不便。因此，排灌泵站工程规划要根据流域或地区水利规划所规定的任务，综合考虑近期目标和远景发展的要求，处理好局部和整体利益的关系，合理确定泵站的建设规模和布局。规划中应根据动能经济原则，力求做到工程投资小、见效快以及便于运行管理和管理费用低。

灌排泵站工程规划的主要任务是：①确定工程规模及其控制范围、灌溉或排水标准；②确定工程总体布置方案，包括排灌区域划分、选择泵站站址、引水、输水渠（管）系布置以及输电线路及变电站布置等；③确定设计扬程和设计流量，选择适宜的泵型和机组台数，选配动力机械和辅助设备；④编制工程概算，进行技术经济论证并评价工程经济效益；⑤进行工程环境评价以及拟定工程运行管理方案等，为决策部门和泵站工程技术设计提供可靠依据。

泵站工程的规划应在对排灌区的自然地理条件、已有水利工程设施和效益、水源、能源状况进行实地查勘以及搜集有关行政区划、水文气象和社会经济状况等资料的基础上进行。

6.1.2 泵站等级及设计标准

泵站规划设计标准是确定泵站工程规模和泵站设计的重要依据。泵站的建设规模是根据流域或地区经济发展规划所规定的任务和目标，以近期目标为主，并考虑远景发展要求综合分析确定的。

6.1.2.1 泵站等级划分

灌溉、排水泵站的等级是根据单站的装机流量与装机功率来划分的，其等别按表6.1确定。

在对泵站进行分等时应该注意的是，表6.1中的装机流量、装机功率系指单站指标，且包括备用机组在内。但对有多级或多座泵站组成的泵站工程，可按整个系统的分等指标确定。当泵站按分等指标分属两个不同等别时，选取其中较高的等别。

对工业、城镇供水泵站的等级划分，应该根据供水对象，供水规模和供水重要性来确定。特别重要且供水规模较大的城市或工矿供水泵站，可定为Ⅰ等泵站；重要的乡镇供水

6.1 概　　述

表 6.1　　　　　　　　　　　灌溉、排水泵站分等指标

泵站等别	泵站规模	装机流量/(m³/s)	装机功率/万 kW
Ⅰ	大（1）型	≥200	≥3
Ⅱ	大（2）型	200～50	3～1
Ⅲ	中型	50～10	1～0.1
Ⅳ	小（1）型	10～2	0.1～0.01
Ⅴ	小（2）型	<2	<0.01

泵站，一般可定为Ⅲ等泵站。对修建在堤身且泵房直接挡水的泵站，其等别应不低于防洪堤的等别，且在确定该类泵站的等级时要考虑堤防规划和发展的要求，力求避免泵站建成后因堤防标准提高，又需对泵站进行加固或改建。

泵站建筑物的等级划分可根据泵站所属等别及其在泵站中作用和重要性，按表 6.2 确定。

表 6.2　　　　　　　　　　　泵站建筑物级别划分

泵站等别	永久建筑物级别划分 主要建筑物	永久建筑物级别划分 次要建筑物	临时性建筑物级别
Ⅰ	1	3	4
Ⅱ	2	3	4
Ⅲ	3	4	5
Ⅳ	4	5	5
Ⅴ	5	5	—

表 6.2 中的永久建筑物是指泵站运行期间使用的建筑物，按其重要性分为主要建筑物和次要建筑物。主要建筑物系指事故破坏后可能造成灾害或严重影响泵站运行的建筑物，如泵房、进、出水池，出水管道和变电设施等；次要建筑物系指失事后不致造成灾害或对泵站运行影响不大、并易于修复的建筑物，如挡土墙、导水墙和护岸等。临时性建筑物指的是泵站施工期间使用的建筑物，如导流建筑物、施工围堰等。

泵站等别划分是泵站工程设计的重要依据。将泵站划分成不同等级，是为了根据泵站的规模及其重要性，确定防洪标准、安全超高和各种安全系数等。

6.1.2.2　泵站建筑物防洪标准

从河流、湖泊或水库取水的泵站，其建筑物（包括进水闸、泵房等）都有防洪的问题，且泵站水工建筑物的整体稳定需要分别按设计洪水位和校核洪水位进行核算。因此，泵站建筑物的防洪标准是决定泵站防洪水位的重要依据。防洪标准的高低不仅影响到泵站建筑物的安全，也直接影响到工程的造价。

泵站建筑物的防洪标准可根据已确定的泵站建筑物的级别按表 6.3 确定，但对修建在河流、湖泊或平原水库边的堤身式泵站，其建筑物的防洪标准不应低于堤坝现有的防洪标准。

第6章 灌排泵站工程规划

表6.3 泵站建筑物防洪标准

泵站建筑物级别	洪水重现期/a	
	设计	校核
1	100	300
2	50	200
3	30	100
4	20	50
5	10	20

6.1.2.3 排涝设计标准

在降雨量较大的易涝地区，机电排涝泵站必须满足除涝方面的要求，要能及时排出由于暴雨产生的田面积水，减少淹水时间和淹水深度，以保证农作物的正常生长。泵站排涝标准通常以涝区发生一定频率的设计暴雨农作物不受涝表示。影响排涝标准的因素很多，如暴雨量，包括设计暴雨的重现期、雨型分布、汇流因素等，湖泊河网调蓄水深，作物耐淹水深，排水天数，泵站内外水位参数等。排涝标准是否合理将直接影响到治涝泵站工程的建设规模，因此，必须对上述各种影响因素进行深入的调查研究，综合分析这些影响因素之间的数量关系，按照当地的自然条件和国民经济的发展要求，分析确定符合当地实际、经济效益显著的设计排涝标准。

20世纪80年代，我国部分地区按照各自的自然和经济条件，制订了供当地使用的机电排涝泵站设计排涝标准（表6.4）。排涝泵站设计排涝标准可结合当时当地的实际情况在论证基础上进行调整。

表6.4 我国部分地区机电排涝标准统计表

省（自治区、直辖市）	地区名称	暴雨重现期/a	设计暴雨和排涝天数
湖北	江汉平原	10	1d暴雨（180～200mm），3d排至作物耐淹水深，或3d暴雨（210～250mm），5d排至作物耐淹水深
湖南	洞庭湖区	10	1d暴雨（180～250mm），3d排至作物耐淹水深
广东	珠江三角洲	10	24h暴雨（200～300mm），4d排至作物耐淹水深
广西		10	1d暴雨（200～300mm），3d排至作物耐淹水深
安徽	巢湖、芜湖、安庆地区	5～10	3d暴雨（200～250mm），3d排至作物耐淹水深
江苏	苏南、苏北圩区	10	黄秧期日雨量（200～250mm），雨后2d排完（不考虑田间滞蓄）
浙江	杭嘉湖平原	5～10	3d暴雨（300mm），4d排至作物耐淹水深
上海	郊区	10～20	24h暴雨（176～200mm），2d排完（不考虑田间滞蓄）
河北	白洋淀	5	1d暴雨（114mm），3d排出
辽宁	平原区	5	3d暴雨（130～170mm），3d排完

6.1.2.4 灌溉设计标准

灌溉设计标准是说明灌溉水源对灌溉用水保证程度的一项指标,它是确定灌溉泵站工程规模和进行灌溉效益分析的重要依据。灌溉设计标准要根据灌区水土资源的分布状况、水文气象条件、农作物区划和组成、耕作和灌溉制度等基本资料,从水源的可能来水量和灌溉用水量的结合上进行综合分析与合理选择。

灌溉设计标准可以采用灌溉设计保证率或抗旱天数的方法来表述。采用灌溉设计保证率作为灌溉设计标准的地区可参照表 6.5 选用灌溉设计保证率值。

采用抗旱天数作为灌溉设计标准的地区,旱作物和单季稻灌区抗旱天数可采用 30～50d;双季稻灌区,抗旱天数 50～70d;有条件的地方其标准应予适当提高。

表 6.5　　　　　　　　　灌溉设计保证率

地区类别	作物种类	灌溉设计保证率/%
缺水地区	以旱作物为主	50～75
	以水稻作物为主	70～80
丰水地区	以旱作物为主	70～80
	以水稻作物为主	75～95

6.2 提水灌排区的划分

提水灌排区域的划分,就是根据区域内的地形、水源、能源和行政区划等条件来选择是采用集中控制还是分片、分级控制的方式,以达到投资省、运行费用低、运行管理方便以及受益快等目的。

一个需要提水灌排的区域,是用集中建站的方式进行控制,还是采用分散建站的方式进行控制主要取决于灌排区地形及其内部的水系条件、水源或容泄区的分布及其水流特性。一般,如果排灌区地形起伏不大,地势单向倾斜,调节容积集中而且较大,有骨干河道,排水出口(或取水口)较远,宜集中建站。对于水网密布、排水(或取水)口分散、地势高低不平、高差较大和高地要灌、低地要排的地区宜分散建站。

集中建站的特点是泵站单位装机功率投资低,输电线路短,机组效率高,便于集中管理,但地形损失功率(由于地形较低地区所需的水量也必须被提升到地形最高处后再自流返回到低处,使这部分水量提高了扬程而引起的能量损失)较大,排灌工程土方量大,占用耕地面积大。分散建站的特点是工期短、收效快、工程量小、占用耕地面积少、地形损失功率小、排灌及时,但机组效率较低、输电线路长、单位装机功率投资高、管理费用大。

根据排灌区的地形、水源、能源等条件及建站目的,排灌泵站工程通常有下列几种控制方式。

6.2.1 单站集中控制方式

此方式系用一座泵站控制整个排水区或灌溉区。泵站可以设在容泄区或水源附近,也

第6章 灌排泵站工程规划

可以用排水渠或引水渠与之相联通。此种方式适用于控制区面积不很大且区域内地形平整、地面高差变化不大的场合。其布置方式如图6.1所示。

6.2.2 多站分区控制方式

此种方式系沿容泄区或水源布置几个泵站，每座泵站分别控制排水区或灌溉区内的一部分土地。此种方式适合于面积较大且与容泄区或水源的接壤长度较长的排水区或灌溉区，其布置方式如图6.2所示。

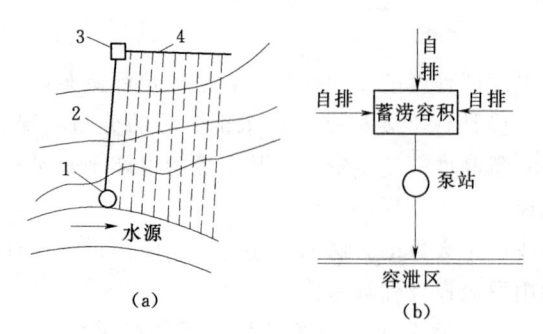

图6.1 单站集中控制方式
(a) 灌溉区；(b) 排水区
1—泵站；2—输水管道；3—出水池；4—输水干渠

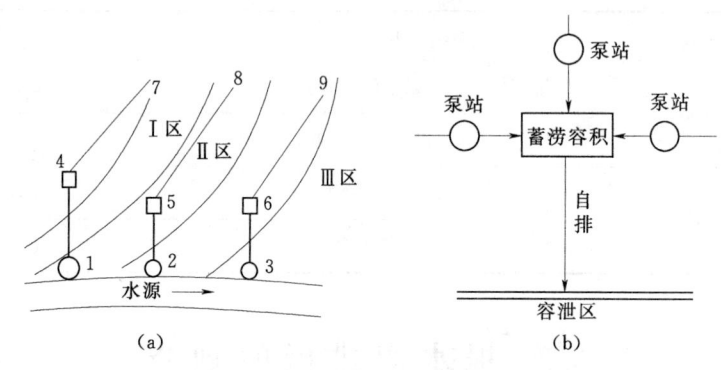

图6.2 多站分区控制方式
(a) 灌溉区；(b) 排水区
1、2、3—泵站；4、5、6—出水池；7、8、9—输水干渠

6.2.3 多站分级控制方式

此种方式系将排水区或灌溉区内高程不同的地段分别用各自的泵站逐级提水控制。后

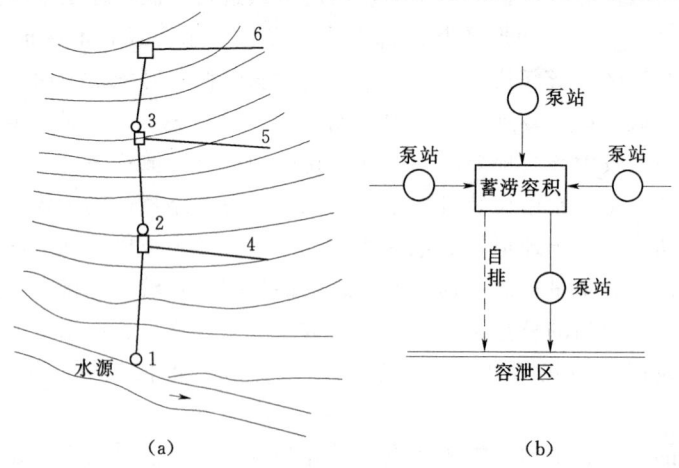

图6.3 多站分级控制方式
(a) 灌溉区；(b) 排水区
1、2、3—泵站；4、5、6—输水干渠

一级泵站的水量是靠前一级泵站供给的。除一级站外其他各级站可以同时有几座。此种方式适用于面积较大而区域内地面高差有较大变化的排水区或灌溉区。其布置方式如图6.3所示。

6.2.4 单站分级控制方式

此种方式属单站集中控制方式的一种类型，系利用一座泵站同时向高程不同的区域提水。此种方式适用于地形高差较大且靠近水源的灌区。这种方式可以减小地形功率损失，其布置方式如图6.4所示。

在对排水区进行划分时，应尽可能满足"高低水分开、内外水分开、主客水分开，就近排水，自排为主，抽排为辅"的要求。高低水分开，即高水高排，可以避免高处的水向低处汇集而增加排水扬程和排水时间，有利于减小泵站装机功率和降低运行费用。内外水分开包括洪水、渍水分开，河、湖、田水分开。治涝首先要防洪，在处理河、湖、田水排蓄的关系上，要充分利用河、湖的蓄涝和排水作用。主客水分开是为了避免控制区上游或相邻地区的排水矛盾，要使上、下游排水沟渠的涝水能畅排入容泄区，尽量防止客水流入下游造成下游农田的涝渍。

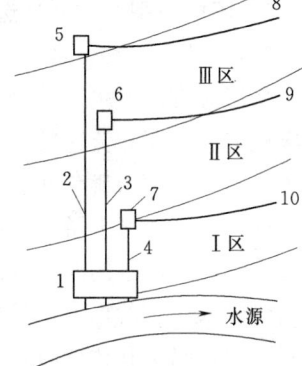

图6.4 单站分级控制方式
1—泵站；2、3、4—输水管道；
5、6、7—进水池；8、9、10—输水干渠

另外，还有单站既灌又排方式，即将泵站设在排灌区高低地接壤且靠近容泄区或水源的地方，以同时满足低地要排、高地要灌的需要。

6.3 站 址 选 择

泵站站址选择是根据泵站控制区的具体条件合理地确定泵站的位置，包括取水口、泵房和出水池位置。站址是否合理，将直接关系到整个泵站工程的安全运行、工程投资、工程管理以及工程经济和社会效益发挥等问题。因此在规划设计时必须予以足够的重视。

6.3.1 一般规定

（1）泵站站址应根据流域（地区）或城镇建设总体规划、泵站工程规模、运行特点和综合利用要求，考虑地形、地质、水源或容泄区、电源、枢纽布置、对外交通、占地、拆迁、施工、管理等因素以及扩建的可能性，经技术经济比较确定。

选址时首先应服从当地建设的总体规划，不得选用与总体规划有抵触的站址，否则，泵站建成后不仅不能发挥预期的作用，甚至还会造成很大的损失和浪费。

站址选择要考虑水源或容泄区的具体条件，包括水流、水质及泥沙等条件。

（2）站址宜选择在地形开阔、岸坡适宜、有利于工程布置的地点。

（3）站址宜选择在岩土坚实、抗渗性能良好的天然地基上，不应设在大的或活动性的断裂构造带及其他不良地质地段。如遇淤泥、流沙、湿陷性黄土、膨胀土等地基，应慎重确定基础类型和地基处理措施。

(4) 站址应尽量选在交通方便和靠近电源的地方，以方便机械设备、建筑材料的运输和减少输电线路长度。

(5) 选址时要特别注意进水水流的平稳、流速分布均匀和不发生流向改变以及形成回流、漩涡等现象。如果所选站址的进水条件不好，进水池容易形成回流和漩涡，造成机组振动和汽蚀，降低效率，对运行极为不利。因此，应尽可能满足正面进水和正面出水的要求。

6.3.2 不同类型泵站站址选择

6.3.2.1 灌溉（或供水）泵站

从河流直接取水的灌溉（或供水）泵站，站址应尽量选在河道顺直、主流靠近岸边、河床稳定、水深和流速较大的地方。如遇弯曲河段，应将站址选在水深岸陡、泥沙不易淤积的凹岸，应力求避免在有沙滩、支流汇入或分叉的河段。此外，供水泵站的站址还应选择在城镇、工矿区上游，河床稳定、水源可靠、水质良好、取水方便的河段。从受潮汐影响的感潮河段取水的灌溉（或供水）泵站，应将站址选在淡水充沛、含盐量低、可以长期取到较好水质水的地方。另外，在选择站址时还应注意已有建筑物的影响。例如在河段上建有丁坝、码头和桥梁时，由于桥梁的上游、丁坝和码头所在同岸的下游，水位被壅高，水流偏移，形成淤积，因此，站址和取水口位置宜选在桥梁的下游或与丁坝、码头同岸的上游或对岸的偏下游。

从水库取水的灌溉（或供水）泵站，应首先考虑将站址选在大坝的下游，如在库内取水时，应将站址选在泥沙淤积范围之外。

从湖泊取水的灌溉（或供水）泵站，站址应选在靠近湖泊出口的地方，或远离支流的汇入口。

6.3.2.2 排水泵站

对排水泵站，在选择站址时要将站址选在如下位置：

(1) 排水区的较低处，与自然汇流相适应。要注意充分利用原有的排水系统，以减少渠道开挖的土方工程和占地面积，但在利用原有渠系时要注意将来渠系调整对泵站的影响，站址要尽量靠近容泄区，以缩短泄水渠的长度。

(2) 外河水位较低的地段，以降低排水扬程，减少装机功率和能源消耗。

(3) 河流顺直，河床稳定，冲刷、淤积较少的河段或弯曲河段的凹岸。

6.3.2.3 灌排结合泵站

灌排结合泵站站址的选择，应根据有利于外水内引和内水外排、灌溉水源水质不被污染和不致引起或加重土壤盐渍化、并兼顾灌排渠系的合理布置等要求，经综合比较选定。

6.3.2.4 梯级泵站

需多级提水的各梯级泵站的站址高程（也即前一级泵站出水池的水面高程），应首先根据总功率最小的原则确定，然后再参照上述要求确定站址。

所谓总功率最小，就是各梯级泵站装机功率及提水耗能之和最小。对于地势高差较大的灌排区，如果采用单站一级提水灌排的方案，其设备功率和耗能要比采用分级提水方案的设备功率和耗能大得多，即

6.3 站 址 选 择

$$\frac{\rho g Q H_j}{\eta_j} > \sum \frac{\rho g Q_i H_{ji}}{\eta_{ji}} \tag{6.1}$$

式中：ρ 为水的密度，kg/m^3；Q、Q_i 分别为一站和多级站中各站的流量，m^3/s；H_j、H_{ji} 分别为一站和多级站中各站的净扬程，m；η_j、η_{ji} 分别为一站和多级站中各站效率，%。

在采用单站提水的情况下，对灌溉站而言，不论灌区内各处的地面高程如何，必须将全部需要的水量提到灌区最高的控制高程处，然后再从高处自流到低处；对排水站，排区内的水都必须汇集到最低处，然后再通过泵站提升后排出。而采用分级提水时，就可减少这种能量的浪费，所以其设备功率的总和要比一级提水的要小。

如图 6.5 所示为某灌区（排区）的面积与高程的关系曲线，$\Omega = f(H_j)$。设 H_{j1}、H_{j2}、$\cdots$、H_j 为各级泵站出水池的水面高程，则各级站的扬程分别为 H_{j1}、$H_{j2}-H_{j1}$、$H_{j3}-H_{j2}$、$\cdots$、$H_{ji}-H_{j,i-1}$；H_{j1}、H_{j2}、$\cdots$、H_j 高程控制的面积分别为 Ω_1、Ω_2、$\cdots$、Ω；各级泵站的灌（排）面积为 ω_1、ω_2、$\cdots$，则面积 $\Omega_1 = \omega_1$、$\Omega_2 - \Omega_1 = \omega_2$、$\Omega_3 - \Omega_2 = \omega_3$、$\cdots$。

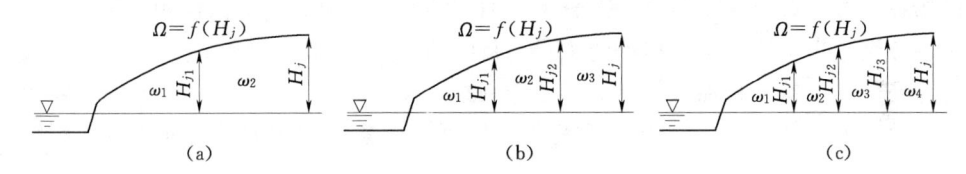

图 6.5 面积高程曲线及分级提水示意图

从图 6.5（a）可以看出，分二级提水时的总功率为

$$N = K[\Omega H_j - \omega_1(H_j - H_{j1})] \tag{6.2}$$

式中：$K = \frac{q\rho g}{\eta_j}$（设 $\eta_{j1} = \eta_{j2} = \eta_j$），$q$ 为灌（排）水率，其单位为 $m^3/(s \cdot m^2)$。

分三级提水时的总功率为

$$N = K\{\Omega H_j - [(\omega_1 + \omega_2)(H_j - H_{j2}) + \omega_1(H_{j2} - H_{j1})]\} \tag{6.3}$$

分四级提水时的总功率为

$$N = K\{\Omega H_j - [(\omega_1 + \omega_2 + \omega_3)(H_j - H_{j3}) + (\omega_1 + \omega_2)(H_{j3} - H_{j2}) + \omega_1(H_{j2} - H_{j1})]\} \tag{6.4}$$

从式（6.2）、式（6.3）和式（6.4）不难看出，$K\Omega H_j$ 为采用一级提水时所需的总功率，其值为一定数，因此，当式中右侧方括号内的数值最大时，则求得的分级提水总功率就为最小。

由此可见，分级越多，泵站的总装机功率就越小，运行电费也越少；但另一方面，分级越多，泵站数目、机组数目、渠道、建筑物以及运行管理人员就会增多，投资及管理费用也会增多，同时，还要求相邻泵站的良好运行配合和用水配合。因此，要合理地确定分级数目和各站站址高程就必须通过技术经济比较。

在进行梯级泵站的分级时，首先应根据当地的具体条件，初步确定级数，然后根据最小功率法确定各站的站址高程。现以分四级提水为例说明其求解方法。

以 Ω 代换式（6.4）中的 ω，则有

$$N_4 = K[\Omega_1 H_{j1} + (\Omega_2 - \Omega_1)H_{j2} + (\Omega_3 - \Omega_2)H_{j3} + (\Omega - \Omega_3)H_j] \tag{6.5}$$

欲使四级提水时的总功率最小，可将 N_4 对 $\Omega_i (i=1, 2, 3)$ 求导，并令其等于 0，即

$$\frac{\partial N_4}{\partial \Omega_1}=0 \quad 得 \quad H_{j1}+\Omega_1\frac{\partial H_{j1}}{\partial \Omega_1}-H_{j2}=0$$

$$H_{j2}-H_{j1}=\Omega_1\frac{\partial H_{j1}}{\partial \Omega_1} \tag{6.6}$$

$$\frac{\partial N_4}{\partial \Omega_2}=0 \quad 得 \quad H_{j2}+(\Omega_2-\Omega_1)\frac{\partial H_{j2}}{\partial \Omega_2}-H_{j3}=0$$

$$H_{j3}-H_{j2}=(\Omega_2-\Omega_1)\frac{\partial H_{j2}}{\partial \Omega_2} \tag{6.7}$$

$$\frac{\partial N_4}{\partial \Omega_3}=0 \quad 得 \quad H_{j3}+(\Omega_3-\Omega_2)\frac{\partial H_{j3}}{\partial \Omega_3}-H_j=0$$

$$H_j-H_{j3}=(\Omega_3-\Omega_2)\frac{\partial H_{j3}}{\partial \Omega_3} \tag{6.8}$$

式（6.6）、式（6.7）和式（6.8）具有相同的形式，等号左边分别表示二、三和四级泵站的扬程；等号右边乘积的第一部分表示相邻的前一级泵站的灌溉面积，乘积的第二部分表示各级泵站出水池水位高程处的 $H_j=f(\Omega)$ 曲线的坡度。

已知灌区的面积高程曲线方程：$H_j=f(\Omega)$，式（6.6）~式（6.8）组成非线性方程组，未知数是 Ω_1、Ω_2、Ω_3，求解该方程组，即可求得各站控制的灌溉面积及各级泵站的扬程。

梯级泵站各级站址高程还可根据上述原理采用图解法来确定，可参阅有关文献。

6.4 泵站主要设计参数确定

泵站的主要设计参数（包括设计流量、进水池、出水池各种特征水位及各种特征扬程等）是水泵选型的主要依据。因此，必须根据泵站所担负的提水任务和运行要求合理确定泵站的设计参数。

6.4.1 设计流量的确定

6.4.1.1 灌溉泵站设计流量的确定

灌溉泵站设计流量是在对设计灌水率、灌溉面积、灌溉水利用系数以及灌区内调蓄容积进行综合分析的基础上计算确定的。

设计灌水率是指在某一设计保证率下抽水灌区单位面积上所需的净流量 $q_{net,d}$，又称设计灌水模数。灌水率或灌水模数可以根据作物的灌水定额、作物种植面积和灌水延续时间按下式计算：

$$q_{net}=\frac{\alpha m}{0.36Tt} \tag{6.9}$$

式中：q_{net} 为灌水率，$m^3/(s \cdot 万亩)$；α 为某种作物种植面积占灌区总灌溉面积的百分数；m 为某种作物的灌水定额，$m^3/亩$；T 为一次灌水的延续时间，d；t 为每天灌水的小时数，对机电提水灌区以 20~22h 计算。

当确定了设计灌水率以后，即可按下式计算灌溉设计流量

$$Q=\frac{q_{net,d}A}{\eta_{ir}} \tag{6.10}$$

式中：Q 为灌溉设计流量，m^3/s；$q_{net.d}$ 为设计灌水率，$m^3/(s\cdot 万亩)$；A 为泵站控制的灌溉面积，万亩；η_{ir} 为灌溉水利用系数，为渠系水利用系数 η_{canals} 与田间水利用系数 η_{field} 的乘积，即 $\eta_{ir}=\eta_{canals}\eta_{field}$。

6.4.1.2 供水泵站设计流量的确定

供水泵站的设计流量应根据供水对象的用水量标准来确定。各种用水包括：

(1) 居住区生活用水，其用水定额按国家标准 GB 50013《室外给水设计规范》或 GB 50331《城市居民生活用水量标准》中的规定选取。

(2) 公共建筑用水，其用水定额按国家标准 GB 50013《室外给水设计规范》中的综合用水定额扣除居民日常生活用水定额后得到。

(3) 工业企业用水，包括工业企业生产过程用水和职工生活所需用水。其用水量根据生产工艺要求确定，大工业用水户或经济开发区宜单独进行用水量计算；一般工业企业的用水量可根据国民经济发展规划，结合现有工业企业用水资料分析确定。

(4) 浇洒道路和绿地用水，其用水量应根据路面、绿化、气候和土壤等条件确定。一般浇洒道路用水可按 $2.0\sim 3.0L/(m^2\cdot d)$ 计算；绿化用水可按 $1.0\sim 3.0L/(m^2\cdot d)$ 计算。

(5) 城镇配水管网的漏损水量一般可按上述 (1)~(4) 项水量之和的 10%~12% 计算，当单位管长供水量小或供水压力高时可适当增加。

(6) 未预见用水量，应根据水量预测中难以预见因素程度确定，一般可采用上述 (1)~(5) 项之和的 8%~12%。

(7) 消防用水、水压及延续时间应按现行国家标准 GB 50016《建筑设计防火规范》及 GB 50045《高层民用建筑设计防火规范》等设计防火规范中的规定确定。

供水水源泵站的设计流量一般按计算得到的最高日平均时用水量加上净水厂自用水量（一般为供水量的 5%~10%）和输水管（渠）的漏失水量计算确定。

6.4.1.3 排水泵站设计流量的确定

排水泵站根据排水对象的不同，其设计流量的计算方法亦不相同。下面对农田排水泵站、城镇排雨水泵站及排污泵站设计流量的确定方法分别进行论述。

(1) 农田排水泵站设计流量的确定。农田排水泵站必须满足除涝和防渍排水的要求，要能及时排出由于暴雨产生的田间积水，减少淹水时间和淹水深度，控制和降低地下水位，以保证农作物的正常生长。因此，设计排水流量分为排涝设计流量和排渍设计流量两种。排涝设计流量，可根据排涝标准、排涝方式、排涝面积及调蓄容积等综合分析计算确定。排渍设计流量可根据地下水排水模数与排水面积计算确定。

排涝设计流量的计算方法有如下几种：

1) 排涝模数经验公式法。农田排涝泵站的设计流量通常根据最大流量来确定的，计算求出平均到每平方公里排水面积上的最大排涝流量，即设计排涝模数。设计排涝模数可根据实测暴雨径流资料分析得出的平原地区排涝模数经验式 (6.11) 计算得到。

$$q=KR^m F^n \qquad (6.11)$$

式中：q 为设计排涝模数，$m^3/(s\cdot km^2)$；F 为泵站控制的除涝排水面积，km^2；R 为设计暴雨产生的设计径流深，mm；K 为反映河网配套程度、排水沟坡度、降雨历时及流域形状等因素的综合系数；m 为反映洪峰与洪量关系的峰量指数；n 为反映排涝模数与面积关系的递减指数。

上述各项系数和指数，对不同地区和流域有不同的数值，表 6.6 给出了各地或各流域根据该地区的除涝排水标准，选用接近设计标准的河流或排水系统的实测资料进行大量统计分析后确定的各项系数和指数值，可供规划时参考使用。

表 6.6　　　　　　　　　各地区排涝模数公式中的各项参数

地区或流域		适用范围 /km²	$K_{日平均}$	m	n	设计暴雨日数	备注
淮北平原		500~5000	0.026	1.0	−0.25	3	1970 年 2 月北京水文对口会议决定采用值
豫东及沙颖河平原			0.030	1.0	−0.25	1	
山东沂沭泗地区	湖西地区	2000~7000	0.031	1.0	−0.25	3	
	鲁北地区	100~500	0.017			1	
河北省平原区		>1500	0.058	0.92	−0.33		
		200~1500	0.032	0.92	−0.25		
		<100	0.040	0.72	−0.33		
湖北省平原湖区		≤500	0.0135	1.0	−0.201	3	1974 年分析成果
		>500	0.017		−0.238		

式（6.11）中的设计径流深 R 需由设计暴雨推求，设计暴雨的暴雨历时和大小，可参考表 6.4 中的标准确定。

在求得设计排涝模数后，即可按下列公式计算得到排涝流量

$$Q = qF \tag{6.12}$$

2）平均排除法。平均排除法是以排水面积上的设计净雨在规定的排水时间内排除的平均排涝流量或平均排涝模数作为设计排涝流量或排涝模数的方法，即

$$Q = \frac{1000[F_{水田}(P - h_{田蓄} - E) + F_{旱地}\alpha P] - 1000F_{河湖}h_{河湖蓄}}{3600tT} \tag{6.13}$$

式中：Q 为泵站设计排涝流量，m³/s；$F_{水田}$ 为涝区内水田面积，km²；$F_{旱地}$ 为涝区内旱地、道路、村庄等面积，km²；$F_{河湖}$ 为涝区内河、港、湖泊水面面积，km²；P 为设计暴雨量，mm；$h_{田蓄}$ 为水田滞蓄水深，即作物耐淹水深减去适宜灌水深，mm；$h_{河湖蓄}$ 为河网、湖泊蓄涝水深，mm；E 为历时为 t 的水田田间腾发量，mm；α 为涝区内旱地暴雨径流系数；t 为泵站每天开机小时数，中小型泵站可取 20~22h，大型泵站可取 24h；T 为排水天数（由泵站设计标准确定），d。

用平均排除法计算得到的排涝流量是一均值，对于水网圩区，由于河网、湖泊有一定的调蓄能力，不论排水面积大小，此方法都比较适用。

排渍泵站的设计流量可按下式计算：

$$Q = qF \tag{6.14}$$

式中：q 为排渍模数，由降雨产生的设计排水模数如表 6.7 所示，m³/(s·km²)；F 为排渍区内的耕地面积，km²。

6.4 泵站主要设计参数确定

表 6.7　　　　　　　　　　各种土质设计排渍模数

土　　质	设计排渍模数/[(m³/(s·km²)]	备　　注
轻沙壤土	0.03～0.04	
中壤	0.02～0.03	
中壤、黏土	0.01～0.02	

（2）城镇排水泵站设计流量的确定。城镇排水泵站的任务是排除居住区和工业企业生活污水、工业企业工业废水以及天然降雨产生的雨水。泵站根据排水对象可分为生活污水泵站，工业废水泵站、雨水泵站和生活污水、工业废水与雨水合流排除的合流泵站。下面分别介绍各种城镇排水泵站的设计排水流量计算公式。

1）居住区综合生活污水由居民生活污水和公共建筑污水组成，其设计最大流量为

$$Q_1 = \frac{q_1 N_1 K_z}{86400} \tag{6.15}$$

式中：q_1 为平均日综合生活污水量定额，L/(人·d)，应根据当地采用的用水定额，结合建筑内部给排水设施水平和排水系统普及程度等因素确定，也可按当地相关用水定额的 80%～90%确定；N_1 为设计人口数，人；K_z 为考虑日、时污水量变化的总变化系数，按 GB 50014《室外排水设计规范》的规定取值。

2）工业企业生活污水设计最大流量 q_p。

$$q_p = \sum q_0 N_0 b \tag{6.16}$$

式中：q_p 为工业企业内某一计算管段设计排水流量，L/s；q_0 为同类型的一个卫生器具排水流量，L/s，按 GB 50015《建筑给水排水设计规范》中的规定取值；N_0 为同类卫生器具数；b 为卫生器具的同时排水百分数，按 GB 50015《建筑给水排水设计规范》采用，冲洗水箱大便器的同时排水百分数应按照 12%计算。

3）工业企业淋浴用水设计最大流量 Q_2。

$$Q_2 = \sum \frac{q_i N_i}{3600} \tag{6.17}$$

式中：q_i 为不同卫生特征级别车间的人淋浴用水定额，L/(人·次)，一般可采用 40～60L/(人·次)；N_i 为相应不同卫生特征级别车间的淋浴人次数。

4）工业企业工业废水设计最大流量 Q_m。

$$Q_m = \frac{mMK_g}{3600T} \tag{6.18}$$

式中：m 为单位产品的废水量定额，L；M 为日产品数量；K_g 为总变化系数，根据工艺或经验确定；T 为日工作小时数，h。

工业废水的设计流量也可按工艺流程和设备的排水量或实测废水量来计算确定。

5）雨水设计流量 Q_s。

$$Q_s = \alpha q F \tag{6.19}$$

式中：α 为径流系数，其大小与降雨条件和地面条件密切相关，在选用时要注意各地不同雨型、不同年降雨量的影响，各种单一覆盖的径流系数可按表 6.8 采用；F 为汇水面积，

hm²；q 为设计降雨强度，L/(s·hm²)，一般采用公式 $q=\dfrac{167A_1(1+C\lg P)}{(t+b)^n}$ 来计算。公式中的 P 为设计降雨重现期，年，可根据地区建设性质的重要性按表 6.9 选用；A_1、C 为反映降雨强度及其变化程度的系数；b、n 为反映同重现期的设计暴雨随历时延长强度递减变化情况的系数；t 为降雨历时，min，包括地面集水时间和管渠内流行时间两部分，$t=t_1+t_2$（t_1 为地面集水时间，根据汇水距离、地形坡度和地面种类通过计算确定，一般采用 5～15min，t_2 为管渠内雨水流行时间）。

表 6.8　　　　　　　　　　单一覆盖径流系数

覆 盖 种 类	径流系数 α	覆 盖 种 类	径流系数 α
各种屋面、混凝土和沥青路面	0.90	干砌砖石和碎石路面	0.40
大块石铺砌路面、沥青表面处理的碎石路面	0.60	非铺砌土地面	0.30
级配碎石路面	0.45	绿地和草地	0.15

表 6.9　　　　　　　　　　设计暴雨的重现期

地　　形		地区重要性质		
地形分级	地面坡度	一般居住区 一般道路	中心区、使馆区、工厂区、 仓库区、干道、广场	特殊重要 地区
有二向地面排水出路的平缓地形	<0.002	0.333～0.5 年	0.5～1 年	1～2 年
有一向地面排水出路的溪谷线	0.002～0.01	0.5～1 年	1～2 年	2～3 年
无地面排水出路的封闭洼地	>0.01	1～2 年	2～3 年	3～5 年

注　"地形分级"与"地面坡度"是地形条件的两种分类标准，符合其一即可按表选用。若两种不利情况同时发生，则宜选用表内较大的数值。

各城镇应参照降雨因素、地面因素等各种具体条件，根据单一覆盖径流系数用加权平均法计算综合径流系数采用，表 6.10 中的数据可供参考使用。

表 6.10　　　　　　　　　　城市综合径流系数

序号	不透水覆盖面积情况	综合径流系数
1	建筑稠密的中心区（不透水覆盖面积>70%）	0.6～0.8
2	建筑较密的居住区（不透水覆盖面积 50%～70%）	0.5～0.7
3	建筑较稀的居住区（不透水覆盖面积 30%～50%）	0.4～0.6
4	建筑很稀的居住区（不透水覆盖面积<30%）	0.3～0.5

注　表中不透水覆盖面积情况的 1、2 及 3 一般相当于市区，4 相当于郊区。

6.4.2　特征水位

6.4.2.1　灌溉、供水泵站水源水位

（1）防洪水位。防洪水位是确定泵站建筑物防洪墙顶部高程的依据，也是计算分析泵站建筑物稳定安全的重要参数。从河流、湖泊或水库取水的泵站，当泵房直接挡洪时，其防洪水位应满足防洪标准的要求，可按表 6.3 的规定确定；当泵站引水建筑物设有防洪闸，泵房不直接挡洪时，可不考虑防洪水位的作用。

（2）设计水位。设计水位是计算泵站设计扬程的依据。从河流、湖泊或水库取水的灌

6.4 泵站主要设计参数确定

溉泵站，确定设计水位时，以历年灌溉期的日平均或旬平均水位排频，取相应于设计保证率为85%～95%的日平均或旬平均水位作为设计水位（水源紧缺地区可取低值，水资源较丰富地区可取高值），供水泵站取水源保证率为95%～97%的日平均或旬平均水位。从渠道取水的泵站，取渠道通过设计流量时的水位作为设计水位。

（3）最高运行水位。最高运行水位是计算泵站最低扬程的依据。从河流、湖泊取水的灌溉泵站，取重现期5～10年一遇洪水的日平均水位，供水泵站取重现期10～20年一遇洪水的日平均水位作为最高运行水位；泵站从水库取水时，根据水库调节性能论证确定其最高运行水位；从渠道取水时，取渠道通过加大流量时的水位作为最高运行水位。

（4）最低运行水位。最低运行水位是确定水泵安装高程和计算泵站最高扬程的依据。泵站从河流、湖泊或水库取水时，灌溉泵站取历年灌溉期水源保证率为95%～97%的最低日平均水位，供水泵站取水源保证率为97%～99%的最低日平均水位作为最低运行水位；泵站从渠道取水时，取渠道通过最小流量时的水位。

（5）平均水位。从河流、湖泊或水库取水时，灌溉泵站取灌溉期多年日平均水位，供水泵站取水源多年日平均水位作为平均水位；泵站从渠道取水时，取渠道通过平均流量时的水位。

值得注意的是，按照上述原则得到的各种水位通常是泵站水源处的水位，还不是进水池水位。进水池的各种特征水位，均应从上述各相应水位扣除水源处至进水池的水力损失后得到。泵站工程规划阶段一般提供泵站水源处水位，进水池水位待到泵站设计阶段确定。

6.4.2.2 灌溉、供水泵站出水口水位

（1）最高水位。最高水位是决定出水池池顶高程的依据。当出水池后接输水河道时，取输水河道的校核洪水位；当出水池后接输水渠道时，取与泵站最大流量相应的水位作为最高水位。

（2）设计水位。设计水位是计算泵站设计扬程的另一重要依据，应按泵站设计流量和用户控制高程的要求推算到出水口的水位来确定。

（3）最高运行水位。最高运行水位是泵站运行时出水口可能出现的最高水位，可取与泵站最大运行流量相应的水位作为最高运行水位。当出水池后接输水渠道时，最高运行水位即为最高水位。

（4）最低运行水位。最低运行水位是泵站运行时出水口可能出现的最低水位，可取与泵站最小运行流量相应的水位作为最低运行水位。当出水池后接的输水河道有通航要求时，最低运行水位的选取应满足最低通航水位的要求。

（5）平均水位。可按泵站运行期的多年日平均水位来确定，也可由输水渠道通过平均流量时的水位来推算。

值得注意的是，按照上述原则得到的各种水位通常是泵站出水口水位，还不是出水池水位。出水池的各种特征水位，均应从上述各相应水位加上出水池至出水口的水力损失后得到。泵站工程规划阶段一般提供泵站出水口水位，出水池水位待到泵站设计阶段确定。

6.4.2.3 排水泵站进水口水位

（1）最高水位。最高水位是确定泵房电机层地面高程或泵房进水侧挡水墙顶部高程的

129

依据。由于泵站建成后历史上曾出现过的最高内涝水位一般不会再现，所以国家标准 GB 50265《泵站设计规范》规定取排水区建站后重现期 10～20 年一遇的内涝水位作为排水泵站进水口最高水位。

(2) 设计水位。设计水位是排水泵站站前经常出现的内涝水位，是计算确定泵站设计扬程的依据之一。规划时，对单站集中控制且控制区内无集中调蓄容积或调蓄容积不大的排水泵站应取排水区设计排涝水位推算到进水口的水位作为设计水位，排水区设计排涝水位一般以较低耕作区（约占排水区面积 90%～95%）的涝水能被排除为原则来确定；对排水区内有集中调蓄容积或与内排泵站联合运行的排水泵站，应取由调蓄区设计水位或内排泵站出水口设计水位推算到站前的水位作为设计水位。

(3) 最高运行水位。最高运行水位是计算泵站可能出现的最低扬程的依据。对单站集中控制且控制区内无集中调蓄容积或调蓄容积不大的排水泵站应取由排水区允许最高涝水位推算到站前进水口的水位；对排水区内有集中调蓄容积或与内排泵站联合运行的排水泵站，应取由调蓄区最高调蓄水位或内排泵站出水口最高运行水位推算到站前的水位作为进水池最高运行水位。

(4) 最低运行水位。最低运行水位是排水泵站正常运行的下限排涝水位，是确定水泵安装高程和计算泵站最高扬程的依据。确定泵站进水口最低水位时应注意满足以下 3 方面的要求：①满足作物对降低地下水位的要求，一般由按大部分耕地的平均高程在减去作物的适宜地下水埋深后，再减 0.2～0.3m 所得的高程推算到站前进水口的水位来确定；②满足调蓄区预降最低水位的要求；③满足盐碱地区控制地下水的要求，一般由按大部分盐碱地的平均高程在减去地下水临界深度后，再减 0.2～0.3m 所得的高程推算到站前进水口的水位来确定。

(5) 平均水位。可取与进水口设计水位相同的水位。

值得注意的是，按照上述原则得到的各种水位通常是泵站进水口水位，还不是进水池水位。进水池的各种特征水位，均应从上述各相应水位扣除进水口至进水池的水力损失后得到。泵站工程规划阶段一般提供泵站进水口水位，进水池水位待到泵站设计阶段确定。

6.4.2.4 排水泵站出水口水位

(1) 防洪水位。防洪水位是确定泵站建筑物防洪墙顶部高程的依据，也是计算分析泵站建筑物稳定安全的重要参数。规划设计时应根据出水池的建筑物级别按表 6.3 的规定确定。

(2) 设计水位。设计水位是计算确定泵站设计扬程的另一依据，规划设计时应根据各地的排涝（排水）设计标准来确定。GB 50265《泵站设计规范》规定采用重现期 5～10 年一遇的外河（或承泄区）3～5 日平均水位作为泵站出水池设计水位。具体计算时，根据历年外河资料，选取每年排涝期 3～5 日连续最高水位平均值进行排频，然后取相应于重现期 5～10 年一遇的外河水位作为设计水位。对经济发达地区或特别重要的泵站可以适当提高排涝（排水）标准。

(3) 最高运行水位。最高运行水位是确定泵站最高扬程和虹吸式出水流道驼峰顶底部高程的主要依据。对容泄区水位变幅较小，水泵在设计洪水位能正常运行的排水泵站，可取设计洪水位作为最高运行水位；当容泄区水位变幅较大时，取重现期 10～20 年一遇洪水的3~5日平均水位作为最高运行水位；当容泄区为感潮河段时，取重现期10~20年一遇的3~5日平均潮水位作为最高运行水位。

(4) 最低运行水位。最低运行水位是确定泵站最低扬程和出水流道出口淹没高程的依据。可取容泄区历年排水期最低水位或最低潮水位的平均值作为最低运行水位。

(5) 平均水位。取容泄区排水期多年日平均水位或多年日平均潮水位。

值得注意的是，按照上述原则得到的各种水位通常是泵站出水口水位，还不是出水池水位。出水池的各种特征水位，均应从上述各相应水位加上出水池至出水口的水力损失后得到。泵站工程规划阶段一般提供泵站出水口水位，出水池水位待到泵站设计阶段确定。

6.4.3 泵站特征净扬程

泵站净扬程 H_j（也可用 H_{geo} 或 H_{net} 表示）是出水口水位减去进水口（水源）水位；泵站扬程 H_{st} 是出水池水位减去进水池水位；而水泵扬程 H 是泵站扬程与泵进、出水管路的水头损失之和。泵站工程规划阶段一般提供的是泵站净扬程，泵站扬程及水泵扬程则在泵站设计阶段确定。

(1) 泵站设计净扬程。泵站设计净扬程等于泵站出水口设计水位减去进水口（水源）设计水位。

(2) 泵站平均净扬程。泵站平均净扬程是泵站运行历时最长的工作扬程。对于中、小型泵站，泵站平均净扬程等于泵站出水口平均水位减去进水口（水源）平均水位。对于提水流量年内变化幅度较大，水位、扬程变化幅度也较大的大、中型泵站，应按下式计算加权平均泵站净扬程

$$H_{j平均}=\frac{\sum H_{ji}Q_i t_i}{\sum Q_i t_i} \quad (6.20)$$

式中：$H_{j平均}$ 为加权平均泵站净扬程，m；H_{ji} 为第 i 时段泵站运行时的泵站净扬程，m；Q_i 为第 i 时段泵站运行流量，m³/s；t_i 为第 i 时段历时。

(3) 泵站最高净扬程。泵站最高净扬程一般等于泵站出水口最高运行水位减去进水口（水源）最低运行水位。当出水口最高运行水位与进水口（水源）最低运行水位遭遇的几率较小时，经技术经济比较后，泵站最高净扬程可适当降低。比如对于排涝泵站，泵站出水口最高运行水位与进水口（水源）最低运行水位无相遇的可能性时，可分别计算泵站出水口最高运行水位与泵站进水口（水源）设计水位之差和泵站出水口设计水位与泵站进水口（水源）最低运行水位之差，以其中较大者作为泵站最高净扬程。

(4) 泵站最低净扬程。泵站最低净扬程等于出水口最低运行水位减去泵站进水口（水源）最高运行水位。

6.5 泵站枢纽布置

泵站的枢纽布置是根据泵的性质和任务，综合考虑现时条件和远景发展的需要，选择确定泵站主体工程建筑物和附属建筑物的种类和型式，并根据工程安全、运行管理方便的原则合理布置各建筑物的位置。

泵站主体建筑物，一般包含取水建筑物——取水口、引水建筑物（引水渠或涵、管、

隧洞);进水建筑物——前池、进水池、进水流道(管道);泵房(包括主、副厂房);出水流道(管道);出水建筑物等。附属建筑物一般是与主体工程配套的各种用途的节制闸、变电站、修配厂以及办公、生活用房等。泵站枢纽的布置形式取决于建站的目的(供水、排水或排灌结合)、水源种类(河、湖、渠道、井、水库等)和特性(水位、水质)、容泄区的种类和特性,以及建站地点的地形、地质和水文地质条件等因素。枢纽布置设计中首先应根据所选泵型,合理确定泵房的类型及其位置,然后按其他主体建筑物和附属建筑物与泵房的关系和用途,将其分别布置在适当的地方。泵站枢纽总体布置应尽量满足便于施工、运行管理方便、总体布局美观以及经济合理的要求,同时还应考虑站区内环境美化和道路交通的要求。

6.5.1 供水泵站枢纽布置

供水泵站按其供水对象的不同,可分为农田灌溉泵站、城镇给水泵站以及工业给水泵站等类型。这类泵站一般任务单一,其枢纽布置比较简单,一般有以下几种布置型式。

6.5.1.1 有引水建筑物的布置型式

(1)引水建筑物为引水渠的布置型式。如图6.6所示。这种布置方式多用在水源岸边坡度较缓,且水源与供水点(或灌区)相距较远的场合。在满足引水要求的情况下,为了节省工程投资和运行费用,泵房位置应通过经济计算比较确定,通常将泵房建在靠近供水点、地形地质条件较好的挖方中。当水源水位变幅不大时,可不设进水闸控制;当水源水位变幅较大时,则应在引水渠渠首建进水闸。这种布置方式在平原和丘陵地区从河流、渠道或湖泊取水的泵站中采用较多。

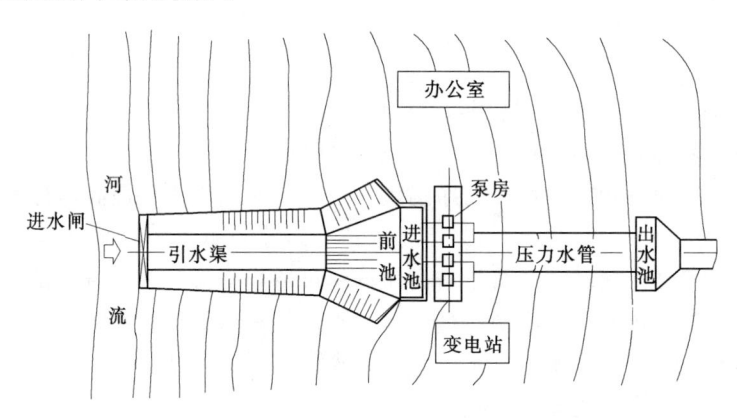

图6.6 引水建筑物为引水渠的供水泵站布置

这种布置方式的优点如下:

1)可以通过调节进水闸开度,控制进水池水位,从而减小水源水位变化对泵房的影响,降低泵房建设标准。

2)引水渠可为泵站提供良好的正向进水条件。

3)可以大大缩短出水管路的长度,降低工程造价,提高泵站运行效率。

对于从多泥沙河流取水的泵站,由于引渠易淤积,每年渠道清淤的工作量将会相当大,从而大大增加运行管理费用,建议尽量不要采用引水式布置。

(2)引水建筑物为压力管道的布置型式。这种布置方式多用在水源为水位变幅较大的

6.5 泵站枢纽布置

河流,且主流离岸边较远,又无法开挖引水渠的场合。这种布置方式通常在主流河床中设置取水头部,取水头部与泵站进水建筑物(通常为集水池)通过引水压力管道相连。这种布置方式也可用在泵站从水位变幅较大的水库取水的场合,这时,常将取水头部设置在水库死水位以下,将泵房建在坝后,引水钢管直接与水泵进口相连。这种布置方式可以保证泵站在任何工况的取水水量和水质,另外,由于泵房无需挡水,可以降低泵房建设标准,保证泵房安全。

6.5.1.2 无引水建筑物的布置型式

(1)岸边式泵站的布置型式。如图 6.7 所示,岸边式泵站的布置形式多用在水源水位变幅较大、水源岸坡陡峻且供水点与水源之间的距离较近的场合。这种布置形式将泵房修建在水源岸边或将泵房部分或全部淹没在水中(如常见的井筒式泵房、淹没式泵房),直接从水源中取水。这种形式的泵房受水源水位变化的影响大,泵房挡水的要求高,施工难度较大,工程造价较高,因此,当泵站流量较小时常采用泵船、泵车或潜水泵方案。

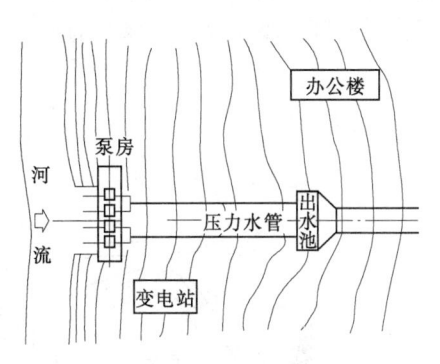

图 6.7 岸边泵房枢纽布置

(2)井泵站。井泵站布置如图 6.8 所示。井灌区使用最多的两种井泵是长轴深井泵和潜水电泵。长轴深井泵的动力机一般安装在井上,其泵体浸没在井中地下水面以下,动力机轴与水泵轴通过长传动轴相连。潜水泵则是把水泵轴和电动机轴直联或同轴组装成一个整体安装在水源水面以下运行。

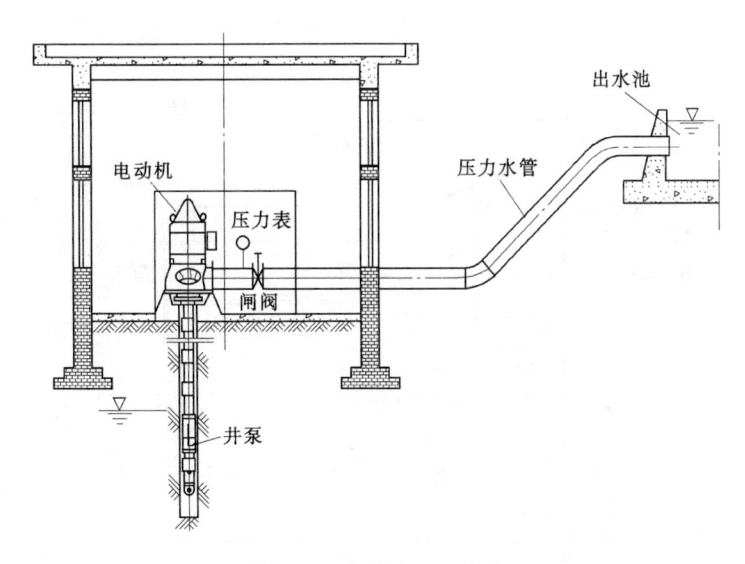

图 6.8 井泵站立面布置

6.5.2 排水泵站枢纽布置

(1)自流排水与提排相结合的布置型式。排水区的排水多采用以自排为主、自排与提排相结合的方式。当容泄区的水位高于排水区水位时利用泵站进行提排。按照自流排水建筑物与泵房的关系,排水泵站的枢纽布置可分为自流排水闸与泵房分建和合建两种型式。

图 6.9 是湖北樊口泵站与樊口大闸分开建造的分建式泵站枢纽布置图。樊口泵站为梁子湖地区治理规划的第一期工程,安装 40CJ95 型立式轴流泵机组 4 台,总装机功率 4×6000kW。泵站布置在樊口大闸左侧,大闸与船闸合建。泵站引水渠利用原民信闸的长港,进口段平直,为正面进水,水流顺畅。出水渠为新开河道,在约 300m 处与大闸河道汇合入长江,变电站位于泵房右侧,整体布置紧凑协调。

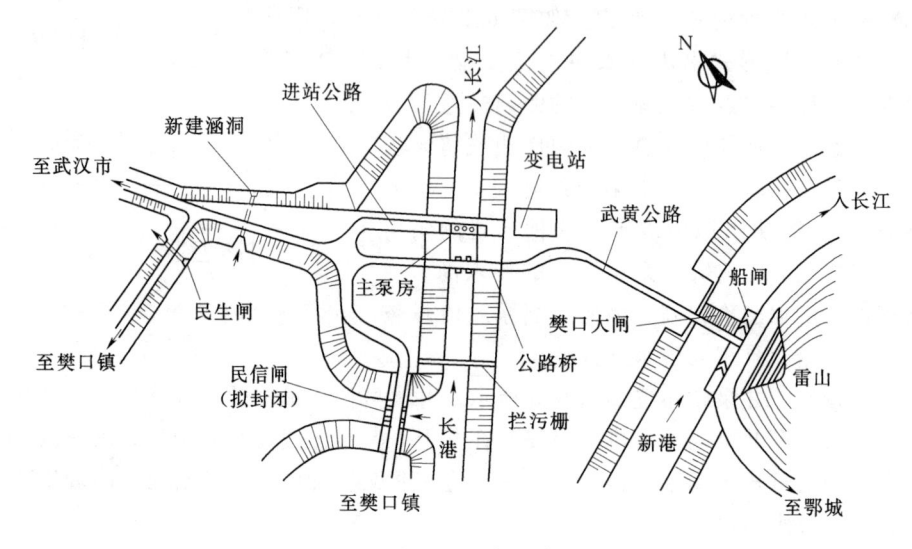

图 6.9 樊口泵站枢纽布置图

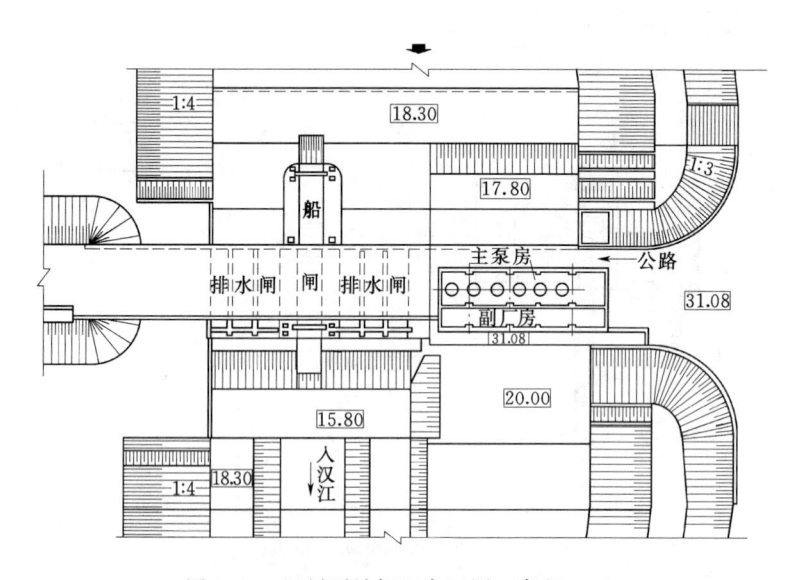

图 6.10 汉川泵站枢纽布置图(高程:m)

图 6.10 是湖北汉川泵站与自流排水闸、船闸合建(即闸、站建在一共同的基础上)的合建式泵站枢纽布置图。汉川泵站为排除湖北刁汊湖地区排涝的主体工程,安装

6.5 泵站枢纽布置

28CJ56型立式轴流泵机组6台，总装机功率6×1600kW。枢纽布置以泵房、排水闸和船闸为主体，考虑节省投资，集中管理以及对称、紧凑美观等因素，将3建筑物合建，并成一字排列，泵房位于左岸，排水闸共6孔，其中3孔紧靠泵房，另3孔靠右岸，船闸位于两组排水闸之间，可兼作排水闸之用。闸站合建的布置形式往往由于泵房位于港道的一侧，提排时主流不集中，进水容易形成回流和漩涡，造成机组振动和汽蚀，降低效率，对机组运行十分不利。因此，在采用合建式的布置方案时，要在泵房进水池与排水闸之间设置足够长度的导水墙，以改善泵站进水池中的流态。

在具有部分自排条件的地点建排水泵站时，如果自排闸尚未修建，应优先考虑闸站合建的方式，以简化工程布置，降低工程造价，方便工程管理。如果建站地点已有自排闸，可考虑将排水泵站与自排闸分建，以方便施工。但需另开排水渠与自排渠相连接，其交角不宜大于30°，排水渠道转弯段的曲率半径不宜小于5倍渠道水面宽度，且站前引渠应有长度为5倍渠道水面宽度以上的平直段，以保证泵站进口水流平顺通畅。

（2）提排提灌结合，并考虑自排自灌的布置型式。排水区内由于地形和不同季节气候的差异，有时外水位低于区内地面，遇暴雨可以自排，而在旱季又需要用机械提灌；有时外水位较高，区内有些地方需要提排，而高地又需要提灌。这时可利用一套机电提水设备，使之兼有灌溉和排涝功能，这类泵站就称为排灌结合泵站。这类泵站，因其要求解决的任务较多，布置上应以泵房为主体，充分发挥附属建筑物的配合作用，以达到排灌的多目标结合。

我国已建成的排灌结合泵站多数采用单向流道的泵房布置，另建配套涵闸的分建式布置型式。这种布置型式适用于水位变化幅度较大或扬程较高的情况，只要布置得当，即可达到灵活运用的要求。

图6.11是湖北排湖泵站与涵闸分建的泵站枢纽布置图。该泵站为根治沔阳排湖地区旱涝灾害的主体工程，排水面积110万亩，灌溉面积68万亩，安装28CJ56型立式轴流泵

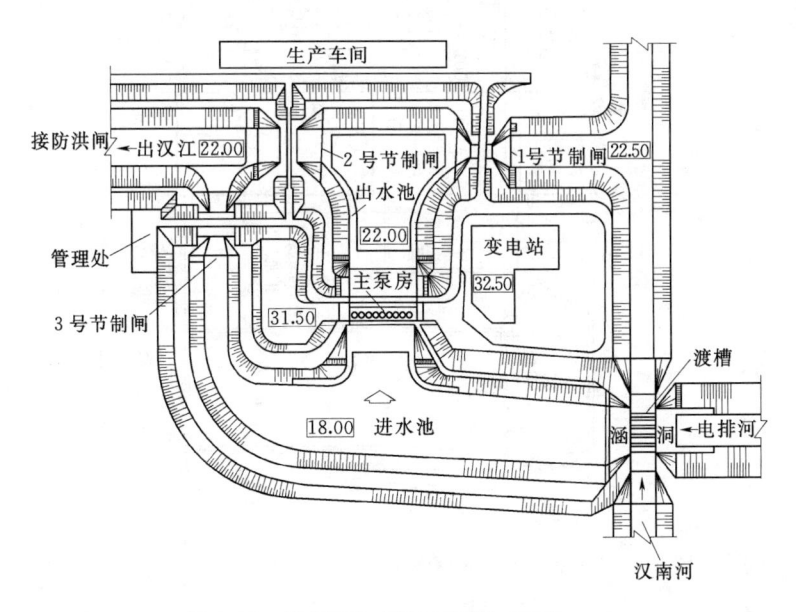

图6.11 排湖泵站枢纽布置图（高程：m）

机组9台，总装机功率9×1600kW。整个工程由主泵房、1座排灌闸、5座节制闸及灌、排渠道组成。该工程通过泵站及附属建筑物的调度运用，使排灌紧密结合起来，达到多目标的效益，既能提排又能自排，既能提灌又能自灌，可以实现高低水分排，上下游合理兼顾，运用灵活。但这种布置型式的主要缺点是建筑物多而分散，占用土地较多，工程量和投资也大，加上控制闸门和启闭机太多，操作、维修管理麻烦。

为避免分建式排灌结合泵站的缺陷，对水位变化幅度不大或扬程较低的泵站，可优先考虑采用双向流道的泵房与配套涵闸合建的闸站合建式布置型式。这种布置型式的突出优点是不需另建配套涵闸。

图6.12是采用双向流道的大型排灌结合泵站——江苏谏壁抽水站的枢纽布置图。该站为太湖湖西地区水利规划的重点工程之一，安装28CJ56型立式轴流泵机组6台，总装机功率6×1600kW，采用双向流道的泵房布置（图6.13），快速闸门断流，通过节制闸、流道的调度转换，既能提江水灌溉，又可排内涝渍水，亦具有自排自灌的条件。采用这种方式，省掉了进水闸、节制闸、排涝闸等配套建筑物，整体布置紧凑，占用土地少，工程投资省，运行管理方便。但缺点是泵站装置效率较低，使耗电量增多，年运行费用增大。目前这种布置型式在国内已建的泵站中，采用甚少，主要是由于受到扬程的限制和装置效率较低的缘故。

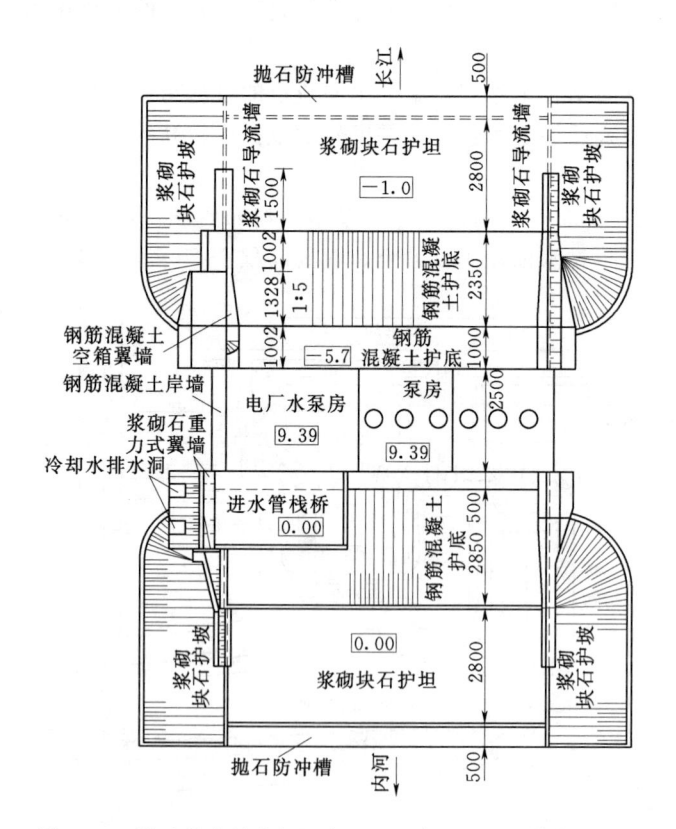

图6.12 谏壁抽水站的枢纽布置图（高程：m；其他：cm）

（3）在泵站出水流道上设置分水建筑物的布置形式。对于以排水为主兼顾提灌的

6.5 泵站枢纽布置

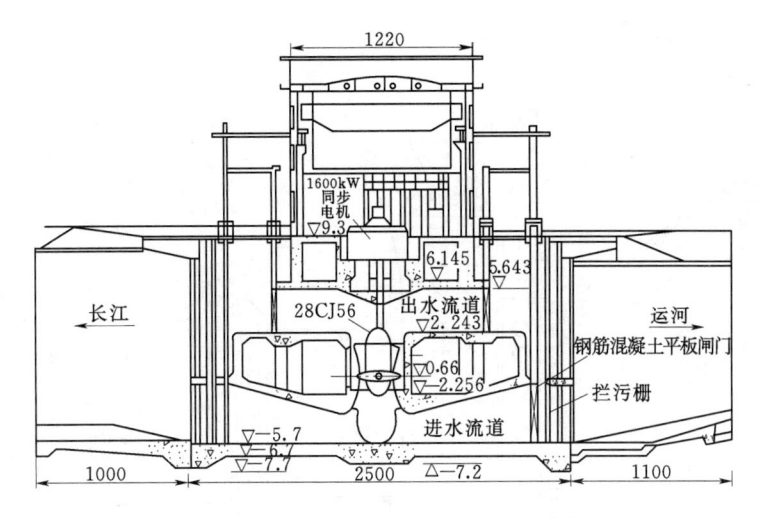

图 6.13 谏壁抽水站剖面图（高程：m；其他：cm）

泵站，还可以采用在出水流道上设置压力水箱或直接开岔的方法来解决排灌结合的问题。

图 6.14 是湖南坡头泵站在出水流道上设置压力水箱分流的枢纽布置图。坡头泵站是解决汉寿县西湖垸等地区排涝和灌溉的枢纽工程，安装 28CJ90 型立式轴流泵机组 2 台，总装机功率 2×2800kW，采用四孔并联箱涵及拱涵形式的直管出流、单机双孔、拍门断流，在出水管道中部设压力水箱（闸门室）。压力水箱两端设灌溉管，分别与灌溉渠首相接，并设闸门控制流量。这种布置型式，可少建配套建筑物，节省工程投资，少占用土地，是一种较好的排灌结合泵站布置型式。

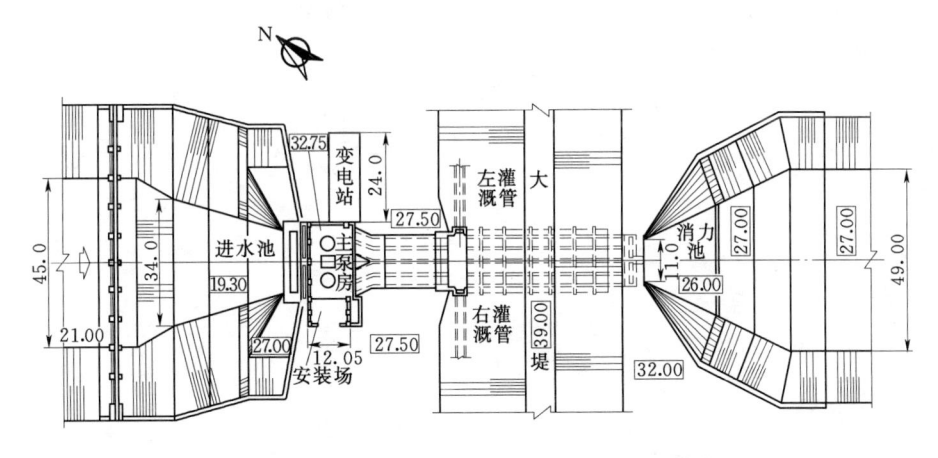

图 6.14 湖南坡头泵站枢纽布置图（高程：m；其他：m）

图 6.15 是湖南岩汪湖泵站在出水流道上开岔分流的枢纽布置图。岩汪湖泵站是解决沅南垸排涝和灌溉的枢纽工程，安装 4 台 16CJ-80 型立式轴流泵机组和 4 台 16HL-40 型立式混流泵机组，总装机功率 8×800kW，采用在左、右两侧边的出水流道上开岔，岔口设阀门控制流量，通过与灌溉渠首相接的岔管将水引入灌溉渠道。这种布置型式具有前一种布置形式相同的优点，但由于在出水流道上开岔，流道内的水力条件不如设压力水箱

137

好，对机组的运行效率有一定的影响。

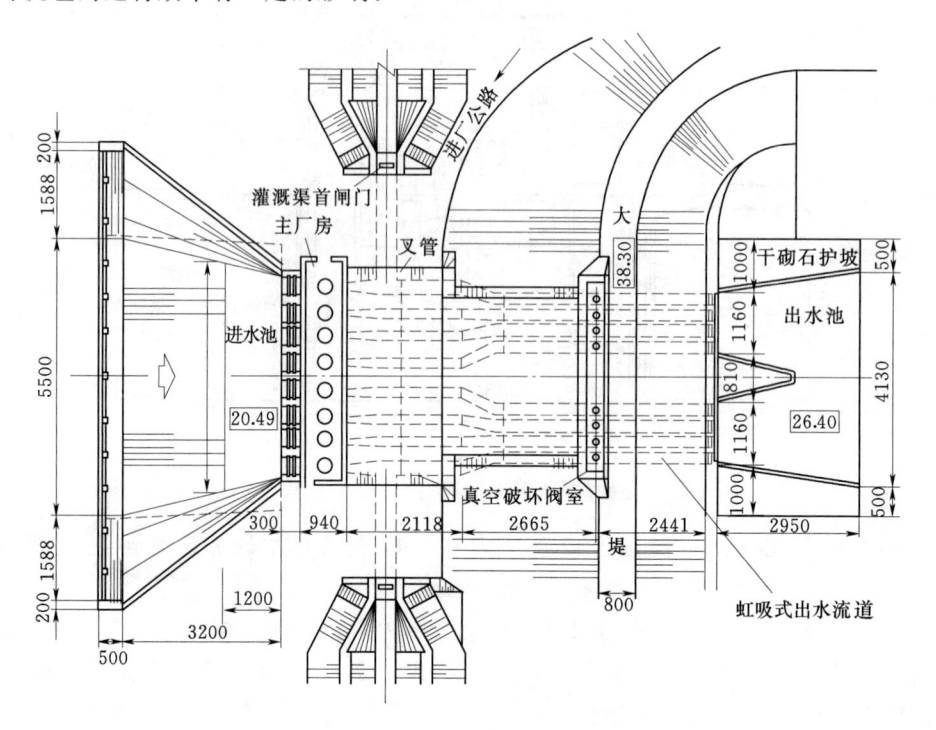

图 6.15　湖南岩汪湖泵站枢纽布置图（高程：m；其他：cm）

第7章 机组设备选型与配套

泵站中的机组设备，有主机组、辅助设备与配套的起重、拦污及清污、消防等设施。抽水水泵和动力机及其传动设备称为主机组；保障主机组安全可靠稳定运行的设备称为辅助设备。泵站辅助设备包括为水泵启动创造条件的充水设备、为主机组的轴承、油箱、轴封等部位提供冷却水、润滑水和密封水的供水设备、检修与渗漏排水设备、提供高、低压气源的空气压缩设备、为主机组提供润滑油和燃料油的供油设备以及通风、采暖设备等。

机组设备选型、配套是否合理，不仅直接影响泵站是否满足供、排水的要求，而且对泵站工程投资、能源消耗、运行成本、设备利用率以及泵站的稳定安全运行等都有很大的影响。因此，在泵站规划、设计、运行管理中应予以特别的重视。

7.1 水 泵 选 型

水泵是实现供、排水要求的主要设备，同时它又是其他设备和建筑物选型配套的依据。因此，合理地选择水泵是泵站设计中的一个重要环节，它对降低工程造价、节省运行费用都有很大意义。

7.1.1 选型原则

主泵选型应符合下列要求：

（1）满足泵站设计流量及不同时期供排水要求，同时要求在整个运行范围内，机组安全、稳定，并且具有最高的平均效率。

（2）在平均扬程时，水泵应在高效区运行；在最高和最低扬程时，水泵应能安全、稳定运行。

（3）由多泥沙水源取水时，应计入泥沙含量、粒径对水泵性能的影响；水源介质有腐蚀性时，水泵叶轮及过流部件应有防腐措施。

（4）应优先选用国家推荐的系列产品和经过鉴定的产品。当现有产品不能满足泵站设计要求时，应优先考虑采用变速、车削、变角等调节方式达到泵站设计要求，亦可设计新水泵，但新设计的水泵必须进行模型试验或装置模型试验，经鉴定合格后方可采用。采用国外先进产品时，应有充分论证。

（5）具有多种泵型可供选择时，应综合分析水力性能、考虑运行调度的灵活性、可靠性、机组及其辅助设备造价、工程投资和运行费用以及主机组事故可能造成的损失等因素择优确定。

（6）便于运行管理和检修维护。

7.1.2 选型方法与步骤

泵站工程规划提供的泵站流量与泵站特征净扬程是水泵选型的依据，必要时在泵站设计阶段对泵站工程规划成果进行复核。规划提供的泵站设计净扬程是泵站出水侧江河等容泄区、干渠首等水位与进水建筑物首端（如河流、湖泊等水源）设计水位之差。而泵站设计扬程是泵站出水池与进水池设计水位之差。因此，泵站设计扬程 H_{std} 等于泵站设计净扬程 H_{jd} 加上进水口（水源）到进水池之间的水头损失（如沿程水力坡降、拦污、清污设施水头损失、闸门槽水头损失等）与出水池到出水口之间的水头损失（如沿程水力坡降、闸门槽水头损失、出水衔接弯道等局部水头损失等）。

基于泵站工程规划成果，计算得到泵站设计扬程后，水泵选型方法如下。

7.1.2.1 大型低扬程水泵

对于大型轴流泵、导叶式混流泵等低扬程水泵，泵叶轮、导叶体组成的泵体与进、出水流道组成水泵装置。而中、小型低扬程水泵结构与泵段类似，低扬程水泵泵段是指进水直管、泵叶轮、导叶体与60°弯头出水管的组合体。贯流泵一般是指泵装置。

如果有水泵装置性能曲线，则作一条平行于横坐标轴（流量）的直线，与纵坐标轴（装置扬程）相交，交点的装置扬程等于泵站设计扬程，而且该直线与各叶片安放角的 H_{st}-Q 曲线相交点位于装置效率高效区，此时可得到不同叶片安放角下单泵装置流量，再根据泵站流量，就可得到水泵台数。类似的可以得到几个方案，进行技术经济比较，最终确定选型方案。中、小型贯流泵与大型贯流泵一样，都采用该选型方法。

如果只有水泵制造厂商提供的水泵产品样本选型资料，则已知的是泵段性能曲线或数据，此时应采用"等扬程加大流量"低扬程水泵选型方法。如果已知的是水泵模型泵段试验成果，则已知的也是泵段性能，选型方法要复杂一些，请参阅有关资料。经试验研究，对配进、出水流道的大型轴流泵或导叶式混流泵而言，泵装置最高效率点扬程与泵段最高效率点扬程基本相等；对同一叶片安放角，泵段最高效率点流量约为泵装置最高效率点流量的1.05~1.1倍；一般泵段叶片安放角比泵装置叶片安放角大，此时泵段最高效率点流量约为泵装置最高效率点流量的1.15~1.35倍，泵段与装置之间的叶片安放角度差越大，取值越大。因此，选型泵段扬程取泵站设计扬程；选型泵站流量等于规划的泵站流量乘以1.05~1.1倍或1.15~1.35倍。这样做的目的是保证水泵装置效率较高，而不是通常的泵段效率高。根据选型泵段扬程，在现有的水泵产品中选择几种适用的水泵，水泵设计（额定）扬程与选型泵段扬程接近。查水泵性能数据或曲线，可得到这几种水泵选型方案对应的单泵流量，然后用选型泵站流量除以单泵流量即可得到水泵台数。对这几个选型方案进行技术经济比较后最终确定水泵选型方案，即台数、泵型与叶片安放角等。

7.1.2.2 中、小型轴流泵

中、小型轴流泵选型泵段扬程等于泵站设计扬程加上进、出水管路水头损失。

中、小型轴流泵出水管路较短，如采用绕水平轴转动的拍门断流，拍门及淹没出流水头损失占泵站扬程比例较大，则进、出水管路水头损失可按10%~25%泵站设计扬程计，扬程低、采用绕水平轴转动的拍门（上开式拍门）断流，则取大值。

根据选型泵段扬程，在现有的水泵产品中选择几种适用的水泵，水泵设计（额定）扬程与选型泵段扬程接近。查水泵性能数据或曲线，可得到这几种水泵选型方案对应的单泵流量，然后用选型泵站流量除以单泵流量即可得到水泵台数。对这几个选型方案进行技

7.1 水泵选型

经济比较后最终确定水泵选型方案。

7.1.2.3 中、小型混流泵

中、小型混流泵选型泵段扬程等于泵站设计扬程加上进、出水管路水头损失。

中、小型混流泵出水管路较短，如采用绕水平轴转动的拍门断流，拍门及淹没出流水头损失占泵站扬程比例较大，则进、出水管路水头损失可按5%～15%泵站设计扬程计，扬程低、采用绕水平轴转动的拍门（上开式拍门）断流，则取大值。

根据选型泵段扬程，在现有的水泵产品中选择几种适用的水泵，水泵设计（额定）扬程与选型泵段扬程接近。查水泵性能数据或曲线，可得到这几种水泵选型方案对应的单泵流量，然后用选型泵站流量除以单泵流量即可得到水泵台数。对这几个选型方案进行技术经济比较后最终确定水泵选型方案。

7.1.2.4 离心泵

离心泵选型泵段扬程等于泵站设计扬程加上进、出水管路水头损失。离心泵进、出水管路水头损失难以用泵站设计扬程的关系式表达，因此要采用先拟定水泵台数得到单泵流量进而计算出管路水头损失的方法。

根据初步拟定的台数、管道材料糙率n、长度L、管径d按式（7.1）计算沿程水头损失h_f（流速V按2～2.5m/s计），局部水头损失按5%～10%沿程水头损失计算，管道长度长，取小值，从而把沿程水头损失加上局部水头损失，就可得到进、出水管路水头损失。

$$h_f = \lambda \frac{L}{d} \frac{V^2}{2g} = \frac{4LV^2}{C^2 d} \qquad (7.1)$$

式中：C为谢才系数，$C = \frac{1}{n}R^{1/6} = \frac{1}{n}\left(\frac{d}{4}\right)^{1/6}$（圆管）；$g$为重力加速度。

对于并联运行的多台离心泵，应按并联运行工作特性确定每台离心泵的进、出水管路水头损失。

在不同水泵台数方案下，得到对应的单泵流量，可计算得到对应的选型泵段扬程。根据不同台数方案的选型泵段扬程与单泵流量，在现有的水泵产品中选择几种适用的水泵，水泵设计（额定）扬程与选型泵段扬程接近，水泵设计流量也与选型单泵流量接近。对这几个选型方案进行技术经济比较后最终确定水泵选型方案。

需要指出的是：

（1）根据规划的泵站设计流量或选型泵站流量以及单泵流量，可确定各水泵选型方案对应的水泵台数。台数太多，运行管理成本高；台数太少，往往不符合保证率要求。因此，可根据台数合理性，删减拟比选的水泵选型方案。

（2）对各水泵选型方案的水泵进行工况校核。在水泵基本性能曲线上绘制对应泵站设计扬程、最大扬程、最小扬程、平均扬程的需要扬程曲线，检验水泵工作点是否满足要求，即设计扬程下满足设计流量要求；平均扬程工况在高效区运行；最大扬程、最小扬程下不超载、汽蚀性能佳。

（3）对各水泵选型方案的工程投资与年运行费用进行计算，经技术经济比较，确定最佳的水泵选型方案。

7.1.3 选型中应注意的问题

7.1.3.1 主泵类型的选择

确定水泵类型的主要因素是供排水对象对水泵扬程和流量的要求。

通常，在泵扬程大于15m时宜选用离心泵。我国已有的离心泵最大单级扬程已超过200m，水泵口径40～2000mm，最大功率达8000kW。由于离心泵具有高效区范围宽，能在扬程变化较大的情况下运行，故在工程中得到了广泛的应用。

轴流泵是低扬程大流量的水泵，通常用于扬程小于10m的场合，特别是6m以下扬程的泵站更为合适。我国生产的轴流泵口径为150～4500mm，最大功率6000kW。由于轴流泵的功率曲线较陡降，扬程的微小改变会引起功率和效率的大幅变化。对于扬程变化较大的大型泵站常采用全调节轴流泵，水泵结构复杂，辅助设备较多，使得维修管理麻烦。

混流泵的扬程和流量介于离心泵和轴流泵之间，通常用于扬程6～15m之间的场合。我国已有混流泵的口径为100～6000mm，最大功率7000kW。混流泵的功率曲线平坦，高效区范围小于离心泵，但大于轴流泵，扬程的变化对功率的运行很小，动力机常处于满负荷运行，通常不会因为关阀运行或扬程过高而使动力机超载。此外，混流泵还具有较好的抗汽蚀性能和管理维护简单等优点，因此，混流泵得到了较广泛的应用，特别是在扬程变化较大的场合。

7.1.3.2 主泵台数的确定

主泵台数包括工作泵和备用泵。主泵台数的多少，对泵站主要有下面一些影响：

(1) 从建站投资方面看，无论是机电设备费还是土建工程费，在设备容量一定的情况下，机组台数越少，其投资就越小。

(2) 从年运行费方面看，通常是机电设备容量越大，其效率就越高；机组台数越少，需要的运行人员及维修费用等就越少。

(3) 从排灌保证性和适应性方面看，机组数目越多，越容易适应不同时期的不同排灌要求，即使运行中个别机组发生故障，对排灌的影响也较小。

主泵台数的选择主要考虑经济性和运行调度灵活性，大中型泵站主泵台数宜为3～9台。流量变化幅度大的泵站，台数宜多；流量比较稳定的泵站，台数宜少。通常排水泵站的设计流量及其排水过程中的流量变化均比灌溉泵站要大些、快些，所以排水泵站中的机组台数应当多于灌溉泵站。一般情况下，当排水流量小于$4m^3/s$时，可选用2台；大于$4m^3/s$时，可选用3台以上。对于灌溉泵站，当流量小于$1m^3/s$时，可选用2台；大于$1m^3/s$时，可选用3～6台。

对于排灌结合的泵站，不论扬程和流量如何，均要求既能满足灌溉又能满足排水要求，因此，宜采用多机组方案。

对于多梯级泵站，水泵台数除应满足各级泵站本身的流量和扬程的要求外，还必须保证上、下梯级泵站在各种流量下运行均能相互配合和协调一致。

对于泵房距出水池较远的泵站，由于通常都采用并联出水管路，所以在确定机组台数时应结合考虑。

为了保证机组正常检修或发生事故时泵站仍能满足设计流量的要求，设置一定数量的备用泵是必要的。备用机组数应根据供水重要性及年利用小时数，并满足机组正常检修要求确定。在设置备用机组时，不宜采用容量备用，而应当采用台数备用。

对于重要的城市供水泵站，由于机组事故或检修而不能正常供水，将会影响正常的生产和生活，给国民经济造成巨大损失，所以备用机组应适当增加。一般工作机组3台及3台以下时，增设1台备用机组；多于3台时，宜增设2台备用机组。

对于灌溉泵站，装机3~9台时，其中应有一台备用机组；多于9台时应有2台备用机组。

对于年利用小时很低的泵站，可不设备用机组。对于水源含沙量大或含腐蚀性介质的泵站，或有特殊要求的泵站，备用机组的数量在经过论证后可适当增加。

7.1.3.3 水泵的结构形式

按轴的布置形式分，水泵的结构有卧式、立式和斜式3种，它们的特点如下：

(1) 卧式泵要求的安装精度比立式泵低，同时也便于维修。但除贯流泵外，一般起动前要抽气充水，轴承磨损较快，要求的泵房平面尺寸也较大。通常适用于水源水位变幅不大的场合。

(2) 立式泵要求的泵房平面尺寸较小；水泵叶轮通常浸没于水下，起动方便；电动机安装在上层，有利于防湿和通风。但基础开挖深，对地基稳定性要求高。通常适用于水源水位变幅较大、扬程较高的泵站。

(3) 斜式泵的优缺点介于卧式泵（特别是贯流泵）和立式泵之间。过去多为中小型，近几年来发展较快，我国目前斜式泵的最大口径已达4m以上，轴的倾角有15°、30°和45°3种。其叶轮浸没于水下，便于启动。通常适用于水源水位变幅较小、扬程较低的场合。

(4) 为了便于维修和管理，同一泵站或排灌区内的主要水泵，应尽可能地选用同一型号或同一类型。

7.2 电动机与水泵的配套

叶片泵选型确定后，动力机与传动装置的选配十分重要。驱动水泵运转的动力机最常见的是电动机，其次为柴油机。柴油机多为应急灌排水泵与移动泵车配套。本节仅介绍电动机，柴油机的使用配套方法请参考有关资料。水泵与电动机之间多为联轴器直联，也有皮带轮、齿轮箱等间接传动装置。在购置水泵时，水泵制造厂商通常会配套供应电动机与传动装置，用户也可自行选配另购。

7.2.1 电动机

7.2.1.1 配套功率的确定

水泵选定后，配套电动机功率可按下式确定

$$P_M = K \frac{P_{\max}}{\eta_d} \tag{7.2}$$

式中：P_M 为配套电动机的计算功率，kW；$P_{\max}$ 为水泵工作范围内的最大轴功率，kW，该值对应工况应根据水泵类型及轴功率随流量变化特点确定，比如，对于离心泵，应选取最低扬程（最大流量）工况；对于轴流泵，则应选取最高扬程（最小流量）工况；η_d 为传动效率，见表7.1；K 为电动机的功率备用系数，见表7.2。可按功率越大、取值越小原则选取。

表7.1 传 动 效 率

传动方式	直接传动	齿 轮 传 动			液力联轴器	皮带传动
		斜齿轮1级	伞齿轮1级	行星齿轮1级		
传动效率	1.0	0.95~0.97	0.93~0.96	0.95~0.98	0.95~0.97	0.9~0.95

表7.2 电动机功率的备用系数

功率/kW	<1	1~2	2~5	5~10	10~50	50~100	>100
备用系数 K	2.5~2.0	2.0~1.5	1.5~1.2	1.2~1.15	1.15~1.1	1.1~1.05	1.05

按式（7.2）计算得到电动机功率后，还要在电动机额定功率系列中取略大于计算功率的电动机额定功率，作为最终确定的配套电动机额定功率。我国标准中小型电动机额定功率（kW）系列为0.18、0.25、0.37、0.55、0.75、1.1、1.5、2.2、3、4、5.5、7.5、11、15、18.5、22、30、37、45、55、75、90、110、132、160、200、250、315。

7.2.1.2 电动机的类型和电压等级

泵站主泵通常采用三相交流电动机来驱动。电动机的选择，应根据电源容量大小和电压等级、水泵的轴功率和转速以及传动方式等因素来确定电动机的类型、功率、电压和转速等工作参数。主电动机宜优先采用三相交流异步电动机。对单机功率800kW以上的大型泵站，可采用三相交流同步电动机。应优先选用鼠笼式电动机，只有在电网容量不能满足鼠笼式电动机启动要求时，才考虑选用绕线式电动机。当技术经济条件相近时，高压电动机额定电压宜优先选用10kV。具体选择可按以下原则进行：

（1）当功率小于100kW时因为在启动转矩、转差率和其他性能等方面没有什么特殊要求，一般可选用Y系列的普通鼠笼型异步电动机。如工作环境比较潮湿或多灰尘，则可选用防护式鼠笼型异步电动机。常见的电动机额定电压是380V。

（2）当功率在100~300kW之间时，可选用YS(JS)、YC(JC)或YR(JR)系列的异步电动机。"S""C"和"R"分别表示双鼠笼型转子、深槽鼠笼型转子和绕线型转子。双鼠笼型与深槽鼠笼型是鼠笼型异步电动机的特殊型式，都具有较好的启动性能，适用于启动负载较大和电源容量较小的场合。绕线型转子异步电动机适用于电源容量不足以供鼠笼型异步电动机启动的场合。常见的电动机额定电压有380V、6kV和10kV。

（3）当功率大于300kW时，可以采用JSQ、JRQ系列的异步电动机或T系列的同步电动机。"Q"表示特别加强绝缘，"T"表示同步。同步电动机的成本较高，可是它具有较高的功率因数和效率，适用于功率较大和使用时间较长的场合。常见的电动机额定电压有6kV和10kV。

7.2.1.3 电动机转速的确定

电动机的转速确定，与水泵的转速和传动方式有关，如为直接传动，两者的转速应相等；如为间接传动，两者的额定转速有一定的转速比关系。电动机的转速与电源的交流频率 f、电动机的磁极对数 p 和转差率 s 有关，即 $n=\dfrac{60f}{p}(1-s)$，因 f 和 s 一般变化不大，故电动机的转速主要取决于电动机的磁极对数 p。在选择电动机时，不仅要求满足功率的

7.2 电动机与水泵的配套

要求，而且还应该尽量使电动机的转速与水泵一致，以提高传动效率和减少传动设备投资。应该指出，相同功率的电动机，额定转速越高，体积越小，效率高，功率因数高，也越经济。因此，对于转速很低的大型水泵，若采用直接传动，则需要选择极数（2p）多的电动机，使得电动机的体积和投资增大，反而不经济。这时，可选择转速较高的电动机，增加齿轮箱等间接传动设备降低转速来保证水泵转速的需要。

7.2.1.4 水泵机组的启动特性

对于大中型水泵机组，除配套功率要满足水泵要求外，还对电动机的启动特性有一定的要求，以保证机组的顺利启动。

水泵机组的启动过程，可以用下列的力矩平衡方程来表示：

$$M_d - M = J\frac{d\omega}{dt} = \frac{GD^2}{4g}\frac{\pi}{30}\frac{dn}{dt} \approx \frac{GD^2}{375}\frac{dn}{dt} \tag{7.3}$$

式中：M_d 为异步电动机转矩，或同步电动机异步启动时的转矩，N·m；M 为机组阻力矩，包括水泵转矩 $M_泵$，机组启动过程中的摩擦阻力矩 $M_摩$ 及机组的损耗力矩 $M_损$，即 $M = M_泵 + M_摩 + M_损$，N·m；J 为机组转子的转动惯量；ω、n 分别为飞轮的角速度和转速，rad/s、r/min；t 为时间，s；GD^2 为机组转子的飞轮惯量，N·m²，一般它等于水泵转子和电动机转子飞轮惯量之和，由于水泵转子的飞轮惯量比电动机转子的飞轮惯量小得多，因此在计算时也可以从电机产品目录中查出电动机转子的飞轮惯量，再乘以 1.08~1.1 作为机组转子的飞轮惯量 GD^2。

机组力矩平衡方程式（7.3）表明：如图 7.1 所示，在机组启动时，如果电动机的转矩 M_d 大于机组阻力矩 M（即负荷转矩），就能把剩余转矩 $M_d - M$（即加速转矩）传给机组的转子，使它加速运转。当转速加大到某一值 n'（r/min）时，电动机转矩曲线和水泵转矩曲线相交于 A 点，在该点 $M_d - M = 0$，$dn/dt = 0$，即 n 等于常数 n'，因此机组进入稳定运转的状

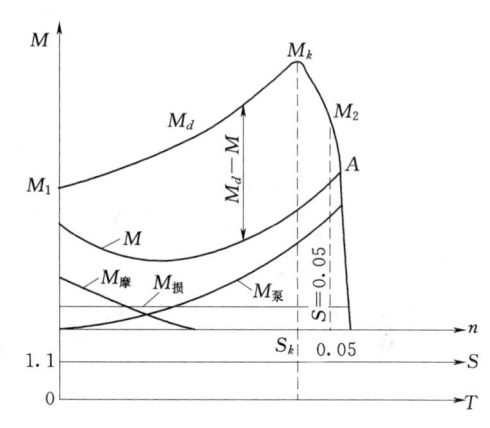

图 7.1 启动时电动机转矩 M_d 和机组阻力矩 M 随转速 n 而变化的关系曲线

态。基本方程还表明，$M_d - M$ 越大，GD^2 越小，dn/dt 就越大，加速就越快，启动所需的时间就越短。中、小型叶片泵机组的 $M_d - M$ 较大，而 GD^2 较小，所以启动时间较短，一般只需几秒钟。

7.2.2 传动设备

当水泵和电动机的额定转速相等，转向相同，且都为立式或卧式结构时，转速配合问题容易解决。但是，如果转速不等或转向不同，且一台为立式，另一台为卧式时，就要用传动装置将两者联系起来，以达到转速配套和传递功率的目的。

电动机与水泵之间的传动方式基本上可分为直接传动与间接传动两种。

目前水泵机组最常用的传动方式有直接传动、齿轮传动和皮带传动等。有些场合下也用液力传动和电磁传动。

7.2.2.1 直接传动

用联轴器把水泵和电动机的轴联起来,借以传递能量,称为直接传动。直接传动不仅简单、方便、安全、结构紧凑、传动平稳,而且效率接近100%。联轴器,也称为靠背轮,分为弹性、刚性两种。目前我国大型立式水泵机组多采用刚性连接的直接传动方式。刚性连接是用联轴器将水泵轴和电动机轴连接成为一个刚体,它具有联轴器结构简单、传动效率高和能承受轴向力等优点,但是,刚性连接对安装精度的要求特别高。为了减少在传动时所产生的振动,以及防止因轴心未对中而使轴产生周期性的弯曲应力,通常在卧式机组中采用如图7.2所示的弹性联轴器。

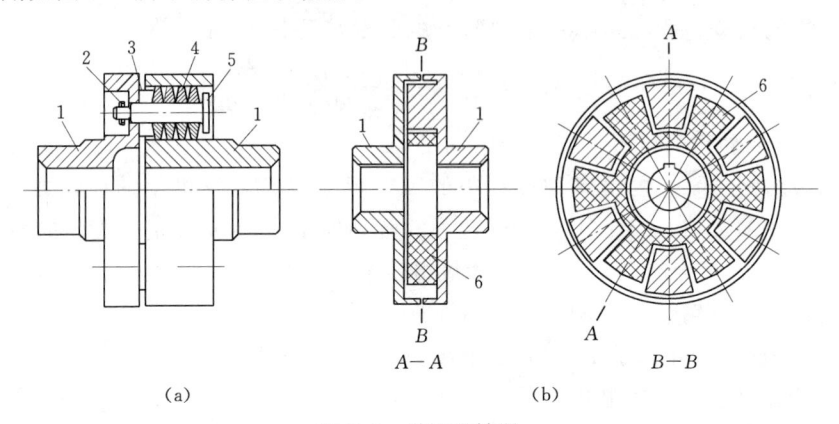

图7.2 弹性联轴器
(a) 圆柱销弹性联轴器;(b) 爪型弹性联轴器
1—半连接盘;2—锁紧螺母;3—挡圈;4—弹性橡胶圈;5—柱销;6—星形弹性橡胶垫

7.2.2.2 齿轮传动

齿轮传动具有效率高、结构紧凑、可靠耐久、传递的功率大等特点。齿轮传动还常常用于水泵和电动机的转速不一致或两者轴线不一致的场合。

根据水泵和电动机的位置或转速不同,可采用不同形式的传动齿轮。当两轴线互相平行时,宜用圆柱形齿轮;当两轴线相交时,采用伞形齿轮,如图7.3所示。

图7.3 圆柱形齿轮及伞形齿轮传动示意图

7.2 电动机与水泵的配套

如图 7.4 所示，传动齿轮安装在齿轮减速箱内，可减小机械噪音对环境的污染。为了减小齿轮间的摩擦损失，将润滑油注入齿轮减速箱内，以提高齿轮传动的机械效率。

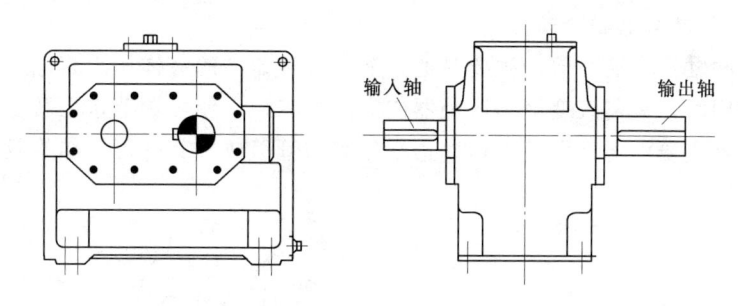

图 7.4 齿轮减速箱外形图

齿轮传动对齿轮制造工艺要求较高，价格较贵。齿轮因加工精度或材质原因磨损后噪声大，这是采用齿轮传动要注意之处。

7.2.2.3 皮带传动

皮带传动和齿轮传动一样，当水泵和电动机两者的转速不同，或彼此轴线间有一段距离或不在同一平面上时，都可以采用。皮带传动分平皮带传动和三角皮带传动两种，但多用于小型机组。

(1) 平皮带传动。平皮带传动的应用范围很广，传动方式可以多种变换，而且传动比大。平皮带传动又分开口式、交叉式和半交叉式 3 种，如图 7.5 所示。

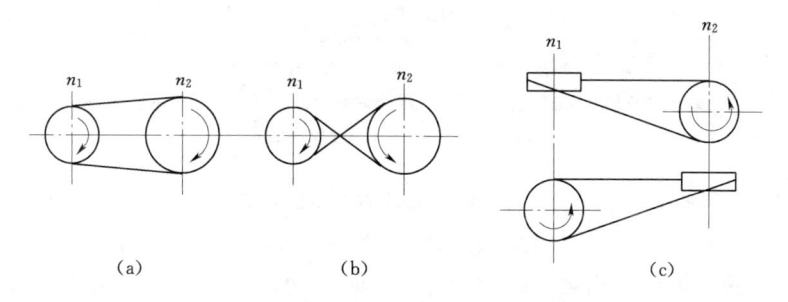

图 7.5 平皮带传动示意图

开口式皮带传动适用于泵轴和电动机轴互相平行且转向相同或转向不同的场合；交叉式皮带传动适用于泵轴和电动机轴互相平行，两者转向相反的场合；半交叉式皮带传动适用于泵轴和电动机轴互相垂直的场合（如卧式电动机带动立式水泵）。

(2) 三角皮带传动。三角皮带是一种柔性连接物，具有梯形断面，如图 7.6 所示。这

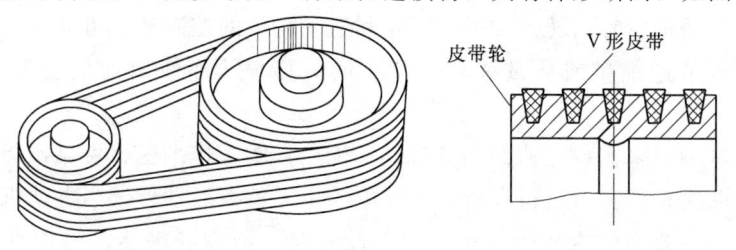

图 7.6 三角皮带传动示意图

种皮带紧嵌在皮带轮缘的梯形槽内，由于其两侧与轮槽接触紧密，摩擦力比平皮带大得多，因此传动比较大。

7.2.2.4 液力传动与电磁传动

（1）液力联轴器。液力传动主要是通过液力联轴器内的液体压力将电动机轴上的转矩传给泵轴。使用时，只需改变液力联轴器内的液体容积，便可调节水泵转速。

液力联轴器主要由传动泵轮、传动透平轮和勺管组成，其外形、结构及工作原理如图7.7所示。

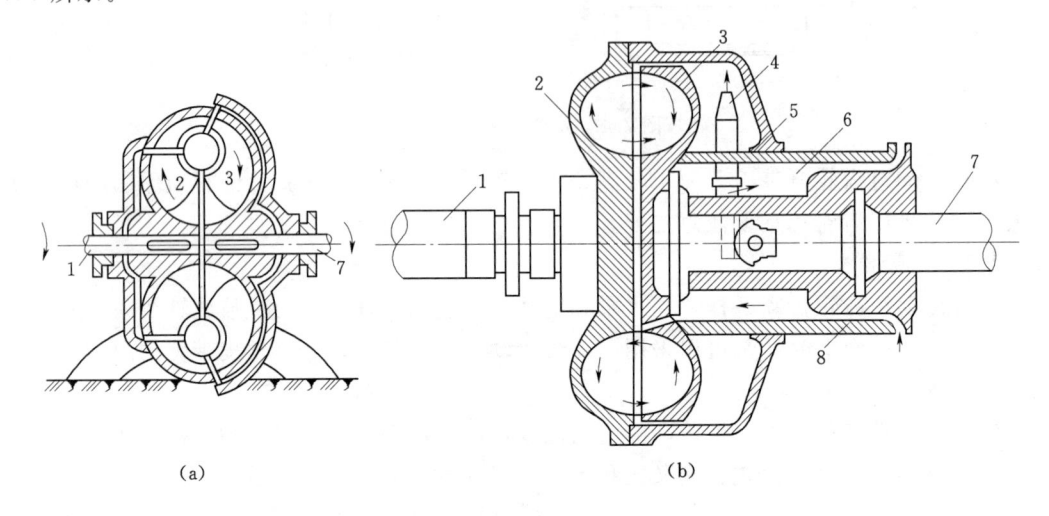

图 7.7 液力联轴器
(a) 外形简图；(b) 结构及工作原理示意图
1—电动机轴；2—传动泵轮；3—传动透平轮；4—勺管；5—旋转内套；
6—回油道；7—泵轴；8—控制油入口

泵轮2和透平轮3是两个形状相同、均具有径向直叶片的工作轮，两者不直接接触。泵轮2与电动机轴1连接，透平轮3与泵轴7连接，泵轮和透平轮中充满控制液体（油或水）。电动机运转后带动传动泵轮一起旋转，这时传动泵轮内的液体由于离心力的作用被甩向泵轮的外圆周侧，形成高速的油流，该油流进入透平轮并沿其径向流道推动透平轮旋转，从而带动泵轴旋转。同时，透平轮的叶片又将油流重新压入传动泵轮的内侧，这样，液体就在空腔内循环，并不停地传递能量。

转速的调节可通过液力联轴器中控制油量的调节来实现。增加控制油量，泵轮传递给透平轮的能量就增多，使得透平轮轴的转速增高，反之，减少控制油量，泵轮传递给透平轮的能量减少，透平轮轴的转速降低。泵轮和透平轮中的控制油量可通过改变油泵调节阀的开度，从而调节进油量或通过调节勺管4的位移，从而使出油量发生改变的方法来实现。

采用液力联轴器来实现转速的调节有以下优点：①工作平稳、可靠，能够在较宽的范围内实现无级调速；②它可自行润滑，能使电动机无负荷启动；③当电动机的转速等于水泵的转速时，传动效率可达95%～97%。其缺点是：液力联轴器价格较贵，另需配有充油的油泵（或充水的水泵）机组设备，系统比较复杂。

（2）油膜转差离合器。油膜转差离合器是一种新型的液力无级变速装置，又称液体黏滞性传动装置，它同时具有无级变速器和离合器这两种装置的功能，既能实现无级调速，又能完全离合。

油膜转差离合器以油为工作介质，主要通过油膜的黏滞性摩擦阻力来传递转矩和功率，其工作原理及主要部件如图7.8所示。

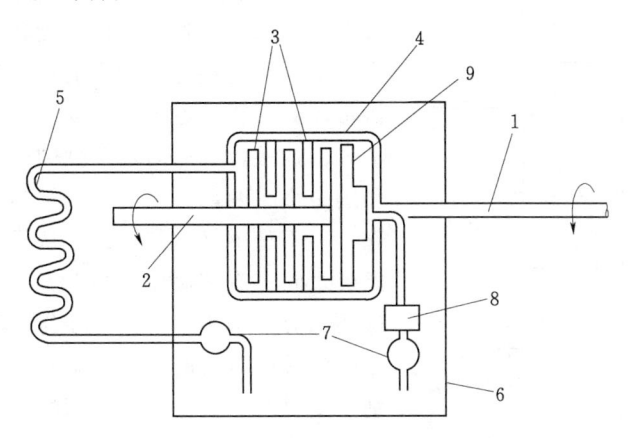

图 7.8　油膜转差离合器工作原理示意图
1—从动轴；2—主动轴；3—圆盘摩擦片；4—转鼓；5—热交换器；
6—油箱；7—油泵；8—阀门；9—控制活塞

油膜转差离合器的主要部件为若干主动和从动圆盘摩擦片。主动摩擦片固定在与原动机输出轴相连接的离合器的输入轴上；从动摩擦片固定在与水泵输入轴相连接的离合器端部的密封转鼓内。由油泵供给的压力油，经离合器从动轴的转鼓端部中心导入油管，将油注入转鼓内的主动、从动摩擦片之间，使主从摩擦片之间的缝隙充满工作油。当原动机驱动油膜转差离合器的主动轴旋转时，固定于其上的主动摩擦片也以相同的速度旋转。当主从摩擦片之间产生相对运动时，主从摩擦片之间也将产生内摩擦阻力，从而带动从动摩擦片及水泵的输入轴旋转。由于主从摩擦片之间存在一定的相对转速差，故离合器的输入轴与输出轴之间也有一定的转速差。由流体力学的内摩擦定律可知，摩擦片所传递转矩的大小与主从摩擦片之间的转速差及油膜间隙的大小有关，通过控制油泵输出油压的变化，可使装在从动摩擦片右侧的控制活塞沿轴向移动，进而带动离合器的输入轴沿轴向移动，从而使得主从摩擦片间的油膜间隙的大小发生变化。因此，通过改变油泵的输出油压来控制活塞的轴向位置，即可改变离合器所传递的转矩和主从摩擦片之间的转速差，从而实现离合器的无级调速。需要说明的是，当主从摩擦片之间的间隙非常小时，离合器功率的传递将由油膜的内摩擦阻力传递功率转变为主从摩擦片之间的固体表面摩擦力传递功率。此时，油膜转差离合器的作用已相当于一个普通的湿式离合器。因此，油膜转差离合器既可以无级调速，又可实现无转差的同步运行。

油膜转差离合器除了具有许多和液力偶合器相同的优点之外，还具有最大传动效率高于液力偶合器、控制转速的响应时间小于液力偶合器的特点。此外，对于需要调速的低转速、大容量水泵，其装置的尺寸、重量和成本投资均比液力偶合器要小得多。正因为此，国外于20世纪60年代就开始应用油膜转差离合器于小型水泵的调速，70年代更被广泛应用于工业各部门的水泵和其他调速旋转机械的调速。在国内，20世纪80年代后期开始有了油膜转差离合器的产品，目前已能生产和提供150～3000kW的油膜转差离合器。

（3）电磁转差离合器。电磁转差离合器又称电磁离合器，其基本部件为电枢与磁极，这两者之间没有机械联系，各自可自由旋转。电枢是离合器的主动部件，直接与电动机的输出轴连接，并由电动机带动其旋转；磁极为从动部件，与离合器的输出轴硬性连接，进而与水泵轴硬性连接。磁极由铁心和励磁绕组两部分组成，绕组与部分铁心固定在机壳上，不随磁极一起转动。从图7.9可见，电枢与磁极之间存有气隙，当励磁绕组没有电流通过时，这两部分互不相干，只有在通以励磁电流后，才能靠电磁效应将这两部分联系起来。当有直流电通过励磁绕组时，沿气隙圆周面的各磁极将形成若干对N、S极性交替的磁极，其磁路如图7.9中的虚线所示。当电动机带动电枢旋转时，电枢与磁极之间存在相对运动，从而产生感应电动势，这个感应电动势将在电枢中形成涡流，此涡流又与磁场的磁通相互作用，产生力和力矩。这个力和力矩作用在磁极上，使磁极沿电枢旋转方向旋转，并拖动水泵旋转。电磁转差离合器与普通联轴器的不同之处是：磁极转速n_2是连续可调的，且n_2小于电枢转速n_1，这是因为若$n_2=n_1$，则电枢与磁极之间就不存在相对运动，也就不可能在电枢中产生感应电动势。因此，电磁转差离合器的主动轴与从动轴之间必定存在一个转速差，其原理和异步电动机的原理是相似的。磁极转速（离合器输出轴转速）n_2的高低由磁极磁场的强弱而定，即由励磁电流的大小而定，所以，改变励磁电流的大小就可达到水泵调速的目的。

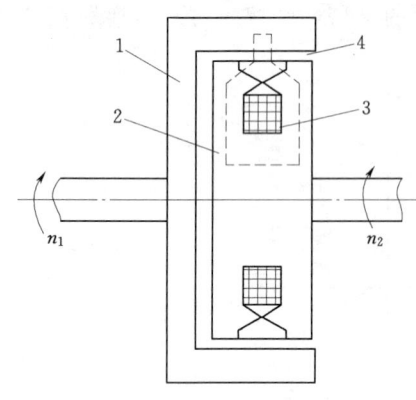

图7.9 电磁转差离合器示意图
1—电枢；2—磁极；3—励磁绕组；4—气隙

工程中通常是把电动机和电磁转差离合器组装成如图7.10所示的一个整体，总称为电磁调速电动机或滑差电动机。

电磁调速电动机的主要优点是：

1）可靠性高，只要绝缘不被破坏，就能实现长期无检修运行。

2）控制装置的容量小，一般仅为电动机额定容量的1%～2%。

3）结构简单，制造容易，价格便宜。

电磁调速电动机的缺点是：

1）存在转差损失，尤其是对最高转速比i_n（从动轴最大转速与主动轴转速之比）较低的电磁调速电动机，运行经济性较低。

2）调速时的响应时间较长。

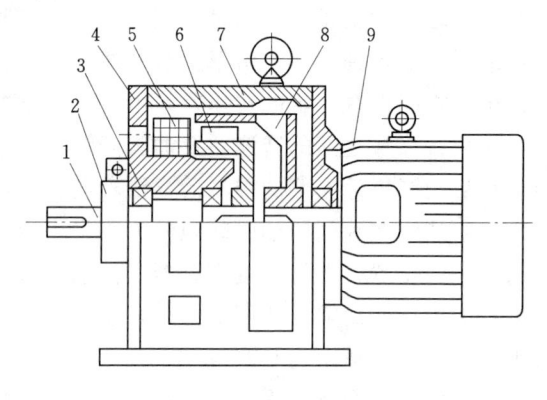

图7.10 电磁调速电动机结构图
1—轴；2—测速发电机；3—轴承；4—托架；5—励磁绕组；6—磁极；7—机座；8—电枢；9—电动机

3) 运行时的噪声较大。

除了上述介绍的电磁转差离合器以外，还有一种电磁联轴器传动设备。这种联轴器是由主动轴上的摩擦圆盘和从动轴上的摩擦环组成。当电流通过主动轴上圆盘的内部线圈时，在摩擦环中产生吸引力，从而将从动轴上的摩擦环吸住，使之一起旋转。电磁联轴器构造简单，运转时不产生轴向力，动作迅速准确，能在极大范围内实现无级和有级调速；电路的闭合、切断及换向等均有良好的控制性，便于手控，也可以远动；在运转时虽然要经常不断地供给电磁联轴器的电流，但所需电流消耗的功率仅为电动机功率的 0.7%～1%。其缺点是，如在传动转矩较大的情况下，所需传动装置的外型尺寸、重量及制造成本都较大，因此设备价格较贵。

7.3 辅助设备及设施

7.3.1 充水设备

当泵的安装高度高于进水池水位，叶轮不能淹没在水中，那么泵启动前必须排气充水。充水的方法很多，小型水泵进水管带底阀时，用人工灌水；不带底阀时，用真空水箱或手动设备，或采用自吸装置充水。大中型泵站的水泵一般利用真空泵抽真空充水。下面仅介绍真空水箱充水和真空泵抽真空充水。

7.3.1.1 真空水箱充水

真空水箱充水装置，是通过进水管先把水吸入具有一定真空度的密闭水箱中，而水泵则从该水箱中吸水，如图 7.11 所示。

用真空水箱进行充水时，首先要打开密闭水箱顶部的阀门 4，从漏斗 6 中灌水入水箱 2，待水灌到与箱中进水管管口齐平后，关闭阀门 4，这时即可启动水泵。当水泵启动后，箱中水位很快下降，箱的上部形成真空，在进水池水面与真空水箱水面的压差（真空度）作用下，进水池中的水沿着进水管不断地进入水箱，并吸入水泵，从而保正水泵工作期间水流的连续性。停泵时，因水泵不再从箱中吸水，所以箱中水位上升，直至恢复到进水管管口高度为止。以后，可随时启动水泵，无需再进行充水。

图 7.11 真空水箱充水装置图
1—进水管；2—密闭水箱；3、4、5—闸阀；6—漏斗

密闭水箱内最低运行水位以上部分的容积 V 可按下式估算：

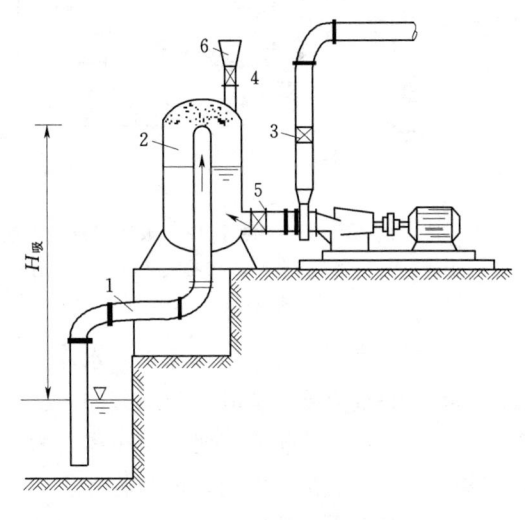

$$V = k k_1 V_1 \tag{7.4}$$

式中：V_1 为进水管管内容积，L；k 为容积系数，随设备和安装的具体条件而定，一般可

取 1.3 左右；k_1 为随密闭水箱吸程变化的系数，k_1 为

$$k_1=\frac{10}{10-H_{吸}} \tag{7.5}$$

式中：$H_{吸}$ 为进水池水面至箱中进水管管口的垂直高度，m。

水箱高度一般取其直径的两倍。水箱用钢板焊制，钢板厚度采用 3~5mm，具体数值经计算决定。水箱的位置应靠近水泵，其底部应略低于泵轴线，太低会使水箱的有效容积减小，太高又会增加水泵进水管长度，从而增大水箱的体积。伸入水箱的进水管管口距水箱顶部的高度必须大于进水管出口的流速水头 $\frac{v^2}{2g}$（v 为管口流速），该高度过大，会使水箱的有效容积减少，高度过小，又会增加管口水力损失。

这种充水方法的最大优点是使水泵经常处于充水状态，可随时启动。另外，水箱制作简单，投资少。缺点是水力损失有所增加。一般口径在 200mm 以下的小型水泵均可采用。

7.3.1.2 水环式真空泵抽真空充水

目前，水泵正吸程安装的卧式泵站或具有虹吸式出水流道的轴流泵站和混流泵站多采用水环式真空泵作为抽真空设备。为了保证工作可靠，真空泵一般装设 2 台，互为备用。图 7.12（a）为水环式真空泵装置简图。

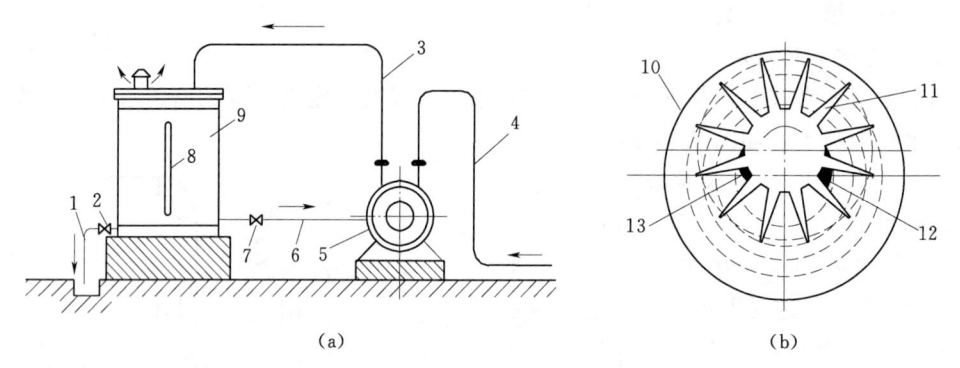

图 7.12 水环式真空泵装置及其抽气原理示意图
1—放水管；2—放水阀；3—排气管；4—抽气管；5—真空泵；6—循环水管；7—闸阀；8—水位计；
9—水气分离箱；10—泵壳；11—星形叶轮；12—月牙形进气口；13—月牙形排气口

（1）水环式真空泵的工作原理。水环式真空泵的关键部件是在泵轴上安装了对于圆柱形泵壳偏心的星形叶轮。其工作原理如图 7.12（b）所示。在启动真空泵前，向泵内注入规定高度的水。当叶轮旋转时，由于离心力的作用将水甩至泵壳边壁，形成一个和转轴同心的水环。水环上半部的内表面与轮毂表面相切，水环下半部的内表面则与轮毂之间形成一个气室，这个气室的容积在右半部是递增的（气体进入后膨胀，压力降低），于是在叶轮旋转的前半圈中随着轮壳与水环间的容积的增加而形成真空，因此气体通过抽气管及真空泵泵壳端盖上的月牙形进气口被吸入真空泵内；其后，在叶轮旋转的后半圈中，随着轮壳与水环间的容积的减少而空气被压缩（气体压力升高），因此气体经过泵壳端盖上的另一月牙形排气口被排出。叶轮每旋转一圈，气体都要经过上述膨胀（进气）、压缩（排气）两个过程。随着真空泵叶轮不断地旋转，水环式真空泵就能把被抽容器中的气体不断带

走，从而达到抽真空的目的。

（2）水环式真空泵的选型。真空泵的抽气性能表明，抽气量随着真空度的增加而减小。真空泵是根据被抽容器需要的抽气量选择的，而抽气量又与造成真空所要求的时间和被抽容器内空气的体积有关。抽气量按下列公式计算：

$$Q_{气} = kk_1 V \frac{1}{T} \tag{7.6}$$

式中：$Q_{气}$ 为装置所需的抽气量，L/s；k 为考虑缝隙及填料函泄漏的容积系数，可取 1.5 左右；k_1 为真空变化系数，可按式 (7.5) 计算，式中 $H_{吸}$ 为被抽容器内所需的真空水头；T 为形成真空所需要的抽气时间，s，一般控制在 5min 以内；V 为被抽容器内的空气总体积，升。

根据计算得到的 $Q_{气}$，即可根据真空泵样本选择合适的真空泵。

7.3.2 水、气、油系统设备

水、气、油系统是大、中型泵站不可缺少的重要组成部分，在保证主机组正常运行、实行优化调节和实现泵站自动化以及机组设备检修中起着十分重要的作用。

7.3.2.1 水系统

泵站水系统是指为泵站生产、生活服务的供水系统和排水系统。供水系统包括技术供水、消防供水和生活供水。供给生产上的用水称作技术供水，主要是供给主机组和某些辅助设备的冷却润滑水，如大型电动机的空气冷却器用水、轴承油冷却器的冷却用水、橡胶轴承的润滑用水以及水环式真空泵的工作用水和水冷式空气压缩机的冷却用水等。技术供水是泵站供水的主体，其供水量占全部供水量的 85% 左右。

泵站在运行和检修过程中，需要及时排除泵房内的各种渗漏水、回水和积水。其中除一部分可以自流排出泵房外，大部分需借助排水机械设备予以排出。

（1）供水系统设计。供水系统设计应符合下列规定：

1）供水系统应满足用水对象对水质、水压和流量的要求。水源含沙量较大或水质不满足要求时，应进行净化处理，或采用其他水源。生活饮用水应符合现行国家标准《生活饮用水卫生标准》的规定。

各种用途技术供水量计算见表 7.3，其供水总量为表列各部分用水量的总和。当电动机额定功率在 3000kW 以下，采用机械通风方式时，则不计空气冷却器的用水量。

表 7.3　　　　　　　　　　技 术 供 水 量 计 算

序号	用　途	用水量计算公式	参数意义及单位
1	空气冷却器用水 $Q_1/(m^3/s)$	$Q_1 = \dfrac{3.6 \times 10^6 \Delta P_m}{\rho c \Delta t}$ $\Delta P_m = P_m \dfrac{1-\eta_m}{\eta_m}$	ΔP_m 为电动机损耗功率，kW；P_m 为电动机额定功率，kW；η_m 为电动机效率；c 为水的比热，取 $c=4186.8$J/kg·℃；ρ 为水的密度，kg/m³；Δt 为空冷器进、出口水温差，一般取 $\Delta t = 3 \sim 5$℃
2	推力轴承油冷却器用水 $Q_2/(m^3/s)$	$Q_2 = \dfrac{3.6 \times 10^6 \Delta P_{tb}}{\rho c \Delta t}$ $\Delta P_{tb} = Pfu/1000$	ΔP_{tb} 为推力轴承损耗功率，kW；P 为轴向总推力，为轴向水推力和机组转子部分重量之和，N；f 为推力轴承镜板与轴瓦间的摩擦系数，运转时一般取 $f=0.001 \sim 0.002$，油温在 $40 \sim 50$℃时，取 $f=0.003 \sim 0.004$；u 为推力轴瓦上 2/3 直径处的圆周速度，m/s

续表

序号	用途	用水量计算公式	参数意义及单位
3	上、下导轴承油冷却器用水 $Q_3/(m^3/s)$	$Q_3=(0.1\sim0.2)Q_2$	
4	水泵橡胶导轴承润滑用水 $Q_4/(L/s)$	$Q_4=\dfrac{9.8BlD_pu^{3/2}}{\rho c\Delta t}$ 初步估算时，可采用下式估算： $Q_4=(1\sim2)Hd^3$	B 为与主轴圆周速度有关的系数，一般取 0.18 左右；l 为轴瓦高度，cm；D_p 为橡胶导轴承内径，cm；u 为主轴圆周速度，m/s；ρ 为水的密度，kg/m³；Δt 为润滑水温升，一般取 $\Delta t=3\sim5℃$；c 为水的比热，取 $c=4186.8J/(kg\cdot℃)$；H 为导轴承入口处的水压力，应大于或等于水泵的最大扬程，mH₂O；d 为导轴承处的轴颈直径，m
5	水冷式空压机冷却用水	按厂家资料确定	

大型泵站常用大型电动机冷却用水量、大型轴流泵润滑用水量分别见表 7.4 和表 7.5。水冷式空压机冷却用水量和水环式真空泵供水量与抽气量的关系分别见表 7.6 和表 7.7。

表 7.4　　　　　　　　　　大型电动机冷却用水量　　　　　　　　　　单位：m³/h

电动机型号	上轴承油槽冷却用水量	下轴承油槽冷却用水量	空气冷却器冷却用水量
TL800-24/2150	10		—
TL1600-40-3250	17		—
TDL325/56-40	17		—
TL3000-40/3250	15.5	1.0	
TDL535/60-56	15	1.3	100
TDL550/45-60	7	0.5	200
TL7000-80/7400	2.5	40	184

表 7.5　　　　　　　　　　大型轴流泵润滑用水量　　　　　　　　　　单位：m³/h

水泵型号	64ZLB-50 16CJ80	28CJ56	ZL30-7	28CJ90	40CJ95	45CJ70
填料密封及水泵导轴承密封润滑用水	1.8		7.2		3.6	

表 7.6　　　　　　　　　　水冷式空气压缩机冷却用水量

型号	规格	排气量 /(m³/min)	排气压力 /10⁵Pa	冷却水量 /(m³/h)
A-0.6/7	立式单级双缸单动水冷式	0.6	7	0.9
A-0.9/7	立式单级双缸单动水冷式	0.9	7	0.9
V-3/8-1	V型两级双缸单动水冷式	3	8	≤0.9
V-6/8-1	V型两级四缸单动水冷式	6	8	≤1.8
1-0.433/60	立式两级双缸单动水冷式	0.433	60	0.5
CZ-60/30	立式两级单缸单动水冷式	1	30	1

7.3 辅助设备及设施

表 7.7　　　　　　　　　水环式真空泵供水量与抽气量的关系

气量 /(m³/min)	0.1	0.22	0.35	0.63	1.00	1.40	2.24	3.15	4.0	5.0	7.1	9.0
供水量 /(L/min)	2	3.6	5	8	11	15	21	28	34	34	51	60

2）自流供水时，可直接从水泵出水管取水；采用水泵供水时，应设能自动投入工作的备用泵。供水泵进水管内的流速宜按 1.5～2.0m/s 选取，出水管内的流速宜按 2～3m/s 选取。

3）采用水塔（池）集中供水时，其有效容积应满足：①轴流泵或混流泵站取全站 15min 的用水量；②离心泵站取全站 2～4h 的用水量；③满足停机期间全站生活需水量的要求。

4）每台供水泵应有单独的进水管，管口应有拦污设施，并易于清污；水源污物较多时，宜设备用进水管。

5）沉淀池或水塔应有排沙清污设施，在寒冷地区还应有防冻保温措施。

6）供水系统应装设滤水器，在密封水和润滑水管路上还应加设细网滤水器，滤水器清污时供水不应中断。

7）泵房室内消防用水量宜按 2 支水枪同时使用计算，每支水枪用水量不应小于 2.5L/s。消防设施的设置应符合下列规定。①同一建筑物内应采用同一规格的消火栓、水枪和水带，每根水带的长度不应超过 25m；②一组消防水泵的进水管不应少于 2 条，其中一条损坏时，其余的进水管应能通过全部用水量，消防水泵宜用自灌式充水；③室内消火栓应设于明显的易于取用的地点，栓口离地面高度应为 1.1m，其出水方向与墙面应成 90°，室内消火栓的布置，应保证有 2 支水枪的充实水柱同时到达室内任何部位；④主泵房电机层应设室内消火栓，其间距不宜超过 30m；⑤单台储油量超过 5t 的电力变压器、油库、油处理室应设水喷雾灭火设备。

8）室外消防给水管道直径不应小于 100mm；室外消火栓的保护半径不宜超过 150m，消火栓距离路边不应大于 2.0m 距离房屋外墙不宜小于 5m。

泵站水泵供水系统如图 7.13 所示。

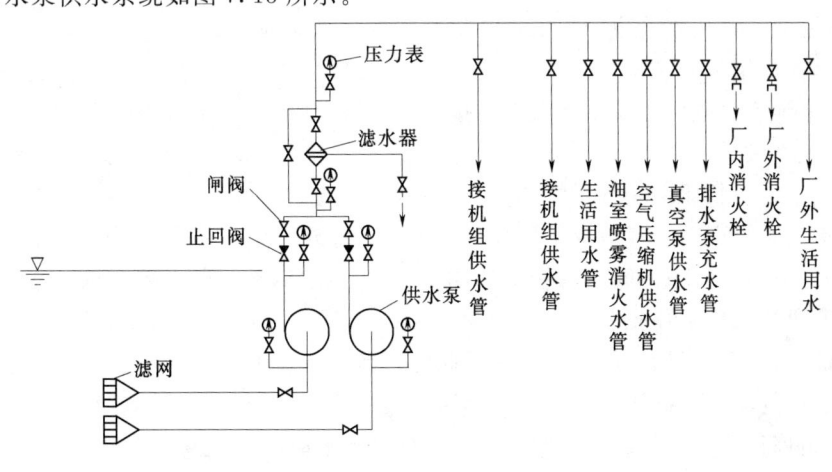

图 7.13　水泵供水系统简图

(2) 排水系统设计。排水系统设计应符合下列规定:

1) 泵站应设机组检修及泵房渗漏水的排水系统,泵站有调相运行时,应兼顾调相运行排水。检修排水与其他排水合成一个系统时,应有防止外水倒灌的措施,并宜采用自流排水方式。

2) 排水泵不应少于2台,其流量确定应满足下列要求:①无调相运行的泵站,检修排水泵可按4~6h排除单泵流道积水和上、下游闸门漏水量之和确定;②采用叶轮脱水方式作调相运行的泵站,按一台机组检修,其余机组按调相的排水要求确定,调相运行时流道内的水位应低于叶轮下缘0.3~0.5m;③渗漏排水自成系统时,可按15~20min排除集水井积水确定,并设一台备用排水泵。

泵站排水对象及其流量的计算见表7.8。

表 7.8   排 水 量 计 算

序号	排水对象	排水量计算公式	参数意义及单位
1	渗漏流量 Q_s/(L/s)	$Q_s = q_1 + q_2$ $q_1 = 1.5 + KV_0$	q_1 为泵房墙壁、底板和房内水管接头渗漏流量,L/s;q_2 为水泵填料函渗漏流量,L/s,按水泵样本选取,对卧式泵可取=0.05~0.1L/s;K 为泵房建筑工程质量系数,按质量的好、中、差分别取 0.0005、0.001、0.002;V_0 为在设计洪水位以下泵房水下建筑部分的体积,m³
2	检修流量 Q_r/(L/s)	$Q_r = \dfrac{V}{3.6T} + q_3$ $q_3 = qL$	V 为单台机组进水流道与泵室的积水量,m³;T 为排水泵工作时间,h,一般可取 $T=4\sim 6h$;q_3 为单台机组闸门漏水流量,L/s;q 为每米橡胶止水漏水量,一般取 $q=1.5$L/s;L 为闸门橡胶止水长度,m

3) 排水泵管道出口上缘应低于进水池最低运行水位,并在管口装设拍门。

4) 采用积水廊道时,其尺寸应满足人工清淤的要求,廊道出口不应少于2个;采用集水井时,井的有效容积按6~8h的漏水量确定。

5) 渗漏排水和调相排水应按水位变化实现自动操作,检修排水可采用手动操作。

6) 在主泵进、出水管道的最低点或出水室的底部,应设放空管;排水管道应有防止水生生物堵塞的措施。

7) 蓄电池室含酸污水及生活污水的排放,应符合环境保护的有关规定。

7.3.2.2 气系统

泵站气系统包括压缩空气系统和真空系统两部分。

压缩空气系统根据用气对象工作性质的不同又可分为高压和低压两类。高压系统的压力一般为 2.5~4.0MPa,低压系统的压力为 0.8~1.0MPa。在安装全调节水泵的泵站,当叶片调节机构采用油压操作方式时,高压空气系统主要用来为油压装置的压力油罐补气,以保证叶片调节机构所需要的压力。此外,高压空气还常用于进水流道(进水室)以及检修闸门槽的清淤。低压空气系统主要用于:

1) 机组停机时,给气动制动闸供气,进行机组制动。

2) 采用虹吸式出水流道的泵站,机组停机时,给装在驼峰顶部的真空破坏阀供气,使其打开，以破坏真空，实现安全断流。

3）供给泵站内风动工具及清扫设备用气。

真空系统装设于机组启动需要抽真空的泵站。

（1）压缩空气系统设计。压缩空气系统设计应符合下列规定：

1）压缩空气系统应满足各用气设备用气量、工作压力及相对湿度的要求，根据需要可分别设置低压和高压系统。压缩空气系统的用途、工作压力及用气量计算公式见表7.9。

表7.9　　　　　　　　压缩空气的用途、工作压力及用气量计算

序号	用途	工作压力/MPa	用气量/(m³/min)	参数意义及单位
1	油压装置充气加压	2.5～4.0	$Q_{k1}=\dfrac{V_y(p_y-p_a)}{Tp_a}$	V_y为压力油罐中空气容积，m³，一般为油罐容积的60%～70%；p_y为压力油罐额定工作压力，MPa；p_a为大气压力，MPa；T为压力油罐充气延续时间，min，按照泵站设计规范取120min
2	机组制动	0.6～0.8	$Q_{k2}=Zq_bp_b/p_a$ 或 $Q_{k2}=(V_b+AV_m)Kp_b/(\Delta tp_a)$	Z为同时制动的机组台数；q_b为工作压力下一台机组制动一次耗气流量，m³/min，由机组制造厂提供，一般$q_b=0.12\sim0.24$m³/min；p_b为制动绝对压力，MPa，一般取$p_b=0.6$MPa；p_a为大气压力，MPa；V_b为制动闸活塞行程容积，m³；V_m为电磁空气阀后的管道容积，m³；A为与制动压力有关的供气管道充气容积修正系数，当制动压力等于0.4MPa、0.5MPa和0.6MPa时，A分别为0.75、0.8和0.83；K为漏气系数，一般1.2～1.4；Δt为制动时间，min，一般取2min
3	真空破坏阀	0.6～0.8	$Q_{k3}=\dfrac{V_2}{T}=K\dfrac{2p_1V_1}{T(p_2-p_1)}$	V_2为贮气罐容积，m³；V_1为全站所有真空破坏阀全开后气缸下腔的容积，m³；T为贮气罐恢复工作压力时间，min，一般取20～40min；K为贮气罐安全系数，一般取$K=1.5$；p_1为真空破坏阀设计相对工作压力，MPa，取与制动气压相同的值；p_2为贮气罐压力下限值（相对压力），MPa，一般取$p_2=0.6$MPa
4	风动工具	0.6～0.8	0.7～2.6	利用已有低压空气系统，不另设专用空压机
5	拦污栅、滤网等设备吹扫用气	0.6～0.8	1～3	利用已有低压空气系统，不另设专用空压机

2）低压系统应设贮气罐，其容积可按全部机组同时制动的总耗气量及最低允许压力确定。低压系统宜设2台空气压缩机，互为备用，或以高压系统减压作为备用。

3）高压系统宜设2台高压空气压缩机，总容量可按2h将一台油压装置的压力油罐充气至额定工作压力值确定。

4）低压空气压缩机宜按自动操作设计，储气罐应设安全阀、排污阀及压力信号

装置。

5）低压空气压缩机和贮气罐宜设于单独的房间内。主供气管道应有坡度，并在最低处装设集水器和放水阀。空气压缩机出口管道上应设油水分离器。自动操作时，应装卸载阀和温度继电器以及监视冷却水中断的示流信号器。

6）供气管直径应按空气压缩机、储气罐、用气设备的接口要求，并结合经验选取。低压系统供气管道可选用水煤气管，高压系统应选用无缝钢管。

压缩空气系统布置如图7.14所示。

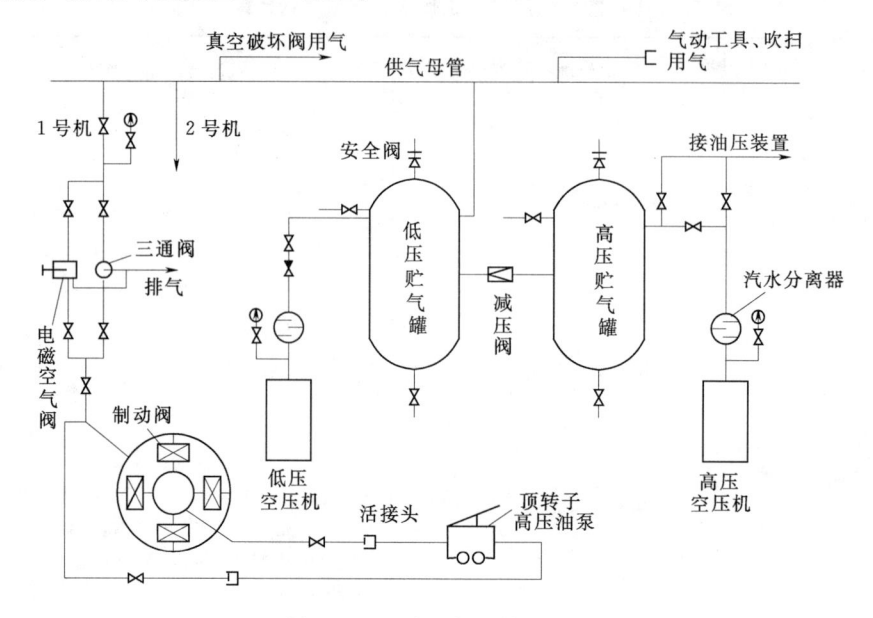

图7.14 压缩空气系统示意图

（2）真空系统设计。真空系统设计应符合下列规定：

1）当卧式水泵叶轮的淹没深度低于叶轮直径的3/4或虹吸式出水流道不预抽真空不能顺利启动时都应设置真空系统。各种水泵都要求叶轮满足一定的淹深才能正常启动。如果经过技术经济比较，认为用降低安装高程方法来实现水泵的正常启动不经济，则宜设置真空系统。虹吸式出水流道设置真空系统，目的在于缩短虹吸形成时间，减少机组启动力矩。如果经过分析论证，在不预抽真空仍能顺利启动时，也可以不设真空系统，但形成虹吸的时间不宜超过5min。

2）真空泵宜设2台，互为备用，其容量确定应满足下列要求：①轴流泵或混流泵抽出流道内最大空气容积的时间宜为10～20min。最大空气容积是指虹吸式出水流道内水位由出口最低水位升至离驼峰底部0.2～0.3m时所需要排除的空气容积，即驼峰两侧水位上升的容积加上驼峰部分形成负压后排除空气的容积；②离心泵单泵抽气充水时间不宜超过5min。

3）采用虹吸式出水流道的泵站，可利用已运行机组的驼峰负压，作为待启动机组抽真空之用，但抽气时间不应超过10～20min。

4）抽真空系统应密封良好。

7.3 辅助设备及设施

7.3.2.3 油系统

大型泵站用油设备种类很多,但用油主要包括润滑油和绝缘油两类。润滑油中有供主机组轴承润滑和叶片调节机构操作用的透平油,供液压启闭机和液压减载装置用的液压油,供空气压缩机润滑用的空气压缩机油,供真空泵用的真空泵油以及供小型电动机、站用其他机械设备润滑用的机油和润滑脂等。绝缘油主要是供油开关和变压器用的变压器油。

泵站中,油对各类设备的正常运行起到润滑、散热降低运转部件温度、压力传递和保证绝缘安全的作用。

泵站应根据需要设置机组润滑、叶片调节、油压启闭等用油的透平油供油系统和变压器、油断路器用油的绝缘油供油系统。

油系统设计应符合下列规定:

(1) 透平油和绝缘油供油系统均应满足泵站设备用油量及储油、输油和油净化的要求。泵站透平油用油量的计算见表 7.10。

表 7.10 透平油用油量计算 单位:m³

序号	用 途		用油量	参数意义及单位
1	运行用油量 $V_{运行}$	油压装置 V_1	见表 7.11	d 为接力器直径,m,一般为 $0.35\sim0.45$ 倍转轮直径;S 为接力器活塞行程,m,一般为 $0.12\sim0.16$ 倍接力器直径
		转轮接力器 V_2	$V_2=\dfrac{\pi}{4}d^2S$	
		受油器 V_3	$\approx 0.2V_2$	
		油管充油量 V_4	$0.05\sim0.1$	
2	事故备用油量 $V_{事故}$		$1.1V_{运行}$	
3	补充备用油量 $V_{补充}$		$\dfrac{45}{365}\alpha V_{运行}$	α 为一年中需补充油量的百分比,轴流泵可按 10% 计

(2) 透平油和绝缘油供油系统均宜设置不少于 2 只容积相等、分别用于储存净油和污油的油桶。每只透平油桶的容积,可按最大一台机组、油压装置或油压启闭设备中最大用油量的 1.1 倍确定;每只绝缘油桶的容积,可按最大一台变压器用油量的 1.1 倍确定。

(3) 油处理设备的种类、容量及台数应根据用油量选择。泵站不宜设油再生设备和油化验设备。

(4) 梯级泵站或泵站群宜设中心油系统,配置油分析与油化验设备,加大贮油及油净化设备的容量和台数,并根据情况设置油再生设备。每个泵站宜设能贮存最大一台机组所需油量的净油容器一个。

(5) 机组台数在 4 台及 4 台以上时,宜设供、排油总管。机组充油时间不宜大于 2h。机组少于 4 台时,可通过临时管道直接向用油设备充油。

(6) 装有液压阀门的泵站,在低于用油设备的地方设漏油箱,其数量可根据液压阀的数量确定。

(7) 油桶及变压器事故排油不应污染水源或污染环境。

大型水泵配套油压装置参数见表 7.11。

表7.11　　　　　　　　　　　大型水泵配套油压装置参数表

水泵型号	回油箱/m³ 总容积	回油箱/m³ 油容积	压力油箱/m³ 总容积	压力油箱/m³ 油容积	最高工作压力/MPa	油泵输油量/(m³/h)	油泵台数
ZL13.5-8	2.5	1.37	1	0.35	2.5	7.5	2
28CJ56	2.5	1.25	1	0.35	2.5	10.8	2
28CJ90	1.4		1.2	0.4	2.5	5.0	2
ZL30-7	2.5	1.37	1	0.35	2.5	7.5	2
45CJ70	2.5	2	2	0.7	2.5	7.5	2
40CJ95	2.5	2	2.7	1.55	4.0	8.5	2

图7.15为透平油系统的示意图。

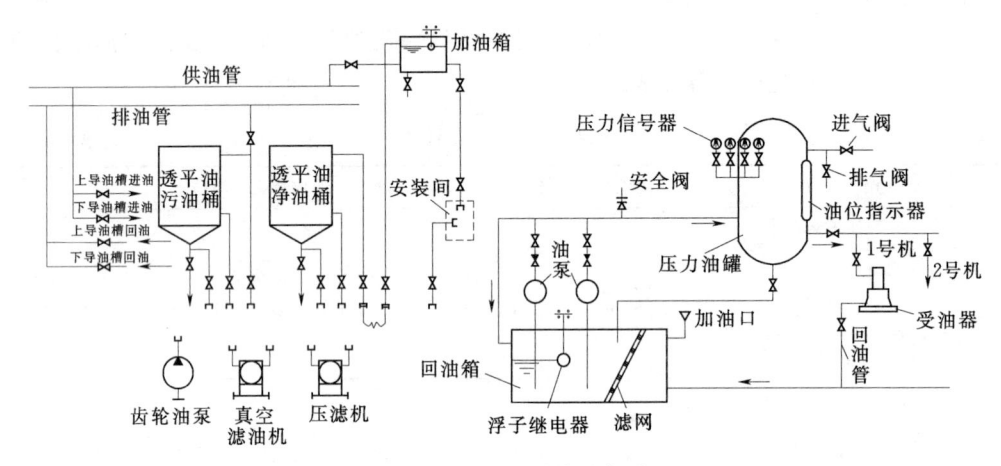

图7.15　透平油系统示意图

7.3.3　通风与采暖设备

由于电动机等电气设备，及其在运行期间太阳的辐射而发出的大量热量，往往造成夏季泵房内的温度很高，从而影响工作人员的身体健康，降低电动机的工作效率，加快电动机的绝缘老化。实测资料表明，当电动机周围的温度达到50℃时，其功率降低25％。因此，必须十分注意泵房的通风问题，特别是一些干室型或圆筒干室型泵房，应保证泵房内外温差最好不要超过3~5℃。

泵房通风的方式有自然通风和机械通风两种。机械通风根据进、排风方式的不同又可分为机械送风、自然排风，自然进风、机械排风及机械送风、排风机械等几种。选择泵房的通风方式，应根据当地的气象条件、泵房的结构型式及对空气参数的要求，并力求经济实用，有利于泵房设备布置和便于通风设备的运行维护。

泵房通风设计应符合下列规定：

（1）主泵房和辅机房宜采用自然通风。当自然通风不能满足要求时，可采用自然进风、机械排风的通风方式。中控室和微机室宜设空调装置。由于自然通风比较经济，所以在进行泵房通风降温设计时，首先应考虑的是自然通风，只有在大中型泵站中自然通风不能满足要求时，才采用机械通风。

7.3 辅助设备及设施

（2）主电动机宜采用管道通风、半管道通风或空气密闭循环通风。风沙较大的地区，进风口宜设防尘滤网。

（3）蓄电池室、贮酸室和套间应设独立的通风系统。为防止有害气体进入相邻的房间或重新返回室内，应通过经常换气，使室内保持负压，并使排风口高出泵房屋顶1.5m。

（4）蓄电池室、贮酸室和套间的通风设备应有防腐措施。配套电动机应选用防爆型。通风机与充电装置之间可设电气联锁装置。当采用防酸隔爆蓄电池时，通风机与充电装置之间可不设电气联锁装置。

（5）主泵房和辅机房夏季室内空气参数应符合表7.12及表7.13的规定。

表7.12　　　　　　　　　　主泵房夏季室内空气参数表

部位	室外计算温度/℃	地面式泵房 温度/℃	地面式泵房 相对湿度/%	地面式泵房 平均风速/(m/s)	地下或半地下式泵房 温度/℃	地下或半地下式泵房 相对湿度/%	地下或半地下式泵房 平均风速/(m/s)
电机层	<29	<32	<75	不规定	<32	<75	0.2～0.5
电机层	29～32	比室外高3	<75	0.2～0.5	比室外高2	<75	0.5
电机层	>32	比室外高3	<75	0.5	比室外高2	<75	0.5
水泵层		<33	<80	不规定	<33	<80	不规定

表7.13　　　　　　　　　　辅机房夏季室内空气参数表

部位	室外计算温度/℃	地面式泵房 温度/℃	地面式泵房 相对湿度/%	地面式泵房 平均风速/(m/s)	地下或半地下式泵房 温度/℃	地下或半地下式泵房 相对湿度/%	地下或半地下式泵房 平均风速/(m/s)
中控室、载波室	<29	<32	<75	0.2	<32	≤70	0.2～0.5
中控室、载波室	29～32	比室外高3	<75	0.2～0.5	比室外高2	≤70	0.5
中控室、载波室	>32	比室外高3	<75	0.5	<33	≤70	0.5
微机室		20～25	≤60	0.2～0.5	20～25	≤60	0.2～0.5
开关室 站用变压器室		≤40	不规定	不规定	≤40	不规定	不规定
蓄电池室		≤35	≤75	不规定	≤35	不规定	不规定

7.3.3.1　自然通风

自然通风的空气对流的压差可能在两种情况下形成：一是冷热两部分空气自身重力的结果，使空气对流的叫热压通风；另一种是外界风力作用的结果，使空气对流的叫风压通风。风压通风随季节、时间而变，无风时则风压不能保证。因此，在计算通风时，往往只作热压通风计算。

热压通风的原理如图7.16所示，当泵房内的空气温度比泵房外高时，室内的空气容重比室外的要小，因而在建筑物的下部，

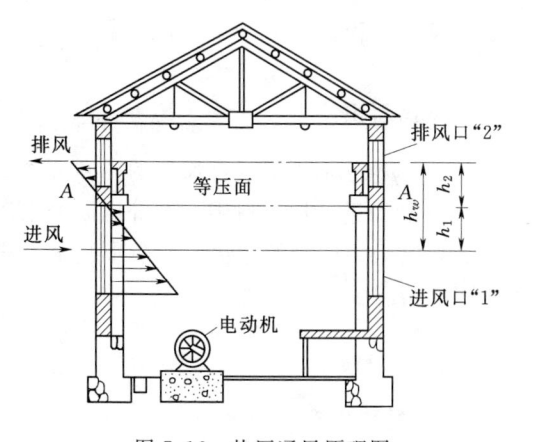

图7.16　热压通风原理图

泵房外的空气柱所形成的压力大，于是在这种由温度差而形成的压力差作用下，泵房外的低温空气就会从建筑物的下部窗口流入泵房内，同时泵房内温度较高的空气上升，在热力作用下就会从建筑物的上部窗口排至泵房外，这样泵房内外就形成了空气的自然对流。图 7.16 中 $A-A$ 面为等压面（泵房内、外空气压差等于 0 的水平面），h_w 为进、排风口中心之间的垂直距离，h_1、h_2 分别为进、排风口中心与等压面之间的垂直距离。

自然通风设计的基本任务是：根据泵房的散热量或内外温差来计算通风所需要的空气量，或根据泵房内外温差来计算泵房所需要的进、出风口面积。将计算得出的面积与实际所开门窗面积相比较，如果需要的面积小于实际所开门窗面积，则自然通风能满足要求；否则，要调整门窗面积和高度，或者增设机械通风。

（1）泵房热源散热量。泵房中主要热源是电动机，其他设备的散热量以及太阳的辐射热等，可以作相当于电动机散热量的 10% 考虑。泵房的总散热量 Q 按下式计算：

$$Q = 1.1\beta \frac{1-\eta_{motor}}{\eta_{motor}} PZ \tag{7.7}$$

式中：Q 为泵房内的散热量，kJ/h；β 为热功当量，$\beta=3610$ kJ/(kW·h)；η_{motor} 为电动机效率，%；P 为电动机输出的最大功率，即水泵工作可能出现的最大轴功率，kW；Z 为电动机同时运行的最多台数。

（2）通风所需的空气量。由上述自然通风原理可知，进入泵房内的冷空气中带入室内的热量与泵房内的散热量之和，应等于排出的热空气中所带走的热量。用下式表示：

$$Gct_{out} + Q = Gct_{in}$$

即
$$G = \frac{Q}{c \cdot \Delta t} \tag{7.8}$$

式中：Q 为散热量；G 为通风所需气量，kg/h；c 为空气比热，kJ/(kg·℃)；Δt 为泵房内、外温差，$\Delta t = t_{in} - t_{out}$，一般采用 3～5℃。

（3）进出风口所需的面积。如图 7.16 所示，泵房墙上开有进风口"1"与排风口"2"。当泵房外无风时，由于泵房内的温度高于泵房外的温度，形成内外空气柱重力压差，冷空气从下部进风口"1"进入，热空气从上部排风口"2"排出。设进风口和出风口的面积分别为 F_1 和 F_2，则 F_1 和 F_2 可按下列公式计算：

进风口面积：
$$F_1 = \frac{G}{3600\mu_1} \sqrt{\frac{1}{2gh_1\rho_1(\rho_1-\rho_2)}} \tag{7.9}$$

排风口面积：
$$F_2 = \frac{G}{3600\mu_2} \sqrt{\frac{1}{2gh_2\rho_2(\rho_1-\rho_2)}} \tag{7.10}$$

式中：μ_1、μ_2 分别为进、排风口的流量系数；ρ_1、ρ_2 分别为进、排风空气密度，kg/m³；h_1、h_2 分别为进、排风口中心至等压面的距离，m。

计算需采用试算的方法，先初步假定进排风口的面积比等于 1:2～1:3，然后确定等压面的位置：

$$\frac{h_1}{h_2} = \left(\frac{F_2}{F_1}\right)^2 \tag{7.11}$$

7.3.3.2 机械通风

机械通风需要通风机和另设通风管道。当自然通风不能满足泵房降温要求时，可采用以机械通风为主、自然通风为辅的方式。

（1）通风方式。泵房机械通风一般采用以下几种方式：

1）管道机械排风、自然进风。是将风机装在泵房上层窗户的顶上，通过接到电动机排风口的风道，将热风抽至室外，冷空气靠自然补给。当风道内的风压损失在 2mmH$_2$O 以内时，可直接利用泵房电动机本身的风扇自动排风，否则必须加设通风机排风。

2）机械排风、自然进风。是在泵房内电动机附近安装风机，将电动机散发的热气，通过风道排至室外，冷空气也靠自然补给。

3）对于埋入地下很深的泵房，当机组容量较大、散热量较多时，只采取排出热空气、自然补给冷空气的办法，其运行效果不明显时，可采用进、出两套机械通风系统。即除上述通风系统外，还可加设将室外冷空气直接送入电动机下方、热空气自然排出或风机排出的另一套通风系统。

4）对采用块基型泵房的大中型排水泵站，由于电动机下面的水泵层位于水下，环境温度低，具有良好的冷空气补给条件，另外电动机周围设有环形风道，可将热风引至泵房进水侧室外。对这种泵房，可在每台电动机的风道出口处加装一台轴流式通风机，以增强其通风效果。

（2）通风计算。主要计算通风所需要的风量和风压，以决定是否需要设置机械通风，并据以选择通风机。

1）通风量计算。通风量计算有两种方法：

一种是按泵房每小时换气 8~10 次所需通风空气量计算。为此，若计算得泵房的总建筑容积为 $V(m^3)$，则风机的排风量为

$$G = (8 \sim 10)V \tag{7.12}$$

式中：G 为所需风机的通风量，m^3/h；V 为泵房总的建筑容积，m^3。

另一种是按消除室内余热所需的通风空气量计算，其通风量的计算方法与自然通风相同。

另外，在电动机样本中，一般都给出电动机的冷却空气量，可与所计算的通风空气量相比较，选用其中大者。

2）风压计算。通风所需的风压，实际上就是计算空气在风道中流动的阻力损失。当该损失比较小时，可以靠电动机本身的风扇来散热；当损失较大时，必须靠风机来克服，因此风压也是选择风机的依据之一。

在设计风道时，可初选风道截面，根据需要的排风量，计算空气流速。工业建筑中风速常取为 4~12m/s，离风机最远的一段风道正常风速取 1~4m/s，离风机最近的一段采用风速 6~12m/s。然后，再根据风道系统布置情况分别计算沿程及局部阻力。

沿程阻力损失为

$$h_f = li \text{(mmH}_2\text{O)} \tag{7.13}$$

式中：l 为通风管长度，m；i 为每米长风道的沿程阻力损失，根据风道内通过的风量和风速，由通风设计手册查得。

局部阻力损失为

$$h_j = \sum \zeta \frac{\rho v^2}{2} (\text{mmH}_2\text{O}) \tag{7.14}$$

式中：ζ 为局部阻力系数，查通风设计手册求得；ρ 为相应空气温度下的空气密度，kg/m^3；v 为规定街面处的空气流速，m/s。

所以，风道中总的损失

$$h = h_f + h_j (\text{mmH}_2\text{O}) \tag{7.15}$$

通风机根据其产生的风压大小，分低压风机（全风压在100mmH$_2$O以下）、中压风机（全风压为100～300mmH$_2$O之间）和高压风机（全风压在300mmH$_2$O以上）。泵房通风一般要求的风压不大，大多采用低压风机，即轴流式风机亦可满足要求。

(3) 风道布置及构造。风道布置时，应尽可能减少风道长度和不必要的弯头，不占或少占泵房有效面积。一般一台电动机布置一个风道，且位于泵房的进水侧或出水侧；也可以布置一根或两根干管，用支管接至电动机，干管一般从泵房的两端通向室外。装排风管的通风机一般放在出口处，风机装得越高，通风效果越好。

风道要求严密不漏气，材料一般为铁皮或薄钢板，也可采用砖、石、混凝土结构。在铁皮通风管中，接缝用咬口。为保护金属不锈蚀，面上可涂油漆。为了调节排风量，可在排风道靠近电动机处设置活动风门。

7.3.3.3 采暖

泵房的采暖方式有：利用电动机热风采暖，电辐射板采暖，热风采暖，电炉采暖，热水或蒸汽锅炉采暖等。我国各地区的气温差别很大，需根据各地的实际情况以及设备的要求，合理选择采暖方式。

采暖设计应符合下列规定：

(1) 蓄电池室温度宜保持在10～35℃。室温低于10℃时，可在旁室的进风管上装设密闭式电热器。电热器与通风机之间应设电气联锁装置。不设采暖设备时，室内最低温度不得低于0℃。

(2) 中控室、微机室和载波室的温度不宜低于15℃，当不能满足时，应有采暖设施，且不得采用火炉。

(3) 电动机层宜优先利用电动机热风采暖，其室温在5℃及其以下时，应有其他采暖措施。严寒地区的泵站在非运行期间可根据当地情况设置采暖设备。冬季不运行的泵站，当室内温度低于0℃时，对无法排干放空积水的设备应采取局部取暖。

7.3.4 起重设施

7.3.4.1 起重设备的选择

泵房中，水泵、电动机、阀门及管道等设备的安装和检修，都需要起重设备。常用的起重设备有：移动式吊架（手拉葫芦配三角架）、单轨吊车和桥式行车（包括悬挂式起重机）3种。除移动式吊架为手动外，其余两种既可手动，也可电动。起重设备的选择，既要考虑最重设备的重量，也要顾及泵房内机组的台数。对设备可拆卸起吊的（一般以10t为限），则应按设备的最重部件考虑。表7.14给出了起重量与可采用的设备的类型，可供设计时参考（台数多的，可按高等级的选择）。

7.3 辅助设备及设施

表 7.14　　　　　　　　　　泵房内起重设备类型参考表

起重量/t	可采用的起重设备类型	起重量/t	可采用的起重设备类型
≤0.5	移动吊架或固定吊钩	2～3	电动单轨吊车或手动桥式行吊
0.5～1	移动吊架或手动单轨吊车	3～5	手动或电动桥式行吊
1～2	手动或电动单轨吊车	≥5	电动桥式行车

单轨吊车，俗称"猫头吊"，它构造简单，价格低廉，对泵房的高度、宽度及结构要求都比起重机小。由于泵房内起重设备仅用于安装和检修，利用率不高，因此有些泵房虽其设备最大重量已超过5t，但也有采用单轨小车配葫芦的，即当起重量较大时，可用两个单轨吊车同时起吊同一部件。这种单轨吊车，还有一个优点就是便于自制。1～10t的SDX型手动单轨吊车的外形见图7.17。对于大型泵站，由于起重量大，而且泵房的跨度也大，所以多采用电动双梁桥式起重机。选型时可根据起重量、行车跨度等要求，参照有关样本选择合适的产品即可。

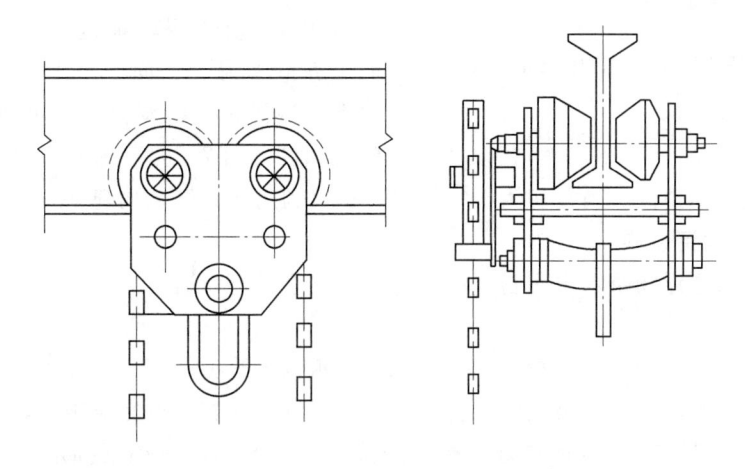

图 7.17　手动单轨吊车外形图

7.3.4.2　吊车及轨道的布置

吊车及轨道布置，需要考虑的是吊车设置高度和吊钩作业面问题。排灌泵站中，吊车的设置高度和屋面大梁高度已结合起来一并考虑（见泵房一章），下面主要讨论吊钩作业面问题。

所谓作业面是指起重吊钩服务的范围。显然，固定吊钩配葫芦只能作升降运动，服务对象为一台机组，故作业面为一点。单轨吊车其运动轨迹为一条线，它与吊车梁的布置有关。横向排列的机组（图7.18），对应于机组轴线的上空设置单轨吊车梁；纵向排列的机组，单轨则应设于水泵和电机之间的上空。为了扩大单轨吊车梁的服务范围，可以采用如图7.18所示的"U"形布置方式。轨道转弯半径 R 可按起

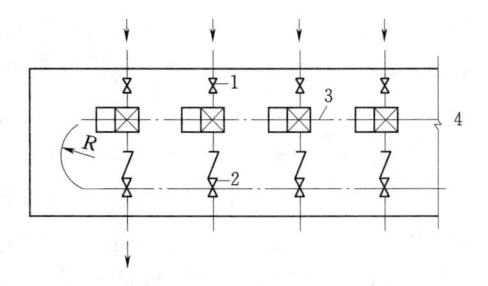

图 7.18　"U"形单轨吊车梁布置图
1—进水阀门；2—出水阀门；
3—单轨吊车梁；4—大门

第 7 章 机组设备选型与配套

重量确定,并与电动葫芦型号有关,见表 7.15。

表 7.15　　　　"U"形单轨吊车梁转弯半径 R

电动葫芦起重量/t (CD_1 型及 MD_1 型)	最小转弯半径 R /m	电动葫芦起重量/t (CD_1 型及 MD_1 型)	最小转弯半径 R /m
≤1.5	1.0	3	2.5
1～2	1.5	5	4.0

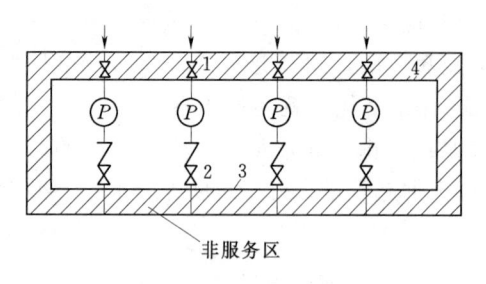

图 7.19　桥式行车工作范围及死角区
1—进水阀门;2—出水阀门;
3—吊点边缘轨迹;4—死角区

"U"形轨道布置具有选择性。由于离心泵出口阀门因操作频繁,容易磨损,检修机会多,所以一般选择出口阀门为吊运对象,并将单轨弯向出口阀门上方(要求一列布置)。但在轨道转弯处,应与墙壁或电气设备保持一定的安全距离。

桥式行车具有纵、横两向移动功能,因此它的服务范围为一个面。由于吊钩落点距泵房墙壁有一段距离,故沿墙四周存在行车不能工作的死角区(图 7.19)。通常,进水侧阀门很少启闭,允许放在死角区。当泵房为干室型时,可以利用死角区域构建平台或走道。

7.3.5　拦污及清污设施

为拦截水面漂浮物及水中污物,以保证泵站安全运行,通常应在泵站进水侧设置拦污栅并配清污机。

拦污栅的位置,如仅考虑投资,则与泵房进水侧建筑物结合最为经济。但是,它因靠近进水口,对进水流态、水泵性能,特别是对水泵汽蚀的安全性影响很大,因而一般都不希望靠近泵房,且距泵房愈远愈好。按照经济合理的原则,对小型抽水装置,因流量很小,一般不设拦污栅,当杂草特别多,且有可能危及水泵的安全运行时,才在管口处设置人工清污的防护罩。对流量不大、单独进水的湿室型泵房,因进水室中流速很小,可在泵房前部闸墩处设置拦污栅。对大中型离心、混流和轴流泵站,因流量较大,最好将拦污栅设在远离泵房、断面开阔、流速较小的引水渠内。

拦污栅通常由底板、栅墩、工作桥等钢筋混凝土建筑物和钢制栅体及预埋件组成。配置清污机的,还应在桥面上加设清污机行车轨道及岸边库房。拦污栅钢筋混凝土结构,包括其稳定性,与一般水工建筑物设计要求没有太大的差别。下面主要介绍栅体的制作及布置要求。

拦污栅栅体通常用厚 4～16mm、宽 50～80mm 的扁钢焊成(栅条竖向放置,迎水面最好为半圆形,也可用圆钢代替)。为保证栅体刚度,一般每隔 1.0～1.5m 的高度加设一根横梁。拦污栅的跨度(栅墩间距)不宜过大,一般小于 3m,且要求栅体和建筑物能够承受被杂草完全堵塞情况下栅前、栅后水位差为 1.0～2.0m 时的水压力。

对靠近水泵的拦污栅,其栅条净距 S 一般随水泵的性能不同而异。对离心泵和混流泵,可取 $S=D_2/30$;对轴流泵,可取 $S=D_2/20$。D_2 为水泵叶轮直径。栅条最小净距不得小于 50mm。拦污栅的过栅流速，当采用人工清污时，宜取 0.6～0.8m/s；采用机械清污或提栅时，可取 0.6～1.0m/s。

为增大水流过栅面积，且便于人工和机械清污，拦污栅栅体与水平面倾角宜按 70°～80°设置。当栅体高度小于 4.5～5.0m 时，亦可人工清污；高度大于 5.0m 的，最好配有冲洗设备，或用压缩空气进行清理。

有时为了降低拦污栅高度，并预防冰凌堵塞拦污栅，可考虑将拦污栅装至最低水位以下 0.5～0.7m 处，并且在栅墩上部加建挡水胸墙。

对来流中漂浮物较多的水源泵站，可以考虑设置两道拦污栅。第一道做成粗格的，第二道做成细格的。第一道拦污栅可配用带有轮轨的移动式清污机，第二道可在每个流道进口处单独设置一台连续上扒的固定式清污机。

清污机械（机耙）能自动清除截留在栅格上的杂物，并将其倾倒在翻斗车或其他集污设备内，有的还配有皮带运输机将污物及时地运至岸边，从而大大地减轻了劳动强度，减少了过栅水头损失，降低了能耗。

国外有的地方已经采用机械手来清污。随着我国排灌事业机械化和自动化程度的不断提高，机械清污也将不断完善。有关部门正在探索其定型化和标准化，使之既能在新建工程中推广采用，也能适用于老泵站的技术改造。

第8章 泵站进水建筑物

8.1 前 池

前池是连接引渠和进水池的建筑物。前池的形状和尺寸，不仅会影响水流流态，而且对泵站工程的投资和运行管理带来很大影响。然而，在工程实践中，往往对这部分设计没有引起足够重视，由此引起的进水池流态恶化、水泵机组振动、泵站效率下降、池内泥沙淤积等问题严重的例子时有发生。因此，认真分析研究前池的流动规律，合理确定前池的形状和尺寸，是泵站工程的重要问题之一。

8.1.1 前池的类型

根据水流方向，前池分为正向进水前池和侧向进水前池两大类。

8.1.1.1 正向进水前池

正向进水前池是指前池的来水方向和进水池的进水方向一致，前池的过水断面一般是逐渐扩大，如图8.1所示。

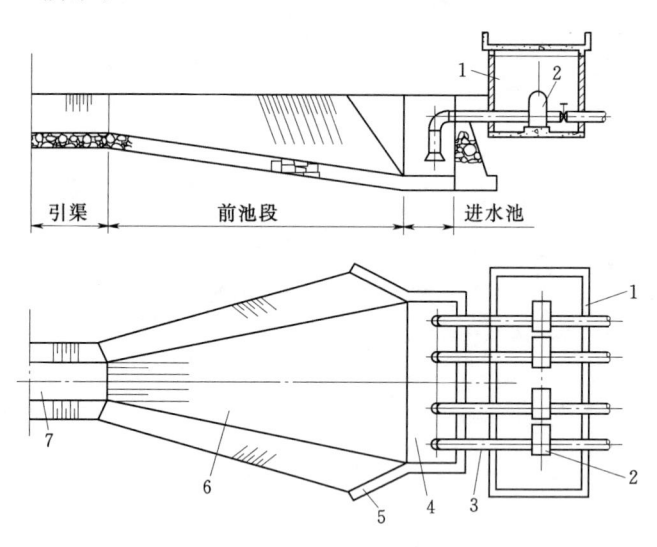

图8.1 前池和进水池示意图
1—泵房；2—机组；3—进水管；4—进水池；5—翼墙；6—前池；7—引渠

正向进水前池的主要特点是形状简单、施工方便、水流容易满足要求。但在水泵机组较多的情况下，为了保证池中有较好的流态，需要增加池长，从而导致工程的增加。这对于开挖困难的地质条件和用地困难的城区更是这样。因此，正向进水前池又出现了折线形和曲线形。在保证池中具有较好流态的情况下，尽量缩短前池长度。

8.1 前 池

8.1.1.2 侧向进水前池

侧向进水前池的来水方向和出水方向是正交或斜交的，如图8.2所示。

由于池中的水流需要改变方向，池中流速分布难以均匀。因此，池中容易形成回流和漩涡，从而影响水泵的性能。但因侧向进水前池占地较少，工程投资较省，在工程实际中也经常遇到。所以，认真研究侧向进水前池的水力特性，确保池内水流平稳，不出现回流和漩涡，是十分重要的。

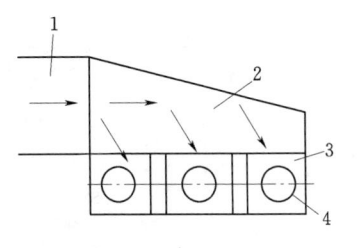

图8.2 侧向进水前池
1—引渠；2—前池；
3—进水池；4—水泵

8.1.2 流态分析

8.1.2.1 正向进水前池的流态分析

正向进水前池流态的主要影响因素是扩散角的大小。根据水力学原理，扩散水流的扩散能力可用扩散角 α 来表示。它与初始断面的流速 v 有很大关系。v 越大则水流的固有扩散角 α 越小。当前池实际扩散角大于水流固有的扩散角时，前池中的水流将会脱离边壁，出现回流和漩涡。图8.3就是这种不良流态的示意图。

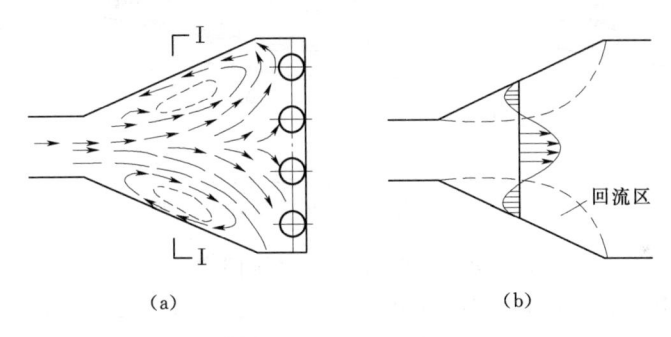

图8.3 前池中的回流
(a) 水流状态；(b) 断面Ⅰ-Ⅰ流速分布

由图8.3可见，在主流的两侧有较大的回流区，在两侧的进水池中还会形成漩涡。由于水流来不及扩散，水流直接冲击进水池后墙，然后折向两侧，引起侧边回流。由于中间主流大于边侧回流流速，回流区的水位和压力大于主流区。在这种压力差的作用下，主流断面进一步压缩，流速进一步增大，从而导致池中流态更加恶化。试验表明，前池中的流态对水泵性能及工程管理将带来很大影响。例如，前池的流态可能涉及到进水池的流态，使进水池形成漩涡。一旦产生进气漏斗漩涡，空气将会进入水泵，从而降低水泵效率，使机组产生振动和噪音。另外，不良的水力条件还会引起前池的冲刷和淤积。图8.4为某站前池断面的流速分布和淤积情况。在边侧回流区的淤积深度达4m。

8.1.2.2 侧向进水前池的流态分析

侧向进水前池内的流态主要取决于引渠的末端流速、前池的形状和机组的运行组合。图8.5为某侧向进水前池的流动状态。

由图8.5可见，在前池型式尺寸一定的情况下，水流从两个涵洞进入前池后，池内流态取决于机组运行组合。当1号机组运行时，不仅1号涵洞的水流会流向1号机组的进水

169

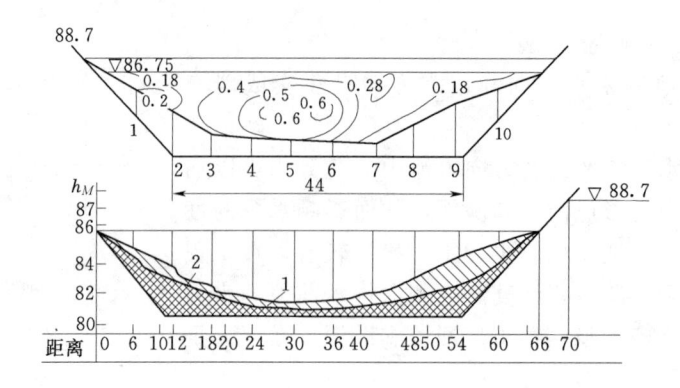

图 8.4 正向前池过水断面流速分布和淤积情况（单位：m）
1—1974 年淤积部分；2—1969 年淤积部分

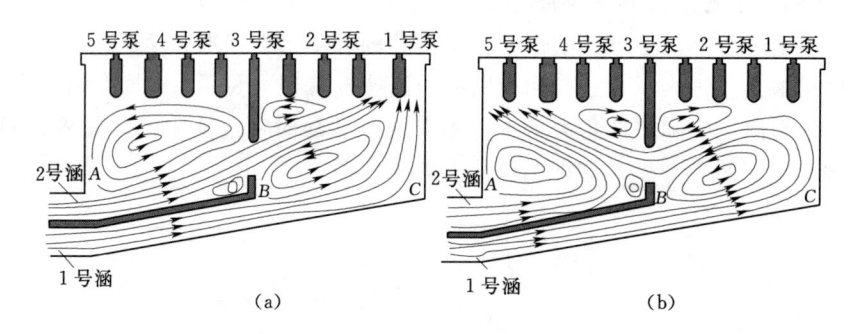

图 8.5 侧向进水前池流态
(a) 1 号机组运行时；(b) 5 号机组运行时

口，2 号涵洞的水流也会穿过中间隔墩的孔口同时流向该处。由于 B、C 处呈直角形，水流突然扩散，池中出现了 4 个大小不同的回流区。水泵进水口处还会出现漩涡。当 5 号机组运行时，1 号涵洞的水流经过大回转以后，也是穿过中间隔墩的孔口，流向 5 号机组的进水口。2 号涵洞的水流也是经过大转弯后才进入 5 号机组的。因此，在池中也形成了 4 个大小不同的回流区。由于水流是斜向进入运行机组的进水口，在隔墩进口处有漩涡出现，进水池内的流速分布不均，从而影响水泵的运行特性。

8.1.3　正向进水前池主要尺寸的确定

8.1.3.1　前池扩散角 α 的确定

(1) 水流扩散角 θ。现从理论上对水流扩散角加以分析。设引渠为矩形断面，前池四周边壁直立，引渠断面水流平均流速为 v_0，则在引水渠末端的前池入口处，水流流速可以分解为横向流速 v_y 和纵向流速 v_x，如图 8.6 所示，则有

$$\tan\theta = \frac{v_y}{v_x} \tag{8.1}$$

式中：θ 为水流扩散角。

根据水力学原理可知，横向分速 v_y 决定于水深。如取 zoy 坐标系，则在任意水深 z 处的横向分速为 $\varphi\sqrt{2gz}$，故横向分速的平均值为

$$v_y = \frac{1}{h}\int_0^h \varphi\sqrt{2gz}\,\mathrm{d}z = 0.94\varphi\sqrt{gh} \tag{8.2}$$

8.1 前 池

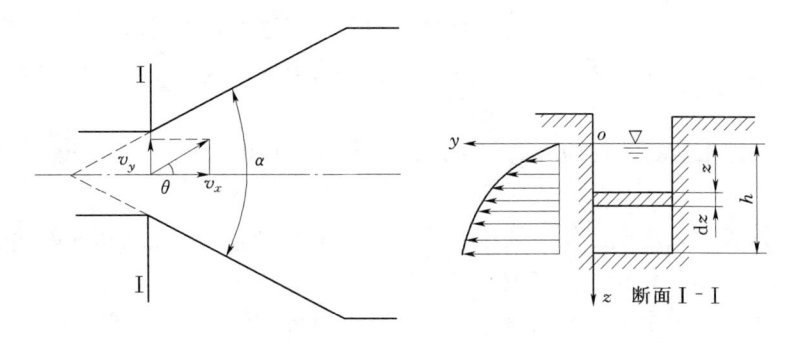

图 8.6 水流扩散示意图

式中：φ 为流速系数；h 为断面 I - I 处的水深。

由于水流受沿渠道纵向惯性的影响，所以实际的横向流速 v_y 比理论计算值要小，故应乘以惯性影响修正系数 φ_1，因此上式可写成

$$v_y = 0.94\varphi\varphi_1 \sqrt{gh} = k \sqrt{gh} \tag{8.3}$$

式中：$k = 0.94\varphi\varphi_1$。

水流的纵向分速 v_x 可近似地认为 $v_x = v$（v 为引渠末端的断面平均流速）。

将 v_y 和 v_x 代入式（8.1），则得

$$\tan\theta = \frac{k\sqrt{gh}}{v} = k\frac{1}{Fr} \tag{8.4}$$

式中：Fr 为引渠末端断面水流的佛汝德数，$Fr = v/\sqrt{gh}$。

由式（8.4）可以看出：

1) 当渠末流速 v、水深 h 一定，即 Fr 一定时，水流的扩散角 θ 为定值，这个角度就是当 Fr 为定值时水流最大的自然扩散角，称为水流的临界扩散角。若前池扩散角 $\alpha \leqslant 2\theta$，水流不会发生脱壁现象，否则将产生脱流。

2) $\tan\theta$ 和流速的一次方成反比，引渠末端流速 v 越大，则水流临界扩散角 θ 越小。

3) $\tan\theta$ 和水深的平方根成正比，引渠末端的水深 h 越深，则水流临界扩散角 θ 越大。

4) 随着前池水流的不断扩散，流速减小，水深增大，因而水流扩散角也是沿池长逐渐加大的。故前池的扩散角 α 即使沿池长逐渐增大，也不致形成脱壁。

上述结论定性地说明了水流扩散角和各水力要素之间的关系；同时，式（8.4）中的系数 k 也需通过试验加以确定。根据有关试验资料，有

$$\tan\theta = 0.065\frac{1}{Fr} + 0.107 = 0.204\frac{\sqrt{h}}{v} + 0.107 \tag{8.5}$$

比较式（8.4）和式（8.5）可以看出，两者除差一常数项外，形式完全相同，也就是说，理论推导和实际试验结果是相符的。

(2) 前池扩散角 α 的确定。正向进水前池扩散角 α（图 8.6）是影响前池流态及其尺寸大小的主要因素。水流在渐变段流动时形成固有的扩散角，如果前池扩散角小于或等于水流的固有扩散角，则不会产生水流的脱壁现象，从而避免了回流的出现；但从工程经济上考虑，当引渠末端底宽 b 和进水池宽 B 一定时，如果 α 取得过小，虽然不会出现水流脱

171

壁，但池长增大，工程量也因之增大；反之，如果α值过大，虽然可以减小工程量，但池中水力条件恶化，影响水泵吸水，所以α值应根据池中水力条件好、工程量省的原则加以确定。

将 $Fr=1$（即水流处于缓流和急流之间的临界状态）代入式（8.5）得
$$\tan\theta = 0.172 \tag{8.6}$$
即 $\theta=9.75°$。这表明，边壁不发生脱流的前池扩散角 $\alpha=2\theta\approx20°$，这和水力学中关于急流流态要求 $\alpha<20°$ 的试验结论是完全吻合的。

由于引渠和前池中水流一般为缓流，故其扩散角可大于20°。根据有关试验和实际经验，可取 $\alpha=20°\sim40°$。

8.1.3.2 前池池长L的确定

当引渠末端的底宽 b、前池扩散角 α 和进水池宽度 B 已知时，前池的池长 L 可按下式计算
$$L = \frac{B-b}{2\tan\frac{\alpha}{2}} \tag{8.7}$$

由上式可知，当 B 和 b 相差很大时，前池长度 L 也会很大，从而增加工程投资。为此，可以采用折线型或曲线型扩散前池。

8.1.3.3 池底纵向坡度i

由于引渠末端底部高程一般比进水池底部高，因此，引渠和进水池连接时，前池的形状不仅在平面上扩散，在剖面上也有一个向进水池方向倾斜的纵坡 i，其值 $i=\Delta H/L$，ΔH 为引渠末端底部与进水池底部的高差，L 为前池的长度。

若前池较长，亦可将此坡度设置在进水池一侧。但是，坡度 i 的大小对进水池的流态有影响，如图8.7所示，进水管进口阻力系数 ζ 随坡度的增大而增加。当 $i=0$（平底）时，$\zeta=1.63$；当 $i=0.5$ 时，则 $\zeta=1.71$。因此，前池纵坡不宜太大。另外，纵坡对工程量也有影响。纵坡 i 越小，前池的开挖量也越大。因此，前池的纵坡应该适中。通常可取 $i=1/5\sim1/4$。

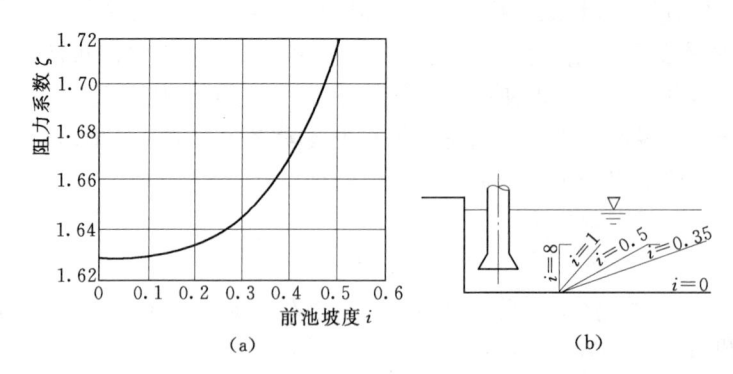

图8.7 前池底坡与喇叭管进口损失的关系曲线
(a) 不同底坡 i 时喇叭管进口阻力系数曲线；(b) 前池坡度示意图

此外，前池纵坡 i 对水流的扩散也有影响。实验证明，前池中的底坡分成两段，靠近引渠一侧采用倒坡，靠近进水池一侧采用顺坡时，可以改善前池的流态。

8.1.3.4 前池中的隔墩

前池中加设隔墩，可以避免在前池扩散角过大或部分机组运行时池中产生回流和偏流。因此，设置隔墩可以加大扩散角 α，减少池长 L；而且，加设隔墩后，减小了前池的过水断面，增加了池中流速，可以防止泥沙淤积。

隔墩型式有半隔墩和全隔墩两种。半隔墩是在前池当中设若干个像桥墩一样的隔墩，实际上只起导流作用。如果把这些隔墩延伸至进水池后墙，即每个进水池都有各自的前池，这样的隔墩称为全隔墩。

8.1.3.5 前池的翼墙

翼墙是连接进水池和前池之间的边墙。它对减少泵站工程造价和改善边侧进水池流态都起一定作用。翼墙型式多采用如图 8.1 所示的直立式。此型翼墙便于施工，水流条件也较好。但也可采用扭坡型翼墙或圆弧形翼墙。

8.1.4 侧向进水前池

侧向进水前池主要有单侧向和双侧向两类（图 8.8）。对于水泵台数超过 10 台的泵站常采用双侧向式前池。另外，根据边壁形状侧向进水前池又分为矩形、锥形和曲线形（图 8.8）。

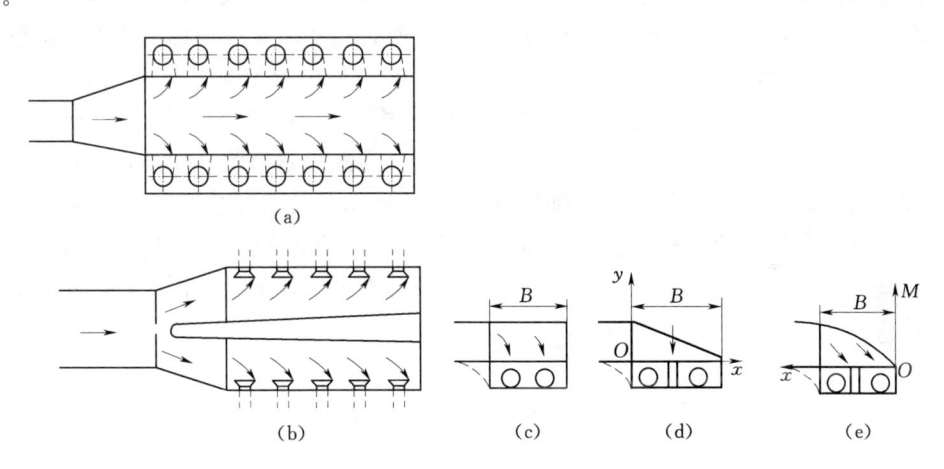

图 8.8 双侧向及单侧向进水前池示意图
(a) 无隔墩；(b) 有隔墩；(c) 矩形，(d) 锥形；(e) 曲线形

矩形侧向进水前池结构简单，施工方便，但工程量较大，同时流速沿池长减小，在前池的后部容易发生泥沙淤积。这种前池的长度等于进水池的总宽度 B，池宽 b 可取设计流量时引渠的水面宽度。

锥形侧向进水前池的特点是流量沿程减小，其过水断面也相应缩小，以保证池中流速和水深基本不变，水流条件较好。

曲线形侧向进水前池，其外壁可采用抛物线、椭圆或螺顶线等型式。

上述 3 种侧向进水前池都有 90°转弯处。水流在该处的流动呈突然扩散，这是产生漩涡流的主要原因。因此，在设计侧向进水前池时应该用圆弧或椭圆弧取代直角转弯［图 8.8 (c)、(d)、(e) 中的虚线］。为了改善池中流态，在池中设导流隔墩和底坎也是有效的。

8.2 进 水 池

进水池是供水泵吸水管直接吸水的构筑物，具有自由水面。对于湿室型泵房，进水池在其下层，也称之为进水室或泵室。为了保证水泵有良好的吸水条件，要求进水池中的水流平稳，即流速分布均匀、无漩涡与回流，否则不仅会降低水泵的效率，而且会引起水泵汽蚀、机组振动，甚至无法工作。

8.2.1 进水池中的流态对水泵性能的影响

8.2.1.1 漩涡的形成及其对水泵性能的影响

进水池中的漩涡有表面漩涡、附壁漩涡与附底漩涡。

(1) 表面漩涡。表面漩涡也称水面涡。当进水池的水位下降时，池中表层水流流速增大，水流紊乱，在进水管后侧的水面上首先会出现凹陷的漩涡，如图 8.9 (a) 所示，称为Ⅰ型水面涡。当水位继续下降（仍保持水泵流量不变）时，表层流速激增，漩涡的旋转速度也随之加大，漩涡中心处的压力进一步降低，水面凹陷在大气压力的作用下逐渐向下延伸，随着凹陷的加深，四周水流对其作用的压力也随之增大，故漩涡随水深的增加而变成漏斗状。当这种漏斗状的漩涡尾部接近进水管口时，因受水泵吸力影响而开始向管口弯曲，空气开始断断续续地通过漏斗漩涡进入水泵，如图 8.9 (b) 所示，称为Ⅱ型水面涡。如果水位继续下降，则会形成连续向水泵进气的漏斗状漩涡，如图 8.9 (c) 所示，称为Ⅲ型水面涡。池中的水位继续下降，进水管周围的漏斗漩涡数目将会增加，并很快连成一体，形成与进水管同轴的柱状漩涡，如图 8.9 (d) 所示，使大量空气进入水泵。水泵吸入空气后性能会明显恶化，称为Ⅳ型水面涡。图 8.10 为吸入的空气量对单级离心泵性能的影响。随着吸入空气量的增加，水泵的效率和扬程都会明显下降。因此，防止表面漩涡将空气带入水泵是进水池设计的重要任务之一。

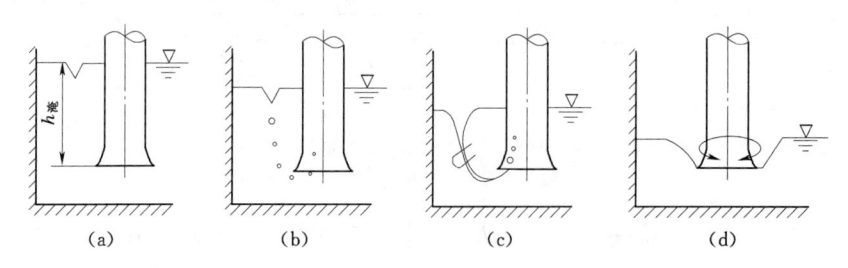

图 8.9 水面漩涡
(a) Ⅰ型水面涡；(b) Ⅱ型水面涡；(c) Ⅲ型水面涡；(d) Ⅳ型水面涡

(2) 附壁漩涡与附底漩涡。当进水池设计不合理时，不仅池中流速分布不均匀，而且会在池壁和池底产生局部压强下降。流速分布不均匀不仅会产生表面漩涡，而且在水中也会产生漩涡。漩涡中心的压强很低，低压区漩涡中心的压强则更低。当压强下降至汽化压强时，漩涡中心区的水即被汽化，并呈白色带状，故又称涡带。这种漩涡常常是一端位于池壁（或池底）而另一端位于管口的涡带，如图 8.11 所示。它会将其中心部分的汽体带入水泵，当汽体带到高压区时，汽泡破裂，产生周期性的振动和噪音，影响水泵的性能和

8.2 进 水 池

寿命。

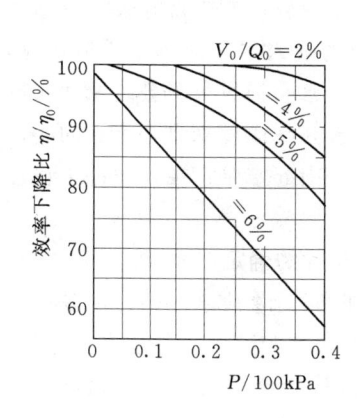

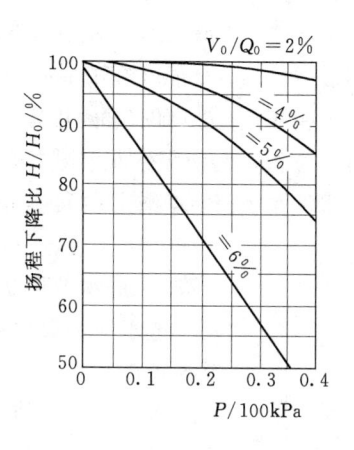

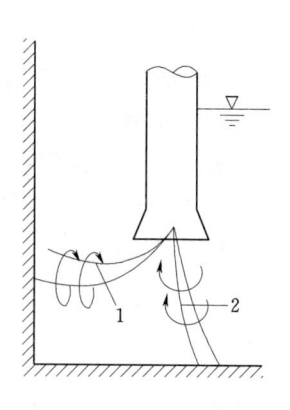

图 8.10 空气吸入量对单级离心泵（$n_s=100$）性能的影响

图 8.11 附壁与附底漩涡
1—附壁漩涡；2—附底漩涡

8.2.1.2 回流对水泵性能的影响

当进水池或前池设计不合理时，在池中平面或立面可能会出现围绕水泵（或进水管）旋转的回流现象，如图 8.12 所示。回流虽然不会将空气带入水泵，但对水泵（特别是直接从池中吸水的立式轴流泵和导叶式混流泵）的性能有很大影响。在图 8.12（a）中，池中的流速分布均匀，水泵周围无回流。而图 8.12（b）和图 8.12（c）中由于进水条件差，在池中均产生回流，但回流的旋转方向不同，前者逆时针方向，后者顺时针方向。如果水泵叶轮的转动是顺时针方向，如图 8.12（b）中水泵叶轮与回流旋转方向相反，相当于增加了水泵的转速，水泵的扬程和功率增加，甚至可能使动力机超载，而水泵效率却会降低。图 8.12（c）中的水泵叶轮与回流旋转方向相同，水泵的扬程、功率和效率也都会明显下降。图 8.13 为回流对立式导叶式混流泵性能的影响。

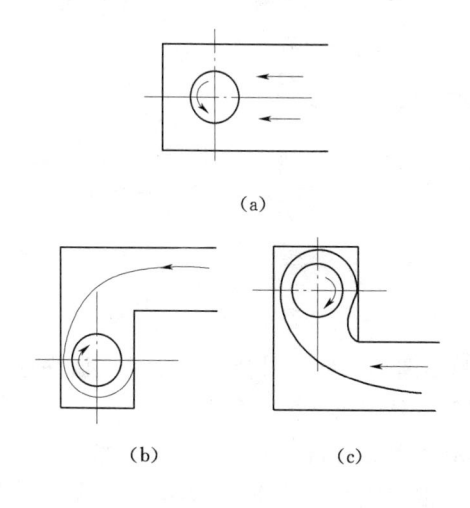

图 8.12 进水池中的回流

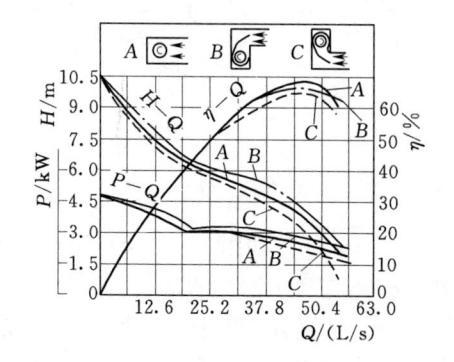

图 8.13 回流对立式导叶式混流泵性能的影响

8.2.2 进水池水头损失对水泵工作点的影响

设计不合理的进水池，不仅会产生漩涡和回流，而且会造成较大的能量损失。例如为了防止泥沙淤积需在池中形成较大流速，或为了防止水草杂物吸入水泵而设置了拦污栅，都可能使进水池造成较大的水头损失，影响水泵的正常运行。水头损失虽不会改变水泵的性能曲线，但降低了进水池水位，进而使得水泵装置扬程增大，从而使水泵工作点向小流量方向移动。另一方面，进水池水位降低，淹没深度减小，易引起水泵汽蚀。设计中应注意减少进水池中的水头损失。

8.2.3 进水池形状和尺寸的确定

进水池主要尺寸如图 8.14 所求，P 为水泵或其吸水管进水喇叭口至池底的距离，简称悬空高；h_{sub} 为进水喇叭口至进水池最低水位的垂直距离，简称喇叭口的淹水深度；以上二者之和为进水池最小水深。B 为进水池的宽度；L 为进水池的长度；T 为吸水喇叭管口外缘至进水池后墙壁的距离，简称后壁距；D_{in} 为进水喇叭口直径；D 为水泵进口或其吸水管直径。

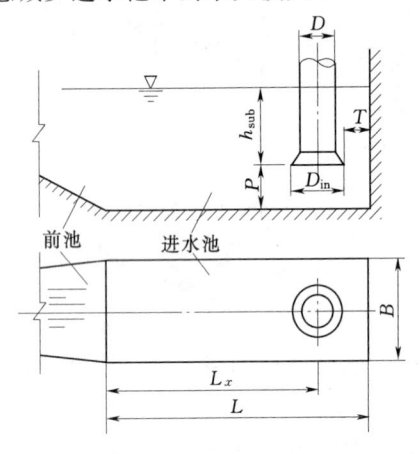

图 8.14 进水池主要尺寸

8.2.3.1 边壁型式和后壁距 T

进水池的边壁型式主要有如图 8.15 中所示的矩形、多边形、半圆形、圆形和蜗壳形等几种型式。矩形进水池是泵站中最常见的一种型式。这种型式在拐角处和水泵的后壁也常常容易产生漩涡，同时也容易受前池流态的影响，在池中产生回流。为了改善流态，进水管口应紧靠后墙，即后壁距 $T=0$，但对于立式泵，管口紧靠后墙，又会造成维修和安装方面的困难，因此一般要求 $T=(0.3\sim0.5)D_{in}$，注意当后壁距定义为吸水管中心线至进水池后墙的距离时，则有 $T_c=(0.8\sim1.0)D_{in}$。实际工程中后壁距 $T=(0.3\sim0.5)D_{in}$ 仍难以满足水泵机组、出水管道、伸缩节与泵房布置的要求，通常结合水泵梁设置一块壁板，此时喇叭管口至壁板的距离基本可以满足后壁距要求。

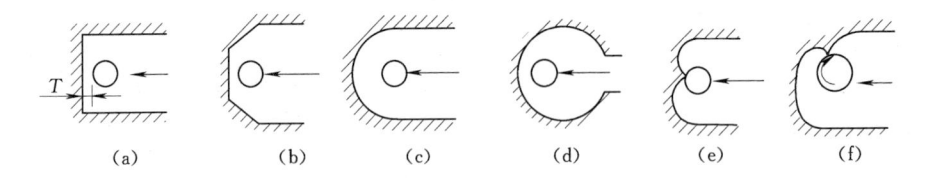

图 8.15 进水池各种边壁型式
(a) 矩形；(b) 多边形；(c) 半圆形；(d) 圆形；(e) 马鞍形；(f) 蜗壳形

如图 8.15 (b) 和图 8.15 (c) 所示的多边形和半圆形边壁，对消除拐角处的漩涡很有好处，但仍有利于回流的形成。因此，控制后壁距也是很重要的。如图 8.15 (d) 所示的圆形水池，从结构上看具有较好的受力条件，有利于节省材料。但因水流进入水池后突然扩散，而且圆形边壁也有利于回流的产生，因此，池中的水流条件很紊乱，对水泵性能影响较大。故采用这种形式时，一定要采取改善措施。但紊乱的水流有利于防止泥沙淤

8.2 进 水 池

积,所以在多泥沙水源的取水泵站中采用较多。如图 8.15 (e)、(f) 所示者为马鞍形和蜗壳形边壁,对防止漩涡和回流都有好处。

8.2.3.2 进水喇叭口直径 D_{in}

进水喇叭口直径 D_{in} 是进水池设计的主要依据之一。增大 D_{in} 时,进入喇叭口的流速减小,相应的池中流速也相应降低,临界淹没深度也会减小,但增加了水池的工程量。而过小的 D_{in} 虽然可以减小进水池尺寸,但会增加喇叭进口的阻力损失,一般可取 $D_{in}=(1.3\sim 1.5)D_1$(其中 D_1 对卧式泵为进水管直径,对立式轴流泵为叶轮直径,而对立式混流泵则为叶轮进口直径),吸水管进水喇叭口流速宜取 $v_{in}<1.0\sim 1.5\mathrm{m/s}$。

8.2.3.3 进水池宽度 B

进水池宽 B 对池中漩涡、回流和水头损失都有影响。当水流行近喇叭口时,其流向逐渐向喇叭口收敛,其流线弯曲情况符合直径 D_{in} 为基圆的渐开线的弯曲规律。因此进水池宽应等于喇叭口圆周长度 πD_{in}。试验表明,当 $B=(2\sim 5)D_{in}$ 时,进水管的过水能力和入口阻力系数变化都较小。因此,通常取 $B=\pi D_{in}$,或取其整数倍,即 $B=3D_{in}$。

进水池宽度过大,导向作用差,容易产生偏流和回流,从而容易发生漩涡;进水池宽度过小,除增大水头损失外,还会增大水流向喇叭口水平收敛时的流线曲率,从而容易形成漩涡。所以进水池的最小宽度如按悬空高 $P=0.4D_{in}$ 确定时,其宽度 B 不应小于 $2D_{in}$。

一般单泵流量大于 300L/s 的泵或其吸水管均应有单独的进水池;在单泵流量小于 300L/s 的场合,可以考虑共用进水池,但为了防止相互干扰,要求相邻喇叭管中心线间的最小距离应大于 $3.5D_{in}$。

8.2.3.4 悬空高 P

悬空高在满足水力条件良好和防止泥沙淤积管口的情况下,应尽量减小为宜,以降低工程造价。根据水流连续定律,通过进水口至池底间圆柱表面的流量,应该等于通过进水管入口断面的流量。即

$$\pi D_{in} P v'_{in} = \pi D_{in}^2 v_{in}/4 \tag{8.8}$$

式中:v'_{in} 为进水管口下圆柱表面上的水流平均流速;v_{in} 为进水管口断面的平均流速。

若假定 $v'_{in}=v_{in}$,由式 (8.8) 可得悬空高 $P=0.25D_{in}$。但实际上 $v'_{in}\neq v_{in}$;另外,由于水流进入悬空高度形成圆柱表面积以前,需要急转弯,所以,实际的过水面积将随着流速的增大而缩小。因此,悬空高度通常可按下列规定选取。事实上,在吸水口附近,吸水区的过水断面基本上是一球形,其流速分布系按双曲线规律分布(图 8.16)。据此求出悬空高应为

$$P=0.62D_{in} \tag{8.9}$$

图 8.17 为两组试验曲线。可以看出,当 $P/D_{in}<0.7$ 时,管口水力阻力系数 ζ 突增,流量 Q 显著下降。这和上面要求的 $P\geqslant 0.62D_{in}$ 的结论基本上是相符的。但当 $P/D_{in}>0.7$ 时,ζ 和 Q 值基本不变,表明再增大悬空高已无实际意义,反而增大了池深,加大了工程

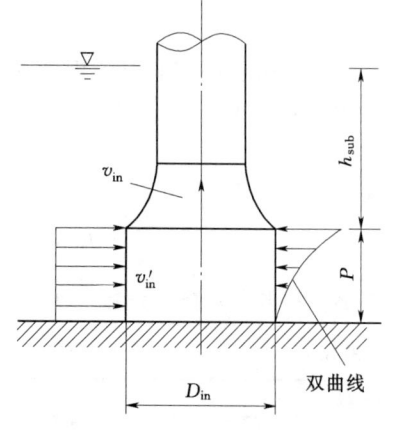

图 8.16 管口悬空高

量。特别是对叶轮靠近进口的立式轴流泵，当 $P>1.0D_{in}$ 时，将会造成进水口压强和流速分布不均的单面进水（图 8.18），水泵效率开始下降，所以，悬空高一般建议为

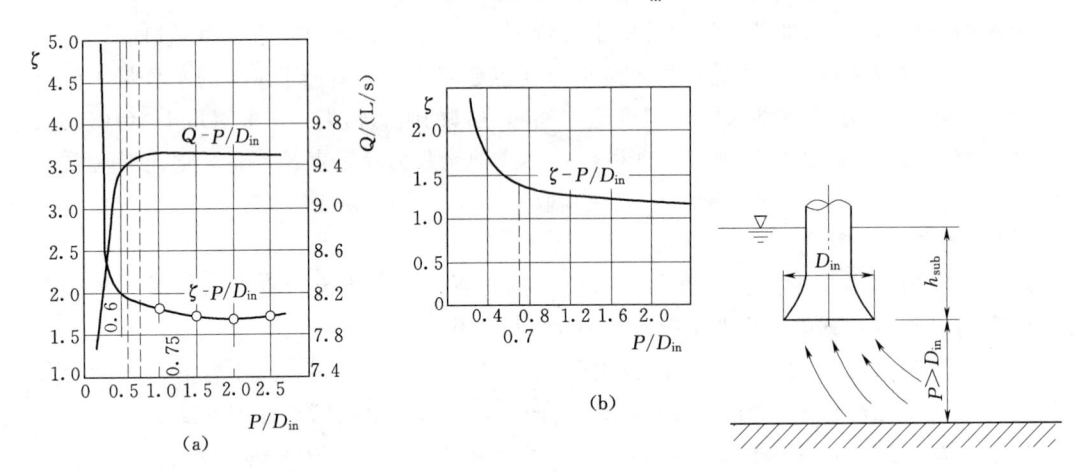

$$P=(0.5\sim 0.8)D_{in} \tag{8.10}$$

图 8.17 ζ-P/D_{in} 关系曲线
（a）国内实验资料；（b）国外实验资料

图 8.18 $P>D_{in}$ 时流速分布示意图

8.2.3.5 淹没深度 h_{sub}

淹没深度 h_{sub} 对表面漩涡的形成和发展有决定性的影响。表面漩涡开始断断续续地将空气带进水泵时的管口淹没深度，即出现 Ⅱ 型水面涡时的淹没深度称为临界淹没深度 $h_{sub,c}$，如图 8.9（b）所示。为了保证水泵不吸入空气，进水池中的最小淹没深度必须大于临界淹没深度，即 $h_{sub}>h_{sub,c}$。

影响临界淹没深度的因素很多，主要因素有管口直径 D_{in}、进口流速 v_{in}、后壁距 T 以及悬空高 P 等。目前计算 h_{sub} 的方法较多，多数为根据试验资料整理出来的经验公式。

用不同方法求得的临界淹深 h_{sub} 会有很大的出入。因此，在选用时必须注意其试验条件，否则会招致较大的误差。

通常，可以采用以下公式计算 $h_{sub,c}$

$$h_{sub,c}=K_s D_{in} \tag{8.11}$$

对于正吸程的离心泵或混流泵，佛汝德数 $Fr=v_{in}/\sqrt{gD_{in}}$ 在 0.3～1.8 范围内时，可以采用下式求 K_s

$$K_s=0.64\left(F_r^2+0.65\frac{T}{D_{in}}+0.75\right) \tag{8.12}$$

或

$$K_s=K_D K_P\left(0.5v_{in}+1.3\frac{T}{D'_{in}}+0.75\right) \tag{8.13}$$

其中 K_D 和 K_P 为修正系数。见表 8.1 和表 8.2。

表 8.1　　　　　　　　　D'_{in}/D_{in}-K_D 关系表

D'_{in}/D_{in}	1	2	3	4	5	6	8	10
K_D	1.0	0.85	0.80	0.76	0.73	0.70	0.68	0.65

注　模型泵喇叭口直径 $D_{in}=150mm$，D'_{in} 为原型泵喇叭口直径（mm）。

8.2 进 水 池

表 8.2　　　　　　　　　　　　P/D_{in}-K_P 关系表

P/D_{in}	0.5	0.6	0.7	0.8	0.9	1.0
K_P	1.0	0.85	0.80	0.76	0.73	0.70

悬空高和池宽的减小、池中流速的提高、后壁距的增大都需要加大其淹没深度。因为立式轴流泵和混流泵大多是在开阀情况下启动的，所以，当其临界淹没深度确定后还应校核水泵启动时，在进水池内可能产生的负波影响。其负波值可按下式近似计算：

$$\Delta h_m = 2 \frac{Q_C - Q_{C0}}{B \sqrt{gh_0}} \tag{8.14}$$

式中：Δh_m 为负波深度，m；h_0 为机组启动前渠末端水深，m；Q_{C0} 为机组启动前渠中流量，m³/s；Q_C 为机组启动时渠中流量，m³/s；B 为渠中平均水面宽度，m。

一般，当喇叭管垂直布置时，$h_{sub}=(1.0\sim1.25)D_{in}$；喇叭管倾斜布置时，$h_{sub}=(1.5\sim1.8)D_{in}$；喇叭管水平布置时，$h_{sub}=(1.8\sim2.0)D_{in}$。

8.2.3.6　进水池的长度 L

进水池必须有足够的有效容积，否则在启动过程中，可能由于来水较慢，进水池中水位急速下降，致使淹没深度不足而造成启动困难，甚至使水泵无法抽水。

进水池的适宜长度将保证池中水流稳定，防止前池来流的干扰。一般进水池长度是根据池中秒换水系数来确定的。即

$$L = \frac{KQ}{Bh} \tag{8.15}$$

式中：L 为进水池长度，m；B 为进水池宽度，m；h 为进水池水深，m；Q 为水泵流量，m³/s；K 为进水池的秒换水系数，s，即进水池的水下容积与共用该池的水泵设计流量的比值，可取 $K=30\sim50$。

8.2.3.7　进水池的安全超高

进水池的深度除满足进水要求外，还应留有一定的安全超高，其值大小除考虑风浪影响因素外，对大型泵站还应考虑停泵时所形成的涌浪，特别是对具有长引渠和多级联合运行的泵站，由于引渠和上一级泵站连续来水，可能招致前池和进水池漫顶而淹没泵房等事故。因此，应设置溢流设施，或增大安全超高。

8.2.4　消除进水池漩涡的措施

对于无法满足尺寸要求的进水池或设计不合理的进水池，为了防止池中产生表面漩涡、附壁漩涡、附底漩涡、回流等不良水流状态，可以采取如下措施：

(1) 当管口淹没深度 h_{sub} 小于临界淹深而出现进气漩涡时，可以在进水管上加盖板 [图 8.19 (a)、(b)、(c)]，也可以采用双进水口 [图 8.19 (d)] 以减小管口进水流速 $v_{进}$，还可以在池中其他部位加设隔板 [图 8.20 (b)、(c)、(d)、(e)]。

(2) 为了防止附底漩涡，可在管口下的底板上设导水锥 [图 8.19 (e)]。

(3) 为了防止回流的产生，可采用后墙隔板 [图 8.20 (a)]，管后隔板 [图 8.20 (b)]，水下隔板或隔柱 [图 8.20 (c) 和图 8.20 (d)]，或池底隔墙 [图 8.20 (f)]。

试验表明，如图 8.20 (e) 所示的倾斜隔板可显著降低临界淹没深度 $h_{sub,c}$ 值。图 8.21

(a) (b) (c) (d) (e)

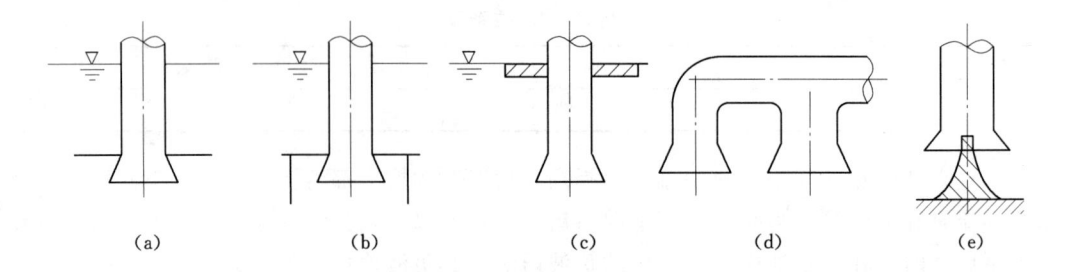

图 8.19 防涡措施之一

(a) 水下盖板；(b) 水下盖板；(c) 水上盖板；(d) 双进水口；(e) 加导水锥

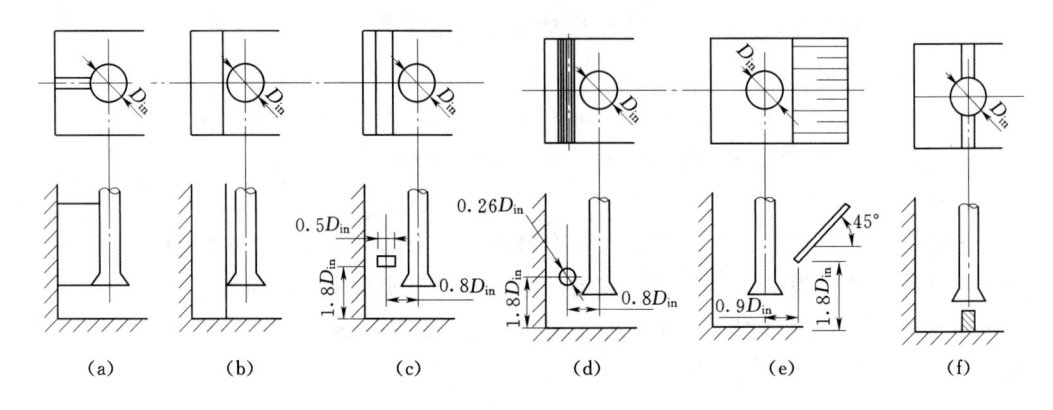

(a) (b) (c) (d) (e) (f)

图 8.20 防涡措施之二

(a) 后墙隔板；(b) 管后隔板；(c) 水下隔板；(d) 水下隔柱；(e) 倾斜隔板；(f) 池底隔墙

为试验所得曲线，曲线1是无防涡措施时的 $h_{sub,c}/D_{in}-v_{in}$ 关系。曲线2、3和4分别代表图 8.20 (c)、图 8.20 (d) 和图 8.20 (e) 的 $h_{sub,c}/D_{in}-v_{in}$ 关系曲线。由此可见，带倾斜隔板的防涡措施，$h_{sub,c}$ 值可大幅度降低。

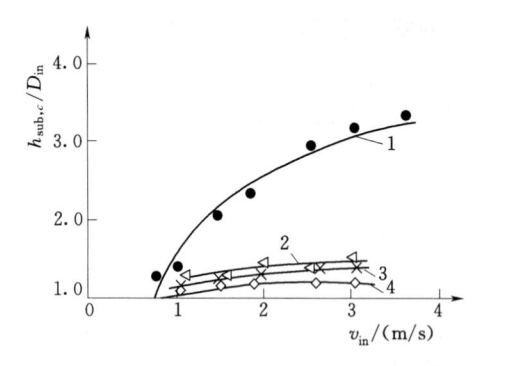

图 8.21 各种防止漩涡方式的效果

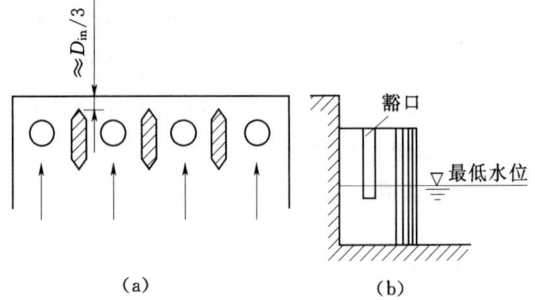

图 8.22 进水池隔墩

(a) 隔墩；(b) 墩墙开豁口

（4）对多机组泵站，可在进水池中加设隔墩以稳定水流并防止漩涡，如图8.22所示。试验表明，隔墩应稍离后墙并在墩壁开豁口（图8.22），使各池水流相通，能较好地改善池中水流条件。

8.3 进 水 流 道

为了保证水泵的进水流态，大型立式水泵通常需要进水流道将进水池中的水流平顺地引向水泵进口。进水流道按进水方向可分为如图8.23（a）和图8.23（c）所示的单向进水流道和如图8.37（b）所示的双向进水流道；按流道形状又可分为肘形进水流道［图8.22（a）］、钟形进水流道［图8.23（c）］和簸箕形进水流道［图8.23（d）］。

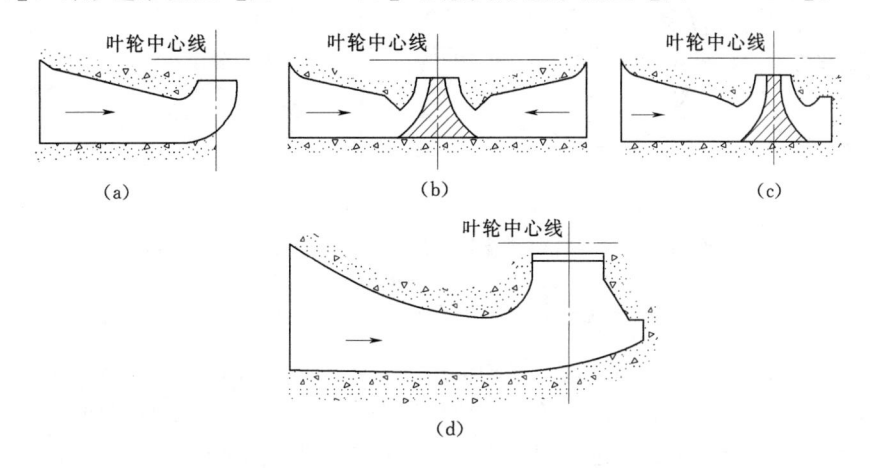

图 8.23 进水流道的几种形式
(a) 肘形进水流道；(b) 双向进水流道；(c) 钟形进水流道；(d) 簸箕形进水流道

进水流道直接影响水泵叶轮进口断面的流速分布和压强分布，因此对水泵的性能也有很大影响。进水流道形状尺寸选择不当，流道内可能产生涡带。一旦涡带进入水泵，机组就会发生强烈振动。通常进水流道都是和泵房底板浇成整体，所以其形状尺寸又直接影响泵站投资和施工难易。由此可见，合理地进行流道设计，对水泵运行和工程投资，均有很大意义。设计进水流道一般应满足以下要求：

(1) 流道出口（即水泵叶轮进口）断面的流速和压强分布比较均匀。
(2) 在各种工况下，流道内不产生涡带，更不允许涡带进入水泵。
(3) 水力损失小。
(4) 尽可能减小流道宽度和开挖深度，以减少工程投资。
(5) 造型简单，便于施工。

8.3.1 肘形进水流道

肘形进水流道因其形状像人的胳膊肘而得名，是目前国内块基型泵房中最常见的一种进水流道。

8.3.1.1 弯管形状分析

弯管的形状主要有：等直径直角弯管［图8.24（a）］、等直径圆角弯管［图8.24（b）］、曲率半径相同的断面渐缩弯管［图8.24（c）］以及不同曲率半径的断面渐缩弯管［图8.24（d）］。

对等直径直角弯管，出口断面的流速分布受离心力的影响很大。由图［8.24（a）］可

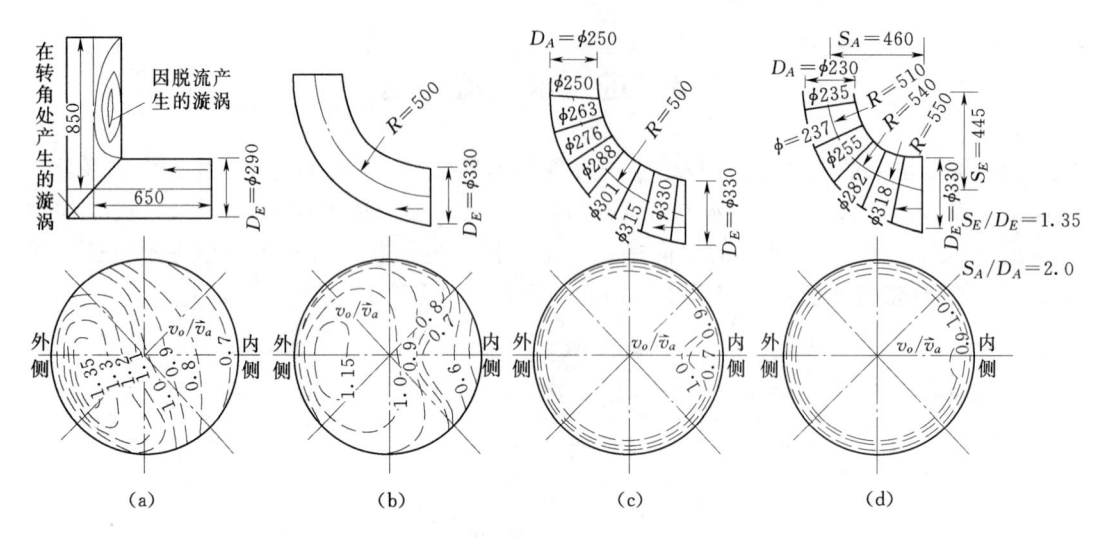

图 8.24 几种弯管形状及其出口断面流速分布（单位：mm）
(a) 等直径直角弯管；(b) 等直径圆角弯管；(c) 曲率半径相同的
断面渐缩弯管；(d) 不同曲率半径断面的渐缩弯管

见，其出口断面的最大和最小流速与平均流速之差约为±30%，这样必然会对水泵性能产生很大影响。同时，这种形状的弯管，不仅内侧会产生漩涡，外侧的直角处也因流动不畅会产生漩涡。这种漩涡达到一定剧烈程度时，流道就会形成涡带进入水泵叶轮，甚至引起强烈振动。此外，这种直角弯管的阻力损失也很大，必然会增加运行费用和降低水泵的安装高程，而加大工程造价。

同时，由图 8.24 可见，不同形状的弯管内流速分布也有所不同。对于如图 8.24 (b) 所示的等直径圆角弯管的最大和最小流速约为平均流速的±22.5%，而如图 8.24 (c) 中所示的渐缩弯管则有较大的改善，如图 8.24 (d) 中所示的流速几乎呈均匀分布。如图 8.24 (d) 所示的弯管对流速分布的改善效果最好。因此，肘形进水流道采用与图 8.24 (d) 类似的形状，由进口段、弯曲段和出口段组成，如图 8.25 所示。其断面形状由方变圆后即和泵进口的座环相接。肘形进水流道的主要尺寸已在图 8.25 中标注。试验证明，各种尺寸的进水流道对出口断面的流态是有影响的，即 H/D 越大则流速分布越均匀，而水力损失却基本一致。但是，H/D 越大，开挖深度也越大，从而增加工程造价，在地基条件不好的地方，H/D 值的增大也会增加施工的困难。

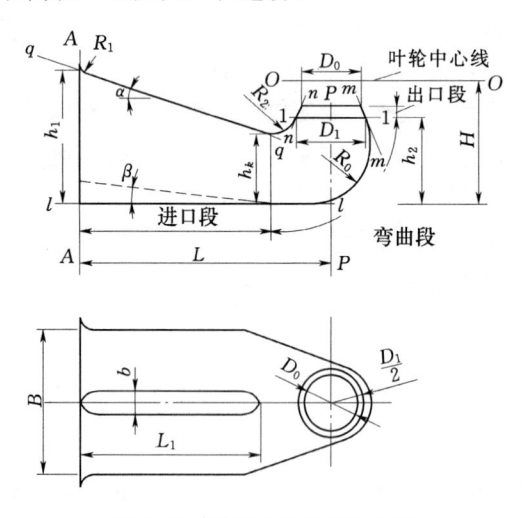

图 8.25 肘形进水流道构造图

8.3.1.2 肘形进水流道的型线设计

(1) 基本尺寸的拟定。一般，可根据模型试验成果和参考已建成的泵站资料，拟定肘形进水流道的基本尺寸。国内许多泵站通常采用以下数据（图 8.25）：

$H/D=1.5\sim1.8$（少数采用 2.24）

$L/D=3.5\sim4.0$

$B/D=2.0\sim2.5$

$R_0/D=0.8\sim1.0$

$R_2/D=0.35\sim0.45$

$R_1/D=0.5\sim0.7$

$h_k/D=0.8\sim1.0$

$\alpha=20°\sim25°$

$\beta=8°\sim12°$（一般为平底即 $\beta=0°$）

其中：D 为水泵叶轮直径；H 为叶轮中心至底板的高度；L 为进水流道的纵向长度；B 为流道进口段宽度；R_0 为弯曲段外曲率半径；R_2 为弯曲段内曲率半径；R_1 为进口顶部曲率半径；h_k 为进口段出口断面高度；α 为进口段顶板仰角；β 为进口段底部上翘角。

（2）剖面轮廓图的绘制。根据以上所选基本尺寸可以绘出肘形进水流道的剖面轮廓图。具体步骤如下：

1）绘出水泵叶轮中心 $O-O$ 和水泵座环法兰面位置 $m-n$，直径 D_0。并以此作为进水流道出口断面。如图 8.25 所示。以座环的收缩角作为流道出口断面的收缩角，并画出 $m-m$ 和 $n-n$ 两条直线。

2）根据叶轮中心线 $O-O$ 和 H、β 值，确定流道底边线 $l-l$。当流道为平底（即 $\beta=0$）时，$l-l$ 线为一根水平线，当需要减少进水池的开挖深度和翼墙高度时，可以使 $l-l$ 线按选取的 β 角向上翘起。

3）根据水泵轴线 $P-P$ 和 L 值，确定流道进口 $A-A$ 断面的位置。

4）选定进口流速 v_A（一般 $v_A=0.8\sim1.0$m/s）并确定进口断面的形状（一般为矩形），再根据所选定的进口宽度 B 和水泵流量 Q，用下式确定进口高度 h_1 为

$$h_1=\frac{Q}{Bv_A} \tag{8.16}$$

由 h_1 即可定出流道进口顶点 A 的位置。

5）通过 A 点作直线 $q-q$ 与水平线成 α 角。

6）用半径 R_0 作圆弧与 $m-m$ 和 $l-l$ 两条直线相切，用半径 R_2 作圆弧与 $q-q$ 和 $n-n$ 两条直线相切，用半径 R_1 作圆弧与 $q-q$ 和 $A-A$ 两条直线相切。

这样就全部画出了流道的剖面轮廓图。当所作出的图形的 h_k 值在 $(0.8\sim1.0)D$ 的范围内时，可以认为所拟定的尺寸基本满足要求。当 h_k 值太大或太小时，可以调整 α 或 L 值，直至满足要求为止。

（3）平面轮廓图的绘制。绘制平面轮廓图主要有流速曲线递增和流速直线递增两种方法。所谓流速曲线递增法，就是先初拟一个平面轮廓图。在剖面轮廓图中选取相同的断面，由剖面图中可以知道各断面的高度、由平面图中可以知道各断面的宽度，从而求出各断面的面积。再根据各断面面积和水泵流量，就可以求出各断面的流速大小。这样可以作流速和流道长度、断面面积和流道长度的关系曲线（图 8.26）。当上述两条曲线光滑时，

说明水流在流道中的速度是曲线递增的，没有突变现象，符合水力损失小的原则，也说明初拟的平面轮廓图是符合设计要求的。如上述两条曲线不光滑时，说明流速有突变现象，这样就会增加水力损失，因而需要调整平面或剖面图形的尺寸，直到曲线光滑为止。

所谓流速直线递增法，是假定流道内的流速变化是按直线规律递增的，也就是符合 $\Delta v/\Delta l=$ 常数的原则。这样就可以根据流道进口和出口断面的流速画出流速和流道长度的关系线，如图 8.27 所示。这样，任何一个断面的流速都可以从图中查出。根据各断面的流速和水泵流量，可以求出各断面面积。由剖面轮廓图的流道宽度，可以绘出平面轮廓图。

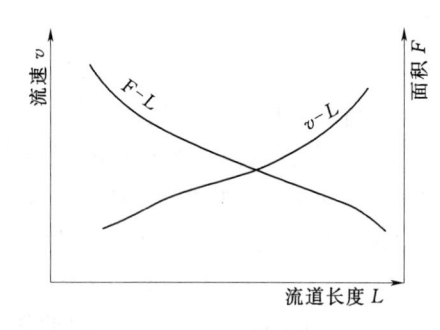

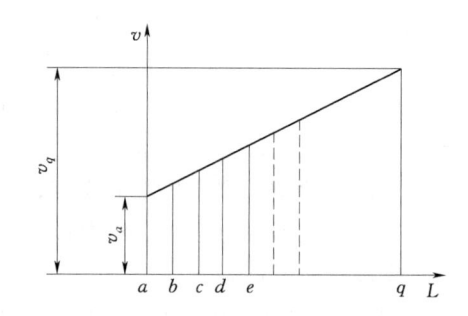

图 8.26　流速 v，断面面积 F 与流道长度 L 的关系曲线　　图 8.27　流速 v 与流道长度 L 的关系曲线

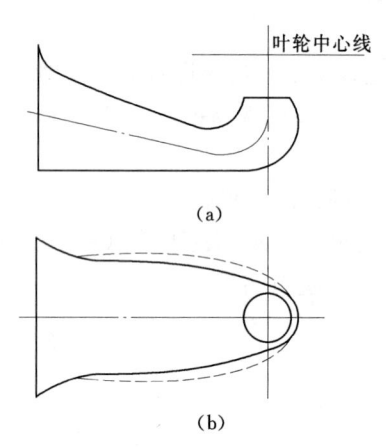

图 8.28　用两种不同的方法绘出的平面轮廓图

上述两种绘制平面图的方法都是根据流速变化均匀、水力损失小的原则进行设计的。前者是先假定断面面积，然后绘出流速变化曲线加以校核，后者是先假定各断面的流速，然后再求各断面面积，从而绘出平面轮廓图。按流速直线递增法绘出的平面图收缩比较均匀。图 8.28（b）中的实线所示。按流速曲线递增法绘出的平面图，进口段的宽度基本不变，弯曲段收缩角大些，图 8.28（b）中的虚线所示。

具体设计步骤如下：

1）流速曲线递增法。

a. 根据所选的基本尺寸，按前述方法绘出流道剖面轮廓图，如图 8.29（a）所示。

b. 在剖面轮廓图中绘出流道中心线 aq，即在剖面图中作很多内切圆，用光滑的曲线将这些内切圆的圆心连接起来，即得流道中心线 aq。

c. 在中心线上定出有代表性的点 a、b、c、$\cdots$，通过这些点作中心线（曲线）的垂线，即得 $A-A$、$B-B$、$C-C$、$\cdots$断面。可以近似认为就是通过 a、b、c、$\cdots$各点的过水断面，并将 a、b、c、$\cdots$各点投影到平面图中，同时绘出 $A-A$、$B-B$、$C-C$、$\cdots$截面，如图 8.29（b）所示。

d. 将剖面图中的中心线 aq 展开，绘出平面展开图 8.29（c）。并在展开的中心线上标出 a、b、c、$\cdots$各点，同时通过各点作 aq 的垂线，取 $A-A$、$B-B$、$C-C$、$\cdots$和平面图上各截面的宽度相等的断面。

e. 拟定各断面过渡圆的半径 r_a、r_b、r_c、…，因为流道是由矩形断面变到圆形断面后与水泵座环相接，为了使断面变化均匀，过渡圆的变化也应该是均匀的。为了达到这一目的，可以在剖面图 8.29（a）中用两条光滑的曲线（如图中虚线所示），作为过渡圆的圆心轨迹线，各截面 $A-A$、$B-B$、$C-C$、…线与轨迹线之交点即为过渡圆的圆心，该交点到剖面轮廓线的距离即为该点断面过渡圆的半径 r_a、r_b、r_c、…

f. 在展开图上绘出各断面的几何图形：根据剖面图、平面图可以知道各断面的高度 h 和宽度 b，再根据各断面的过渡半径，可以在展开图上绘出各断面的几何图形。

g. 计算各断面面积 F：第 i 断面的面积可按下式计算

$$F_i = h_i b_i - 4r_i^2 + \pi r_i^2 = h_i b_i - 0.86 r_i^2 \tag{8.17}$$

式中：h_i、b_i、r_i 分别为第 i 断面的高度、宽度和过渡圆的半径，如图 8.30 所示。

h. 求各断面的平均流速 v：第 i 断面的平均流速 v_i 可以根据水泵设计流量 Q 和第 i 断面面积 F_i 求得，即

$$v_i = \frac{Q}{F_i} \tag{8.18}$$

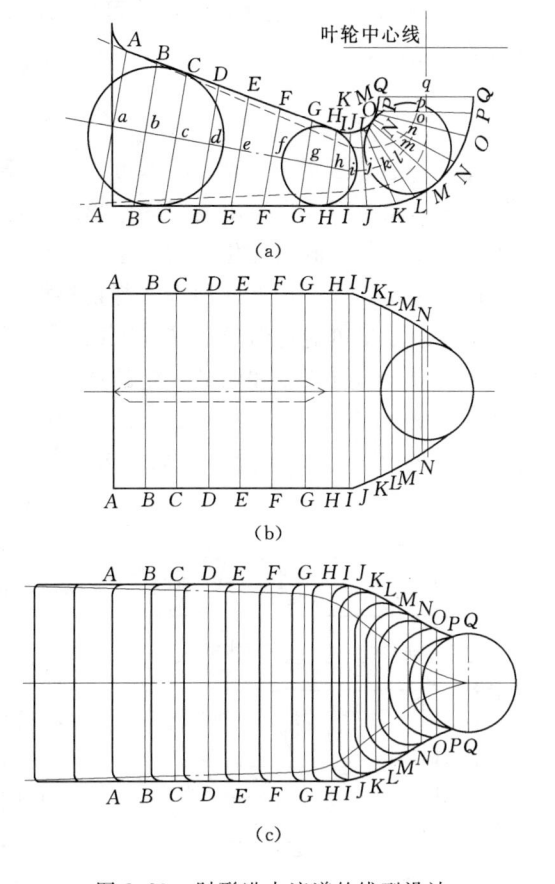

图 8.29 肘形进水流道的线型设计
(a) 剖面轮廓图；(b) 平面轮廓图；(c) 平面展开图

i. 作流速及断面面积变化曲线：以流道长度 L 为横坐标，以流速 v 和断面面积 F 为纵坐标，绘出 v-L 和 F-L 曲线。当绘出的曲线不光滑时，应该修正初拟的图形，然后再绘出这两条曲线，直到光滑为止。

2）流速直线递增法。

a. 如图 8.28（a）用作内切圆的方法绘出剖面轮廓图的流道中心线 a-q 以后，定出有代表性的点 a、b、c、… 并将中心线展开。

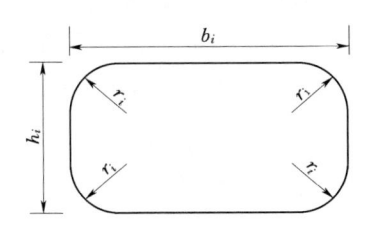

图 8.30 计算断面图

b. 绘出剖面图的过渡圆的圆心轨迹线，求出各断面的过渡圆半径 r_a、r_b、r_c、…

c. 根据流道进出口断面面积和水泵流量，求出进出口断面流速 v_a 和 v_q，在 v-L 上坐标内作出流速与流道长度的关系线（图 8.26），即可从图中查出 i 断面的流速 v_i。

d. 根据各断面的流速和流量，可以求出各断面的面积 F_i，再根据式（8.19）求出各断面的宽度：

$$b_i = \frac{F_i + 0.86 r_i^2}{h_i} \quad (8.19)$$

e. 根据各断面的 h_i、b_i、r_i 即可以在展开图上绘出各断面的图形，并根据各断面的宽度绘出平面轮廓图。当绘出的平面图出现轮廓突变的情况时，可以适当的调整剖面图的尺寸，这样就可以使流速变化均匀，也不致使流道断面形状变化太大。

最后还应该指出：这两种方法都是根据水力损失较小的原则进行设计的。在有条件的情况下应该尽量可能地做模型试验，以校核所设计的流道除水力损失小外，是否还会产生脱流和涡带，当有脱流和涡带产生的情况，应该修改设计，直至涡带消除为止。随着计算流体动力学（CFD）的迅速发展，以三维湍流数值模拟理论与方法为基础的进水流道水力设计方法 21 世纪以来得到了实际应用，对许多大型泵站的进水流道型线进行了优化。

8.3.2 钟形进水流道

钟形进水流道由进口段、吸水室、导水锥以及喇叭管等几部分组成，如图 8.31 所示。

水流从进水池进入进口段后，由吸水室将水流引向喇叭进口的四周，再通过喇叭管与导水锥之间的通道进入水泵叶轮室。

这种形式的流道宽度比肘形流道稍微宽些，但其显著特点是流道高度小，可以抬高泵房底板高程，H/D 值一般为 1.1～1.4。此外，由于流道与流道之间需要填充的混凝土量较小，因此，钟形进水流道对节省工程投资、加快施工进度等具有明显的优点。随着立式水泵口径的逐渐增大，采用钟形进水流道的块基型泵站也逐渐增多。

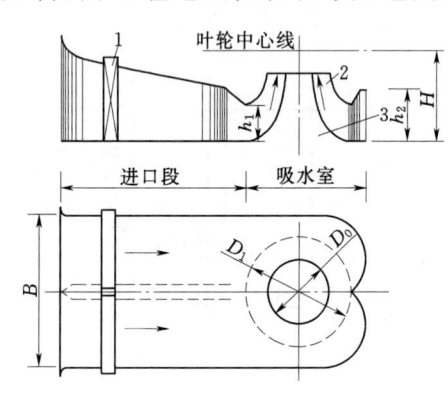

图 8.31 钟形进水流道
1—检修闸；2—喇叭管；3—导水锥

8.3.2.1 钟形进水流道的形状和尺寸对流态及工程投资的影响

（1）钟形流道形状对流态及工程投资的影响。

1）导水锥形状对流态的影响。为了保证水流从喇叭口的四周进入水泵，以使喇叭口处的水流具有良好的流态，需要严格控制喇叭口与流道底板的高度，这种情况下的流态如图 8.32 所示。这时尽管流道出口断面的流速分布比较均匀，但正对喇叭口的底板上有一个滞水区，流态比较混乱。试验表明，在这个区域内常出现涡带进入水泵，使水泵发生强烈振动。这种现象可以用在底板上设置导水锥的办法加以消除。由此可见，在底板上设置导水锥是钟形进水流道必不可少的。为了保证流道出口流态均匀，应该使水流在流道内的流速均匀地递增，据此设计喇叭管和导水锥。

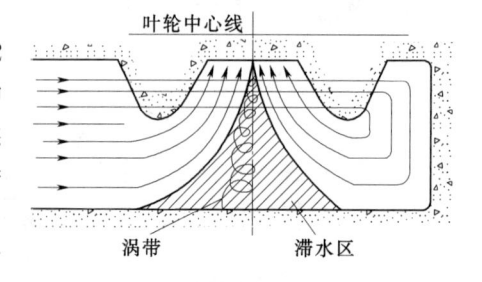

图 8.32 无导水锥时的流态

8.3 进 水 流 道

2) 吸水室的形式对流态的影响。吸水室的形式很多，主要有矩形、多边形、半圆形及蜗壳形几种，如图8.33所示。矩形吸水室的后墙处有3个漩涡区，不仅会增加阻力损失，而且可能形成涡带进入水泵，同时，这种吸水室还易受进水池流态的影响。例如当采用侧向进水，或者多台机组运行的泵站中当部分机组运行时都可能使流道进口的流速分布不均匀。这种现象就容易在吸水室形成环向流动，当环流方向与水泵转动方向相反时，又会使机组功率增加，严重者可能使动力机超载，这些都是泵站运行所不允许的，因此，不宜采用矩形吸水室。为了使设计和施工方便，也可考虑多边形和半圆形吸水室，并且在后墙处设置隔涡墩，以消除吸水室内环向流动的产生。但是，流态最好的吸水室应该是蜗壳吸水室，因为水流在蜗壳内的流动阻力损失最小，而且蜗壳的隔舌可以更好地起到隔涡墩的作用。

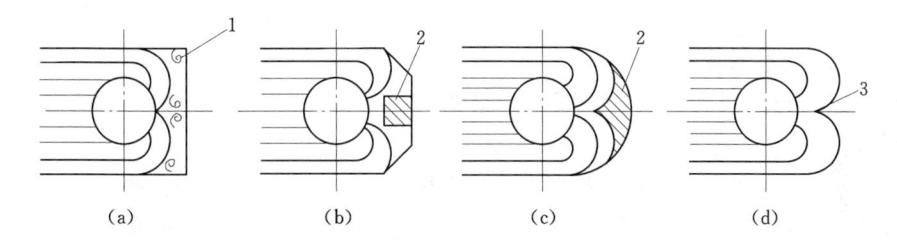

图8.33 吸水室的几种形式
(a) 矩形；(b) 多边形；(c) 半圆形；(d) 蜗壳形
1—漩涡；2—隔涡墩；3—蜗舌

(2) 钟形流道尺寸对流态及工程投资的影响。

1) 喇叭管管口的高度 h_1 太大时，一方面会增加流道高度 H，从而降低底板高程，增加工程投资，这是显而易见的；另一方面又会恶化流道内的水流状态。因为 h_1 的增加即喇叭口以下的圆柱面面积的加大，使流速和阻力都减小，水流的自由度加大。当 h_1 增大到一定程度时，水流就不需要从四周进入喇叭口了，即从一个方向进入喇叭口也可以满足流量的要求。为此会出现如图8.34所示的流态，即在

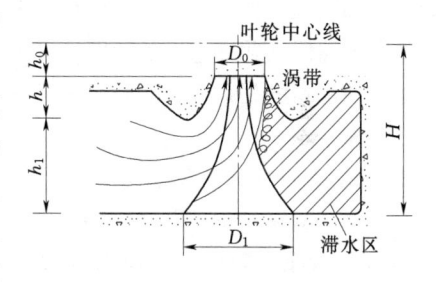

图8.34 h_1 太大时出现的流态

吸水室后面部分会出现滞水区。这时，导水锥不仅不能起到导水作用，反而会起到阻碍作用，恶化流态，严重的可能产生涡带进入水泵。但 h_1 太小，也会增加阻力损失，降低机组效率。因此，在设计钟形进水流道时，对 h_1 的选择应该适当，一般可采用 $(0.4\sim0.6)D_0$，其中 D_0 系指流道出口直径，它根据水泵构造不同，可能与水泵叶轮直径 D 相等，也可能比 D 稍小，但必须等于水泵座环直径。

2) 流道高度 H，即水泵叶轮中心线至流道底板的高度，如图8.34所示。H 包括3部分，即

$$H = h_0 + h + h_1 \tag{8.20}$$

式中：h_0 为叶轮中心线至水泵座环法兰面的高度；h 为喇叭管的高度；h_1 为喇叭管进口至底板的高度。

对于特定机组，h_0是一定的。由于h_0的大小直接影响H值的大小，所以，为了减小H值，在设计水泵时，应该尽可能减小h_0值。

h一方面影响H，另一方面也影响水流条件，h越大，流道出口的流速分布容易得到调整，确使水泵进口的流速更均匀。但是，h值太大又会增加H值，即增加泵房的开挖深度，因此不希望h值过大。一般可取h值为$(0.3\sim0.4)D_0$。

3) 喇叭口直径D_1越大，进口流速越小，水力损失也小。但D_1增大后，也需要适当加大喇叭管的高度h，以改善喇叭管的流态；同时，因为D_1增大后，减少了喇叭管进口的流速，相应地，也应该降低蜗壳内的平均流速，从而需要加大h_1及吸水室的宽度B，以致引起机组间距的加宽。所以，D_1也是影响流态和工程投资的因素之一。一般可取D_1值为$(1.3\sim1.4)D_0$。

8.3.2.2 钟形进水流道的设计方法

钟形进水流道的设计包括3个部分，即喇叭管及导水锥的型线设计，蜗壳吸水室及进口段的设计。

(1) 喇叭管及导水锥的设计。根据水泵结构和泵房结构以及水流条件决定h_0、h和h_1以后，就可以定出流道出口、喇叭管口以及底板的高程。再根据水泵座环的直径D_0，喇叭口直径D_1，水泵轮毂直径d_0等，就可以定出流道出口、喇叭管进口，导水锥顶部和底部的直径大小。导水锥的高度一般为$h+h_1$，锥顶与轮毂相接，一般可取导水锥底部直径等于喇叭管进口的直径D_1，导水锥顶部直径等于或小于水泵轮毂直径d_0。根据这些条件就可以绘出喇叭管和导水锥的曲线。线型设计的方法和肘形流道基本相同。可以选择一定的半径R和r，分别画出导水锥和喇叭管的曲线，然后再画出流速变化曲线加以验证。也可以先假定流速变化规律为直线变化或曲线变化，求出各断面的过水断面面积，假定喇叭管的曲线，再求出导水锥的曲线。这里应该注意的是，过水断面面积是一个环形断面，其面积F_i可按下式计算：

$$F_i = 2\pi R_i b_i \tag{8.21}$$

式中：R_i为母线AB的重心O点至机组中心线的距离（图8.35）；b_i为母线AB的长度。

上述方法都较麻烦。这里介绍一种比较简便的近似计算方法，即$ZD^2=K$的方法。这是假定水流在流道内呈有势流动即按流体力学求流线的方法，这样求出的两根流线之间，水流符合流速有规律递增的要求。因此，用这种方法绘出的喇叭管及导水锥的线型可以不必校核。

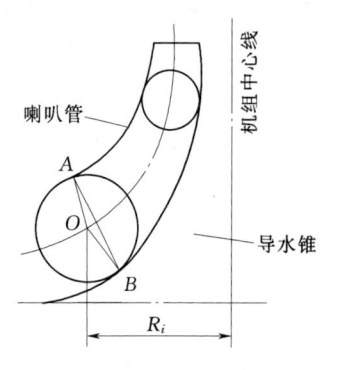

图8.35 环形过水断面的计算图

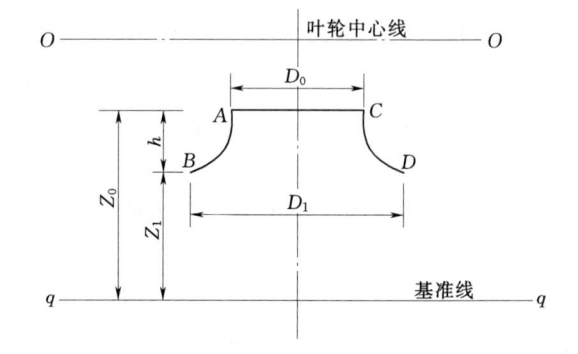

图8.36 喇叭管型线图

8.3 进 水 流 道

用 $ZD^2=K$ 的方法绘图时，应首先求出常数 K，然后假定不同的 D_i，求出对应的 Z_i 值。这样就可以定出所需要的曲线。

为了求得常数 K，可以先假定一条辅助基准线 q-q（图 8.36）。AC 至 q-q 线的距离为 Z_0 和 BD 至 q-q 线的距离为 Z_1。而 $\overline{AC}=D_0$，$\overline{BD}=D_1$，喇叭管的高度为 h，根据 $ZD^2=K$ 式可以得出下列方程组

$$Z_0 D_0^2 = K \tag{8.22}$$

$$Z_1 D_1^2 = K \tag{8.23}$$

$$Z_0 - Z_1 = h \tag{8.24}$$

联解以上 3 式求得

$$K = \frac{hD_0^2}{1-\left(\dfrac{D_0}{D_1}\right)^2} \tag{8.25}$$

为了作图方便，需要用式（8.22）和式（8.23）分别求出 Z_0 和 Z_1 值，并定出辅助基准线 q-q。这样就可以根据 $Z_i D_i^2 = K$ 的公式，假定不同的 D_i 值，求出对应的 Z_i 值最后绘出喇叭管的曲线。

用同样的方法可以绘出导水锥的曲线。导水锥顶部的直径为 d_0，底部直径 $D_2=D_1$，导水锥的高度为喇叭管的高度 h 和喇叭进口至底板的高度 h_1 之和，如图 8.34 所示。所以，导水锥的常数 K 可由下式求得

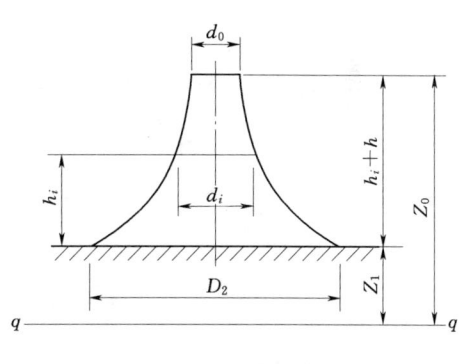

图 8.37 导水锥曲线

$$K = \frac{(h+h_1)d_0^2}{1-\left(\dfrac{d_0}{D_1}\right)^2} \tag{8.26}$$

同时求出 Z_0 和 Z_1，再用 $Z_i D_i^2 = K$ 的公式求出 Z_i 和 d_i 的关系曲线。这就是所求的导水锥的轮廓线。

（2）蜗壳吸水室的设计。蜗壳设计采用平均流速 $v=$ 常数的方法进行。平均流速应该小于喇叭管进口的流速。为了使蜗壳至喇叭管进口的流速不发生突变，可采用进入喇叭口至底板的圆柱面的流速作为蜗壳内的平均流速，可用下式求得

$$v = \frac{Q}{\pi D_1 h_1} \tag{8.27}$$

式中：Q 为水泵的设计流量；D_1 为喇叭管进口直径；h_1 为喇叭口至底板的高度。

按下式求出各断面的流量

$$Q_i = \frac{\varphi_i}{360°}Q \tag{8.28}$$

式中：Q_i 为断面 i 的流量；φ_i 为断面 i 至隔舌的夹角，如图 8.38 所示。

根据 Q_i 和 v 可以求出各断面的面积 F_i

$$F_i = \frac{Q_i}{v} \tag{8.29}$$

为了便于施工，蜗壳的断面形式一般不采用圆形，而多采用梯形断面。为了尽可能抬高底板高程，通常可选用平底的梯形（图8.39）。为了避免喇叭管进口处出现尖角，影响流态，设计的蜗壳梯形断面还需要加宽a'。断面的其他尺寸对工程量及流态也有影响，a越大，则流道宽度要加大，从而加大机组间距，增加工程造价，但若a越小，则h_2要增大，才能满足平均流速相等的条件，而h_2越大，又会使α角增大，即水流进入喇叭管的收缩角加大，使阻力损失加大。

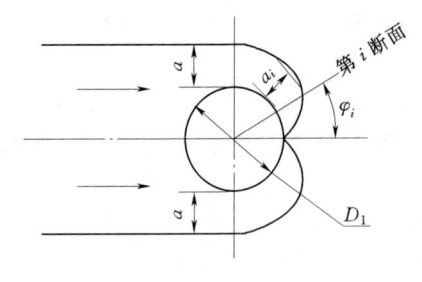

图8.38 蜗壳计算断面

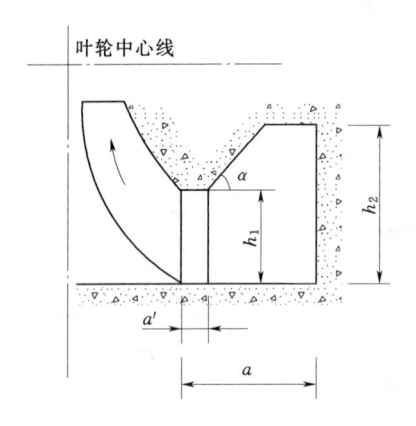

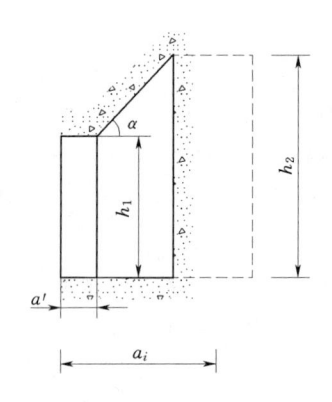

图8.39 蜗壳断面　　　　图8.40 蜗壳设计计算断面

在确定断面尺寸时，可以先选定h_1、h_2、α、a'等，然后根据该断面面积F_i求出蜗壳的宽度a_i。在确定断面的各种尺寸时，有的资料提出h_1/h_2不要超过0.62。实际上，影响流态的主要因素是α角，应该对α角提出一定的要求，一般可取$\alpha=45°\sim 60°$。h_2可根据水泵层的布置来定，如果h_2太小，不仅会增加宽度a，而且会增加混凝土的用量；如果h_2太大，又会使水泵层高低不平，也会恶化水流条件。因此，一般可以取h_2等于或小于h_1与h之和。a'太大会增加流道宽度，a'太小则会恶化水流状态，一般可取a'为$0.1D_0$。

当蜗壳断面形式和主要尺寸选定以后，即可求出断面面积。如果所选断面为如图8.40所示的图形。其断面面积为

$$F_i = h_2 a_i - (h_2 - h_1)a' - \frac{1}{2}(h_2 - h_1)^2 \cot\alpha \tag{8.30}$$

由此可得出蜗壳的宽度

$$a_i = \frac{1}{h_2}\left[\frac{Q_i}{v} + (h_2 - h_1)a' + \frac{1}{2}(h_2 - h_1)^2 \cot\alpha\right] \tag{8.31}$$

按上式求得a_i，当a_i在$a' < a_i < a' + (h_2 - h_1)\cot\alpha$时，断面呈如图8.40所示的图形，其面积为

$$F_i = a_i h_1 + \frac{1}{2}(a_i - a')^2 \tan\alpha \tag{8.32}$$

8.3 进 水 流 道

故有
$$a_i = \frac{1}{h_1}\left[\frac{Q_i}{v} - \frac{1}{2}(a_i - a')^2 \tan\alpha\right] \tag{8.33}$$

当 $a_i < a'$ 以后,断面变为矩形,有

$$F_i = a_i h_1 \tag{8.34}$$

$$a_i = \frac{F_i}{h_1} = \frac{Q_i}{h_1 v} \tag{8.35}$$

这样,任意断面的 a_i 值都可以求出,从而可绘出各部的尺寸。

(3) 进口段的设计。当蜗壳设计好后,流道宽度 B 也就定了,即 $B=D_1+2a$。如图 8.41 所示。当所定出的 B 与泵房布置所要求的 B 相差较大时,还可以改变 h_1 或 h_2 的大小,从而改变 a 值,重新求出流道宽度 B,直到合适为止。

当宽度 B 确定以后,可以根据图 8.41 中的 $A-A$ 和 $B-B$ 断面的流速确定断面高度 h_A 和 h_B。进口流速一般为 $0.8\sim1.0\mathrm{m/s}$。$B-B$ 断面的流速应和蜗壳进口断面的流速相等,不致使流速发生突变。一般 $h_B=h_2$,从 $A-A$ 至 $B-B$ 的流速应该是渐变的。因为流道宽度未变,因此可以使流道高度渐变,流道底边一般为平底,需要抬高进水池底高时,也可以增大 β 角,一般 $\beta=10°\sim12°$。顶边仰角 α 一般不超过 $20°\sim30°$。这样可以定出流道长度 L,一般 $L=(3.5\sim4.0)D_0$。当实际定出的 L 超出这个范围较远时,可以适当地调整 α 和 β 角。

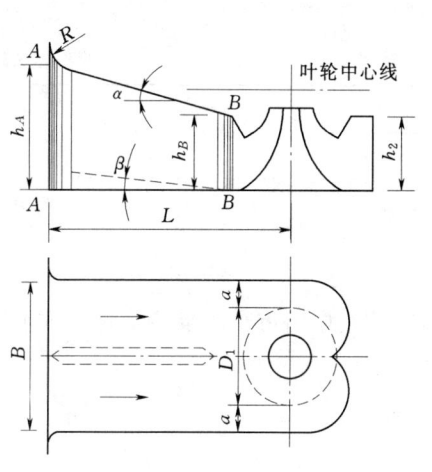

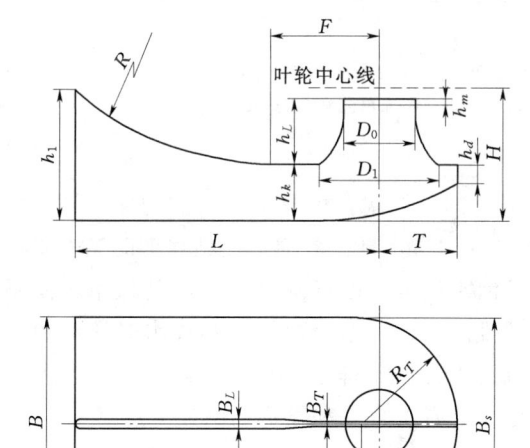

图 8.41 钟形进水流道进口段构造

8.3.3 簸箕形进水流道

簸箕形进水流道是荷兰中、小型泵站运用十分广泛的一种进水流道形式,20 世纪 90 年代初期上海郊区首先将这种形式的进水流道用于小型泵站的节能技术改造。江苏刘老涧泵站(安装 3100ZLQ38-4.2 型轴流泵 4 台,单泵设计流量 $Q_d=37.5\mathrm{m^3/s}$,单泵装机功率 2200kW)是我国第一座采用这种形式进水流道的大型泵站。近几年来,广东中山市东河和洋关大型泵站也成功采用了簸箕形进水流道。

簸箕形进水流道形状综合了肘形和钟形进水流道的特点,如图 8.42 所示,因其喇叭管下吸水室的形状类似簸箕而得名。簸箕形进水流道的高度较肘形流道低,其宽度没

图 8.42 簸箕形进水流道示意图

有钟形流道那样要求严格,具有流道形状简单,施工容易,可有效地防止漩涡产生的

优点。

簸箕形进水流道由反弧式进口段、簸箕形吸水室和喇叭管 3 部分组成。国内外的试验表明，簸箕形进水流道的流道高度 H、吸水室高度（即喇叭管悬空高）h_k、吸水室平面形状、喇叭管进口直径 D_1 和中隔板厚度 B_L、B_T 等因素对水泵进口流态和装置性能有较为显著的影响。由于这种流道目前尚无现成的设计方法，故通常先采用数值模拟的方法进行进水侧的流场计算，初拟流道各部尺寸，再通过模型试验对各部尺寸进行优化。刘老涧泵站采用这种方法设计的簸箕形进水流道各部尺寸如表 8.3 所示。

表 8.3　　　　　　　　刘老涧泵站簸箕形进水流道各部尺寸　　　　　　　　单位：mm

L	T	F	H	h_1	h_k	h_L	h_m	h_d
9000	3000	3459	5000	4724	2400	2099	399	510
D_0	D_1	R	B	B_L	B_T	R_T	S	
2969	4400	8500	8000	600	200	4000	1000	

广东中山市东河泵站簸箕形进水流道结构与尺寸如图 8.43 所示。

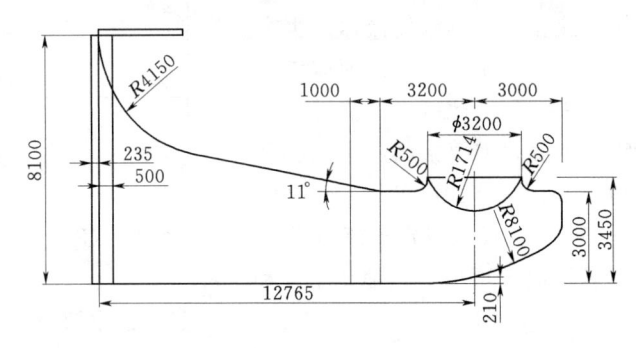

图 8.43　东河泵站簸箕形进水流道结构简图
（单位：mm；2 孔；中间隔墩厚 500mm；进口断面单孔宽 3750mm）

8.3.4　双向进水流道

双向进水流道，如图 8.23（b）所示，是通过闸门控制，可分别从两侧的任一侧进水的泵站进水流道。它特别适合于汛期时需要将圩内的涝水排至外河，而枯水期时又需要将外河水提至圩内以满足灌溉或其他用水需要的排灌结合泵站，而且在不抽水时还可利用流道进行自流排灌，具有一站多用、少占土地、节省工程量和投资的明显优点。

从结构上看，双向进水流道实际上可以认为是后壁距较大的一种钟形流道。流道在一侧进水时，另一侧由于闸门关闭形成一个空间较大的死水区，水流在此区内容易产生回流和漩涡，如图 8.44 所示，导致水力损失大大增加，使得装置效率较一般单向进水

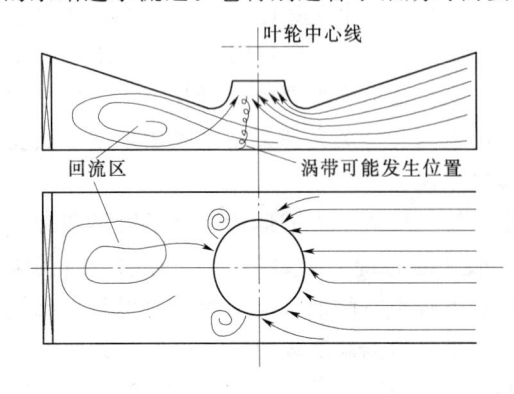

图 8.44　双向进水流道流态示意图

8.3 进 水 流 道

流道泵站的装置效率低很多,这也是双向进水流道的主要缺点。此外,设计不好的双向进水流道,在流道内产生的漩涡和涡带还会引起水泵严重的振动和汽蚀,以致不能运行。因此,采用双向进水流道时应进行模型试验,为选择最好的流道型线和确定消除涡带的有效措施提供设计依据。

试验表明:流道中的后墙形式和距离对流态的影响十分明显,而在双向进水流道中增设防涡隔板可以大大减小水流的脉动,显著减弱涡流强度和消除涡带,明显改善流道的流态。隔板设在顺水流方向的喇叭口侧。隔板的形式有垂直隔板、十字形隔板和垂直椭尖形隔板等3种形式。

(1) 垂直隔板,如图8.45(a)所示,可防止水流在流道中摆动,减弱喇叭管进口处的环流。试验表明,加设长度为$1.0D$,厚度为$0.05D$(其中D为水泵叶轮直径)的垂直隔板后,水体旋转的自由度相对减少,漩涡运动减弱,对流态有明显改善。同时,垂直隔板对于减小底板跨度,改善底板的受力条件也有好处。

(2) 十字形隔板,如图8.45(b)所示,不仅可以限制水流在流道中的水平方向的摆动,还可以减小在垂直方向的摆动,而且能减小水流由水平转为垂直方向进入喇叭口时所受离心力的影响,使水泵进口压强和流速分布均匀。因此,十字隔板对改善流态的效果更为显著。

(3) 垂直椭尖形隔板,如图8.45(c)所示,实际上是垂直形隔板的一种变形,它将中部开有椭尖形豁口的垂直隔板贯通整个流道,进一步改善了减涡效果。江苏谏壁泵站在双向进水流道中加设了垂直椭尖形隔板(其椭尖用角钢镶衬)后,取得了良好的防涡、消涡效果。

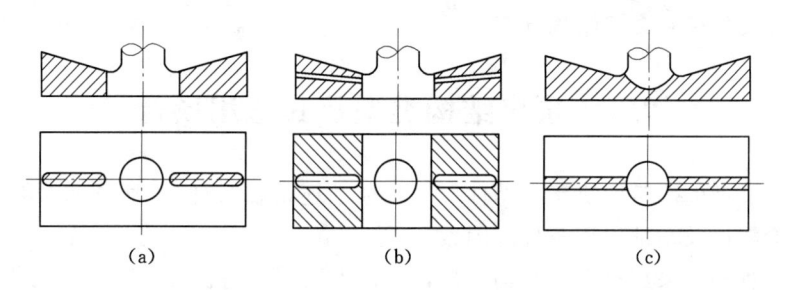

图 8.45 双向进水流道防涡隔板形式图

第9章 泵 房

泵房是安装水泵主机组、辅助设备、电气设备及其他设备的建筑物，主要作用是为机电设备的安装、运行和检修以及运行管理人员提供良好的工作环境和条件。

泵房是泵站工程中的主体建筑物，其设计是否合理对保证工程安全、降低工程投资、提高泵站效率、延长机电设备寿命等都有重要意义。泵房设计应满足下列基本要求：

（1）在保证设备布置、安装、运行和检修等工作方便而可靠的原则下，泵房尺寸应尽量小，以节省工程投资。

（2）在各种可能的荷载组合情况下，泵房应满足整体稳定要求。

（3）结构应满足强度和耐久性要求。

（4）泵房水下部分应满足抗渗要求。

（5）满足通风、采暖和采光要求，并符合防潮、防火、防噪声、节能、劳动安全与工业卫生等技术规定。

（6）注意建筑造型，做到布置合理、适用美观，且与周围环境相协调。

泵房设计内容一般包括：泵房结构类型的选择、泵房布置、防渗排水布置、稳定分析、地基计算及处理和泵房结构计算等。

9.1 泵房结构类型及其适用场合

泵房结构类型的确定取决于泵站性质（永久性还是临时性）、所选水泵泵型、水源及进水池水位变幅以及站址地质条件等因素。

在实际工程中，泵房有多种结构类型，通常根据泵房是否可以移动将其分为固定式和移动式两大类。固定式泵房根据所采用的基础结构型式的不同，可分为分基型、干室型、湿室型和块基型4种；移动式泵房可分为浮船型及缆车型两种。

9.1.1 分基型泵房

分基型泵房和一般工业厂房相似，其主要特征是每套水泵机组均有各自单独的基础，并且与泵房墙柱基础分离，这样可有效地避免因机组振动引起的相互干扰。分基型泵房一般为坝工或框架结构，具有结构简单、施工方便和造价低等优点。它适用于下列场合：

（1）单泵流量不大（一般 $Q<300L/s$）的中、小型卧式水泵机组。

（2）泵站工作期间，进水池水位变幅小于水泵的有效吸上高度（水泵的允许安装高度减去泵轴线至泵房地坪的距离），两者相差泵房地坪到进水池最高水位的距离。

（3）建站处地基比较稳定。

9.1 泵房结构类型及其适用场合

根据进水池后墙的形式，分基型泵房可分为斜坡式与直墙式两种（图9.1）。前者是将进水池后墙做成有护砌的斜坡形式，如图9.1（a）所示，这样为吸水管路的安装及检修提供了便利条件。尽管吸水管路较长，但一般比修筑挡土墙要经济。如果在深挖方或地基条件较差的场合下建站，为了减少开挖和加固岸坡的工程量，或者地形条件受到限制时，可考虑将进水池后墙修筑成直立式（即挡土墙），如图9.1（b）所示。

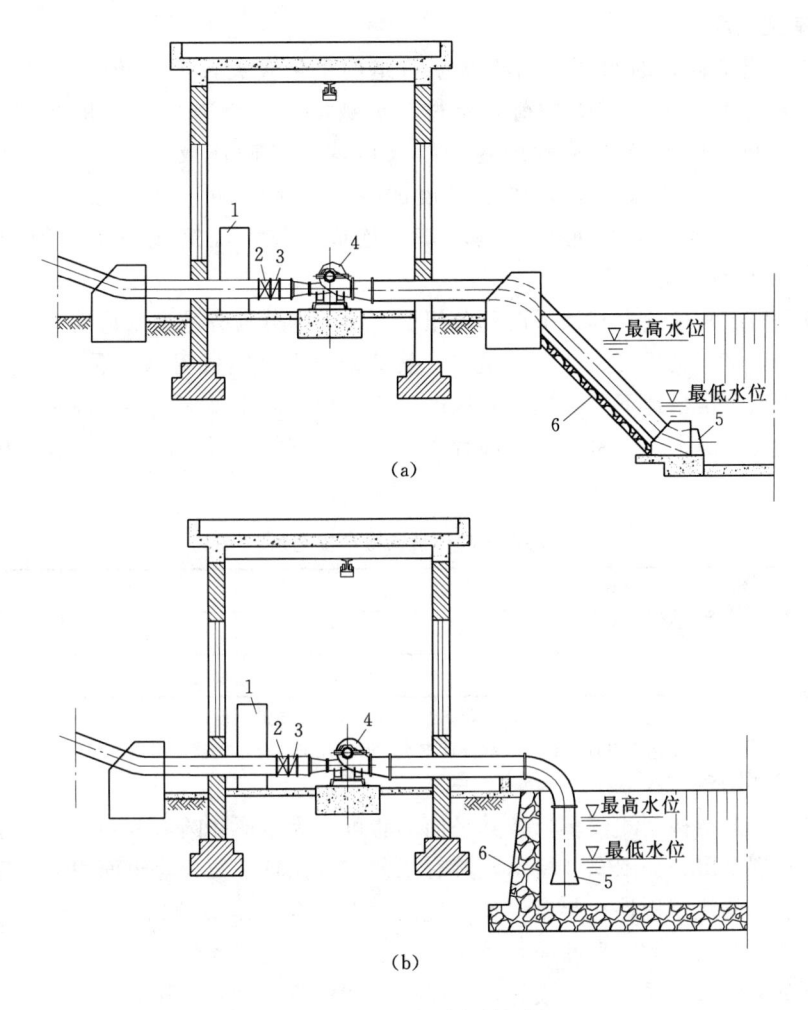

图9.1 分基型泵房剖视图
(a) 斜坡式；(b) 直墙式
1—电动机软启动柜；2—闸阀；3—逆止阀；4—水泵；5—进水喇叭口；6—进水池后墙

在分基型泵房中，泵房与进水池之间常设置一水平段，作为检修进水管、进水池和拦污栅等工作的走道，同时也有利于泵房稳定、施工和水流平稳地进入水泵叶轮。水平段的长度不可过大，否则会增加工程造价；如长度过短，则管道弯头距离水泵进口过近，弯头引起管中水流断面流速与压强分布不均匀，将直接影响水流平稳地进入水泵叶轮进口，从而引起水泵的工作效率降低。比较合理的长度是，以机组和泵房基础不建筑在因修挡土墙而开挖的回填土上为准。一般情况下，水平段长度不应小于其进水管管径的3～5倍。另外，在水泵进口处装设偏心渐缩管可以大大改善水流流速的分布状态，对缩短进水管道的水平长度有利。

分基型泵房地面高程通常根据泵站流量及进水池最高水位确定，当泵站流量小于$6m^3/s$时，一般应比进水池最高水位高0.6m；流量在6～20m^3/s之间时为0.8m；流量大于20m^3/s时应采用1.0m。

9.1.2 干室型泵房

对于单机流量较大的水泵，由于水泵机组的重量较大，为了减小作用于地基单位面积上的重量，避免地基承受的荷载超过其承载能力，就需要扩大机组基础底面积，以至于各水泵机组的基础以及机组基础与泵房墙柱基础连成一个整体。另外，对于进水池水位变幅大于水泵的有效吸上高度的泵站，为了防止高水位时外水从基础底部渗入泵房，也需要将泵房底板与侧墙基础连成一体，浇筑成一个封闭的干室，于是就形成了干室型泵房。

干室型泵房通常由地上和地下两部分组成，地上部分与分基型泵房基本相同，地下部分为一封闭的干室。主机组安装在干室内，其基础与干室底板用钢筋混凝土浇筑成整体。为避免外水进入泵房，地下干室挡水侧墙的顶部高程应高于进水侧的最高水位，其安全加高按表9.1的规定确定。干室的底板高程根据计算得到的水泵允许安装高程和机组的安装尺寸确定。

表9.1　　　　　　　　泵房挡水部位顶部最小安全加高　　　　　　　　单位：m

泵站建筑物级别		1	2	3	4、5
运用情况	设计	0.7	0.5	0.4	0.3
	校核	0.5	0.4	0.3	0.2

注　1. 安全加高系指波浪、壅浪计算顶高程以上距离泵房挡水部位顶部的高度。
　　2. 设计运用情况系指泵站在设计运行水位或设计洪水位时运用的情况，校核运用情况系指泵站在最高运行水位或校核洪水位时运用的情况。

干室型泵房的结构型式较多，按其平面形状可分为矩形和圆形两种基本类型。

矩形干室型泵房，如图9.2所示，具有工艺布置比较方便、建筑面积能合理利用以及便于利用标准化的建筑构件和起重设备等优点，但也存在矩形结构受力条件较差的缺点，适用于外部水位变化不大、平面面积较大、地下埋深较浅的场合。

圆形干室型泵房的受力条件较好，可以减小结构断面尺寸，降低工程造价，但室内工艺布置会受到一定限制，建筑面积利用率相对较低，适用于水源水位变幅较大、埋置较深、平面面积不大的场合。圆形干室型泵房按其结构的不同有以下几种常见的形式：

（1）竖井式泵房：按其底板的形状又可分为平底和球底泵房。平底泵房，如图9.3所示，由柱壳和平底板组成，其主要特点是结构简单、施工方便、材料较省，适用于一般工程地质条件的中小型泵站。球底泵房，如图9.4所示，由柱壳、环梁及球底壳组成，底板受力情况较好，但球底施工比较困难，常用于直径大于15m的大中型泵房。

（2）瓶式泵房：对于泵房高度较大的圆形泵房，为了降低工程造价，常将泵房设计成下大上小的瓶状，如图9.5所示。这种泵房有利于泵房的稳定性，但通风、采光及运输条

9.1 泵房结构类型及其适用场合

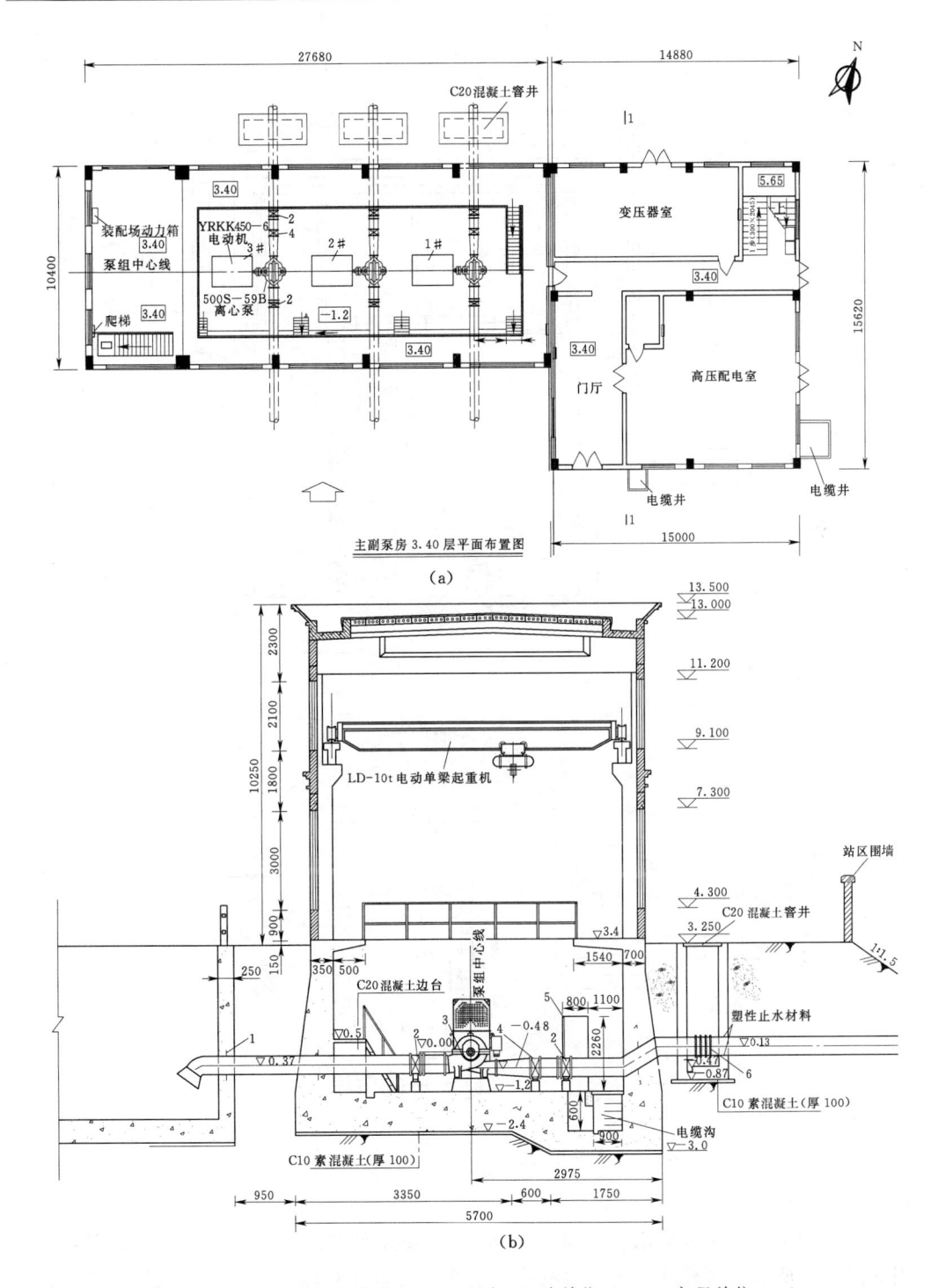

图 9.2 矩形干室型泵房平面、立面图（尺寸单位：mm，高程单位：m）
(a) 平面图；(b) 立面图
1—截渗环；2—检修蝶阀；3—离心泵；4—液控蝶阀；5—电动机软起动柜；6—波纹管伸缩节

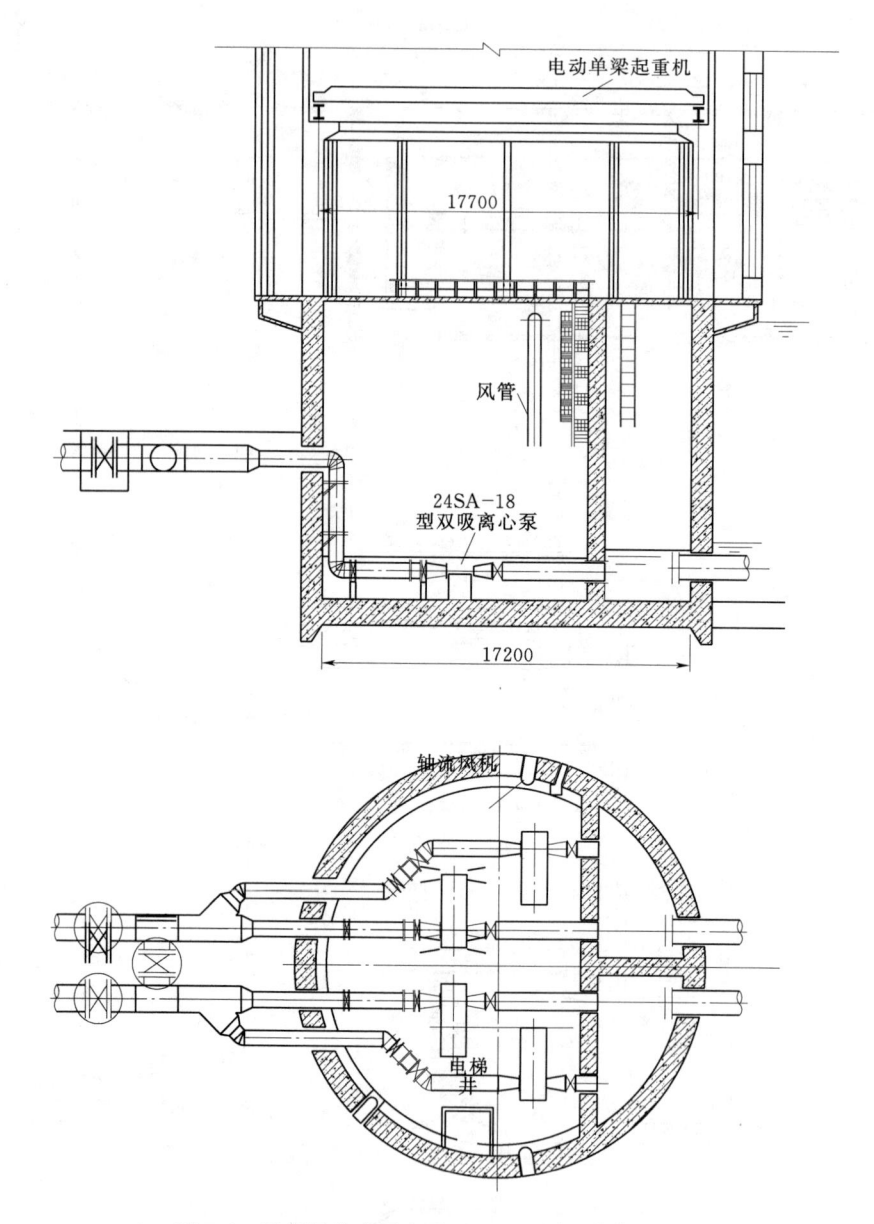

图 9.3 平底竖井式泵房平面、立面图（单位：mm）

件较差，施工比较复杂。

另外，为了适应更大的水位变幅（>15m）且洪水期较短、含沙量不大的情况，也有采用如图 9.6 所示的淹没式泵房。这种形式的泵房在高水位时，整个泵房淹没在水下。因此，要求结构防水严密，泵房内宜安装卧式水泵机组，且台数不宜太多，一般不宜超过 4 台，以免过分增大泵房体积，不利于泵房结构的抗浮稳定。这种泵房的最大缺点是通风差、噪声大，且需要增设兼作进风道和排风道的交通廊道。

图 9.4 球底竖井式泵房　　　　图 9.5 瓶式泵房

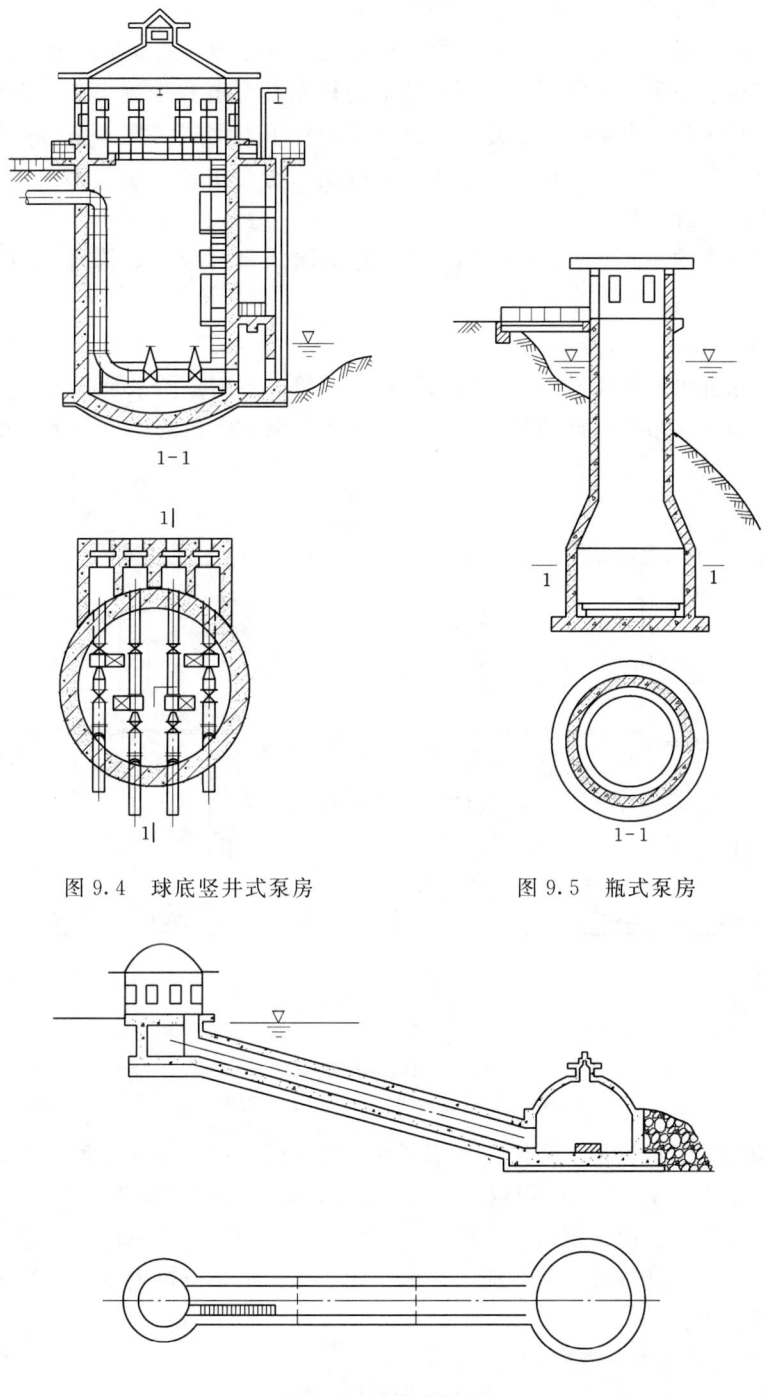

图 9.6 淹没式泵房

9.1.3 湿室型泵房

对于立式低扬程水泵机组，常采用湿室型泵房的形式，这种泵房的下部为一与前池相通并充水的地下湿室。这样不仅可以减小泵房的平面尺寸和利用湿室内水重提高抗浮稳定性，同时也有利于动力机的防潮、通风和采光等。

湿室型泵房根据湿室中的水面是否为自由水面，可分为开式湿室和闭式湿室两种。开式湿室型泵房通常分为上下两层，上层安装电动机及其配电和控制设备，常称为电机层；下层为湿室，泵体及其进水喇叭管淹没于湿室水面以下。闭式湿室型泵房一般分为3层，上层为电机层，中层为位于地面以下亦为干室的出水弯管层，下层为无自由水面的湿室，室内安装泵体及其进水喇叭管。

根据湿室结构的不同，湿室型泵房可分为墩墙式、排架式、圆筒式和箱式湿室等4种。

9.1.3.1 墩墙式湿室型泵房

湿室周围除进水侧一面外，其他三面都用土回填，湿室按照水泵的安装台数用隔墩分隔成若干间，每台水泵有自己单独的进水室，支承水泵和电机的大梁直接搁置在隔墩上如图9.7所示。

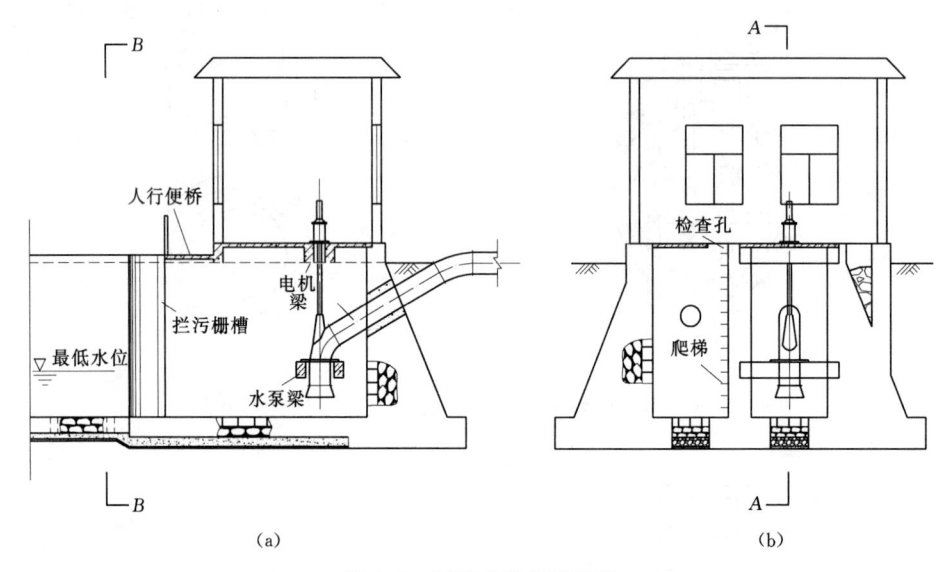

图9.7 墩墙式湿室型泵房
(a) $A-A$ 剖视图；(b) $B-B$ 剖视图

这种结构型式的特点是水泵工作互不干扰，有较好的进水条件，每个进水室前可设闸门及拦污栅，便于对单台水泵进行检修。墩墙或底板可以采用浆砌石结构，并可就地取材，施工比较简单。但由于墙后填土的水平推力较大，为了满足泵房抗滑稳定要求，需要增加泵房重量，这样既增大了基础应力，也增加了工程量，所以大多在地基条件较好且石料丰富的地区采用。

9.1.3.2 排架式湿室型泵房

这种泵房的特点是湿室采用钢筋混凝土框架结构，由钢筋混凝土梁柱来支承水泵机组和泵房上部结构的荷载，泵房三面用砌石护坡，不用土回填，如图9.8所示。由于泵房四面环水，为了便利搬运设备和管理通行，必须在泵房两侧或一侧用工作桥和岸坡连接。

这种泵房的优点是没有侧墙及后墙的填土压力，可不必考虑泵房的抗滑稳定问题，结构自重轻，材料省，地基应力小；缺点是水泵检修不便，护坡工程量大。

9.1 泵房结构类型及其适用场合

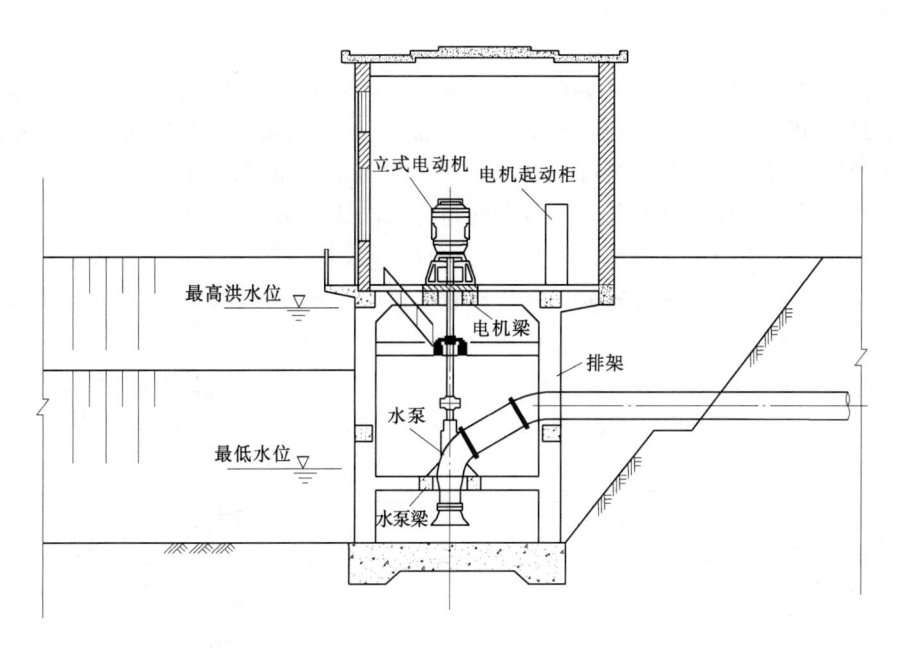

图 9.8 排架式湿室型泵房

9.1.3.3 圆筒式湿室型泵房

如图 9.9 所示，泵房亦分为地上结构和地下结构两大部分，地下结构的平面形状为圆形，四周用土回填，通过引水涵管将进水室与引渠连通。地上结构的平面形状可根据需要或地形、地质条件确定为圆形或矩形均可。

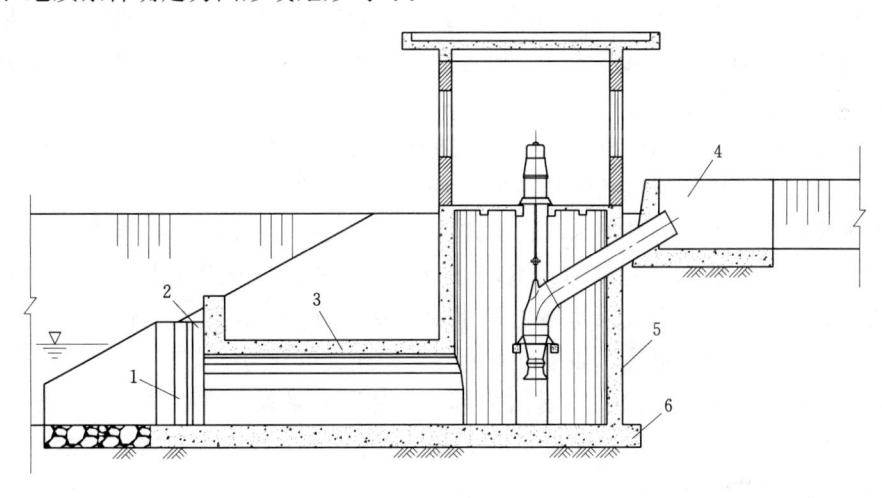

图 9.9 圆筒式湿室型泵房
1—检修门槽；2—拦污栅槽；3—拱形进水涵洞；4—出水池；5—井筒壁；6—底板

由于这种形式的泵房采用圆形的地下结构，既克服了墩墙式泵房由于侧向回填土可能引起的水平滑动和结构应力不均匀的缺点，也克服了排架式泵房四周边坡开挖、护坡工程量大及可能出现管涌或流土的弊病。这种泵房的缺点是进水条件较差，室内设备布置较困难，建筑面积的利用率较低，对于机组台数不多的中小型泵站较为适合。

9.1.3.4 箱式湿室型泵房

箱式湿室型泵房的结构与排架式泵房基本相同，只是在排架式泵房四周除迎水面以外的三面加筑一定高度的挡土板墙，水下结构每隔2～3台水泵用检修隔墩（墩高超出进水室最高水位）将其分隔成若干个进水室，并在进水室前设检修闸门，如图9.10所示。这种泵房的优点是挡土板可以控制三面填土的高度，以达到减小土压力的目的。与墩墙式泵房相比，这种泵房的稳定性较好，地基反力比较均匀，且工程量较小，工程造价较低；与排架式泵房相比，其结构刚度较大，能适应软基沉陷，抗震性较好，对外交通也较方便。

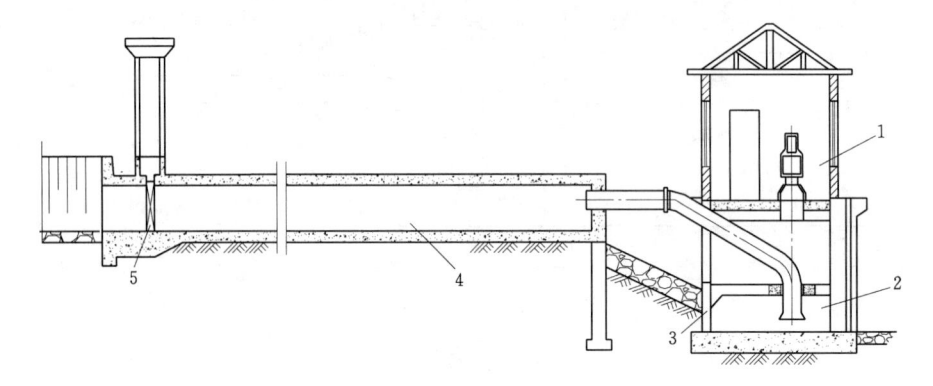

图9.10 箱式湿室型泵房
1—电机层；2—箱型进水室；3—挡土板墙；4—出水涵管；5—防洪闸

9.1.4 块基型泵房

对于口径较大（≥1200mm）的水泵，为满足水泵对进水流态的要求，通常需要采用专门的进水流道。为了增大泵房的整体稳定性，常将进水流道、水泵基础以及泵房基础浇筑成整体结构，作为整个泵房的基础，这种结构形式的泵房称为块基型泵房。由于块基型泵房整体重量大，故抗浮和抗滑稳定性好，能够抵挡较大的外水压力。同时，由于该种泵房结构整体性好，可以适应包括软基在内的各种地基条件。

根据水泵的结构型式、进出水流道型式、机组的支承结构等不同，块基型泵房的结构型式又有多种多样。按水泵的结构类型，分为立式、斜式和卧式3大类，卧式又有轴伸式、贯流式、猫背式等。立式泵房按进出水流道形式分为肘形进水、钟形进水、虹吸出水、直管出水、双向进出水等。如按机组的支承型式又可分为梁式支承结构、构架式支承结构、环梁立柱式结构和圆筒式支承结构等。另外，如果泵房直接挡水，与堤身挡水类似，则称为堤身式块基型泵房；如果泵房不直接挡水，与堤身挡水而堤后建筑物不挡水类似，则称为堤后式块基型泵房。

图9.11、图9.12是较为典型的两座具有肘形和簸箕形进水流道的块基型泵房剖面图。两站分别安装28CJ-56型和1600ZLB型大型立式轴流泵10台和3台，泵房结构均由电机层、联轴器层、水泵层以及进水流道层4层组成。泵房内电机支承采用梁式结构。如图9.11所示泵站的出水流道采用虹吸式，虹吸式出水流道的驼峰顶部装有用于停机断流的真空破坏阀；图9.12中的泵站采用直管式出水流道，流道出口装有供断流使用的拍门。

如图9.11所示的泵房，为堤身式泵房，作为大堤的一部分，具有直接抵挡外河洪水

9.1 泵房结构类型及其适用场合

的功能。因此，为满足泵房整体稳定的要求，常将虹吸式出水流道与泵房建成一体。如图 9.12 所示的泵房属堤后式，泵房不直接挡水，所以泵房的结构布置不受外河水位的影响，泵房外的出水流道较长，一般设永久变形缝将出水流道与泵房结构分开。因此，泵房结构不受出水流道型式的影响。这两种型式的泵房由于分层多，使内部结构复杂，存在着设计、施工、运行管理复杂、工程量大、造价高等特点。

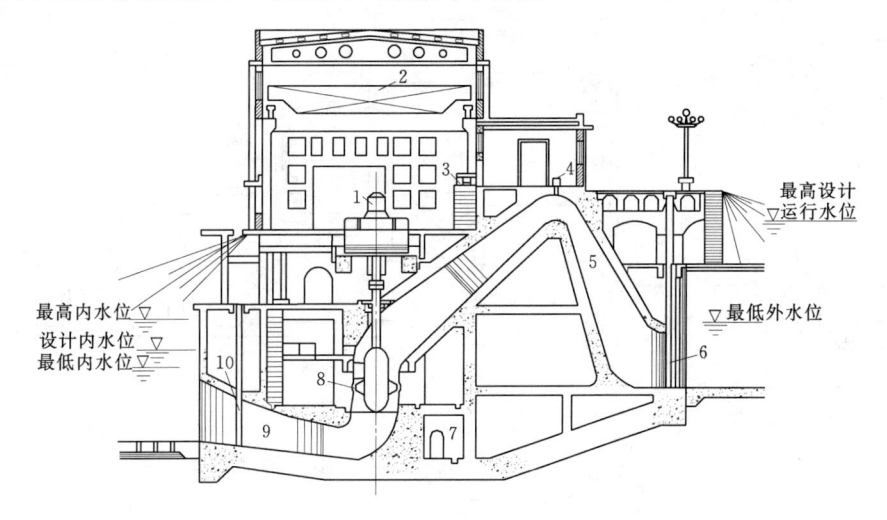

图 9.11 堤身式块基型泵房
1—1600kW 主电动机；2—桥式吊车；3—高压开关柜；4—真空破坏阀；5—虹吸式出水流道；
6—防洪闸门；7—排水廊道；8—2.8m 主水泵；9—肘形进水流道；10—检修闸门

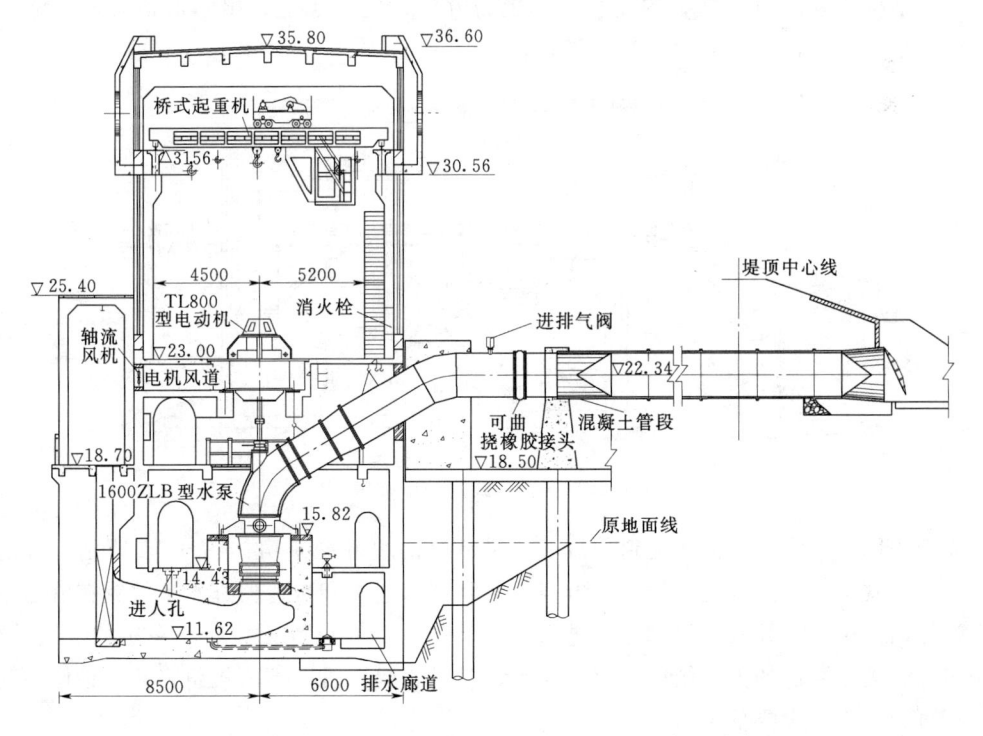

图 9.12 堤后式块基型泵房（尺寸单位：mm；高程单位：m）

安装大型斜式轴流泵或混流泵机组的泵房也多采用块基型泵房，如图 9.13 所示，斜式泵采用肘形进水流道、直管形出水流道和拍门断流。水泵斜式安装可以大大降低泵房的高度，减少泵房的层数，从而可以大大简化泵房结构、降低工程造价和方便泵站的运行维护。同时，这种布置还可大大减小了进、出水流道的转弯角度，使流道的水力损失得以降低，因此，这种泵房型式的泵站具有较高的装置效率。

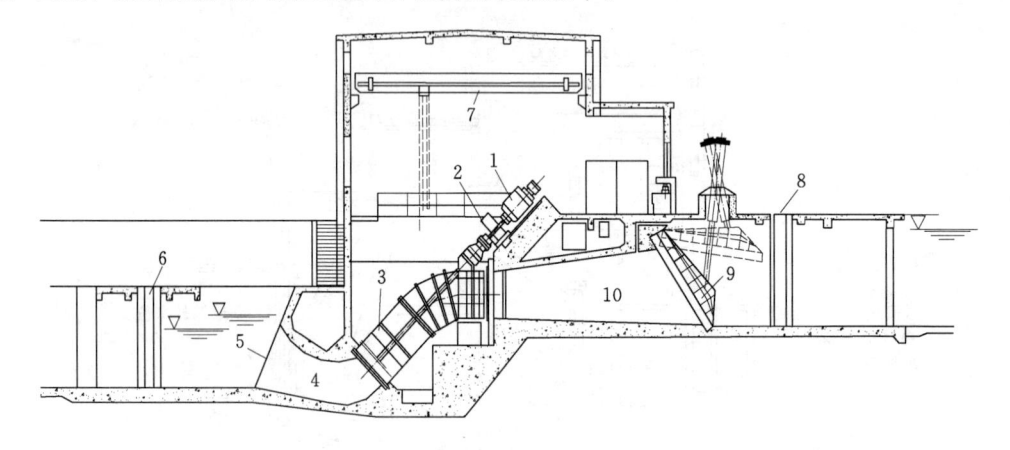

图 9.13 斜式机组块基型泵房
1—主电动机；2—齿轮减速箱；3—斜式轴流泵；4—进水流道；5—拦污栅；6—检修门槽；7—桥式吊车；8—防洪闸门槽；9—油压缓冲拍门；10—出水流道

如图 9.14 所示的是安装具有猫背式流道的卧式轴流泵机组的块基型泵房剖面图。这种泵房的结构比较简单，机组的安装检修较为方便，但由于进、出水流道弯曲，施工麻烦，流道阻力损失较大，从而影响装置效率。

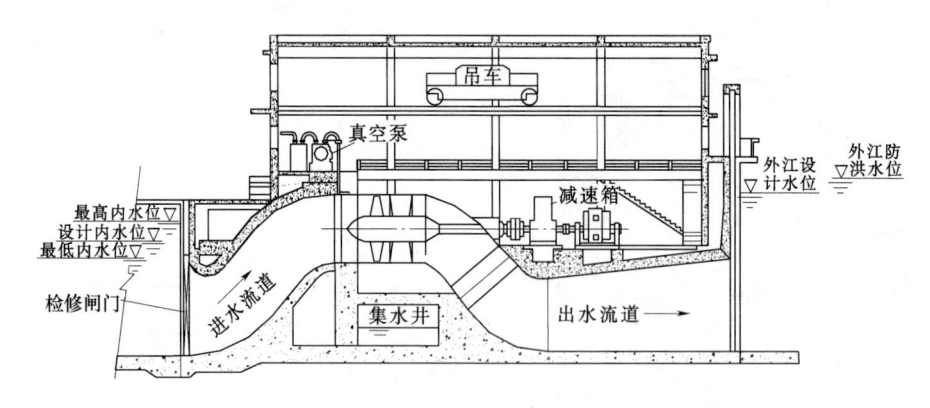

图 9.14 猫背式块基型泵房

安装采用直管式进、出水流道的灯泡式贯流泵的块基型泵房如图 9.15 所示。灯泡式贯流泵的配套电机通过行星齿轮减速器与水泵联结，电机和减速器都水平放置在流道中央的灯泡体内。由于水泵和电机都位于进水池水位以下，故可以大大简化泵房的上层结构，甚至可以省去主泵房的上部结构，仅在露天设置门式起重机以解决机组安装、检修的起吊问题即可，从而大大降低泵房上部结构的工程投资。

9.1 泵房结构类型及其适用场合

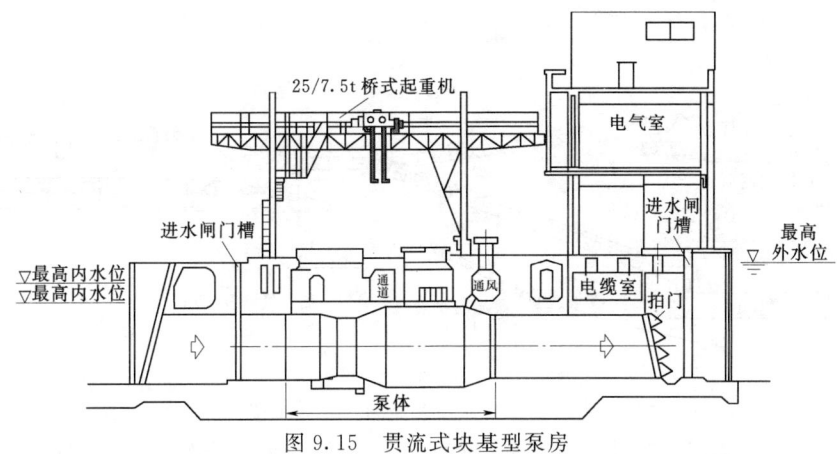

图 9.15 贯流式块基型泵房

9.1.5 浮船型泵房和缆车型泵房

浮船型泵房又称为泵船，它是将水泵机组安装在近岸的趸船上，趸船用铁锚、固定索和锚桩等锚固设备来定位和保持稳定，泵船结构、船上设备布置及浮动泵船与岸边输水管总体布置分别如图 9.16 和图 9.17 所示。

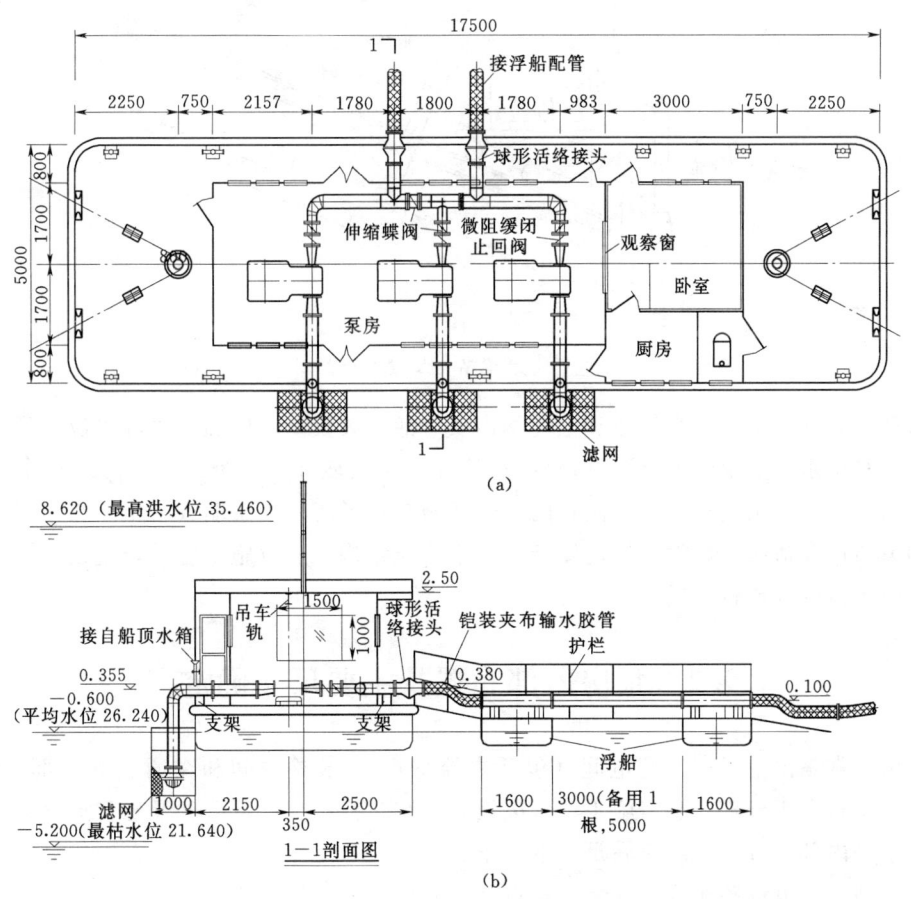

图 9.16 泵船结构与设备布置简图（尺寸单位：mm；高程单位：m）
(a) 泵船平面布置图；(b) 1—1 剖面图

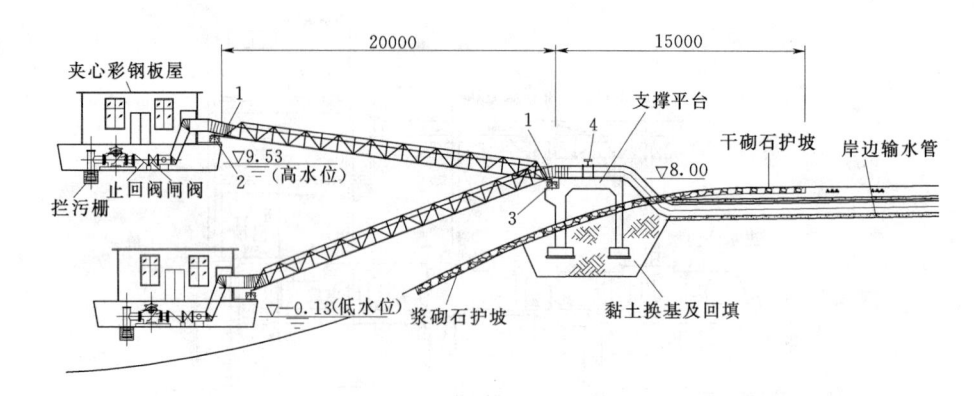

图9.17 浮动泵船与岸边输水管总体布置简图（尺寸单位：mm；高程单位：m）
1—铠装法兰橡胶管；2—船端双面弧形压力支座；3—岸端双面弧形压力支座；4—双D排气阀

缆车型泵房又称为泵车，它是将水泵机组安装在可利用卷扬机拖动沿轨道升降的缆车上，如图9.18所示。

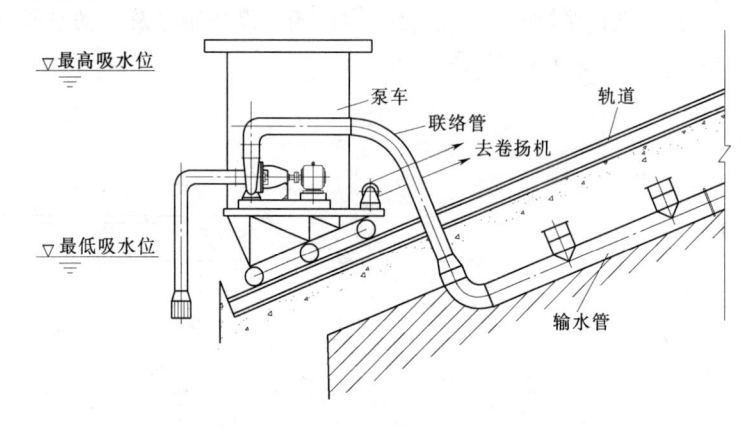

图9.18 泵车结构及设备布置图

移动式泵站水泵的出水管道和电缆均需要有活动装置，以便随着水源水位的升降进行调节。在水源水位变幅较大（>10m），水位涨落速度较小（≤2m/h），河岸稳定，建固定式泵站投资大、工期长、施工困难的场合建站，可考虑采用泵船或泵车。因为它们具有较大的灵活性和适应性，没有构造复杂的水下建筑结构，所以施工容易，建设周期短，投资少，但运行管理比较麻烦。

9.2 泵房内部布置及主要尺寸确定

泵房通常是由主机房、配电间（包括主控室）、安装检修间和交通道等4部分组成。泵房内部布置是否合理对泵房施工、机电设备安装、检修、运行管理及工程造价等有很大影响。泵房内部布置，一般应满足以下要求：

（1）满足机电设备布置、安装、运行和检修要求。
（2）满足结构布置要求。

9.2 泵房内部布置及主要尺寸确定

(3) 满足通风、采暖和采光要求，并符合防潮、防火、防噪声、节能、劳动安全与工业卫生等技术规定。

(4) 满足内外交通运输要求。

(5) 注意建筑造型，做到布置合理、适用美观，且与周围环境相协调。

泵房内部布置和其尺寸确定与主机组类型密切相关。安装卧式机组的泵房（如分基型和干室型）平面尺寸，通常是根据其内部设备布置和安装上的要求确定的；安装立式机组的泵房（如湿室型和块基型）平面尺寸通常是根据其进水结构（如进水池和进水流道）而确定的。无论是安装卧式水泵机组还是立式水泵机组，泵房的立面尺寸都是根据主机组安装和检修要求确定的。通常安装卧式机组的泵房，其主泵房为单层建筑；而安装立式机组的主机房为多层建筑。

9.2.1 卧式机组设备布置及泵房尺寸确定

9.2.1.1 室内设备布置

(1) 主机组布置。泵房的尺寸一般是根据主机组的布置形式确定的。按水泵的型号和数量，主机组通常有单列式和双列式两种布置形式。

单列式布置是最常采用的一种，它又可分为纵向布置方式［各机组轴线位于一条直线，如双吸泵，图9.19（a）、图9.19（b）］和横向布置方式［轴线彼此平行，如单吸泵，图9.19（c）］两种。单列式布置形式简单、整齐美观，泵房跨度小，但当机组数目过多时会导致泵房过长，从而使前池和进水池也相应加宽。

双列式布置，是将水泵机组排成两列，而且相互交错，如图9.20所示。这种布置可以缩短泵房长度，但增加了泵房跨度，给操作和维修带来不便，同时要求部分水泵轴转向，需在水泵订货时加以说明。一般当机组台数较多、泵房长度受限制、采用圆筒形泵房或者需要在深挖方和深水中建站的场合，常采用双列式布置形式。

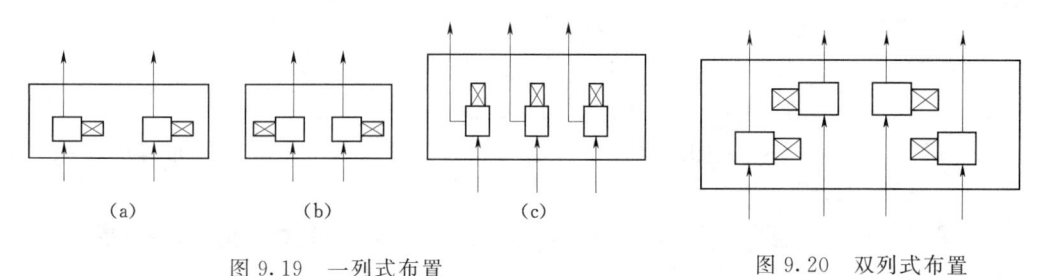

图9.19 一列式布置
(a) 同侧纵向布置；(b) 异侧纵向布置；(c) 横向布置

图9.20 双列式布置

(2) 配电设备布置。配电设备的布置形式，通常分为一端式和一侧式两种。

一端式布置是在泵房进线一端建配电间或副厂房，适用于机组台数较少的泵站。这种布置方式的优点是泵房跨度小，进、出水侧都可以开窗，有利于通风和采光。但是当机组数目较多时，工作人员不便监视远离配电间的机组的运行情况。

一侧式布置是在泵房一侧（进水侧或出水侧，一般以出水侧居多）建配电间或副厂房。这种布置形式的优点是当机组台数较多时，有利于监视机组的运行。但是，这种布置形式对于大型机组可能会使泵房跨度增大。为弥补此缺点，配电间或副厂房可沿泵房跨度方向向外凸出一部分。

配电间或副厂房的尺寸应根据电气设备布置、安装、运行和检修等要求确定，且应与泵房总体布置相协调。对于主电动机单机功率在630kW以下，且机组台数在3台以下的泵站，高、低压开关柜配电间布置在泵房室内。对于主电动机单机功率在630kW及以上，且机组台数在2台及2台以上的泵站，一般建副厂房。副厂房一般包括高压开关室、低压开关室、中控室、配电室、维修室，以及当主变压器或站用变压器放置在室内时的变压器室等。配电间和副厂房的室内布置均应符合电气规范的有关规定。

（3）检修间布置。检修间一般设在主泵房对外交通运输方便的一端，其平面尺寸要求能够放下泵房内部的最大设备或最大部件，并便于拆卸，同时还要留有余地存放工具等杂物。在不专设吊车的泵站，如机组容量较小或机组间距较大时，可以原地进行检修而不必单设检修间。

（4）交通道布置。泵房内的主要交通道一般是沿泵房长度方向布置，以便于值班人员巡视及搬运设备，其宽度应不小于1.5m，其高程应高于主机坪地板一定高度，以利于跨越室内管路和闸阀。

（5）真空、充水系统布置。充水系统包括充水设备（如真空泵机组）及抽气干、支管，其布置以不影响主机组检修、不增加泵房面积并便于工作人员操作为原则。充水设备一般布置在检修间或主机组之间或进水侧的空地上。抽气干管可与充水设备同侧布置，在高程上可沿泵房内地面铺设，也可支承在高于地面2.2m左右的空间，然后通过抽气支管与每台水泵相连。

（6）排水系统布置。排水系统主要用来排除水泵水封用的废水、轴承冷却水及管阀漏水等。泵房地坪应有向前池方向倾斜的坡度（约2‰左右），并设排水干、支沟。支沟一般沿机组基础布置，但应与电缆沟分开，以免电缆受潮。废水沿支沟汇集于干沟中，然后穿出墙壁自流进入进水池。当没有自排条件（如干室型泵房）或为了加速排水时，泵房内需要专设排水泵进行抽排，这时积水通过排水干沟、支沟后汇入集水井中。集水井位置应与泵房内部布置结合考虑，通常设在泵房的较低处。

此外，在进行泵房布置时还应注意下列几点：

1）安装在泵房机组周围的辅助设备、电气设备、管道及电缆沟，其布置应避免交叉干扰。

2）泵房对外至少应有两个出口，其中一个应能满足运输最大部件或设备的要求。

3）泵房电机层宜采用水磨石地面，副厂房中的中控室宜采用防尘地面，其内墙应刷涂料或贴墙面布。

4）泵房门窗应根据泵房内通风、采暖和采光的需要合理布置。严寒地区应采用双层玻璃窗。向阳面窗户宜有遮阳设施。

5）泵房屋面可根据当地气候条件和泵房内通风、采暖要求设置隔热层。

6）泵房的耐火等级不应低于二级。泵房内应设消防设施，并符合现行国家标准GB 50016《建筑设计防火规范》和SDJ 278《水利水电工程设计防火规范》的规定。

7）泵房内机组段值班地点允许噪声标准不得大于85dB（A），中控室和通信室在机组段内的允许噪声标准不得大于70dB（A），中控室和通信室在机组段外的允许噪声标准不得大于60dB（A）。若超过上述标准时，应采取必要的降声、消声或隔声措施。

另外,对于干室型泵房,水泵设备的布置除了遵循上述原则外,还需注意以下几个问题:

1) 注意室内排水及地下(或水下)结构的防渗处理。安装在干室型泵房中的水泵低于进水池水位,为便于检修,水泵的进、出水管路上均应设闸阀及泄水管。为了及时排除泵房内部的渗水、泵体和阀门漏水以及排除检修时泵体和管道内的积水,必须设置排水泵进行机械抽排,且排水泵不应少于 2 台。

为加强泵房地下或水下结构的防渗能力,要求对泵房地下部分的侧墙和底板进行防渗处理。

2) 注意加强泵房的通风和防潮。由于干室型泵房的地下部分一般埋深较大,尤其是圆形干室型泵房和淹没式泵房,依靠自然通风往往难以满足要求,必须设置机械通风系统。机械通风系统可采用机械送风、自然排风的通风方式,当自然排风不能满足要求时,则需要采取机械送、排风的通风方式,以保证机组和运行人员有良好的工作条件。此外,还需注意加强地下泵房内机电水泵的防潮。

3) 充分利用泵房空间。为了充分利用泵房的上部空间,配电设备应布置在干室型泵房的地上部分,这样就可保证机电设备有良好的通风防潮条件。但配电设备在上层布置时不应布满整个泵房,以便于地下干室内设备或管件的吊运。

对于圆形泵房,因泵房内设备布置比较紧凑,原地检修困难,通常可在泵房上层设置的修理间内进行小修。机电设备的大修应在泵房外进行。

9.2.1.2 泵房尺寸的确定

(1) 泵房宽度。泵房宽度,又称泵房跨度,一般根据水泵、阀门和其他管路附件的数量和尺寸以及水泵机组的布置形式确定,并满足设备安装、检修、运行维护和交通道布置的要求。此外,泵房跨度还应与定型的屋架跨度、吊车跨度相适应。

泵房内的进、出水管道通常都采用法兰连接的钢管。由于进、出水管道的直径一般都比水泵进口及出口的口径大,所以在水泵进口需要安装偏心渐缩接管、出口安装渐扩接管。出水管道阀件的数量和位置可根据具体情况确定。对于卧式离心泵,为满足关阀起动和检修的要求,通常在水泵出口附近装设闸阀或蝶阀。采用止回阀作为断流设备的泵站,对于分基型和干室型泵房,为便于检修,止回阀通常放在室内,置于水泵出口与出口阀门之间的管段上。为了方便阀门检修时的拆卸和安装,推荐采用一端带伸缩节的伸缩蝶阀(闸阀),或在阀门出口安装套管式伸缩节。对于深井式泵房,为了减小其平面尺寸和防止发生水锤事故时淹没泵房,也可将逆止阀装在泵房外,但前面要装进、排气阀,以防水锤破坏管路。此外,为了避免阀件重量传给水泵或其他设备,阀件下应设支墩支承,其高度需满足使用扳手的富裕空间,便于拆装管道的接口螺栓。对于大型水泵机组、高扬程水泵机组和装在松软地基上的水泵机组,还应在水泵进、出口附近装设可曲挠橡胶伸缩接管,以适应力的相互传递。

(2) 泵房长度。泵房长度主要根据主机组台数、布置形式、机组间距、边机组段长度和安装检修间的布置等因素确定,并应满足机组吊运和泵房内部交通的要求。机组间距可参照表 9.2,同时要考虑电机的电压等级。机组基础长加上净距即为机组中心距,该值应等于每台水泵要求的进水池宽度与池中隔墩厚度之和,两者如果不一致,可通过调整间距来统一。机组中心距也就是泵房的柱距。在有配电间或检修间的泵房中，配电间或检修间的柱距可以与机组间的柱距相同，或者根据设计需要而定。

表 9.2　　　　　　　　　　　　泵房内部设备间距表　　　　　　　　　　　　单位：m

设备状况	单泵流量/(m³/s)		
	＜0.5	0.5～1.5	＞1.5
设备顶端与墙间	0.7	1.0	1.2
设备与设备顶端	0.8～1.0	1.0～1.2	1.2～1.5
设备与墙间	1.0	1.2	1.5
平行设备之间	1.0～1.2	1.2～1.5	1.5～2.0
高压电动机组之间	1.5	1.5～1.75	2.0

(3) 泵房高度。确定泵房立面各层高程时，应首先确定水泵的安装高程，然后，由水泵安装高程减去泵轴线至水泵底座的距离，得到水泵基础面高程。再由水泵基础面高程减去 0.1～0.3m 的安装空间，得到泵房主机组地面高程。

检修间地板高程通常高于泵房底板，其高程一般和配电间地板高程一致，为了防洪安全以及便于汽车运输设备，检修间地板高程应高出最高洪水位和泵房外地面 0.3～0.5m 左右。泵房内装有吊车时，应考虑载重汽车进入检修间装卸设备，所以吊车轨面高程$\nabla_轨$ (图 9.21) 可采用式 (9.1) 计算确定，且应保证吊车最高点与屋面大梁底部距离不小

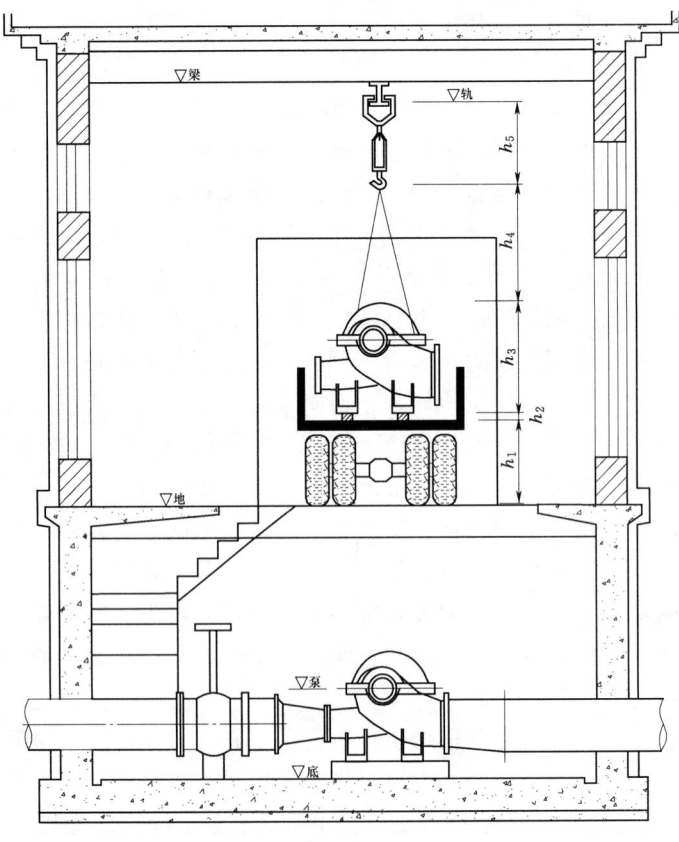

图 9.21　确定泵房高程示意图

9.2 泵房内部布置及主要尺寸确定

于 0.3m。

$$\nabla_{轨} = \nabla_{地} + h_1 + h_2 + h_3 + h_4 + h_5 \tag{9.1}$$

式中：$\nabla_{地}$ 为检修间地板高程，m；h_1 为汽车厢底板离地面高度，m；h_2 为垫块高，m；h_3 为设备（或部件）的最大高度，m；h_4 为捆扎长度，m；h_5 为吊车吊钩到轨道面的距离，m。

当吊件需要跨越其他固定物时，吊件与固定物的安全距离应符合下列要求：

1) 采用刚性吊具时，垂直方向不应小于 0.3m；采用柔性吊具时，垂直方向不应小于 0.5m。

2) 水平方向的距离不应小于 0.4m。

当变压器在室内安装时，其检修抽芯所需的高度不得作为确定泵房高度的依据。如果起吊高度不足，应设变压器检修坑。

9.2.2 立式机组设备布置及泵房尺寸确定

9.2.2.1 主泵房

安装立式水泵机组的主泵房通常采用湿室型泵房或块基型泵房。该两种形式的泵房一般为矩形多层结构。大型块基型泵房通常分为进水流道层、水泵层、联轴器层和电动机层；开式湿室型泵房大多只有吸水室层或水泵层和电动机层，而闭式湿室型泵房常分为吸水室层（水泵层）、出水弯管层和电动机层。

（1）湿室型泵房。湿室型泵房内的设备布置比较简单，机组间距和电机层空间主要取决于下层水泵的进水要求和湿室的尺寸，主机组多为一列式布置，考虑到高压进线及对外交通的方便，配电间可以布置在泵房的一端，或者根据具体情况，沿泵房长度方向集中或分散布置。

由于立式轴流泵或混流泵叶轮均淹没于水下工作，故无需充水设备，但是，启动机组时需有润滑水泵上导轴承（多为橡胶轴承）的灌引水设备，其安放位置应根据水泵的允许吸程确定，作为技术供水系统的一部分。另外，还需设有检修水泵时用以排除湿室内的部分积水的设备，如潜水电泵。

泵房上、下层之间的设备运送可通过上层楼板上开设的吊物孔垂直吊运的，这样布置有利于下层的通风采光要求。如果电机梁、水泵梁处的孔洞尺寸满足设备起吊要求，则不另设吊物孔。泵房内应尽量加大窗户面积，如果自然通风条件不良，可以在上层设一些排风扇加强通风。

湿室型泵房的平面尺寸依据下层湿室的尺寸确定，并校核是否满足上层机电设备布置要求。

有关湿室的设计详见第 8 章进水池设计部分。确定平面尺寸时有关机组的间距要求见表 9.2。

泵房立面主要高程（图 9.22）确定如下：

1) 水泵进水喇叭管口高程 $\nabla_{进}$。

$$\nabla_{进} = \nabla_{低} - h_1 \tag{9.2}$$

式中：h_1 为淹没深度，m。

2) 底板高程 $\nabla_{底}$。

$$\nabla_{底} = \nabla_{进} - h_2 \tag{9.3}$$

式中：h_2 为悬空高度，m。

3) 电机层楼板顶面高程 $\nabla_{楼}$。一般应按最高内水位 $\nabla_{高}$ 加上安全超高（0.5～1.0m）确定。如果 $\nabla_{楼}$ 低于根据水泵和电机轴长尺寸的推算值，则应按后者确定。为了防止地面雨水的进入，电机层楼板应高于室外地面。

4) 泵房屋面大梁下缘高程 $\nabla_{梁}$。屋架或屋面大梁的下缘到电机层楼板的垂直距离即为泵房的高度，应能满足起吊最大部件的要求。

$$\nabla_{梁} = \nabla_{楼} + H_1 + H_2 + H_3 + H_4 + H_5 \tag{9.4}$$

式中：$\nabla_{楼}$ 为电机层楼板高程，m；H_1 为电动机高出电机层楼板高度，m，若吊件不越过电动机顶部，则此项可不计入；H_2 为吊件与电动机（或楼板顶面）之间的安全距离，一般取 0.3～0.5m；H_3 为吊件的最大长度，m，取电机转子连轴长度及水泵轴长两者中的大者；H_4 为吊钩与吊件之间的吊索长度，m；H_5 为吊钩与小车轨道顶部的最小距离，m。

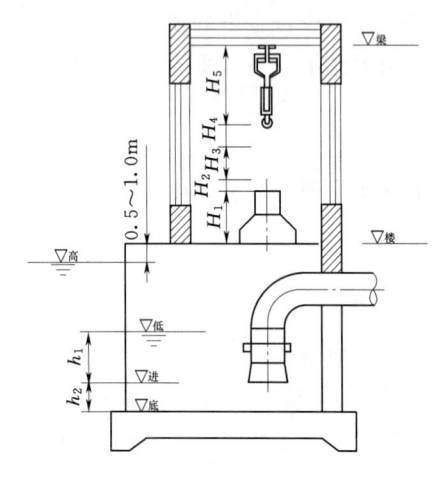

图 9.22 湿室型泵房立面尺寸示意图

(2) 块基型泵房。块基型泵房的泵站一般除安装主水泵机组的主泵房外，还有安装检修间、副厂房、辅机房、真空破坏阀室、油库等。泵站的全部设备应根据其作用和运行操作的要求，布置在适当位置。

1) 主泵房长度确定。由于主机组多为单列式布置，如图 9.23 所示，所以主泵房长度应根据主机组台数、机组段长度和安装检修间布置等因素确定，同时应满足机组吊运和泵房内部交通的要求。确定机组段长度时，既要考虑电机层设备的布置要求，也要考虑进水流道层流道进口宽度和相邻流道之间隔墩厚度结构尺寸要求。主泵房长度 L 一般可按下式计算确定：

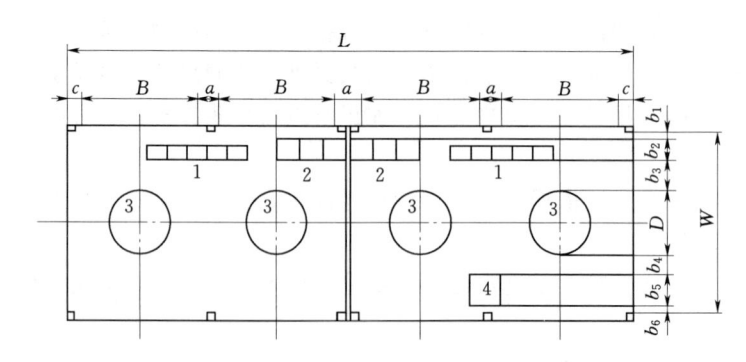

图 9.23 立式泵主泵房电机层平面布置图
1—低压开关柜；2—高压开关柜；3—主电动机；4—吊物孔

$$L = nB + (n-1)a + 2c \tag{9.5}$$

式中：L 为主泵房长度，m；n 为主机组台数；B 为进水流道进口宽度，m；a 为两台机组

9.2 泵房内部布置及主要尺寸确定

间隔墩的厚度，一般采用 0.8～1.0m，通过结构计算决定；c 为边墩厚度，一般采用 1.0～1.2m，通过结构计算决定。

根据式（9.5）计算出的泵房长度，还须满足两个条件。一是高压电动机净距不应小于1.5m，即

$$B+a-D \geqslant 1.5 \tag{9.6}$$

式中：D 为电动机的最大外径，m。

另一个条件是，每台水泵两侧的净距应能满足拆装叶轮、检修水泵等工作所需要的操作场地。

2）电机层设备布置及宽度确定。主泵房的宽度应由电动机或风道最大尺寸及上、下游侧运行维护通道所要求的尺寸确定。电动机层、水泵层和联轴器层的上、下游侧均应有运行维护通道，其净宽不宜小于 1.2～1.5m（机组尺寸大的取大值）；当泵房一侧（多为出水侧）布置有操作盘柜时，其净宽不宜小于 2.0m。水泵层的运行通道还应满足设备搬运的要求。主泵房宽度一般可根据电动机层宽度决定。根据吊物孔的位置，电动机层宽度有下列几种计算方法：

a. 操作盘柜沿泵房纵向靠出水侧布置在电动机层楼板上，吊物孔布置在靠进水侧的同一层楼板上，如图 9.23 所示，则电动机层的宽度可按下式计算：

$$W = D + b_1 + b_2 + b_3 + b_4 + b_5 + b_6 \tag{9.7}$$

式中：W 为电动机层净宽，m；D 为电动机的外径，m；b_1 为操作盘柜背面与吊车柱间的净距，一般取 $b_1 = 0.8～1.2$m；b_2 为操作盘柜的厚度，m，可从电气产品样本中查得；b_3 为配电盘盘面至吊物孔边缘的净距，m；b_4 为电动机外壳至吊物孔边缘距离，m；b_5 为吊物孔的宽度，m，按吊运的最大部件或设备外形尺寸加 0.2m 的安全距离确定；b_6 为吊物孔边缘至吊车柱的距离，m，要满足盖板的支承宽度。

b. 配电设备布置在泵房出水侧或泵房一端的配电间内，根据泵房的结构布置，配电间可以布置在外伸泵房底板的立柱上或布置在吊车柱外伸的牛腿上。配电间的宽度按配电盘的尺寸和要求确定。这样，在计算泵房跨度时，就不必考虑式（9.7）中的 b_1 及 b_2 值。这种布置方式不仅可以缩小泵房跨度，而且使电机层内显得整齐美观。

c. 吊物孔设在电动机层检修间内，在靠近进水侧或出水侧设吊物井，井底面与水泵层地板齐平，水泵部件可通过吊物井从电动机层进入联轴器层和水泵层。此时，主泵房的宽度主要根据电动机的外形尺寸、工作通道宽度及安装起吊设备的要求确定。这种布置方式，可以减小电动机外壳至前墙的距离，缩小电动机层的跨度。

此外，在确定电动机层的宽度时，还要兼顾定型的桥式吊车的规格。

3）联轴器层设备布置及宽度确定。联轴器层内设备比较简单，主要是布置油、气、水管道及电缆等。油、气、水管道一般在进水侧靠墙架空布置；电缆布置在电动机层楼板下的电缆室内。这些设备所占位置不大，因此，联轴器层的尺寸，不是由设备布置的要求决定的，而是根据安装检修的要求以及结构连接要求确定的。联轴器层的宽度一般应与电动机层宽度相同。

4）水泵层设备布置及宽度确定。水泵层的作用主要是安装和检修主水泵、供水泵及排水泵。主水泵的间距是根据进水流道宽度及电动机间的净距要求决定的，机组轴线在顺

水流方向的位置与吊物孔及配电间的布置有关（有时，为了调整地基应力分布，也可能要调整机组轴线的位置）。如果吊物孔布置在电机层楼板内或检修间靠进水侧时，则机组轴线偏向出水侧；如吊物孔布置在检修间靠出水侧时，机组轴线则偏向进水侧。供水泵一般靠近前墙布置，排水泵靠后墙布置。水泵层前后墙的距离，应根据上述不同的布置方式、设备尺寸和安装检修要求确定。

5）进水流道层布置。进水流道层包括进水流道及排水廊道，其尺寸应与泵房底板相适应。如果进水流道按水力设计要求的长度大于泵房底板的宽度，则可以用沉陷缝将流道进口处超出的部分断开，这样既不影响进水条件，又能节省混凝土工程量。此时需注意，应将检修闸门槽设置在泵房的整体底板上。

6）主泵房高度的确定。主泵房各层高度应根据主机组及辅助设备、电气设备的布置，机组的安装、运行、检修，设备吊运以及泵房内通风、采暖和采光要求等因素确定，并应符合以下规定：

a. 电动机层以上净空应满足水泵轴或电动机转子连轴的吊运要求，如果叶片调节机构为机械操作，还应满足调节杆吊装的要求，且保证起重机最高点与屋面大梁底部距离不小于 0.3m。

b. 当吊运设备采用刚性吊具时，吊件与电动机之间垂直方向的距离不小于 0.3m；采用柔性吊具时，垂直方向的距离不小于 0.5m，水平方向的距离不小于 0.4m。

c. 水泵层净高不宜小于 4.0m，排水泵室净高不宜小于 2.4m，排水廊道净高不宜小于 2.2m。空压机室净高应大于贮气罐总高度，且不低于 3.5m，并有足够的泄压面积。

主泵房水泵层底板顶面高程是控制泵房立面布置的一个重要指标，应根据水泵安装高程和进水流道布置要求确定。底板高程是否合适，直接关系到机组能否安全正常运行和地基是否需要处理及处理工程量的大小，因而是一个十分重要的问题，必须认真对待。

当水泵安装高程确定后，根据泵轴、电动机轴的长度等因素，即可确定电动机层的楼板顶面高程。

确定主泵房各层高程的具体做法是：首先确定水泵的安装高程，然后，根据进水流道高度 H，计算出进水流道底部高程；根据泵轴及电动机轴的长度确定电动机层楼板顶面高程；屋面大梁的下缘高程取决于泵轴的吊装高度或电动机的吊心高度（两者中取大值），其高程应满足被吊起的最长部件通过电机定子，并留有一定的安全超高。

为了便于检修填料函，拆装联轴器，检修电动机下部结构及油、气、水管道和阀件，一般使联轴器层与填料函大致在相同的高程，同时在电动机大梁下方应留有工作人员通行的足够高度。有时为了满足净空高度的要求，可以使联轴器层地面高程低于填料函的高程。

9.2.2.2 辅机房及真空破坏阀室

辅机房内主要安装空气压缩机、油泵、油压装置、真空泵、站用变压器和备用电源发电机组等。真空破坏阀室内除了安装真空破坏阀外，可以考虑把上述辅机也放在其中，无需另设辅机房，只有堤后虹吸式泵站，因为驼峰距主泵房较远，所以需要单独设置真空破坏阀室，而其他辅机则布置在紧靠主泵房的辅机房内。

在堤后式泵站或堤身直管式泵站中，辅机房的位置可以在主泵房的出水侧，也可以在主泵房的一端。对于主机组台数较多的泵站，辅机房宜放在主泵房的出水侧。主机组台数较少的泵站，宜设在主泵房的一端，以利于主泵房的采光通风。

辅机房的布置，既要便于运行监视，又要便于管道布置和连接，其面积应根据辅机的外形尺寸和安装要求来确定。不论是一端式还是一侧式布置，都可考虑将辅机房设置在检修间的下层，以减小泵房的平面尺寸。

9.2.2.3 副厂房

对于机组台数较多或者综合自动化水平较高的大型泵站，为了集中控制操作和监视，常需设副厂房。副厂房内按功能划分为中央控制室、微机室、通信室、高压配电室、低压配电室、电气维修间、仓库以及值班室、更衣间、卫生间等。副厂房一般紧靠主泵房的一端或一侧布置，或者紧靠主泵房的一端和一侧分开设置，其平面尺寸和高度应根据室内设备布置、安装、运行、检修以及室内通风、采光和采暖等要求综合确定。副厂房的地面高程可与电机层地面高程相同。

9.2.2.4 安装检修间

安装检修间的布置主要有两种：①一端式布置，即在主泵房对外交通运输方便的一端，沿电动机层长度方向加长一段，作为安装检修间，其高程、宽度一般与电动机层相同，目前国内绝大多数泵站均采用这种布置方式；②一侧式布置，即在主泵房电动机层的进水侧布置机组安装、检修场地，其高程一般与电动机层相同，由于布置进水流道的需要，主泵房电动机层的进水侧往往比较宽敞，具备布置机组安装、检修场地的条件。

安装检修间的尺寸主要是根据主机组的安装、检修要求确定，其面积大小应能满足一台机组安装或解体大修的要求，应能同时安放电动机转子连轴、上机架、水泵叶轮或主轴等大部件。部件之间应有 1.0~1.5m 的净距，并有工作通道和操作需要的场地。此外，安装检修间长度除了要满足放置电动机转子等部件的要求外，尚应留有运输最重部件的汽车进入泵房的场地。安装检修间的长度可取 1.0~1.5 倍的机组间距。

9.3 泵房整体稳定及校核

泵房在结构自重和外部荷载作用下，可能产生上浮、滑动或使基础产生较大的沉降，影响泵房结构的安全和正常运行。因此，在根据水力设计和设备布置要求初拟泵房尺寸后，应该对泵房的稳定性和地基承载力进行校核。如果泵房的稳定性或地基承载力不能满足相关规范要求，就必须对泵房内的设备布置或其尺寸进行修改，或对地基进行处理。

对于湿室型和块基型泵房，结构自重较大，加上泵房下部室内进水，通常均能满足抗浮稳定要求，故一般不作抗浮稳定计算；但由于泵房进、出水侧存在水位差，进、出水侧水平水压力相差较大，故应进行抗渗稳定、抗滑稳定以及地基承载力校核。对于干室型泵房，由于泵房四周受力较均匀、对称，一般不作抗滑稳定计算；但由于室内不允许进水，当室外水位较高、浮力较大时，应进行抗浮稳定校核以及地基承载力校核。

9.3.1 泵房防渗排水布置

由于泵房进、出水侧存在水位差，泵房基础和两侧回填区不可避免会产生渗流。所以，泵房和其他水工建筑物一样，泵房基底的防渗排水布置是设计中十分重要的环节，尤其对于修建在江河湖泊堤防或松软地基上的水泵站。

泵房的防渗排水布置应根据站址地质条件和泵站扬程等因素，结合泵房、两岸连接结构和进、出水建筑物的布置设置安全合理的防渗排水系统。

均质土基上的泵房基底的防渗长度，在工程可行性研究阶段可按式（9.8）计算确定：

$$L \geqslant C\Delta H \tag{9.8}$$

式中：L 为泵房基底防渗长度，即泵房基底轮廓线防渗部分水平段和垂直段长度总和，m；ΔH 为泵房进、出水侧水位差，m；C 为允许渗径系数值，可参照表 9.3 取值。当基底设板桩时，可采用表 9.3 中所列规定值的小值。

表 9.3 允许渗径系数值

地基类别 排水条件	粉砂	细砂	中砂	粗砂	中砾、细砾	粗砾夹卵石	轻粉质砂壤土	轻砂壤土	壤土	黏土
有滤层	9～13	7～9	5～7	4～5	3～4	2.5～3	7～11	5～9	3～5	2～3
无滤层									4～7	3～4

在工程初步设计或施工图阶段，需根据拟定的泵房地下轮廓线和防渗长度，采用改进阻力系数法计算地基土体的渗透压力，并进行地基土体的抗渗稳定性校核。

当土基上的泵房基底防渗长度不足时，一般可结合出水池底板设置钢筋混凝土铺盖。铺盖长度应根据泵房基础防渗需要确定，宜采用上、下游最大水位差的 3～5 倍。混凝土或钢筋混凝土铺盖的最小厚度不宜小于 0.4m。铺盖应设永久变形缝，且应与泵房底板的永久变形缝错开布置。永久变形缝的间距不宜大于 20m，缝宽可采用 20～30mm。

当泵房地基为粉土、粉细砂、轻砂壤土或轻粉质砂壤土时，为减小泵房底板下的渗透压力和平均渗透坡降，泵房高水位侧宜采用铺盖和垂直防渗体相结合的布置形式。如果只采用铺盖防渗，其长度可能需要很长，不仅工程造价高、不经济，而且防渗效果也不理想。在泵房底板的上、下游端，一般常设深度不小于 0.8～1.0m 的齿墙，这样既能增加泵房基底的防渗长度，又能增加泵房的抗滑稳定性。但是，齿墙深度最大不宜超过 2.0m，否则，施工有困难，尤其是在粉、细砂地基上，在地下水位较高的情况下，浇筑齿墙的坑槽难以开挖成形。板桩或截水墙应布置在泵房底板的高水位侧，其深度也应根据防渗效果好和工程造价低的原则，并结合施工方法的选用确定。在地震基本烈度为 7 度及 7 度以上地区的粉细砂地基上，泵房底板下的板桩或截水墙宜布置成四周封闭的形式，以防止在地震作用下可能发生的粉细砂地基"液化"破坏。

当地基持力层为较薄的透水层，如砂性土层或砾石层，其下为相对不透水层时，可将板桩或截水墙改为截断透水层的截水槽或短板桩，为保证良好的防渗效果，截水槽或短板桩嵌入不透水层的深度应不宜小于 1.0m。

当泵房地基持力层为不透水层，其下为相对透水层时，应验算覆盖层的抗渗、抗浮稳定性。必要时，可在渗流出口侧设置深入相对透水层的排水孔或排水减压井，以消减承压水对泵房和覆盖层稳定的不利影响。

所有有防渗要求的永久变形缝，缝内应埋设不少于 1 道材质耐久、性能可靠的止水片

（带）。常用的止水片（带）有紫铜片、塑料止水带和橡胶止水带等，可根据承受的水压力、地区气温、变形缝的位置及变形情况综合考虑选用。

为了减小泵房底板下的渗透压力，可根据需要在前池、进水池底板上设置孔径为50～100mm、孔距为1～2m呈梅花状布置的排水孔，并在排水孔下设置级配良好、排水通畅的反滤层。

对于高扬程泵站，其出水管道一般为沿岸坡铺设的明管或埋管，且出水池通常布置在较高的岸坡顶。为防止降雨形成的岸坡径流对泵房基底防渗产生不利的影响，可在泵房出水侧岸坡上设置能拦截坡面径流的自流排水沟和可靠的护坡措施。

对于灌排结合泵站，其防渗排水布置应以扬程较高的流向为主。

9.3.2 泵房稳定分析

进行泵房稳定分析时，可取一个典型机组段或一个联段（几台机组共用一块底板，以底板两侧的永久变形缝为界，称为一个联段）作为计算单元。

9.3.2.1 作用荷载及其组合

（1）作用荷载。作用在泵房结构上的荷载包括：自重、水重、静水压力、扬压力、土压力、泥沙压力、浪压力、风压力、土的冻胀力、地震荷载及其他荷载等。

1) 自重：包括泵房结构自重、填料重量和永久设备重量。

2) 水重：按其实际体积及水的重度计算。对于从多泥沙河流取水的泵站，应考虑含沙量对水容重的影响。

3) 静水压力：根据各种运行水位和水的重度计算。

4) 扬压力：包括浮托力和渗透压力。渗透压力应根据地基类别、各种运行情况下的水位组合条件、泵房基础底部防渗排水设施的布置情况等因素计算确定。对于土基，宜采用改进阻力系数法计算；对于岩基，宜采用直线分布法计算。

5) 土压力：根据地基条件、回填土性质、挡土高度、填土内的地下水位、泵房结构可能产生的变形情况等因素，按主动土压力或静止土压力计算。计算时应计及填土面上的超载作用。土基上的泵房，在土压力作用下往往产生背离填土方向的变形，故可按主动土压力计算；岩基上的泵房，由于结构底部嵌固在基岩中，且结构刚度较大，变形较小，因此可按静止土压力计算。由于静止土压力目前尚无精确的计算公式或方法，一般采用主动土压力系数的1.25～1.5倍作为静止土压力系数。

6) 泥沙压力：根据泵房位置、泥沙可能淤积的厚度及泥沙容重计算确定。

7) 浪压力：根据泵房前风向、风速、风区长度（吹程）、风区内的平均水深以及泵房前实际波态的判别等计算确定。波浪要素可采用莆田试验站公式进行计算。当浪压力参与荷载的基本组合时，计算风速可采用当地气象台站提供的重现期为50a的年最大风速；当浪压力参与荷载的特殊组合时，计算风速可采用当地气象台站提供的多年平均年最大风速。

8) 风压力：根据当地气象台站提供的风向、风速和泵房受风面积等计算确定。计算时应考虑泵房周围地形、地貌及附件建筑物的影响。

9) 冰压力、土的冻胀力、地震荷载可按现行行业标准《水工建筑物荷载设计规范》（DL 5077）的有关规定计算确定。其他荷载可根据工程实际情况确定。

（2）荷载组合。泵房在施工、运行和检修过程中，各种作用荷载的大小、分布及机遇情况是经常变化的，因此应根据泵房不同的工作条件和情况进行荷载组合。荷载组合可分为基本组合和特殊组合两类，基本组合由基本荷载（设计洪水位情况下的各种荷载）组成，特殊组合由基本荷载和一种或几种特殊荷载（校核洪水位情况下的各种荷载及地震荷载）组成。荷载组合的原则是，考虑各种荷载出现的概率，将实际可能同时作用的各种荷载进行组合。由于地震荷载的瞬时性与校核运用水位同时遭遇的几率极小，因此地震荷载不应与校核运用水位组合。

用于泵房稳定分析的荷载组合按表9.4的规定采用，必要时还应考虑其他可能的不利组合。

表 9.4　　　　　　　　　　　荷 载 组 合 表

荷载组合	计算工况	自重	水重	静水压力	扬压力	土压力	淤沙压力	浪压力	风压力	冰压力	土的冻胀力	地震荷载	其他荷载
基本组合	完建	√	—	—	—	√	—	—	—	—	—	—	√
	设计运用	√	√	√	√	√	√	√	√	—	—	—	√
	冰冻	√	√	√	√	√	—	√	√	√	√	—	√
特殊组合	施工	√	—	—	—	√	—	—	—	—	—	—	√
	检修	√	—	√	√	√	√	√	√	—	—	—	√
	校核运用	√	√	√	√	√	√	√	√	—	—	—	—
	地震	√	√	√	√	√	√	√	√	—	—	√	—

9.3.2.2　抗滑稳定计算

泵房沿基础底面的抗滑稳定安全系数应按下列公式计算：

土基或岩基：
$$K_c = \frac{f\sum G}{\sum H} \tag{9.9}$$

土基：
$$K_c = \frac{\tan\phi_0 \sum G + C_0 A}{\sum H} \tag{9.10}$$

岩基：
$$K_c = \frac{f'\sum G + C'A}{\sum H} \tag{9.11}$$

式中：K_c 为抗滑稳定安全系数；$\sum G$ 为作用于泵房基础底面以上的全部竖向荷载（包括泵房基础底面上的扬压力在内），kN；$\sum H$ 为作用于泵房基础底面以上的全部水平向荷载，kN；A 为泵房基础底面面积，m^2；f 为泵房基础底面与地基间的摩擦系数，可按试验资料确定；当无试验资料时可按表9.5中的规定值采用；ϕ_0 为土基上泵房基础底面与地基之间摩擦角，（°）；C_0 为土基上泵房基础底面与地基间的黏结力，kPa；f' 为岩基上泵房基础底面与地基之间的抗剪断摩擦系数；C' 为岩基上泵房基础底面与地基之间的抗剪断黏结力，kPa。

9.3 泵房整体稳定及校核

表 9.5　　　　　　　　　　摩擦系数 f 值

地 基 类 别		摩擦系数 f
黏土	软弱	0.2~0.25
	中等坚硬	0.25~0.35
	坚硬	0.35~0.45
壤土、粉质壤土		0.25~0.40
砂壤土、粉砂土		0.35~0.40
细砂、极细砂		0.40~0.45
中砂、粗砂		0.45~0.50
砂砾石		0.40~0.50
砾石、卵石		0.50~0.55
碎石土		0.40~0.50

表 9.6　　　　　　　　　　摩擦角和黏结力值

地 基 类 别	抗剪强度指标	采 用 值
黏性土	$\phi_0/(°)$	0.9ϕ
	C_0/kPa	$(0.2\sim0.3)C$
砂性土	$\phi_0/(°)$	$(0.85\sim0.9)\phi$
	C_0/kPa	0

注　表中 ϕ 为室内饱和固结快剪（黏性土）或饱和快剪（砂性土）试验测得的内摩擦角值（°）；C 为室内饱和固结快剪试验测得的黏结力值（kPa）。

对于土基，ϕ_0、C_0 值可根据室内抗剪试验资料，按表 9.6 的规定采用。按表 9.6 取值计算时，折算的泵房基础底面与土质地基之间的综合摩擦系数为 $f_0\left(f_0=\dfrac{\tan\phi_0\sum G+C_0 A}{\sum G}\right)$，如果 f_0 大于 0.45（黏性土地基）或 f_0 大于 0.5（砂性土地基），采用的 ϕ_0 和 C_0 值均应有论证。

对于岩基，泵房基础底面与岩石地基之间的抗剪断摩擦系数值和抗剪断黏结力值可根据试验成果，并参照类似工程实践经验及《泵站设计规范》（GB 50265）附录表 A.0.3 所列值选用。但选用的 f' 值和 C' 值不应超过泵房基础混凝土本身的抗剪断参数值，对重要的大型泵站应进行现场试验。

泵房的抗滑稳定安全系数是保证泵房安全运行的一个重要指标，其最小值通常是控制在设计运用情况下、校核运用情况下或设计运用水位时遭遇地震的情况下。式（9.9）对计算土基和岩基上的泵房抗滑稳定安全系数都适用，式（9.10）主要适用于黏性土地基。在泵站初步设计阶段，计算泵房的抗滑稳定安全系数较多地采用式（9.9），该式计算简便，但 f 的取值比较困难，并有一定的任意性。式（9.10）是根据现场混凝土板的抗滑试验资料进行分析研究后提出来的，因而计算成果能够比较真实地反映黏性土地基上泵房的实际运用情况。试验结果说明，当混凝土板在水平向荷载作用下发生水平滑动时，不是沿着混凝土板与地基土的接触面而滑动，而是沿着混凝土板底面附近带动一薄层土壤一起滑动，可见混凝土板的抗滑能力不仅与混凝土板底面与地基土之间的摩阻力有关，而且还和混凝土板底面与地基土之间的黏结力有关。因此，对于黏性土地基上的泵房，按式（9.10）计算更加合理。

计算得到的泵房抗滑稳定安全系数必须大于或等于抗滑稳定安全系数允许值。泵房沿基础底面抗滑稳定安全系数的允许值应按表 9.7 中的规定值采用。

表 9.7　　　　　　　　　抗滑稳定安全系数允许值

地基类别	荷载组合		泵站建筑物级别				适用公式
			1	2	3	4、5	
土　基	基本组合		1.35	1.30	1.25	1.20	式（9.9）或式（9.10）
	特殊组合	Ⅰ	1.20	1.15	1.10	1.05	
		Ⅱ	1.10	1.05	1.05	1.00	
岩　基	基本组合		1.10	1.08	1.05		式（9.9）
	特殊组合	Ⅰ	1.05	1.03	1.00		
		Ⅱ	1.00				
	基本组合		3.00				式（9.11）
	特殊组合	Ⅰ	2.50				
		Ⅱ	2.30				

注　特殊组合Ⅰ适用于施工情况、检修情况和校核运用情况，特殊组合Ⅱ适用于地震工况。

9.3.2.3　抗浮稳定计算

对于自重小、承受扬压力较大的泵房，均应进行抗浮稳定计算。泵房的抗浮稳定计算应选择最不利的工况进行验算，抗浮稳定安全系数 K_f 按式（9.12）计算：

$$K_f = \frac{\sum V}{\sum U} \tag{9.12}$$

式中：$\sum V$ 为作用于泵房基础底面以上的全部重力，kN；$\sum U$ 为作用于泵房基础底面上的扬压力，kN。

泵房的抗浮稳定安全系数也是保证泵房安全运行的一个重要指标，其最小值通常是控制在检修情况下或校核运用情况下。按式（9.12）计算得到的泵房抗浮稳定安全系数必须大于或等于抗浮稳定安全系数允许值。规范规定，泵房抗浮稳定安全系数允许值，不分泵站级别和地基类别，基本荷载组合下不应小于 1.10，特殊荷载组合下不应小于 1.05。如果计算的 K_f 不满足抗浮稳定要求，可考虑增加泵房的自重或将底板适当伸出并回填土，以利用其上的水重及土重，提高泵房的抗浮稳定性。

9.3.2.4　基础底面应力计算

泵房基础底面应力应根据泵房结构布置和受力情况等因素计算确定。

（1）当结构布置及受力情况对称时，其基础底面的最大和最小应力按式（9.13）计算。

$$P_{\min}^{\max} = \frac{\sum G}{A} \pm \frac{\sum M}{W} \tag{9.13}$$

式中：$P_{\min}^{\max}$ 为泵房基础底面应力的最大值或最小值，kPa；$\sum G$ 为作用于泵房基础底面以上的全部竖向荷载（包括泵房基础底面上的扬压力在内），kN；A 为泵房基础底面面积，

9.3 泵房整体稳定及校核

m^2；$\sum M$ 为作用于泵房基础底面以上的全部竖向和水平向荷载对于基础底面垂直水流方向的形心轴的力矩，kN·m；W 为泵房基础底面对于该底面垂直水流方向的形心轴的截面矩，m^3。

（2）当结构布置及受力情况不对称时，其基础底面的最大和最小应力按式（9.14）计算。

$$P_{\min}^{\max} = \frac{\sum G}{A} \pm \frac{\sum M_x}{W_x} \pm \frac{\sum M_y}{W_y} \tag{9.14}$$

式中：$\sum M_x$、$\sum M_y$ 分别为作用于泵房基础底面以上的全部竖向和水平向荷载对于基础底面垂直水流方向的形心轴 x、y 的力矩，kN·m；W_x、W_y 分别为泵房基础底面对于该底面形心轴 x、y 的截面矩，m^3。

根据《泵站设计规范》（GB 50265）规定，基础底面的平均应力应符合下式要求：

$$\overline{P} \leqslant R \tag{9.15}$$

式中：$\overline{P}$ 为基础底面处的平均应力，$\overline{P} = \frac{1}{2}(P_{\max} + P_{\min})$，kPa；$R$ 为修正后的泵房地基的允许承载力，kPa。

受偏心荷载作用时，除需满足式（9.15）的要求外，尚应符合式（9.16）的要求：

$$P_{\max} \leqslant 1.2R \tag{9.16}$$

当泵房地基持力层内存在软弱夹层时，除应满足持力层的允许承载力外，还应对软弱夹层的允许承载力进行核算，并应满足式（9.17）的要求：

$$P_c + P_z = [R_z] \tag{9.17}$$

式中：P_c 为软弱土层顶面处的自重应力，kPa；P_z 为软弱土层顶面处的附加应力，kPa，可将泵房基础底面应力简化为竖向均布、竖向三角形分布和水平向均布等情况，按条形或矩形基础计算确定；$[R_z]$ 为软弱土层的允许承载力，kPa。

当泵房基础受振动荷载影响时，其地基允许承载力将降低，可按式（9.18）计算：

$$[R'] \leqslant \psi [R] \tag{9.18}$$

式中：$[R']$ 为在振动荷载作用下的地基允许承载力，kPa；$[R]$ 为在静荷载作用下的地基允许承载力，kPa；ψ 为振动折减系数，可按 0.8~1.0 选用。高扬程机组的基础可采用小值，低扬程机组的块基型整体式基础可采用大值。

另外，为了减少和防止由于泵房基础底部应力分布不均匀导致基础过大的不均匀沉降，从而避免产生泵房结构倾斜甚至断裂的严重事故，土基上泵房基础底面应力不均匀系数 η（$\eta = P_{\max}/P_{\min}$）不应大于表 9.8 中的规定值。

表 9.8　　　　　　　　　　　不均匀系数允许值

地基土质	荷载组合	
	基本组合	特殊组合
松软	1.5	2.0
中等坚实	2.0	2.5
坚实	2.5	3.0

注　1. 对于重要的大型泵站，不均匀系数的允许值可按表列值适当减小。
　　2. 对于地震情况，不均匀系数的允许值可按表中特殊组合栏所列值适当增大。

岩基上泵房基础底面应力不均匀系数可不受控制,这是因为岩基的压缩性很小,作为泵房地基不会使泵房基础产生较大的不均匀沉降。但是,为了避免基础底面与基岩脱开,故需保证在非地震情况下基础底面边缘的最小应力不小于零,即基础底面不出现拉应力;在地震情况下基础底面边缘的最小应力不应小于－100kPa。

9.3.3 地基沉降量计算

在某些情况下,泵房地基虽然稳定,但由于地基变形过大,将引起泵房倾斜、开裂、止水破坏等,甚至标高达不到设计要求,导致泵房不能正常运用。因此,还应研究泵房地基的变形问题即地基的沉降问题,需要计算泵房地基的最终沉降量。

泵房地基的最终沉降量可按分层总和法,即式(9.19)计算:

$$S_\infty = m \sum_{i=1}^{n} \frac{e_{1i} - e_{2i}}{1 + e_{1i}} h_i \quad (9.19)$$

式中:S_∞为地基最终沉降量,mm;m为地基沉降量修正系数,可采用1.0～1.6(坚实地基取小值,软土地基取大值);i为土层号;n为地基压缩层范围内的土层数;e_{1i}、e_{2i}分别为泵房基础底面以下第i层土在平均自重应力作用下的孔隙比和在平均自重应力、平均附加应力共同作用下的孔隙比;h_i为第i层土的厚度,mm。

当按式(9.19)计算地基最终沉降量时,对于一般土质地基,当基础底面应力小于或接近于未开挖前作用于该基底面上的土的自重应力时,土的压缩曲线宜采用e-p回弹再压缩曲线;但对于软土地基,土的压缩曲线宜采用e-p压缩曲线。对于重要的大型泵站工程,有条件时土的压缩曲线也可采用e-$\lg p$压缩曲线。

对于地基压缩层的计算深度,可按计算层面处附加应力与自重应力之比等于0.1～0.2的条件确定,地基附加应力的计算方法可参见SL 265—2001《水闸设计规范》附录J。这种控制应力分布比例的方法,对于底面积较大的泵房基础,应力往下传递较深的实际情况是适宜的,能满足工程应用要求。

根据GB 50265《泵站设计规范》规定,以下情况可以不进行沉降计算:①岩石地基;②砾石、卵石地基;③中砂、粗砂地基;④大型泵站标准贯入击数大于15击的粉砂、细砂、砂壤土、壤土及黏土地基;⑤中型泵站标准贯入击数大于10击的壤土及黏土地基。

泵房地基允许沉降量和沉降差的确定是一个比较复杂的问题。目前水利工程设计中,对地基允许沉降量和沉降差尚无统一规定。在泵站工程中,地基允许沉降量和沉降差应根据工程具体情况分析确定,以满足泵房结构安全和机组正常运行为原则。一般天然土质地基最大沉降量不宜超过150mm,相邻部位的最大沉降差不宜超过50mm。

9.4 泵房结构计算

在泵房布置和稳定分析之后,还应对泵房各部分结构进行结构计算,验算其强度和刚度,以便最终确定各构件的型式、尺寸和构造。结构计算是泵房设计中一个十分重要的环节,计算成果是否正确合理,对保证整个泵站工程的安全运行和节约工程投资具有重要意义。

9.4.1 泵房结构计算原则

(1)结构计算方法。泵房底板、进水流道、出水流道、机墩、吊车梁等主要结构均属空间结构，严格地说应按空间结构进行设计，但是这样做计算工作量很大；同时，泵房结构要求的计算精度一般不很高。因此，对于上述主要结构，均可根据工程实际情况，将空间结构简化为平面问题进行计算。只是在有必要且条件许可时，才按空间结构进行计算。

（2）荷载及荷载组合。用于泵房主要结构计算的荷载和荷载组合除应按泵房稳定校核时作用在泵房结构上的荷载及其组合的规定采用外，还需根据结构的实际受力条件，分别计入机电设备的动力荷载、雪荷载、楼面和屋面活荷载、吊车荷载、温度荷载以及其他设备活荷载等。

（3）抗震计算。在地震基本烈度 7 度及其以上地区，泵房应进行抗震设计。在地震基本烈度为 6 度的地区，可不进行抗震计算，但对 1 级建筑物应采取适当的抗震措施。泵房结构的抗震计算，采用国家现行标准 SL 203《水工建筑物抗震设计规范》规定的计算方法。对于抗震措施的设置，要特别注意增强上部结构的整体性和刚度，减轻上部结构的重量，加强各构件连接点的构造，对关键部位的永久变形缝也应有加强措施。

9.4.2 泵房底板计算

底板是整个泵房结构的基础，它承受泵房上部结构重量和作用荷载并均匀地传给地基。依靠底板与地基接触面的摩擦力抵抗水平滑动，并兼有防渗、防冲的作用。因此，泵房底板在整个泵房结构中占有十分重要的地位。泵房底板一般均采用平底板型式，它的支承型式因与其连接的结构不同而异，例如大型立式水泵块基型泵房底板，在进水流道的进口段，与流道的边墙、隔墩相联结；在进水流道末端，三面支承在较厚实的混凝土块体上；在集水廊道及其后的空箱部分，一般为纵、横向墩墙所支承等。在工程实践中一般简化成平面问题，选用近似的计算分析方法。例如进水流道的进口段，一般可沿垂直水流方向截取单位宽度的梁或框架，按倒置梁、弹性地基梁或弹性地基上的框架计算；进水流道末端，一般可按三边固定、一边简支的矩形板计算；集水廊道及其后的空箱部分，一般可按四边固定的双向板计算。泵房底板的计算可按以下原则进行：

（1）泵房底板应力可根据受力条件和结构支承型式等情况，按弹性地基上的板、梁或框架结构进行计算。

弹性地基梁法是一种广泛用于大、中型泵站工程设计的比较精确的计算方法。当按弹性地基梁法计算时，应考虑地基土质，特别是地基可压缩层厚度的影响。弹性地基梁法通常采用的有两种假定：一是文克尔假定，假定地基单位面积所受的压力与该单位面积的地基沉降成正比，其比例系数称为基床系数或垫床系数，显然按此假定基底压力值未考虑基础范围以外地基变形的影响；另一种是假定地基为半无限深理想弹性体，认为土体应力和变形为线性关系，可利用弹性理论中半无限深理想弹性体的沉降公式（如弗拉芒公式）计算地基的沉降，再根据底板挠度和地基变形协调一致的原则求解地基反力，并计及基础范围以外边荷载作用的影响。上述两种假定是两种极限情况，前者适用于岩基或可压缩土层厚度很薄的土基，后者适用于可压缩土层厚度无限深的情况。

对于土基上的泵房底板，当采用弹性地基梁法计算时，应根据可压缩土层厚度与弹性地基梁长度之半的比值，选用相应的计算方法。当比值小于 0.25 时，可按基床系数法（文克尔假定）计算；当比值大于 2.0 时，可按半无限深的弹性地基梁法计算；当比值为 0.25～2.0 时可按有限深的弹性地基梁法计算。

当底板的长度和宽度均较大，且两者较接近时，按板梁判别公式判定，应属弹性地基上的双向矩形板，对此可按交叉梁系的弹性地基梁法计算。这种计算方法，从试荷载法概念出发，利用交叉梁共轭点上相对变位一致的条件进行荷载分配，分别按纵、横向弹性地基梁计算弹性地基板的双向应力，但计算繁冗，在泵房设计中，通常仍是沿泵房进、出水方向截取单位宽度的弹性地基梁，只计算单向应力。

对于岩基上的泵房底板，可按基床系数法计算。

（2）当土基上泵房底板采用有限深或半无限深的弹性地基梁法计算时，应考虑边荷载对地基变形的影响。边荷载是作用于泵房底板两侧地基上的荷载，包括与计算块相邻的底板传到地基上的荷载。根据试验研究和工程实践可知，边荷载对泵房底板内力的影响主要与地基土质、边荷载大小及边荷载施加程序等因素有关。由于准确确定边荷载的影响是一个十分复杂的问题，因此，在泵房设计中，对边荷载影响只能作一些原则性的考虑，GB 50265《泵站设计规范》对此只作了概略性的规定，即当边荷载使泵房底板弯矩增加时，宜计及边荷载的全部作用；当边荷载使泵房底板弯矩减少时，在黏性土地基上可不计边荷载的作用，在砂性土地基上可只计边荷载的 50%。

9.4.3 进、出水流道结构计算

（1）肘形、钟形进水流道和直管式、屈膝式、猫背式、虹吸式出水流道。肘形进水流道和直管式、虹吸式出水流道是目前泵房设计中采用最为普遍的进、出水流道型式，其应力计算方法主要取决于结构布置、断面形状和作用荷载等情况，按单孔或多孔框架结构进行计算。

钟形进水流道进口段比较宽，其高度较肘形进水流道小，其结构布置和断面形状与肘形进水流道的进口段相比，有一定的相似性；屈膝式或猫背式出水流道主要是为了满足出口淹没的需要，将出口高程压低，呈"低驼峰"状，其结构布置和断面形状与虹吸式出水流道相比，也有一定的相似性，因此，钟形进水流道的进口段和屈膝式、猫背式出水流道的应力，也可按单孔或多孔框架结构进行计算。

虹吸式出水流道的结构布置按其外部联结方式可分为管墩整体联结和管墩分离两种型式。

管墩整体联结的出水流道，流道管壁与墩墙浇筑成为一个整体，属空间结构体系，为简化计算，可将流道截取为彼此独立的单孔或多孔闭合框架结构。因荷载随作用部位的不同而变化，因此，进行应力计算时，要分段截取流道的典型横断面，一般只需进行流道横断面的静力计算及抗裂核算。另外，由于管墩整体联结出水流道的管壁较厚（尤其是在水泵弯管出口处），进行应力计算时，必须考虑其厚度的影响，以减少钢筋用量。

管墩分离的出水流道，可视流道管壁与墩墙彼此独立。如果流道宽度较大，中间可增设隔墙。由于其上升段受较大的纵向力，故除需进行流道横断面的静力计算及抗裂核算外，还需进行流道纵断面的静力计算。

（2）双向进、出水流道。双向进、出水流道型式是一种双进双出的双层流道结构，呈X状，亦称"X型"流道结构，其下层为双向肘形进水流道，上层为双向直管式出水流道。因此，双向进、出水流道可分别按肘形进水流道和直管式出水流道进行应力计算。

（3）混凝土蜗壳式出水流道。混凝土蜗壳式出水流道是一种和水电站厂房混凝土蜗壳

形状十分相似的很复杂的整体结构，其实际应力状况很难用简单的计算方法求解。因此，必须对这种结构进行适当的简化方可进行计算。一种计算方法是将顶板与侧墙视为一个整体，截取单位宽度，按"Γ"形刚架结构计算；另一种是将顶板与侧墙分开，顶板按环形板结构计算，侧墙则按上、下两端固定板结构计算。由于蜗壳断面尺寸较大，出水管内设有导水隔墩，因此可按矩形框架结构计算。由于泵房混凝土蜗壳承受的内水压力一般较小，因而计算应力也较小，故一般只需按构造配筋。

9.4.4 机墩结构计算

机墩是整个机组的基础，它承受机组的全部重量和机组运行时的作用荷载，并均匀地传给机墩地基或通过其他梁柱传给泵房底板。常用的大、中型立式轴流泵机组的机墩型式有井字梁式、纵梁牛腿式、梁柱构架式、环形梁柱式和圆筒式等。大、中型卧式离心泵机组的机墩型式有块状式和墙式等，机墩结构型式可根据机组特性和泵房结构布置等因素选用。根据已建泵站工程的统计资料，单机功率为800kW的立式机组，其机组间距多在4.8～5.5m之间，机墩一般采用井字梁式结构，支承电动机的井字梁由两根横梁和两根纵梁组成，荷载由井字梁传至墩上，这种机墩型式结构简单，施工方便；单机功率为1600kW的立式机组间距多数在6.0～7.0m之间，机墩一般采用纵梁牛腿式结构，支承电动机的是两根纵梁和两根与纵梁方向平行的短牛腿，前者伸入墩内，后者从墩上悬出，荷载由纵梁和牛腿传至墩上，这种机墩型式工程量较省；单机功率为2800kW和3000kW的机组间距约在7.6～10.0m之间，机墩一般采用梁柱构架式结构，荷载由梁柱构架传至联轴器层大体积混凝土上面；单机功率为5000kW和6000kW的机组间距约在11.0～12.7m之间，机墩则采用环形梁柱式结构，荷载由环形梁经托梁和立柱分别传至墩墙和密封层大体积混凝土上面；单机功率为7000kW的机组间距达18.8m，机墩则采用圆筒式结构，荷载由圆筒传至下部大体积混凝土上面。大、中型卧式机组的水泵机墩，一般采用块状式结构，电动机机墩则采用墙式结构。工程实践证明，这些型式的机墩，结构安全可靠，对泵房内的设备布置和安装检修都比较方便。

在进行机墩结构计算时应注意：

(1) 机墩强度应按正常运用和短路两种荷载组合分别进行计算。计算时应计入动荷载的影响。对于扬程在100m及以上的高扬程泵站，机墩稳定校核时，应计入出水管水柱的推力，并应采取必要的抗推移措施。

(2) 机组机墩的动力计算，主要是验算机墩在振动荷载作用下会不会产生共振，并对振幅和动力系数进行验算。为简化计算，立式机组机墩可按单自由度体系的悬臂梁结构进行共振、振幅和动力系数的验算。对共振的验算，要求机墩强迫振动频率与自振频率之差的绝对值和自振频率的比值不小于20%；对振幅的验算，应分析阻尼的影响，要求最大垂直振幅不超过0.15mm，最大水平振幅不超过0.20mm；对动力系数的验算，可忽略阻尼的影响，要求动力系数的验算结果为1.3～1.5。

对于卧式机组机墩，由于机组水平卧置，其动力特性明显优于立式机组机墩，故只需进行垂直振幅的验算。

工程实践表明，单机功率小于1600kW的立式轴流泵机组和单机功率小于500kW的卧式离心泵机组，其机墩受机组振动的影响很小，均可不进行动力计算。

9.4.5 泵房排架和吊车梁计算

(1) 泵房排架计算。泵房排架是泵房结构的主要承重构件，它承担屋面传来的重量、吊车荷载、风荷载等，并通过它传至下部结构。泵房排架内力可根据受力条件和结构支承形式等情况进行计算。对于干室型泵房，当水下侧墙刚度与排架柱刚度的比值小于或等于 5.0 时，水下侧墙受上部排架柱变形的影响较大，故墙与柱可视为一个整体，按变截面的排架进行计算；当水下侧墙刚度与排架柱刚度的比值大于 5.0 时，水下侧墙不受上部排架柱变形的影响，因此墙与柱可分开计算，计算时将水下侧墙作为排架柱的基础。

泵房排架应具有足够的刚度，在各种情况下排架顶部的侧向位移不应超过 10mm。

(2) 吊车梁计算。吊车梁也是泵房结构的主要承重构件，它承受吊车启动、运行、制动时产生的荷载，如垂直轮压、纵向和横向水平制动力等，并通过它传给排架，再传至下部结构，其受力情况比较复杂。吊车梁总是沿泵房纵向布置，对加强泵房的纵向刚度，连接泵房的各横向排架起着一定的作用。吊车梁有单跨简支梁或多跨连续梁等结构型式，可根据泵房结构布置、机组安装和设备吊运要求等因素选用。单跨简支式吊车梁多为预制，吊装较方便；多跨连续式吊车梁工程量较省，造价较经济。大、中型泵站泵房内的吊车梁大多数为钢筋混凝土结构。对于负荷重量大的吊车梁，为节省工程量，宜采用预应力钢筋混凝土结构或钢结构。钢筋混凝土或预应力钢筋混凝土吊车梁一般有 T 形、I 形等截面型式。T 型截面吊车梁有较大的横向刚度，且外形简单，施工方便，是最常用的截面型式。I 型截面吊车梁具有受拉翼缘，便于布置预应力钢筋，适合于负荷量较大的情况。

由于吊车梁是直接承受吊车荷载的结构构件，吊车的启动、运行和制动对吊车梁的运用有很大的影响，为保证吊车梁的结构安全，设计中应控制吊车梁的最大计算挠度，对于钢筋混凝土吊车梁，其最大计算挠度应不超过计算跨度的 1/600；对于钢结构吊车梁，其最大计算挠度应不超过计算跨度的 1/700。对于钢筋混凝土吊车梁还应按抗裂要求，控制最大裂缝宽度不超过 0.30mm。对于负荷重量不大的吊车梁，设计时可套用标准设计图集。

第 10 章　泵站出水建筑物与压力管道

10.1　出水池与压力水箱

10.1.1　出水池

出水池是衔接出水管路与渠道或容泄区的建筑物。其主要作用是：①消减管中出流的余能，并使之平顺地流入渠道或容泄区；②防止机组停止工作或管道被破坏后，渠道或容泄区中的水通过出水管道及水泵倒流；③汇集出水管道的出流或向几条渠道分流。

出水池的位置应结合站址、管线及输水渠道的位置进行选择。宜选在地形条件好、地基坚实稳定、渗透性小、工程量少的地点。出水池应尽可能建在挖方上，如因地形条件必须建在填方上时，填土应碾压密实，严格控制填土质量，并将出水池做成整体式结构，加大砌置深度，尤其应采取防渗排水措施，以确保出水池的结构安全。

出水池的布置应满足下列要求：

(1) 池内水流顺畅、稳定，水力损失小。
(2) 出水池池中流速不应超过 2.0m/s，且不允许出现水跃。
(3) 出水池底宽若大于渠道或容泄区底宽，应设渐变段连接，渐变段的收缩角不宜大于 40°。

10.1.1.1　出水池的类型

(1) 根据池中水流方向，出水池可分为正向出水池和侧向出水池。前者是指管口出流方向和池中水流方向一致，如图 10.1 (a) 所示，由于出水流畅，因此在实际工程中采用较多；后者是指管口出流方向和池中水流方向正交 [图 10.1 (b)] 或斜交 [图 10.1 (c)]，由于出流改变方向，水流交叉，流态紊乱，不便于池与渠的衔接，所以一般只在地形条件受限制的情况下采用。

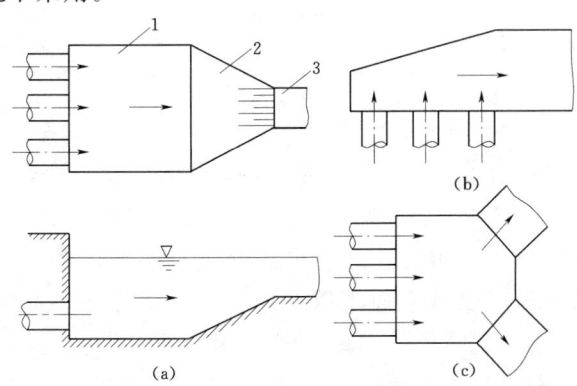

图 10.1　正向和侧向出水池示意图
a) 正向出水池；(b) 侧向出水池（正交）；(c) 侧向出水池（斜交）
1—出水池；2—过渡段；3—渠道

(2) 根据出水管出流方式不同，出水池可分为淹没式出流出水池、自由式出流出水池和虹吸式出流出水池，如图 10.2 所示。

1) 淹没式出流出水池是指管道出口淹没在池中水面以下，管道出口可以是水平的，也可以是倾斜的［图 10.2（a）］。为了防止正常或事故停泵时渠水倒流，通常在管道出口增设拍门，或者在池中修挡水溢流堰（图 10.3）或快速跌落闸门。

2) 自由式出流，即管道出口位于出水池水面以上［图 10.2（b）］。这种出流方式，浪费了高出于水池水面的那部分水头［图 10.2（b）中 Δh］，减小了出水量。但由于施工、安装方便，停泵时又可防止池水倒流，所以有时用于临时性或小型泵站中。

3) 虹吸式出流［图 10.2（c）］，它兼有淹没式和自由式出流的优点，既充分利用了水头，又可防止水的倒流，但需要在管顶增设真空破坏装置，在突然停泵时，放入空气，破坏真空，截断水流。

另外还有一种特殊的出水方式，几台水泵的出水经各自的出水管汇入同一压力水箱中，再经同一压力涵管排入容泄区，称之为压力箱涵式出水，常见于堤后式排涝泵站中。

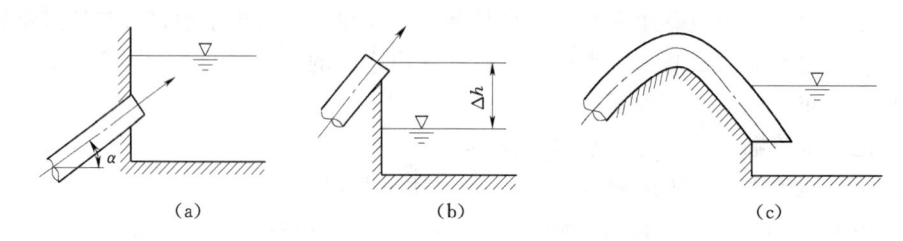

图 10.2　出水管不同出流方式
(a) 倾斜淹没式出流；(b) 自由式出流；(c) 虹吸式出流

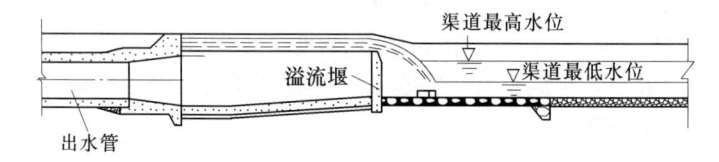

图 10.3　溢流堰式出水池剖面图

10.1.1.2　出水池中的水流运动状况

从观察到的平管淹没出流情况来看，水流进入出水池后呈逐渐扩散状态。在主流上部形成表面水流立轴漩滚区 A［图 10.4（a）］，两侧有回流区 B［图 10.4（b）］，出口下沿还有一个不大的水滚 D。可见，这种出流形成是属于有限空间三元扩散的淹没射流。不仅有平面扩散，同时也有立面扩散，扩散的程度与初始条件、边界条件都有很大关系。

漩滚区和回流区的存在标志着池中水流的紊乱，而紊乱的水流又可能造成出水池的冲刷或淤积，还可能导致水头损失的增加。另外，出水池尺寸的确定也与水流的扩散情况有关。因此，有必要研究影响水流扩散的各种因素。

试验表明，图 10.4 中的各漩滚区 A、D 及回流区 B 的形状大小（即扩散角 α、β、水

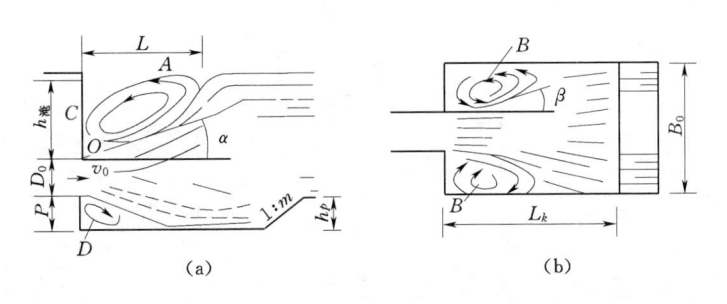

图 10.4 出水池中流态
(a) 剖面；(b) 平面

滚长 L 等) 和出水管口的流态有关。出口的直径 D_0 和流速 v_0 越大，即佛汝德数 Fr 越大，则 α、β 越小，回流和漩滚的长度 L 越长，从而使漩滚和回流区扩大；反之则缩小。池中是否产生水跃可以根据出口的形状和佛汝德数 Fr 来判别。对圆形出口，$Fr=0.7$ 为临界流，$Fr>0.7$ 时池中将产生水跃，$Fr<0.7$ 时池中水流平稳；对方形出口，$Fr=1$ 为临界流，$Fr>1$ 时池中产生水跃，$Fr<1$ 时池中水流平稳。

管口淹没深度 $h_淹$ 对扩散角 α、β 也有影响。$h_淹$ 越大，则 α、β 也越大，即 A、B、D 各区范围相应减小，反之各区范围则大。

池坎的高度 h_p、坡度系数 m、池坎和出水管口的距离 L_k 对水流扩散都有影响。试验表明，h_p 越大，L_k 和 m 越小，则漩滚长度 L 也越小。

出水池的宽度 B_0 对 β 角影响较大。试验结果说明，当 $B_0=(3\sim 4)D_0$ 时，扩散角 β 具有最小值，即回流区最大，当 $B_0<3D_0$ 或 $B_0>3D_0$ 时，β 值都会增大，即回流区缩小。由图 10.5 可知，当 $B_0=3D_0$ 时，$\beta=11°$；当 $B_0=2D_0$ 时，β 值增至 $30°$。

试验还表明，隔墩对改善池中水流条件的作用是显著的，当墙边的管路单独放水时，图 10.6 (a) 中所出现的水流折冲及回流现象在设有隔墩的池中基本消失，水流比无隔墩时平稳而顺畅，如图 10.6 (b) 所示。

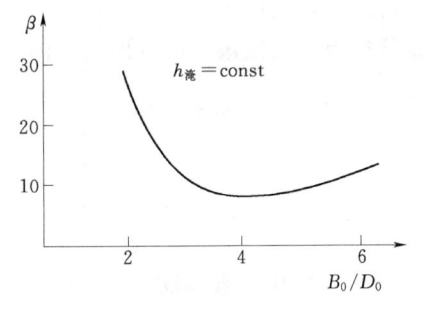

图 10.5 池宽与扩散角的关系

如果将水平管的出口段向上翘起，就成了倾斜式的淹没出流。若出水管路先向上高出出水池水位以后再向下倾斜，就成了虹吸式淹没出流。

倾斜式出流（图 10.7) 中的表面漩滚区 A 随出水管向上翘起的角度 θ 的增加而逐渐减少，直至消失，而底部漩滚区 D 逐渐扩大，当 $\theta=15°\sim 20°$ 时，底部漩滚的长度达到最大值。此后，底部漩滚区的长度随 θ 角的增大而减小。此外，底部漩滚区的长度还随管路出口的流态、出水池的尺寸、池坎高度和距管口的距离等因素有关。

10.1.1.3 出水池各部尺寸的确定

(1) 正向出水池各部尺寸的确定

1) 水平出流时出水池长度 L 的计算。池长 L 的计算方法较多，其中不少均系模型试验成果。但是当前尚没有被公认为完全合理的方法。下面仅介绍其中几种，以资比较。

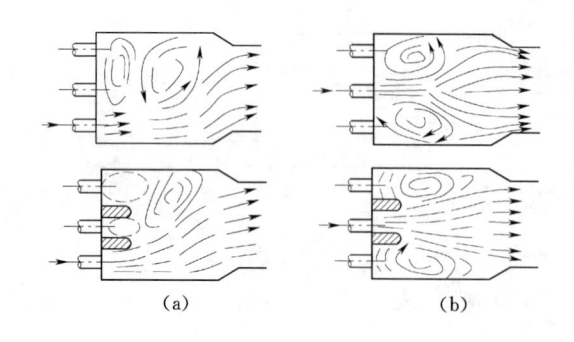

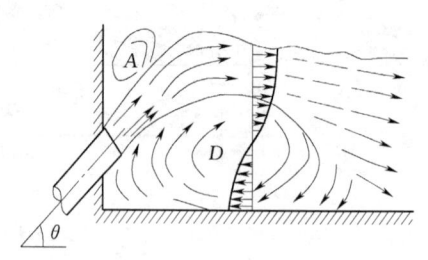

图 10.6　隔墩对出水池水流的作用
(a) 一台边机组运行；(b) 一台中间机组运行

图 10.7　倾斜式出水流态

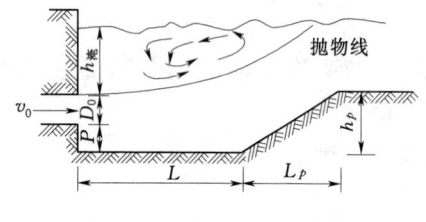

图 10.8　淹没出流示意图

a. 水面漩滚法。如图 10.8 所示。水平式淹没出流在出水池水流上部形成范围较大的漩滚区。此漩滚如果扩散至渠道中，势必形成渠道冲刷和水流的不稳定。因此，应使水流漩滚发生在出水池中，并把这一漩滚长度定为出水池的长度。但漩滚长度和很多因素有关，其中主要的有管口上缘淹没深度 $h_{淹}$，池中有无台坎以及台坎的型式和高程 h_p。由于管道出口流速较低（一般在 2.5m/s 以下），因此流速对漩滚长度的影响较小。根据试验分析得知，漩滚长度（即出水池长度）和淹没深度 $h_{淹}$ 之间成抛物线关系。即

$$L = \alpha h_{淹}^{0.5} \tag{10.1}$$

$$\alpha = 7 - \left(\frac{h_p}{D_0} - 0.5\right)\frac{2.4}{1+\frac{0.5}{m^2}} \tag{10.2}$$

$$m = h_p/L_p \tag{10.3}$$

式中：L 为出水池长度，m；α 为试验系数；h_p 为台坎高度，m；L_p 为斜坡水平长度，m；m 为台坎坡度，对垂直台坎，$m=\infty$；当 $h_p=0$ 时，$m=0$。

应该注意，当用上式计算池长时，$h_{淹}$ 值应为管口上缘的最大淹没深度 $h_{淹最大}$。

根据水面漩滚消能理论和试验，苏联 A.A. 特瑞卡柯夫提出了如下的出水池长度的计算公式

$$L = Kh_{淹最大} \tag{10.4}$$

式中：$h_{淹最大}$ 为出水管口最大淹没深度；K 为系数，可从表 10.1 中选用。

b. 淹没射流法。如图 10.9 所示，假定管口出流符合无限空间射流规律，即认为水流在池中逐渐扩散，沿池长的断面平均流速逐渐减小，当断面平均流速等于渠中流速 $v_{渠}$ 时，此段长度即为出水池长度。为此，保加利亚波波夫等人根据淹没射流理论，在试验基础上，提出了下列计算池长公式

$$L = 3.58\left[\left(\frac{v_0}{v_{渠}}\right)^2 - 1\right]^{0.41} D_0 \tag{10.5}$$

式中：v_0 为管道出口平均流速；其余符号意义同前。

10.1 出水池与压力水箱

表 10.1　　　　　　　　　　　　**K 值 表**

H_p/D_0	K 倾斜池坎	K 倾斜池坎
0.5	6.5	4.0
1.0	5.8	1.6
1.5	—	1.0
2.0	—	0.85
2.5	—	0.85

需要指出的是：上述计算池长的计算公式，由于试验条件的不同，计算结果相差较大。工程实际中多采用淹没射流法计算公式。重要工程建议通过 CFD 或模型试验确定。

2）出水池其他尺寸的确定。

a. 管口下缘至池底的距离 P。此段距离主要用以防止池中泥沙或杂物等淤塞出水口，一般采用：$P=0.1\sim0.2\mathrm{m}$。

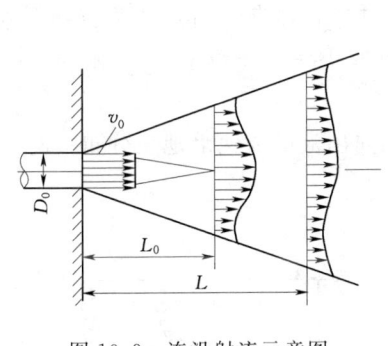

图 10.9　淹没射流示意图　　　图 10.10　池深的确定

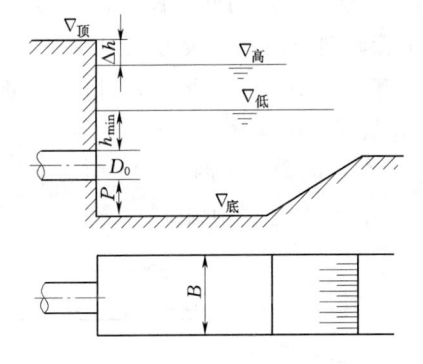

b. 管口上缘最小淹没深度。一般采用

$$h_{淹最小}=(1\sim2)\frac{v_0^2}{2g} \tag{10.6}$$

c. 出水池宽度 B。从施工和水力条件考虑，单管出流宽度为

$$B\geqslant(2\sim3)D_0 \tag{10.7}$$

d. 出水池底板高程。如图 10.10 所示，根据干渠最低水位 $\nabla_{低}$ 来确定。即

$$\nabla_{底}=\nabla_{低}-(h_{\min}+D_0+P) \tag{10.8}$$

e. 出水池池顶高程。根据池中最高水位加上安全超高 Δh 来确定的（图 10.10），即

$$\nabla_{顶}=\nabla_{高}+\Delta h \tag{10.9}$$

对安全超高 Δh，一般，当 $Q<1\mathrm{m}^3/\mathrm{s}$ 时，$\Delta h=0.4\mathrm{m}$；当 $Q>1\mathrm{m}^3/\mathrm{s}$ 时，$\Delta h=0.5\mathrm{m}$。

（2）侧向出水池尺寸的确定。

1）池宽 B 的确定。由于侧向出流受到对面壁面的阻挡而形成反向回流，如图

10.11所示，使出流不畅。壁面距管口越近，出流所受阻力越大，出流流量越小。图10.12是一条试验曲线，从中可以看出，当池宽 $B>4D_0$ 时，池宽对出流流量 Q 已无明显影响。

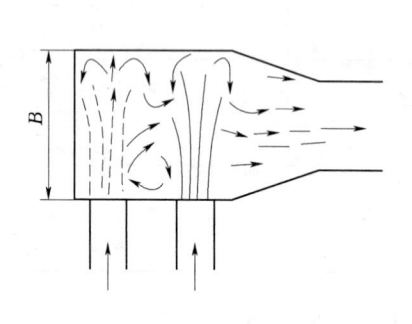

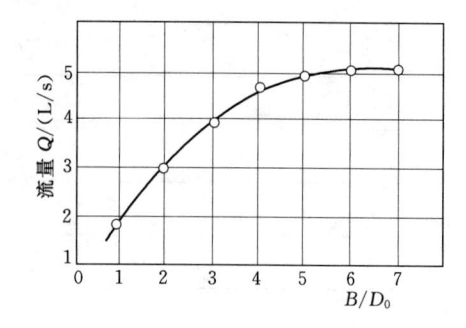

图 10.11 侧向出流示意图

图 10.12 $Q - B/D_0$ 关系曲线

如果综合考虑出口流速、水深等对池宽的影响时，则可采用下列经验公式计算池宽

$$\frac{B}{D_0} = 2\sqrt{5Fr - \frac{h_{淹}}{v_0}} \tag{10.10}$$

式中：Fr 为管口出流的佛汝德数；$h_{淹}$ 为管口上缘淹没深度。

对单管侧向出流，一般可取 $B=(4\sim5)D_0$。对多管侧向出流，池宽应随汇入流量的增大而加宽。如图10.13所示，对1-1断面，可取 $B_1=B+D_0$；2-2断面，$B_2=B_1+D_0$；3-3断面，$B_3=B_1+2D_0\cdots$。

2) 池长 L 的确定。图10.14中表示了单管侧向出流的流速沿池长分布情况。当 $L'\approx 5D_0$ 时，流速分布已趋均匀。

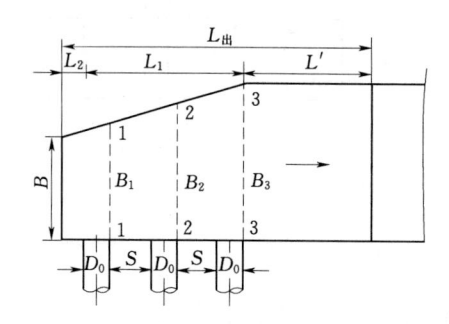

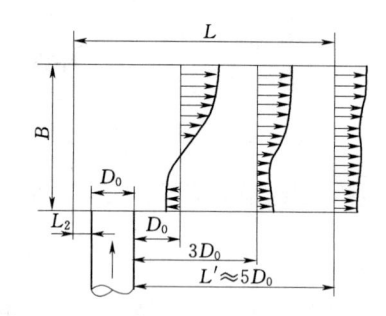

图 10.13 多管侧向出流出水池尺寸

图 10.14 单管侧向出流流速沿池长分布

因此，对单管侧向出流的池长计算公式为

$$L = L_2 + D_0 + L' = L_2 + 6D_0 \tag{10.11}$$

式中：L_2 为管口外缘至池边距离，可取 $0.3\sim0.5$m。

对多管侧向出流（图10.13）的池长计算公式为

$$L = L_2 + L_1 + L' = L_2 + [nD_0 + (n-1)S] + 5D_0$$
$$= (n+5)D_0 + (n-1)S + L_2 \tag{10.12}$$

式中：n 为管道根数；S 为管道之间的净距（图10.13）；其他符号意义同前。

10.1　出水池与压力水箱

10.1.1.4　出水池和干渠的衔接

一般出水池都比渠道宽，因此在两者之间有一逐渐收缩的过渡段，如图 10.15 所示。收缩角通常采用 $\alpha=30°\sim45°$，最大不超过 $60°$。过渡段长可根据池宽 B 和渠宽 b 按下式计算

$$L_g = \frac{B-b}{2\tan\dfrac{\alpha}{2}} \quad (10.13)$$

在紧靠过渡段的一段渠道中，由于水流紊乱，可能形成冲刷，因此，该段应用浆砌块石护砌，其长度为

$$L_h = (4\sim5)h_{最大} \quad (10.14)$$

式中：$h_{最大}$ 为渠道最大水深。

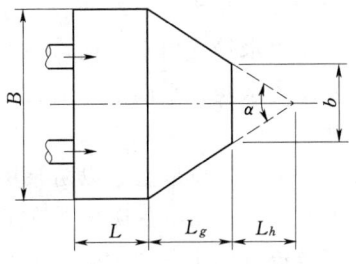

图 10.15　过渡段长度

10.1.2　压力水箱

对堤后式排水泵站，当外河水位变幅较大时，为了在最高外河水位下也能排除内河积水，需要将出水池修得很高，从而当外河低水位时水泵需将水扬至高出水池，再从高出水池排入外河，这样不仅工程量大，而且浪费水头。因此在此情况下一般不修建出水池，而由出水管道直接向外河排水。但如果采用每泵一管向外河排水，不仅增大施工量，而且还使大堤安全受到影响；而采用虹吸式出流虽然可保大堤安全，但要增加真空破坏设备，且工程量较大。在这种情况下，可考虑采用如图 10.16 所示的将多台水泵出水管汇集于一个压力水箱中，再经压力涵管排入外河的型式。

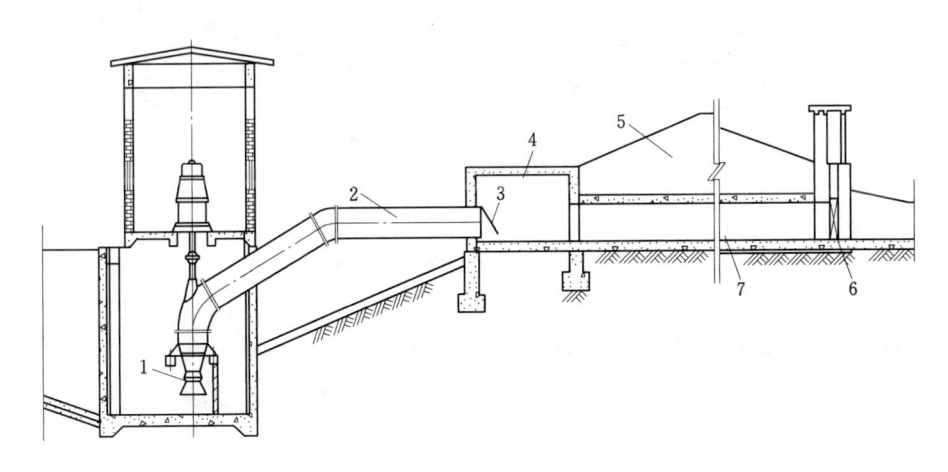

图 10.16　堤后式泵站压力水箱
1—水泵；2—出水管；3—拍门；4—压力水箱；5—防洪堤；6—防洪闸；7—压力涵管

10.1.2.1　压力水箱的类型

目前常采用的压力水箱可分为以下几种类型：

（1）按出流方向分，有正向出水（图 10.17）和侧向出水（图 10.18）两种。
（2）按几何形状分，有梯形（图 10.17）和长方形两种。
（3）按水箱结构分，可分为箱中有隔墩和无隔墩两种。

试验表明，正向出水压力水箱水力条件较侧向为好，而有隔墩的水箱又较无隔墩为

好。有隔墩时，还可改变结构受力状态，从而减小水箱顶板和底板的厚度，减小了工程量。

10.1.2.2　压力水箱结构和尺寸的确定

压力水箱式出水结构，一般由压力水箱、压力涵管和防洪闸等部分组成（图10.16）。

压力水箱在平面上呈渐收缩的梯形，箱内设有隔墩，水箱可和泵房分建，也可和泵房合建成一体。分建式水箱应设置支架支撑，支架基础应筑于挖方上。合建式水箱后侧，应简支于泵房后壁墙上，以防泵房和水箱不均匀沉陷。箱壁厚度一般为300～400mm、隔墩厚200～300mm，在现场浇筑而成。压力水箱尺寸应根据出水管数目（一般为3～5根）、管径及流量而定。图10.17中水箱进口的净宽 B 为

$$B = n(D_0 + 2\delta) + (n-1)a \tag{10.15}$$

式中：n 为水泵出水管根数；D_0 为出水管口直径；δ 为出水管至隔墩或箱壁的距离，其值应满足安装和检修的要求，一般取 $\delta = 250 \sim 300$ mm；a 为隔墩厚，可取 $a = 200 \sim 300$ mm。

水箱出口断面宽度 b 等于出水涵管宽度。水箱的收缩角一般采用 $\alpha = 30° \sim 45°$。

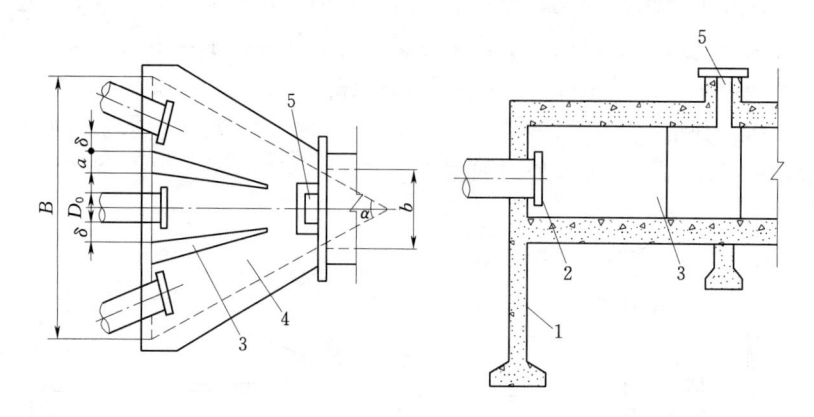

图10.17　正向出水压力水箱
1—支架；2—出水管口；3—隔墩；4—压力水箱；5—进人孔

为便于检修，水箱顶部设有进人孔，进人孔多呈0.6～1.0m的正方形。盖板由钢板制成，并用螺母固定在埋设于箱壁的螺栓上。盖板和箱壁间有2～3mm厚的橡皮止水。

10.1.2.3　压力水箱受力分析

初步拟定压力水箱断面的外形尺寸和各部件厚度，然后进行稳定计算和强度计算。

（1）稳定计算。一般只需进行水箱水平滑动的核算。应考虑在最高外河水位时，事故停机或拍门关闭情况下，压力水箱所承受的水平推力（其中包括水锤压力），是否会使水箱产生水平滑动。压力水箱应满足抗滑稳定的要求。

（2）强度计算。应按水箱进口断面和出口断面的不

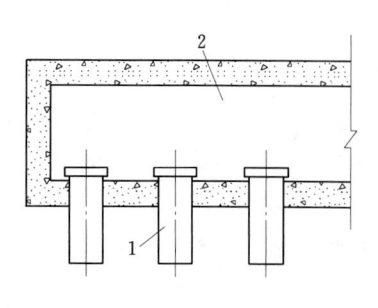

图10.18　侧向出水压力水箱
1—出水管；2—压力水箱

同框架结构型式，分别进行计算。对进口断面，可根据水箱内隔墩是否伸到顶板，按单孔或多孔连续框架进行计算。荷载包括：外河最高水位时产生的水压力（包括水锤压力）、侧向土压力及板的自重以及活荷载，然后取对称结构的一半对各杆件和各节点进行力矩分配和各杆端剪力的计算，最后绘出各杆件的弯矩图和剪力图，如图 10.19 所示。对于压力水箱出口断面，则按单孔框架进行计算。

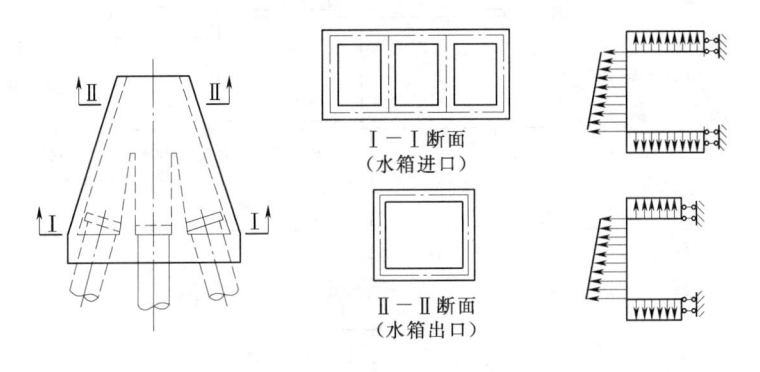

图 10.19 压力水箱计算简图

在计算过程中应注意：

1) 压力水箱隔墩如果和顶板联结，不仅能起分流导水的作用，而且对水箱底板、顶板和后墙还起着整体的固结作用。因此，对水箱内有隔墩和无隔墩处的顶板和底板的配筋应分别进行计算。

2) 由于事故停机时，水锤压力对压力水箱的强度（特别是对外侧无填土的后墙）影响很大，因此，必须进行水锤压力和不允许裂缝出现的验算。

10.2 出 水 流 道

对立式安装的大型水泵，出水流道是指从水泵导叶出口到出水池之间的过流通道。出水流道的前段为水泵出水室，常见的有：弯管型、蜗壳形和蘑菇形等几种。弯管出水室紧接在轴向出水的水泵出口导叶之后，由于要有一定长度的扩散段和足够的弯曲半径，所以其轴向尺寸大而平面尺寸较小，主轴较长，泵房相对较高。蜗壳形和蘑菇形出水室均紧接着轴向出水的水泵出口导叶之后，水流进入出水室后即沿水平方向引出，如图 10.20、图 10.21 所示，所以其轴向尺寸小，而平面尺寸较大，主轴较短，泵房较矮，机组段较宽，一般较为经济，但蜗壳式出水室的型线较复杂，施工较困难。由于出水室与水泵联系密切，对机组运行效率有较大的影响，故出水室的型式常由制造厂根据水泵的结构和泵站的要求综合考虑拟定，设计选用新机组的泵站时，可根据需要提出并与制造厂协商，通过模型试验及经济比较后确定。

出水流道后段为连接出水室与出水池的出水管道，其形式可分为虹吸式、直管式、双向出水式、屈膝式、猫背式等几种。通常根据流道断流方式、水泵型式、泵站扬程范围、出水侧水位变幅和枢纽布置等因素，通过技术经济比较后确定。

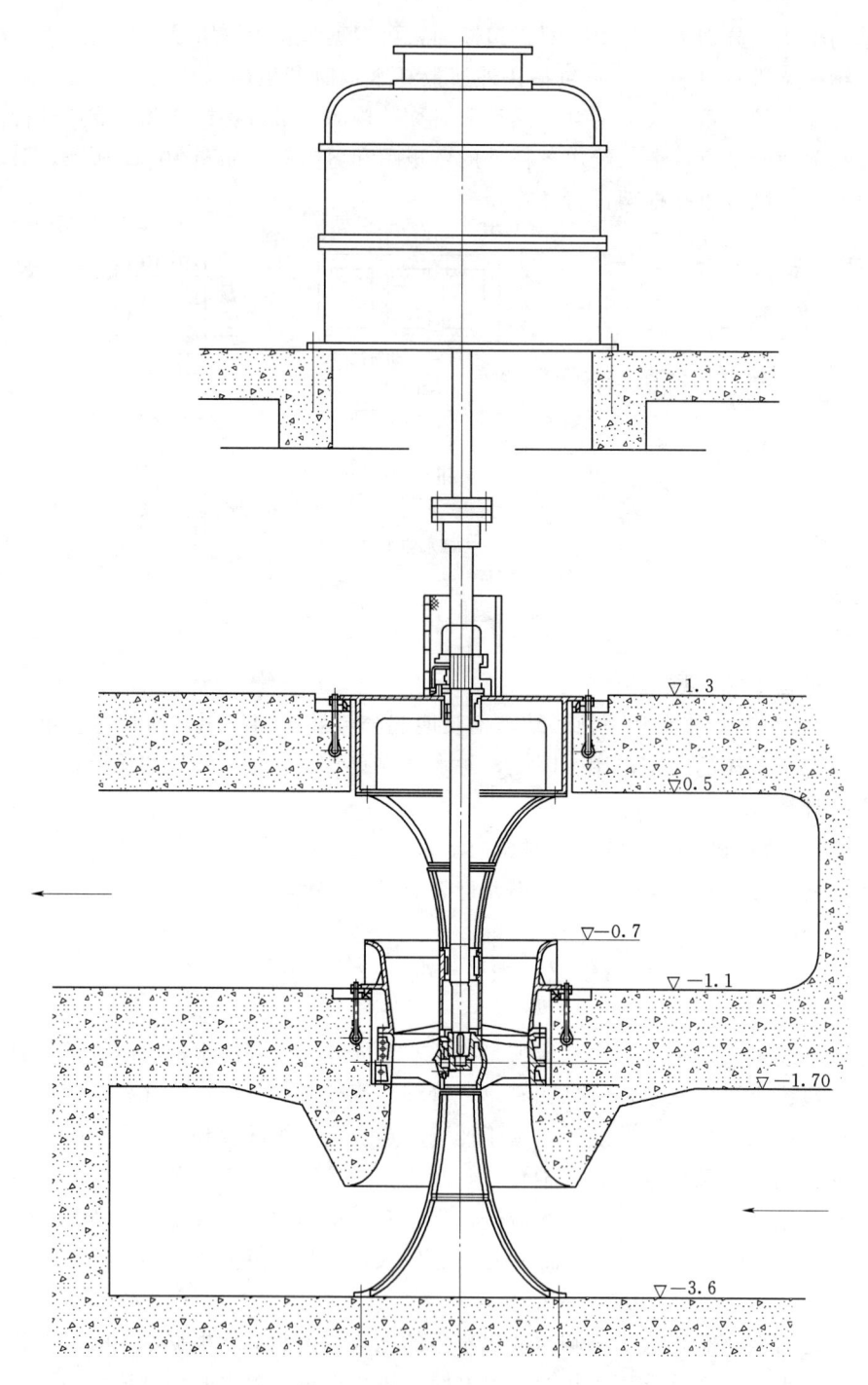

图 10.20 蜗壳型出水室泵站剖面图 （高程单位：m）

10.2.1 虹吸式出水流道

10.2.1.1 工作特性

虹吸现象在水力学中已有阐述。如果我们把虹吸管的进口与水泵出水管相连接（图

10.2 出 水 流 道

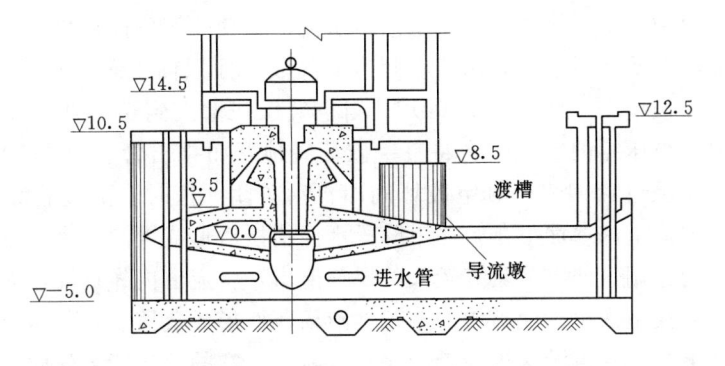

图 10.21 蘑菇形出水室泵站剖面图（高程单位：m）

10.22）并越过大堤，虹吸管出口淹没于外江，那么水泵只需将水从 0-0 断面提高到 1-1 断面后，由于虹吸作用，堤内涝水便可越过堤顶流向外江（1-1 断面与 3-3 断面之高差 ΔH 即为水流通过管路的水头损失）；在正常运行时，虹吸管的顶部 2-2 断面（即驼峰部分）为负压；停泵时，只要将装置在驼峰顶部的真空破坏阀打开，空气就会进入管内，虹吸作用也就遭到破坏，从而可以阻止水的倒流和水泵机组的倒转。

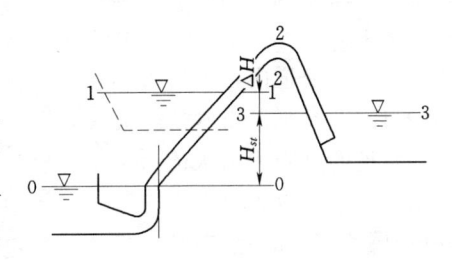

图 10.22 虹吸式出水流道

10.2.1.2 虹吸作用的形成过程

水泵启动前，高出水面以上的虹吸管段是充满空气的。所谓虹吸作用形成过程，实质就是水流充满管段、空气排出管外并使驼峰处形成一定真空的过程，如图 10.23 所示。

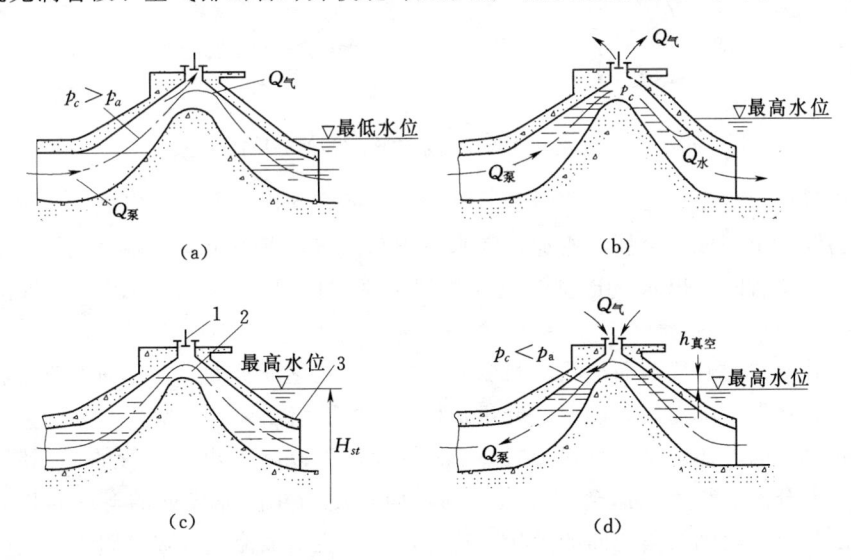

图 10.23 虹吸作用的形成过程
(a) 启动；(b) 排气；(c) 运行；(d) 停机
1—真空破坏阀；2—驼峰顶部；3—出口；p_c—虹吸管内压强；p_a—大气压强

237

水泵启动过程中，水泵排出的水量进入出水流道，使流道内的水位逐渐上升，到超过驼峰后即翻越驼峰向下降段下泄，水流在到达下降段水面以前水泵出水使空气体积减小，空气因受压缩而压强增大［图 10.23（a）］，当空气压强增大到超过真空破坏阀阀体自重和弹簧压紧力时，被压缩的空气就会将真空破坏阀顶开而排出管外［图 10.23（b）］，然后流道内的空气压强迅速回零，真空破坏阀即自动关闭。这时，翻过驼峰的水流形成堰流，受重力作用顺流道内壁面下落，与下降段水面衔接后形成翻滚。由于溢流水面的流速较快，加上翻滚的作用，使水流具有较大的挟气能力，将流道内靠近溢流面的空气沿着水面大量卷入水中并挟带逸出。流道中的空气逐渐稀薄而形成负压。在负压的作用下，下降段内的水位迅速上升，水流漩滚逐渐趋向缓和，减低了它的挟气能力，此时，依靠驼峰处的流速继续挟气，当空气全部排出流道后，水充满了整个流道，虹吸形成的全过程即告结束［图 10.23（c）］。当事故停泵时，流道内将会形成倒虹吸，此时只要打开真空破坏阀，使空气进入流道内，就可破坏管内真空从而截断水的倒流［图 10.23（d）］。

10.2.1.3 虹吸式出水流道的设计

常见的虹吸式出水流道由上升段、驼峰段、下降段、出口段等部分组成，如图 10.24 所示，与水泵弯管出水室（图 10.24 中的扩散段与出水弯管）相接。虹吸式出水流道的设计就是确定各部分的形状和尺寸。拟定各部分尺寸时要综合考虑各方面的因素，力求达到流道水头损失较小、虹吸形成时间较短、工程投资较省等效果。

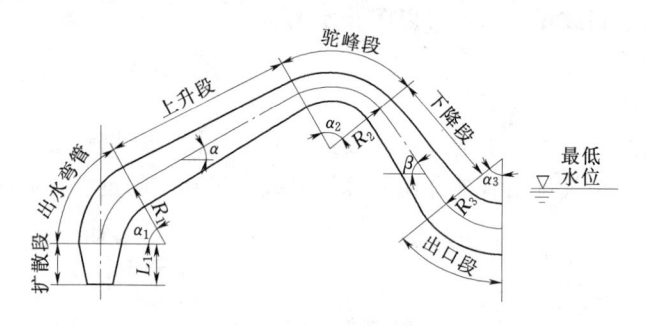

图 10.24　虹吸式出水流道的各部分构造

水泵弯管出水室由紧接水泵出口导叶之后的扩散管和出水弯管所组成。出水弯管可由金属或钢筋混凝土制成，金属弯管通常随水泵成套供应，混凝土弯管则由现浇制成。在采用现浇混凝土弯管时，出水流道型线尺寸的拟定必须同时考虑钢筋混凝土弯管出水室的尺寸。

（1）上升段。上升段断面形状由圆变方，在平面上逐渐扩大，在立面上略微收缩，轴线向上倾斜。在设计中需要先确定上升角 α 和平面扩散角 φ_2（图 10.25）。α 的大小不仅影响到机组效率，同时还影响上升段的长度。α 越大，可以减少出水弯管的局部阻力损失，也可以缩短上升段的长度。但会增加机组的轴向长度，并使驼峰处的弯曲角度 α_2 加大，甚至可能出现上升段轴线呈弯曲的形状。这样，不仅会增加流道的局部阻力，同时对虹吸形成也有影响。一般取 $\alpha=30°\sim45°$。

平面扩散角 φ_2 取决于出水弯管出口直径 D_1 和驼峰断面的宽度 B 以及上升段平面的长度 L_2。它们之间的关系可用下式表示

10.2 出水流道

$$\tan\varphi_2 = \frac{B - D_1}{2L_2} \tag{10.16}$$

太大的 φ_2 会增加流道的阻力损失，一般认为 $2\varphi_2 \leqslant 8° \sim 12°$ 时水力阻力最小。当所选的 B、D_1、L_2 等值不能满足 φ_2 要求时，应该适当调整，直到满足为止。

断面由圆变方的渐变长度一般不应小于管径的两倍。

（2）驼峰段。驼峰部分的设计是虹吸式出水流道设计中最重要的一环，因为这部分的形状和尺寸对虹吸形成、装置效率、工程投资以及安全运行等都有很大的影响，为了保持需要的真空，要求这部分密封性能良好。

1) 驼峰顶部断面处平均流速 v 的确定。驼峰顶部断面处平均流速 v 对虹吸形成、流道阻力损失都有影响。对于既定形状的虹吸式出水流道，为了在所要求的时间内能形成虹吸，对驼峰断面处的最小流速应有一定的要求。当流速小到一定程度时，虹吸形成所需时间可能会很长，甚至根本无法形成虹吸。

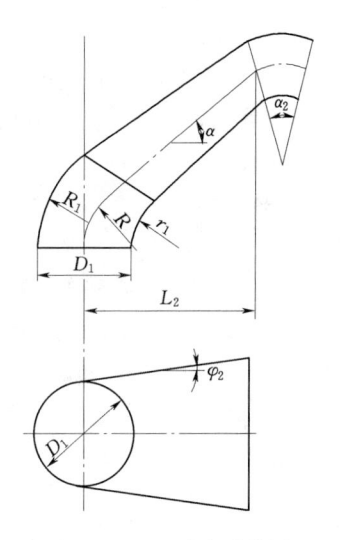

图 10.25 上升段形状图

一般情况下，驼峰断面处平均流速 v 可按下式计算

$$v = 3.4\sqrt{R} \tag{10.17}$$

式中：R 为驼峰断面的水力半径。

我国现有虹吸式出水流道的驼峰断面处的平均流速所采用的范围为 $2.0 \sim 2.5 \text{m/s}$。

2) 驼峰底部的高程 $\nabla_底$ 的确定。驼峰底部的高程 $\nabla_底$ 主要取决于出水池最高运行水位。为了避免出水池水流倒灌，驼峰底部应高于出水池最高运行水位。但也不能太高，否则会增加启动扬程，对尽快形成虹吸和降低工程造价都不利。$\nabla_底$ 可按下式计算

$$\nabla_底 = \nabla_高 + \delta \tag{10.18}$$

式中：$\nabla_高$ 为出水池最高运行水位；δ 为安全超高，一般可取 $\delta = 0.2 \sim 0.5 \text{m}$。

3) 驼峰断面高度 h 的确定。驼峰断面高度 h 的大小对于该处的流速分布和压强分布都有影响，较大的 h 会造成驼峰断面顶部和底部很大的压差。减小驼峰断面的高度，一方面可以加快驼峰顶部流速，使水流挟气能力增加，并减少断面上下的压力差；另一方面亦可减少顶部的存气量，便于及早形成虹吸和满管流，而且还可降低驼峰顶部的真空度，从而增大出水侧水位变化范围的适应能力。因此，大型泵站的驼峰断面一般做成扁平的矩形。

根据已运行泵站的经验，可取驼峰高度 $h = (0.5 \sim 0.785)D_1$。

4) 驼峰顶部高程 $\nabla_顶$ 的确定。

$$\nabla_顶 = \nabla_底 + h \tag{10.19}$$

式中：$\nabla_底$ 为驼峰底部高程；h 为驼峰断面高度。

5) 驼峰断面宽度 B 的确定。

$$B = \frac{A}{h} \tag{10.20}$$

式中：A 为驼峰断面面积，$A = Q/v$，Q 为水泵设计流量，v 为驼峰断面平均流速；h 为驼

峰断面高度。

6) 驼峰处曲率半径 R_2 的确定：R_2 过小，虽然有利于机组启动时水流翻越驼峰，易于形成虹吸，但水流的急剧转弯导致较大的水头损失；R_2 过大，虽可减小水头损失，但却延长虹吸形成时间。一般取 $R_2=1.5D_1$。

（3）下降段。下降段流道宽度的沿水流方向的变化取决于机组的间距 b 和驼峰断面的宽度 B。当 $B=b-\delta$（其中 δ 为出口隔墩厚度）时，呈不扩散型，为等宽变化；当 $B<b-\delta$ 时，呈扩散型，有利于减小流道出口的水头损失。

下降段横断面的高度是沿水流方向逐渐增加的。断面由驼峰处的扁平长方形逐渐扩展成长宽接近的矩形，使断面面积逐渐增大，平均流速逐渐减小。

下降段的倾角 β 对水流条件和工程投资均有影响。β 越大，下降段的长度越短，可节省工程量和投资，但 β 过大，又会引起水流脱壁，影响虹吸形成过程，使流道内的压力不稳定，还会增加水头损失。β 过小，会增加工程投资。目前一般采用 $\beta=40°\sim70°$。

（4）出口段。为了更多地回收水流动能，减小流道出口的水头损失，需要尽可能地降低出口流速，流道出口流速 v_3 不宜大于 1.5m/s，从而可确定流道出口断面面积 $F_3=Q/v_3$。根据泵房的布置确定流道出口宽度 B_3，一般取两机组隔墩间的净宽或采用与进水流道相同的宽度，从而流道出口断面高度 $H=F_3/B_3$。

根据出水池最低水位 $\nabla_{池低}$ 和虹吸管出口最小淹没深度 $h_{淹}$ 可以推求出口断面的顶部高程 ∇_3。

$$\nabla_3=\nabla_{池低}-h_{淹} \tag{10.21}$$

流道出口最小淹没深度 $h_{淹}$ 一般可采用式（10.22）计算，但是 $h_{淹}$ 不得小于 0.3m。

$$h_{淹}=(4\sim5)\frac{v_3^2}{2g} \tag{10.22}$$

式中：v_3 为出口断面的平均流速；g 为重力加速度。

（5）驼峰断面顶部真空值的校核。驼峰顶部的真空值可按下式计算

$$H_2=\nabla_{顶}-\nabla_{池低}+\frac{v^2-v_3^2}{2g}-h_{损} \tag{10.23}$$

式中：H_2 为驼峰顶部实际的真空值；v 为驼峰处的断面平均流速；$h_{损}$ 为驼峰断面至出口断面的水头损失。

而最大允许真空值 $H_允$ 为

$$H_允=\frac{P_a}{\rho g}-\frac{P_k}{\rho g}-a \tag{10.24}$$

式中：P_a 为当地海拔高程的大气压强；P_k 为临界汽化压强；ρ 为水的密度；a 为考虑水流的紊动和波浪的安全值。

最大允许真空值一般不超过 7.5m 水柱高。

当 $H_2\leqslant H_允$ 时，说明虹吸式流道驼峰断面的压强大于水的汽化压强，虹吸式出水流道可以正常工作。当 $H_2>H_允$ 时，驼峰处的压强过低，有产生汽化的可能，会发生强烈的压力脉动，甚至虹吸现象无法形成。在这种情况下，则需要筑壅水坝以抬高出水池的最低水位来满足驼峰断面真空值的要求（图10.26），而抬高以后的出水池水位 $\nabla_{池低}$ 为

$$\nabla_{池低} = \nabla_{顶} - H_{允} + \frac{v^2 - v_3^2}{2g} - h_{损}$$

(10.25)

应该指出,采用这种方法来满足虹吸式出水流道真空值的要求是很不经济的。由此可见,当 $H_2 > H_允$ 时,虹吸式出水流道的运用必将受到限制。

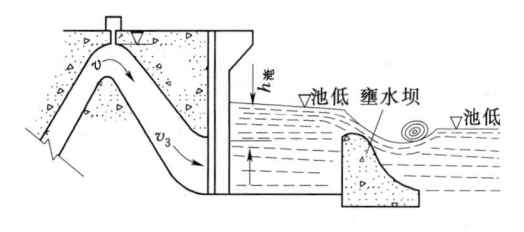

图 10.26 壅水坝抬高出水池最低水位示意图

在拟定虹吸式出水流道上述主要尺寸后,就可以绘出其纵剖面轮廓图。可以根据流速的直线或曲线变化规律,求出各断面面积,从而定出其平面图尺寸;最后用允许的扩散角加以校核。也可以先拟定各断面形状,按允许的扩散角定出其平面图尺寸,再求出各断面的流速,从而绘出流速和流道长度的关系曲线,并以光滑的曲线为设计标准加以校核。

10.2.2 直管式出水流道

从水泵出水弯管至流道出口之间的流道中心线为直线的出水流道称为直管式出水流道。直管式出水流道的任一断面的压强都大于0。常采用拍门和快速闸门作为断流措施。

10.2.2.1 设计要求

直管式出水流道应满足以下几方面的要求:

(1) 启动时要便于排气。水泵启动前流道内具有很大的空气体积。如果流道没有设通气孔,或通气孔的断面太小和位置不当,甚至其他原因使流道内大量的空气无法顺利排出时,会使拍门反复多次的开启和关闭从而影响水泵的启动。

(2) 运行时的水头损失要小。当流道短而扩散角太大,或因拍门的尺寸受到限制而使流道出口断面太小时,都会增加水头损失,从而增加运行费用。

(3) 关闭要及时可靠。应选择安全可靠的断流装置。

(4) 节省投资,便于施工。

10.2.2.2 管线选择

管线可以是水平的,也可以是倾斜的,这主要取决于水泵出水弯管的出口断面中心高程和出水池的最低水位。前者是由水泵的安装高程和水泵的结构尺寸决定的。流道出口在最低外水位时还应有一定的淹没深度 $h_{淹}$,一般取 0.5m。管线的布置可能有以下 3 种情况(图 10.27)。

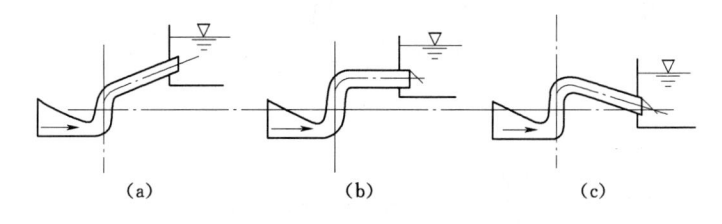

图 10.27 直管式出水流道的几种管线布置形式
(a) 上升式;(b) 平管式;(c) 下降式

上升式流道在水泵机组启动后,水流是向上流动的,流道内的空气很容易排向流道出口，最后由通气孔排出流道之外。所以，只要最低外水位较高，就应该尽量采用上升式。

下降式流道不仅使水泵出水弯管的转弯角度大，增大了水头损失，而且在机组启动时水流会很快封住出口段，使最高部位的空气难以排出，使得最低外水位下启动运行不稳定，容易出现拍门反复多次冲击的现象。

10.2.2.3 通气孔的位置和大小

对于直管式出水流道应该设通气孔。这不仅使机组启动时可以由通气孔排气，而且在停机后还可以由通气孔补气，从而减小拍门的冲击力和管内负压。

通气孔应该布置在流道突起的最高位置。对于上升管应该布置在出口附近；对于短的平管（如10m以内），通气孔的位置可任意选定。对于下降管，应该布置在流道的最高位置。

通气孔的面积可按下式计算

$$F=\frac{V}{\mu v t} \tag{10.26}$$

式中：V 为出水流道内的空气体积；μ 为风量系数，可取 $\mu=0.71\sim0.815$；v 为最大气流速度，可取 $v=90\sim100\mathrm{m/s}$；t 为排气或进气的时间，可取 $t=10\sim15\mathrm{s}$。

10.2.3 屈膝式出水流道

对安装立式机组的大型泵站，当出水侧水位变化幅度较大而最低运行水位又较低时，采用虹吸式出水流道满足不了驼峰顶部真空度的要求；采用上升式直管出水流道，最低外水位下出口不能被水淹没，存在能量浪费；采用下降式直管出水流道增加了水泵出口弯管损失，同样存在能量浪费，而且存在最低外水位下启动排气不便的问题。

为了避免流道出口能量损失，出水流道的出口需淹没在最低运行水位以下；为了减小水泵出水弯管的转弯角度以减小水头损失，并防止在水位较低时水泵启动后水流很快封住流道出口造成排气不畅的问题，在水泵出口弯管后布置一低驼峰，这就形成了屈膝式出水流道，如图10.28所示。屈膝式出水流道，也称为低驼峰式出水流道。

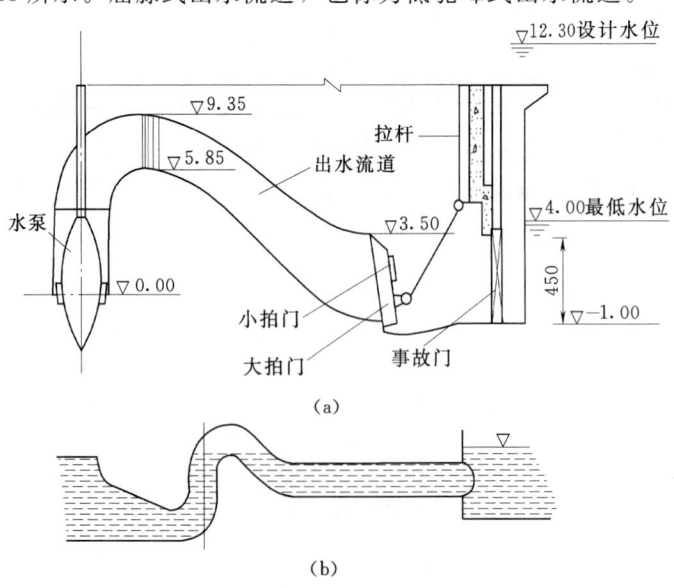

图10.28 屈膝式出水流道（单位：m）

10.2 出 水 流 道

屈膝式出水流道可以采取类似于虹吸式出水流道的设计，如图 10.28（a）所示；也可以直接将直管布置成弯曲的驼峰，如图 10.28（b）所示。

一般情况下，屈膝式出水流道采用拍门或快速闸门断流。但由于流道出口位置较低，断流装置检修较困难，为使断流装置事故时仍能及时截断水流，在断流装置出口还需装设动水启闭的事故闸门，供事故及检修时使用。

有些泵站，外江水位低于驼峰底部高程的运行时间较长，常充分利用真空破坏阀断流的优点，在驼峰顶部设置真空破坏阀断流；而当外江水位高于驼峰底部高程时，再采用拍门或快速闸门断流。

10.2.4 猫背式流道

扬程较低的轴流泵可采用卧式机组，为便于水泵和电机之间的联接与布置，进、出水流道设计为如图 10.29 所示的平面 S 形。

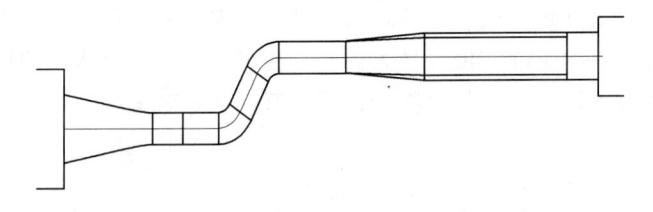

图 10.29 平面 S 形进、出水流道

如果出水水位较高，采用直管式出水流道能使得流道出口被淹没在水面以下，则可以设计为直管式出水流道，为便于水泵和电机之间的连接与布置，机组采用如图 10.30 所示的斜轴安装形式。

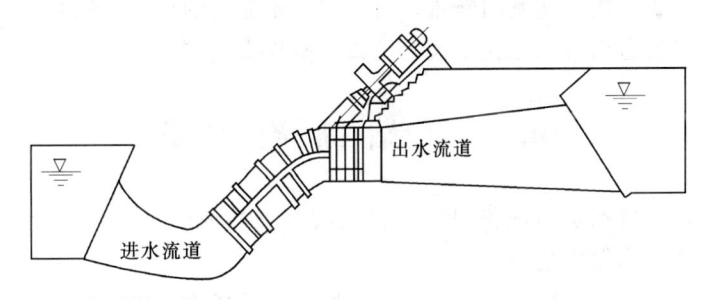

图 10.30 水泵斜轴安装的直管式出水流道

如果出水侧水位较低，为了不浪费能量，应将出水流道弯曲向下接出水池，而水泵和电机之间的连接轴就可以从进水流道后端的弯曲部位或出水流道前端的弯曲部位水平穿出，机组采取卧式安装，这就形成了如图 10.31 所示的进水流道进口、出水流道出口低，中间水泵安装部位高的进、出水流道形式，称为猫背式流道。猫背式流道机组叶片外缘如高过进水侧水位时，需采取抽真空充水启动，一般采用拍门断

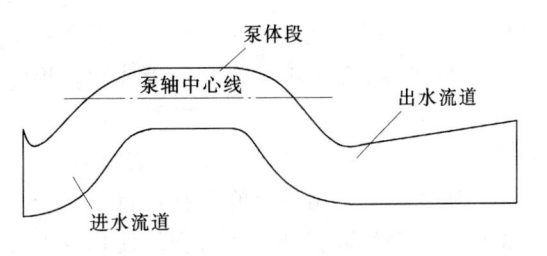

图 10.31 猫背式流道

243

流。主机布置在进水侧还是出水侧,应根据泵房总体布置的要求和机组制造厂协商后决定。

10.2.5 出水流道形式的选择

大型泵站出水流道的型式,常见的有虹吸式、直管式两种,比较如下。

10.2.5.1 虹吸式出水流道

(1)停机断流可靠。只要及时打开装在驼峰顶部的真空破坏阀,即能破坏真空,迅速切断驼峰处水流,防止外水倒灌,使机组很快停稳。

(2)操作简便,停机时不产生冲击力。

(3)出口断面的扩大不像直管式或低驼峰式那样受到拍门或快速闸门尺寸的限制。因而虹吸式流道出口流速可以降低,减少出口水头损失。

(4)虹吸式流道断面形状变化复杂,施工困难,模板消耗量较大。尤其是堤后虹吸式块基型泵站,在斜坡上浇筑混凝土流道,施工难度较大,而且质量难以保证。

(5)启动时水流翻越驼峰,出现最大扬程,有可能使机组牵入同步产生困难。

(6)在启动或运行过程中,如果驼峰顶部存有空气,就会使顶部产生压力脉动,从而引起机组振动。

10.2.5.2 直管式出水流道

(1)直管式流道断面形状比较简单,便于施工,施工质量容易得到保证。

(2)采用直管式出水流道,要用拍门或快速闸门作为水泵停机时的断流措施。而目前采用的拍门或快速闸门,其结构及附属设备比较复杂,检修也麻烦,而且突然关闭时还可能产生冲击力。在运行的可靠性上不如真空破坏阀。

(3)由于采用拍门或快速闸门断流,直管式出水流道的出口不宜扩得太大。因此出口流速一般比虹吸式流道出口的流速要大,出口水头损失也较后者大。

10.3 泵站断流方式

泵站机组停机,特别是事故停机时,必须有可靠的断流措施,以保证机组能及时停稳,防止飞逸事故,确保机组安全。

泵站的断流方式应根据出水池水位变化幅度、泵站扬程、机组特性等因素,并结合流道形式选择经技术经济比较确定。断流方式应符合下列要求:①运行可靠;②设备简单,操作灵活;③维护方便;④对机组效率影响较小。

常见的泵站断流方式有真空破坏阀、拍门和快速闸门3种,其中真空破坏阀主要用于虹吸式出水流道。

10.3.1 真空破坏阀断流

虹吸式出水流道的驼峰段在运行过程中为负压,因此,机组停机时只要将安装在驼峰顶部的真空破坏阀打开,放入空气使真空破坏,就可截断水流。

泵站常用的真空破坏阀多为气动平板阀,其主要结构由阀座、阀盘、气缸、活塞及活塞杆、弹簧等部件组成,如图10.32所示。停机时,与压缩空气支管相连的电磁空气阀自动打开,压缩空气进入气缸活塞的下腔,将活塞向上顶起,在活塞杆的带动下,阀盘开启，空气进入虹吸管驼峰断面内，破坏真空，切断水流。当阀盘全部开启时，气缸盖上的限位开关接点接通，发出电讯号通知值班人员。当虹吸管内的压强接近大气压强之后，阀盘、活塞杆及活塞在自重和弹簧张力作用下自行下落关闭。

真空破坏阀底座为一个三通管，三通管的横向支管装有密封的有机玻璃板窗口和一手动备用阀门。如果真空破坏阀因故不能打开时，可以打开手动备用阀，将压缩空气送入气缸，使阀盘动作。在特殊情况下，因压缩空气母管内无压缩空气，或因其他原因真空破坏阀无法打开时，运行人员可以用大锤击破底座三通管横向支管上的有机玻璃板，使空气进入虹吸管内。这就可以保证在任何情况下都能实现破坏真空断流。

为了保证虹吸式出水流道泵站机组的正常和安全运行，真空破坏阀应满足以下要求：

(1) 密封性好。机组正常工作时，真空破坏阀阀盘应关闭严密，不允许有空气漏入虹吸管内，否则会在虹吸流道内形成不稳定的气穴，引起机组振动、造成运行效率降低。

(2) 开启迅速可靠。机组停机时，在电动机主开关跳闸后 1～2s 内，真空破坏阀应立即动作，且应保证全部打开的时间控制在 5s 之内。如果真空破坏阀延迟打开，会使机组的脉动负荷、振动水平和水泵部件应力与正常情况相比增加 4～7 倍，危及机组安全。

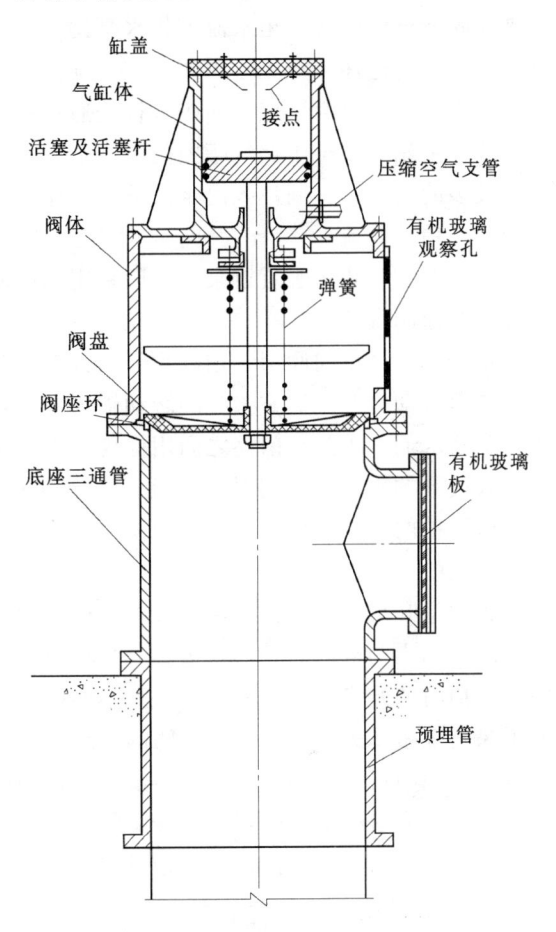

图 10.32 气动式真空破坏阀结构图

(3) 口径要适当。如果真空破坏阀的口径太小，即使阀盘全部开启也不能及时完全破坏真空，从而达到实现断流的目的。真空破坏阀的阀盘直径 D 可按下式计算：

$$D = 0.1785\sqrt{Q} \tag{10.27}$$

式中：D 为阀盘直径，m；Q 为水泵额定流量，m^3/s。

真空破坏阀阀盘的上升高度 h 可根据从阀盘周围圆柱面进入的风速和孔口的风速相等、风量相等的原则来确定。

$$h = \frac{D}{4\mu} \tag{10.28}$$

式中：风量系数 μ 值可取为 0.71～0.815。

对于直接向江河排水，采用真空破坏阀断流的虹吸式出水流道排水泵站，当泵站在超驼峰工况（即江河水位超过驼峰顶部断面下缘高程）运行时，真空破坏阀已失去断流功能。如果泵站出水池未设防洪闸门，或虽设有防洪闸门但漏水严重，或防洪闸门关闭受阻时，一旦机组停机就会发生倒灌，将严重影响机组安全和排区的防洪安全。因此，采用真空破坏阀断流的虹吸式出水流道排水泵站，宜设置能满足动水关闭要求的防洪闸，且有向虹吸式出水流道注入压缩空气的预防措施。在防洪闸事故不能及时关闭或闸门漏水严重时，可将真空泵改为空气压缩机运行，通过抽真空管道向虹吸式出水流道顶部注入压缩空气，或以泵站气系统中储气罐内的压缩空气为动力源，通过大气喷射泵以较少的压缩空气吸入较多的大气，一同注入出水流道，将流道内的水体从顶部隔开，以实现断流。

10.3.2 拍门断流

中小型直管式出水流道泵站一般采用拍门断流，大型泵站也可采用拍门断流，但拍门一般要有控制设备。

拍门是一种单向阀门，拍门顶部用铰链与门座相连，水泵起动后，在水流冲力的作用下，拍门自动打开。通常拍门的转动轴水平，停机时，借自重和倒流水压力的作用自动关闭，截断水流。拍门与门座之间用橡皮止水，关闭后靠水压力将拍门压紧。目前也有转动轴立式设置的拍门，关闭时自重几乎不起作用，关闭力较小，拍门几乎全开，水头损失小。由于拍门具有结构简单、造价便宜、管理方便和便于自动化等优点，所以在泵站中得到了广泛的应用。

当拍门开启时没有任何控制设备，机组运行时靠水流冲开，停机时靠自重和倒流水压力关闭，称之为自由式拍门，如图10.33所示。自由式拍门是在水流冲力的作用下打开的，且拍门的开启角度一般在40°左右，水头损失较大，故运行时要消耗一定的能量，降低了泵站效率。另外，拍门在关闭的一瞬间会产生很大的撞击力，特别是在出水流道短、扬程高、拍门尺寸大的情况下，撞击力对拍门结构和泵站建筑物的安全都有极其不利的影响。为了解决这些不利因素，工程实践中采用了多种形式的拍门，如带平衡锤的拍门（图10.34）可增加正常运行时拍门的开启角、减小水头损失；双节式拍门（图10.35），拍门

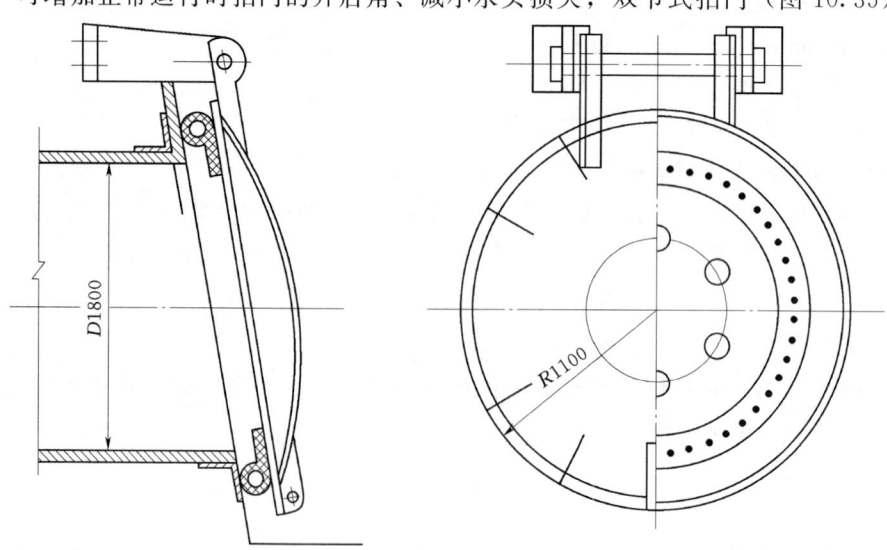

图10.33 自由式拍门结构图（单位：mm）

开启角可增大、水头损失与撞击力均可减小;机械平衡液压缓冲式拍门(图10.36),可以大大减小水头损失与撞击力,常用在水泵流量 20m³/s 以上的拍门断流设施中。

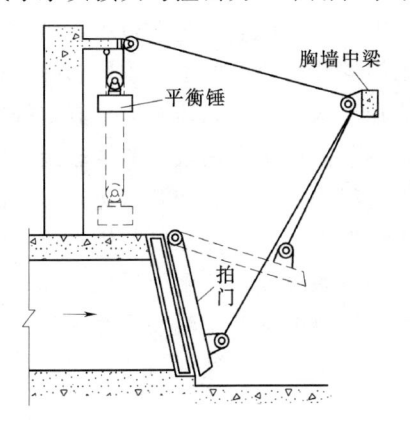

图 10.34 带平衡锤的拍门示意图

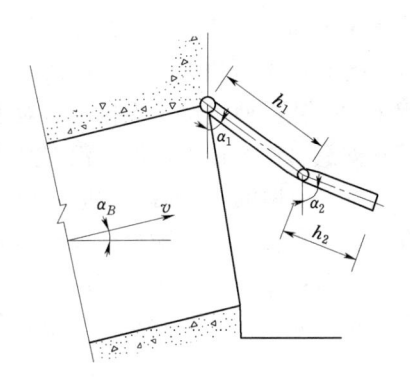

图 10.35 双节式拍门示意图

泵站设计中拍门的选型应符合以下原则:

(1) 拍门选型应根据机组类型、水泵扬程与出水流道形式和尺寸等因素综合考虑决定。单泵流量小于 8m³/s 时,可选用整体自由式拍门;单泵流量较大时,可选用双节自由式或机械平衡液压缓冲式拍门。

(2) 拍门宜倾斜布置,其倾角可取 10°左右。

(3) 设计工况下整体自由式拍门开启角应大于 60°;双节自由式拍门上节开启角宜大于 50°,下节门开启角宜大于 65°,上、下节门开启角差不宜大于 20°。增大拍门开度可采用减小或调整拍门质量和空箱结构等措施。当采用加平衡锤措施时,应有充分的论证。

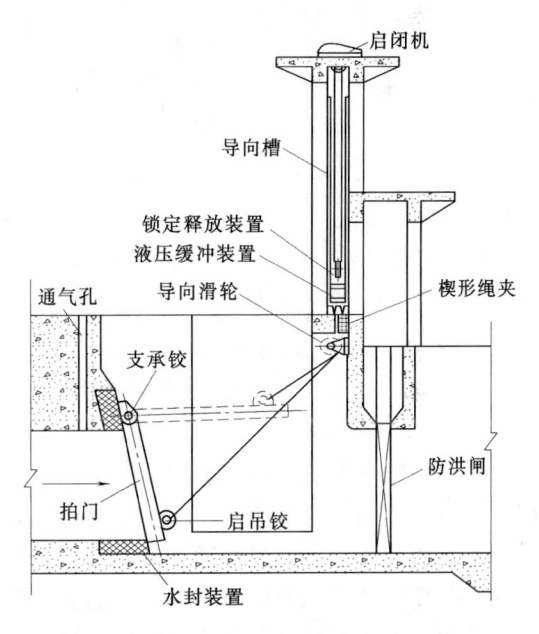

图 10.36 机械平衡液压缓冲式拍门图

(4) 轴流泵机组采用有控制的拍门作为断流装置时,应有安全泄流设施,泄流设施可布置在门体上,泄流过流断面积可根据机组安全启动要求,按水力学孔口出流公式试算确定。

(5) 拍门事故停泵闭门时间应满足机组保护要求。

(6) 拍门应设缓冲装置,以减小闭门撞击力。

(7) 拍门结构应保证足够的强度、刚度和稳定性,计算荷载应包括闭门撞击力。

10.3.3 快速跌落闸门断流

快速跌落闸门是安装在泵站出水池,能在机组启动时迅速开启和正常或事故停机时迅速关闭以防止倒流的闸门。这种断流方式的显著优点是在水泵机组正常运行时闸门可以全

247

开，水头损失很小，因此常被具有直管式或屈膝式出水流道的大型排水泵站所采用。

快速闸门的形式、启门和关门的时间和速度等都应该根据水泵机组的特性来决定。从轴流泵的性能可以知道，机组不仅不能在零流量下启动，也应避免在很小流量下启动。因此，当轴流泵启动时，闸门应迅速开启。但是闸门的开启速度并不是越快越好，如果开启太快，可能使水泵排出的水流和闸门放进的水流在出水流道内相撞，造成流道排气困难和启动扬程增加，从而使机组发生振动。对于叶片调节范围很大的全调节轴流泵，由于启动时可将叶片安放角调至最小，所以没有必要限制闸门的开启时间和开启速度。因此，在确定快速闸门的开启时间和开启速度时，应该根据所选水泵的特性加以分析确定。但是不管什么情况，都应考虑必要的安全措施。例如叶片调节系统或快速闸门操纵系统失灵，机组就可能在启动时发生事故。快速闸门的安全措施可用胸墙顶部溢流和快速闸门的门页上开小拍门等办法，如图 10.37 所示。采用安全措施以后，对于快速闸门开启时间和速度的要求可以不那么严格。

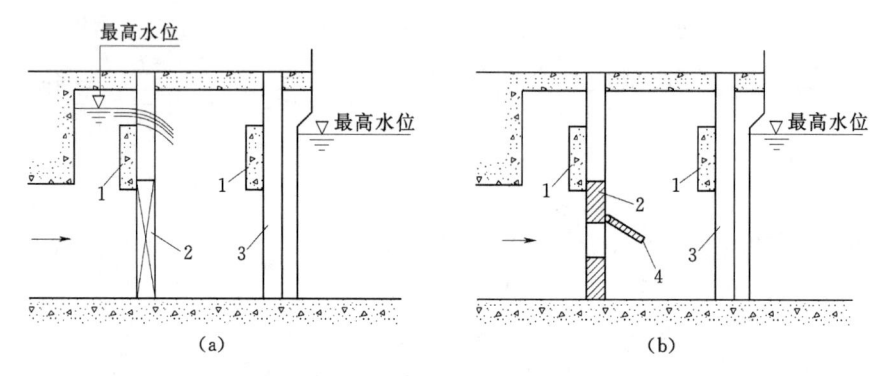

图 10.37　快速闸门的两种安全措施
(a) 胸墙顶部溢流；(b) 闸门门页上开小拍门
1—胸墙；2—快速闸门；3—检修门槽；4—小拍门

快速闸门的关闭时间和关闭速度也是机组的特性和管路特性决定的。一般情况下，闸门关闭时间越迟，引起的水锤压力增加得越高；闸门关闭速度越小，机组反转的时间就越长，反转速度也越大。当水锤压力的增高和机组反转速度超过一定限度时，将会引起机组转动部分发生共振，使机组产生强烈的振动，机组设备受到破坏。所以快速闸门的关闭时间和关闭速度应根据机组和管路特性合理确定。

快速闸门的启闭装置往往是决定快速闸门可靠性的主要因素。因此，在设计快速闸门时应选择安全可靠的启闭装置。目前泵站常用的启闭装置有液压启闭机、带电磁锁定释放装置的电动卷扬机等。

此外，为了防止快速闸门本身发生故障以及便于快速闸门的维护和检修，应在快速闸门挡水侧再设一道能动水关闭的检修闸门。

10.4　出　水　管　道

泵站出水管道为压力管道，是泵站的重要组成部分。为保证泵站安全、经济运行，出

10.4 出 水 管 道

水管道必须满足下列要求：
(1) 管道引起的能量消耗及投资最小。
(2) 保证管道稳定。
(3) 保证管道本身及其接头的强度及密封性能。
(4) 在向管道内充水或泄空过程中保证空气能自由地排出或进入。
(5) 能够在检修时放空管道。
(6) 当管道突然破裂后保证泵房的安全。

出水管道通常可分为装于泵房内的室内出水管道和铺设于泵房外的室外出水管道。

由于离心泵必须在零流量条件下启动，所以离心泵的室内出水管道上应设工作阀门。对扬程高、管道长的大、中型泵站，为避免事故停泵可能引起的机组长时间飞逸倒转或过高的水锤压力，其出水管道上的工作阀门宜选用两阶段关闭的缓闭蝶阀。两阶段关闭的缓闭蝶阀能在事故停机至逆流开始的时段快速关闭至某一角度（65°～75°），不致造成过大的水锤压力升高或降低，然后以缓慢的速度关闭至全关，以切断回流。虽然慢关的时段较长，但由于阀门开始慢关时，阀瓣已关至某一角度，作用于水泵叶轮上的压力已很小，故不会使机组产生大的倒转速度。对于直径小于500mm的出水管道，从减少设备投资的角度考虑，也可在水泵出口与工作阀门之间安装微阻缓闭止回阀作为防倒流设备。另外，室内出水管道穿墙时宜采用柔性穿墙管，以隔绝管道运行时引起的振动传至墙体，防止墙壁与管道产生不均匀沉陷而破坏管道。

室外出水管道的设计一般按下列步骤进行：
(1) 选择出水管道的线路及铺设方式。
(2) 确定管材、根数和管径。
(3) 校核水锤压力。
(4) 镇墩及支墩稳定校核及管道接头设计。
(5) 管道应力计算及稳定校核。

10.4.1 室外出水管道线路的选择及铺设方式的确定

泵房外出水管道的布置，应根据泵站总体布置要求，结合地形、地质条件确定。管道铺设力求短而直，避免曲折和转弯且方便管道施工及运行管理。

在结合地形、地质条件布置出水管线时，通常会出现若干平面及立面转弯点，这些转弯点转弯角和转弯半径的大小对出水管道的局部水力损失影响很大。因此，为减小局部水力损失，出水管道的转弯角宜小于60°，转弯半径宜大于2倍管径。当管道在平面和立面上均需要转弯，且位置相近时，宜合并成一个空间转弯角，以节省镇墩工程量。

当水泵倒转，管道中水流倒流时，如管道立面有较大的向下转弯，镇墩前后的管中流速将差别很大，很可能出现水流脱壁，产生负压，从而影响管道的外压稳定，为此要求将弯管管顶线布置在最低压力坡度线以下。

出水管道应避开地质不良地段，不能避开时，应采取安全可靠的工程措施。铺设在填方上的管道，填方应压实处理，做好排水设施。管道跨越山洪沟道时，应设置排洪建筑物。

铺设在斜坡上的管道必须符合稳定要求；管道纵向铺设的角度不应超过地基土壤的内

摩擦角。一般无锚着结构的管道铺设坡度可参照表10.2选定；有锚着结构的管道可以任意选择其纵向坡度，但不应使 $m<2$，以免引起坍坡、水管下滑或镇墩过大等现象。

表 10.2 无锚着结构管道铺设坡度表

f	0.20	0.25	0.30	0.35	0.40	0.45	0.50	0.55	0.60
m	6.25	5.00	4.25	3.50	3.25	2.75	2.50	2.25	2.25

注　表中 f 为管壁与地基土壤在含水状态下的摩擦系数；m 为管道纵向铺设坡度（即纵横比）。

室外出水管道的铺设方式通常分为明式铺设和暗式埋设两种。

10.4.1.1　明式铺设

明式铺设便于检修、养护，但造价高，管内无水期间管壁受温度影响较大。一般管径大于1400mm，采用法兰盘连接的钢管道常采用明式铺设，如图10.38所示。明管设计应满足下列要求：

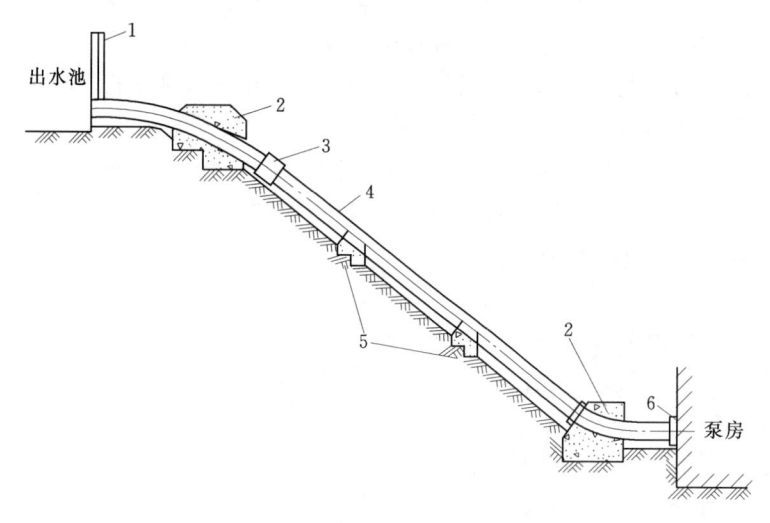

图 10.38　出水管道明式铺设示意图
1—通气管；2—镇墩；3—伸缩节；4—钢管；5—支墩；6—穿墙软接头

（1）为了防止管道产生位移，明管转折处必须设置镇墩，在明管直线段上设置的镇墩，其间距不宜超过100m。为避免管道受气温影响引起的纵向伸缩变形，两个镇墩之间的管段应设置伸缩节，以允许管段在温度应力作用下产生沿轴线方向的微小伸缩，减轻管壁内的温度应力。镇墩有开敞式和闭合式两种。开敞式镇墩管道固定在镇墩的表面，闭合式镇墩管道埋设在镇墩内。大、中型泵站出水管道一般都采用闭合式镇墩。为了加强管道与镇墩的整体性，需在一期混凝土中预埋螺栓和抱箍，待管道安装就位后浇于二期混凝土中。

（2）管道支墩的形式和间距应经过技术分析和经济比较确定。除伸缩节附近，其他各支墩宜采用等间距布置。支墩高度以便于进行焊管或填塞接头为准，其与管道的接触角应大于90°，为了便于安装管道，每根管段均应设一支墩，对于连续焊接的钢管，支墩间距可以大些。预应力钢筋混凝土管道应采用连续管座或每节设2个支墩。

（3）管间净距不应小于0.8m，钢管底部应高出管槽地面0.6m，预应力钢筋混凝土管承插口底部应高出管槽地面0.3m。

(4) 管坡两侧及其挖方的上侧应设排水沟及截流沟,并采取防冲、防渗措施(如浆砌块石护坡等);管道两侧土坡应设置适当的防护工程和水土保持工程。当管槽纵向坡度较陡时,应设人行阶梯便道,其宽度不宜小于1m。

(5) 当管径大于或等于1.0m且管道较长时,应设管道检查孔。每条管道设置的检查孔不宜少于2个。

(6) 严寒地区冬季运行的管道,可根据需要采取防冻保温措施。

10.4.1.2 暗式埋设

暗式埋设分为有垫层与无垫层两种,常应用于石棉水泥管、钢筋混凝土管及直径小于1400mm的连续焊接钢管的铺设,其优点是受温度影响小,铺设费用省,但检修较困难。埋管设计应满足下列要求:

(1) 埋管管顶最小埋深应在最大冻土深度以下,埋管上回填土顶面应设置横向和纵向排水沟。

(2) 埋管宜采用连续座垫,圬工座垫的包角可取90°~135°。

(3) 管间间距不应小于0.8m。

(4) 埋入地下的钢管应做防锈处理;当地下水对钢管有侵蚀作用时,应采取防侵蚀措施。

(5) 埋管应设检查孔,每条管道检查孔的数量不宜少于2个。

另外,在管道穿过泵房墙壁处宜设软接头,以防止墙壁与管道产生不均匀沉陷而破坏管道;为了保证管道内压力稳定,在管道上端应设置通气管,以便向管内充水时排气,或放空管道时补气。

10.4.2 管材的选择

管径小于600mm的出水管道,以采用普通铸铁管较为便宜。因为它的配件安装方便,不易腐蚀。但是,普通铸铁管性脆,管壁较厚,耗材料较多。球墨铸铁管的防腐性、强度高、延展性能好,在很多应用场合已取代普通铸铁管。

钢管通常适用于管径大于800mm或通过交通道路承受动荷载及承受高压等场合。钢管具有管壁薄、管段长、接头简单和运输方便等优点,但是它易腐蚀,使用期限短,因此,使用钢管时必须在表层涂以良好的涂料层加以保护。管径大于1400mm的钢管应用角钢焊接加固,以便承受管内可能产生的负压力。

钢筋混凝土管具有价格便宜、使用期限长、管理费用小等优点,但是存在重量大、运输不便和配件连接困难等缺点。管径在300~1500mm之间的低压管道推荐采用钢筋混凝土管;压力较高时,可采用预应力钢筋混凝土管。预应力钢筋混凝土管不仅较普通钢筋混凝土管能承受较高的内水压力,而且节省钢材,管壁较薄,抗渗、抗裂性能好,安装方便。

钢丝网水泥管具有强度高、自重轻、弹性好、抗渗性能好和节约钢材等一系列优点。它适用于中、高扬程场合。

应该指出,由于管道类型对管道的运输费和铺设费影响很大,因此选择水管类型时应结合管道生产地综合考虑各种因素后合理确定。

10.4.3 出水管道数目的确定

根据技术经济原则,通常出水管道长度大于300m后,以采用并联管道为宜,因为它不仅可以降低管道造价和运行费用(当部分机组运行时尤为显著),同时出水池的宽度也会相应地减小。但由于管道并联时不可避免地要增加联结管件,不论能量消耗或工程造价都会有所增大。因此,当管道长度小于100m时,宜采用单机单管出水方式。如果管道长度在100~300m之间则应通过技术经济比较确定。为了保证供水的可靠性,泵站流量大于2.5~3.0m³/s时,其并联后的管道不应少于两条。

10.4.4 管径的选择

在高扬程、长管道、大容量的泵站工程中,出水管道的投资在总投资中所占比例很大,故从建设投资角度来看,管道直径越小越有利。另一方面,在泵站建成后的长期运行中,水泵需提供部分能量来克服管道中的摩阻损失,而由水力学公式可知,管道的摩阻损失是随管径的增大而减小的,相应地运行费用将随管径的增大而减小,故从建成后运行角度来看,管道直径越大越有利。这两个方面存在着矛盾,因此,在设计泵站中,需要从投资和运行两个方面综合考虑来合理地确定出水管的管径。

经济管径可采用经验公式确定,即

$$\left.\begin{array}{l} D=13\sqrt{Q}, Q<120\text{m}^3/\text{h} \\ D=11.5\sqrt{Q}, Q>120\text{m}^3/\text{h} \end{array}\right\} \quad (10.29)$$

式中:Q 为泵站的设计流量,m³/h;D 为出水管的直径,mm。

对于比较重要的工程,可采用年费用法确定经济管径。年费用包括年运行费用与管道总投资的年折旧费,为管径的函数。年费用最小值对应的管径即为经济管径。

在初步设计阶段,也可根据经济流速确定经济管径。泵站出水管道经济流速,一般净扬程50m以下取1.5~2.0m/s;净扬程为50~100m可取2.0~2.5m/s。

10.4.5 管道及其支承结构

10.4.5.1 钢管

(1) 初拟管壁厚度。钢筋混凝土管的管壁厚度一般通过结构计算最后确定,而钢管在进行结构计算以前必须初拟管壁厚度。如图10.39所示,设管壁厚度为 δ,钢板容许应力为 $[\sigma]$,管壁纵截面所受的拉力为 N,那么 $[\sigma]=\dfrac{N}{\delta}$,而 $2N\cos\alpha_0 = \int_S q\text{d}s = 2\rho g H_p \dfrac{D_0}{2}\cos\alpha_0$,即 $N=\dfrac{1}{2}\rho g H_p D_0$,由此可得

$$\delta=\frac{\rho g H_p D_0}{2[\sigma]} \quad (10.30)$$

对于用钢板卷焊的管径较大的钢管,需加一卷焊系数 φ

$$\delta=\frac{\rho g H_p D_0}{2\varphi[\sigma]} \quad (10.31)$$

式中:H_p 为管道中心处压强水头,m;D_0 为管道内径,m。

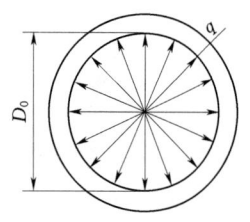

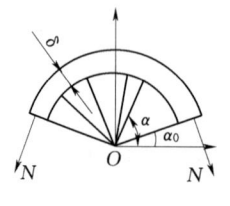

图10.39 出水管内水压力图

10.4 出 水 管 道

对于钢管，还应考虑锈蚀与泥沙磨损问题，清水管道其壁厚可加厚 1～2mm；含沙量大的管路可加厚 2～4mm。

钢管是一种薄壳结构，它的厚度同直径相比是很小的。因此管壁厚度除满足以上的应力要求外，尚应满足弹性稳定要求。特别是在低扬程、大管径、长管道的泵站中，往往弹性稳定成为控制管壁厚度的主要条件。

泵站在安装、运行时，可能出现以下情况：

1) 突然停机，管内水倒流，通气管失灵，使管内发生真空，管外壁承受大气压力。
2) 水管埋于地下时，承受外部地下水压力或土压力。
3) 水管外部浇注混凝土时，钢管承受未硬化的混凝土压力。
4) 水管在安装时，受到冲击、震动等安装应力和运输应力或灌浆应力的影响。

为了使钢管在上述情况下，不致丧失稳定，要求管壁有一个最小厚度。

如果泵站的管道为明式铺设，当事故停机管内出现真空时，外部作用一个大气压力，设大气压力值近似等于 98kPa，钢的弹性模量 $E=2.156\times10^8$ kPa，泊松比 $\mu=0.3$，取安全系数 $K=2$，则钢管的最小厚度 δ(mm) 可用下式计算

$$\delta \geqslant \frac{1}{130}D \tag{10.32}$$

式中：D 为管道的计算直径，mm。

在低扬程、长管道、大管径的泵站中，用式 (10.32) 计算出的管壁厚度是比较大的，这样耗费钢材太多，不经济。通常在管道上每隔一定距离加一刚性环，用以增加管壁稳定性，从而减小管壁厚度。如图 10.40 所示为带有刚性环的管壁剖面图。

(2) 钢管的结构计算。露天铺设的压力钢管支承在数个彼此分开的支墩上，它承受的主要荷载有内水压力、管道和水的自重、管道长度方向上的轴向力以及风雪、地震等自然力作用下的荷重。其中内水压力是主要的荷载，自重和轴向力次之，自然力的影响一般情况下不予考虑。计算内水压力时，必须包括事故停机所发生的最大水锤压力。

压力管在以上各种荷载作用下，基本上属三向应力状态。为了简化计算，可以将作用于管道上的荷载分 3 个方向考虑，从而求得其强度计算公式。

这里规定拉力和由此产生的拉应力为正，而压力和由此产生的压应力为负，并设坐标轴为：沿管道长度方向为 x 轴，沿管壁切线方向为 z 轴，沿圆管的半径方向为 y 轴。

1) 沿 x 轴方向的轴向力所产生的压应力。

$$\sigma_x = -\frac{\sum F}{A} = -\frac{\sum F}{\pi D\delta} \tag{10.33}$$

式中：$\sum F$ 为轴向力的总和；A 为管壁横截面面积；D 为管道平均直径；δ 为管壁厚度。

2) 由管道自重和水重所引起的管道横截面的弯矩和剪力。因泵站的出水管道一般都是一端固定于镇墩内，另一端自由悬臂于伸缩接头处，中间支承在数个间距相等的鞍形支墩上。所以可把水管简化为一个一端固定另一端悬臂的连续梁，其结构简图如图 10.41 所示。

将管重和水重化为均布荷载，其强度为

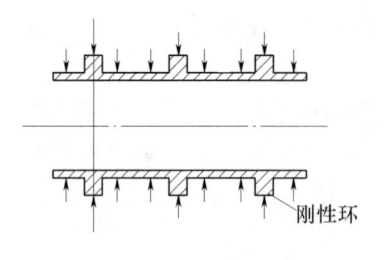

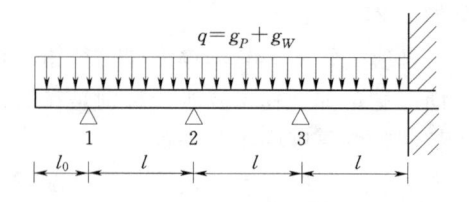

图 10.40　钢管的刚性环　　　　图 10.41　出水管受力示意图

$$q = g_管 + g_水 \tag{10.34}$$

式中：$g_管$ 为单位长度管重；$g_水$ 为单位长管内水重。

在此均匀荷载作用下，管道将产生弯矩和剪力。在 1 号支墩处，$M_1 = -ql_0^2/2$；在 2 号支墩处，$M_2 = -ql^2/10$；以下各支墩处，M_3、M_4 … 均为 $-ql^2/12$；在每跨的中间，$M = ql^2/24$。

当水管较短，在镇墩与伸缩头间只有一个中间支墩时，$M = -ql^2/8$。

剪力 Q 沿管道长度方向的变化规律是跨度中间为 0，支墩处最大。悬臂段在 1 号支墩引起的剪力为 ql_0，跨度中间段在其两支墩处引起的剪力为 $ql/2$。

在弯矩 M 和剪力 Q 的作用下，将产生垂直于圆管横剖面的正应力和沿管壁相切的剪应力。

正应力 σ_{x_2} 可用下式计算

$$\sigma_{x_2} = \frac{My}{J} \tag{10.35}$$

式中：y 为横截面上任意一点到中性轴距离；J 为圆形截面的惯性矩；M 为所计算横截面上的弯矩。

对于圆管，其最大正应力为

$$\sigma_{max} = \pm \frac{My_{max}}{J_{max}} = \pm \frac{M\dfrac{D_1}{2}}{\dfrac{1}{8}D_1^3 \delta \pi} = \pm \frac{4M}{\pi D_1^2 \delta} \tag{10.36}$$

式中：D_1 为管道外径；δ 为管壁厚。

剪应力为

$$\tau = \frac{Qs}{Jb} \tag{10.37}$$

式中：s 为所求切应力作用层以上（或以下）部分的横截面积对中性轴的静面矩；b 为所求切应力作用层处的截面宽度；Q 为截面上的剪力；J 为圆截面惯性矩。

对于圆管，其最大剪应力为

$$\tau_{max} = \frac{2Q}{\pi \delta D} \tag{10.38}$$

应当指出，剪应力 τ 沿管长方向的分布规律是随剪力变化而变化的，在跨中为零，在两端支墩处最大。

3) 均匀内水压力产生的切向应力。钢管在均匀内水压力作用下，在管道壁面产生切向应力，计算公式为

$$\sigma_z = \frac{2\rho g H_p D - \rho g D^2 \cos\alpha}{4\delta} \tag{10.39}$$

式中：ρ 为水的密度；H_p 为管道中心处的压强水头；δ 为管壁厚度；D 为管平均直径；α 为与管道断面垂直轴线的夹角，(°)。

4) 均匀内水压力产生的径向应力。钢管在内水压力作用下，沿管径方向将产生径向应力，在管内壁径向应力最大，渐变到外壁为零。其最大径向应力可用下式计算

$$\sigma_y = -\rho g H_p \tag{10.40}$$

对于斜坡上的管道，其结构计算方法均同上述水平放置管道。但是其中部分荷载的计算尚应进行修正。如果管道的铺设角为 θ，则要修正的有以下几项。

设沿管道长度方向的轴向力中的摩擦力为 A_1，则

$$A_1 = (g_{管} + g_{水}) L f \cos\theta \tag{10.41}$$

式中：f 为管壁与支墩间的摩擦系数。

管道重力沿管轴方向的分力，设其为 A_2，则

$$A_2 = (g_{管} + g_{水}) L \sin\theta \tag{10.42}$$

作用于管道长度方向上的均布荷载 q 应为

$$q = (g_{管} + g_{水}) \cos\theta \tag{10.43}$$

计算出管道各向正应力与剪应力后可按第四强度理论进行钢管强度校核。

10.4.5.2 钢筋混凝土压力管

对于钢筋混凝土压力管，进行较精确的静力分析是属于弹性理论的空间问题，计算比较复杂。为了简化计算，一般均分别按横向（垂直于管轴线的环向结构）和纵向（整个管道结构）进行计算。

钢筋混凝土压力管的结构设计，包括结构强度设计和结构构造设计。

结构强度设计主要是根据管道的内径、工作压力、埋土深度和地面荷载以及管道制造、运输等条件进行计算。通过设计计算，确定管体中的环向和纵向配筋量，从而使管体（环向和纵向）具有足够的强度来承受内压和外荷载。

在进行强度设计时，应在保证必要的强度条件之下，力求节约材料，即合理地确定管壁厚度和配筋量。

结构构造设计与强度设计有着十分密切的联系。其主要设计内容包括管体外形尺寸、承接插口接头型工和细部尺寸、橡胶圈的尺寸及压缩率等。

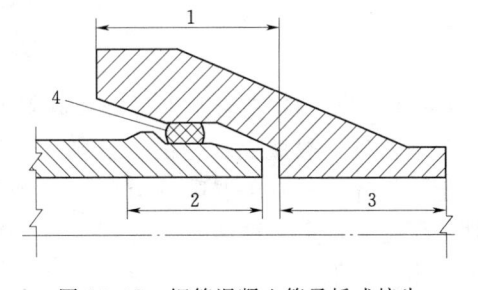

图 10.42 钢筋混凝土管承插式接头
1—承口段；2—插口段；
3—管主体；4—密封橡胶圈

由于目前水泵站中的压力管道绝大部分使用预应力钢筋混凝土管，且我国的预应力管已经定型化，在一般情况下，管子的结构构造已有标准可循，无需另行设计。

预应力钢筋混凝土压力管一般采用承插式接头，如图 10.42 所示。承插式水管铺设简

便，柔性接头用橡胶圈密封性能好，但橡胶圈的耐久性能差，如水中含有油脂将很快失去弹性而老化。密封塑料圈有较好的抗侵蚀性，目前正在进一步研究和使用。

承插式柔性接头可允许转角 1.0°～1.5°；纵向位移 5～8mm。

10.4.5.3 出水管支承结构

水泵站出水管道的支承结构分镇墩和支墩。在管道的转弯处和斜坡上的长直管段，为了消除管道在正常运行和事故停机时产生的振动和位移，都必须设置镇墩以维持管道的稳定。其断面尺寸可通过具体受力分析和结构计算确定。在明管直线段上设置的镇墩，其间距不宜超过 100m。在两镇墩之间的管道应在管道的上端设置伸缩节。有时需要设置支墩，将管道支起。支墩的断面尺寸按构造设置即可，其埋土深度可根据地基的地质条件而定，一般是 0.2～0.3m，但在季节性冻土地区，其埋置深度应大于最大冻土深度，且四周的回填土料宜采用砂砾料。支墩的基础在岩基上可做成梯形，在土基上做成水平，但应进行沿底面的抗滑稳定校核。除伸缩节附近外，其他各支墩宜采用等间距布置。预应力钢筋混凝土管道应连续管座或每节设 2 个支墩。

镇墩有两种形式：一为封闭式，即将弯曲管段设于镇墩之内，如图 10.43（a）所示；另一类是开敞式，即将水管直接放在镇墩之上，需要时可用锚筋将水管锚固，如图 10.43（b）所示。水泵站的镇墩多为封闭式，封闭式镇墩与管道固定较好，而开敞式则便于检查和修理。

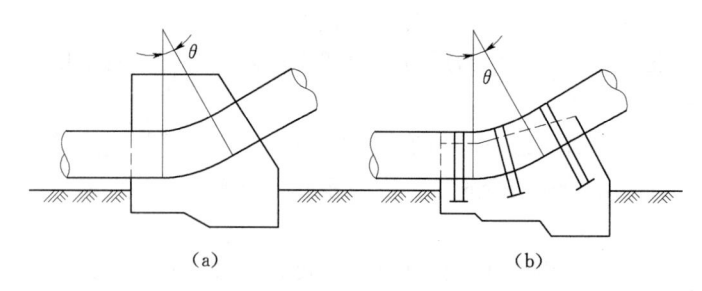

图 10.43　管道镇墩形式示意图
(a) 封闭式；(b) 开敞式

镇墩的基础，在岩基上可做成倾斜的阶梯形，以增大镇墩的抗滑能力；在土基上，镇墩的基础一般做成水平的，且基面在冻土线以下，为增大镇墩的抗滑能力，可在基石上铺设碎石。对于湿陷性大的黄土地基，应将基础进行严格的浸水预压处理。对于埋置于地下水内的镇墩，应考虑在基底设置桩柱固定镇墩。桩柱的基底最好放在坚硬的岩石上。

镇墩一般做成重力式，利用其自重来维持本身的稳定。对于岩基可利用锚筋灌浆产生的作用，对于土基可深埋基础充分利用被动土压力。

镇墩断面尺寸的设计，对于设置在钢管段和现浇的钢筋混凝土整体式管道段的镇墩，必须通过结构受力分析和抗滑稳定校核加以确定；而对于设置在承插式的预应力钢筋混凝土管段的镇墩，一般按构造要求确定即可满足管道的稳定要求。镇墩的外形设计，除应使作用于墩上各力和合力在基础底面内的偏心距小，地基受力较均匀外，还应使镇墩内不产生拉应力或拉应力较小。

10.4 出水管道

镇墩属重力式结构，设计计算内容包括：①校核镇墩的抗滑和抗倾覆稳定性；②验算地基的强度及稳定性；③验算镇墩的强度及稳定性。

镇墩的计算，只要将作用力分析清楚，其计算方法和重力式挡土墙基本相同。还应注意，在斜坡段的镇墩，除验算地基强度外，还应验算地基的稳定性。即在土坡上，校核基础下土体沿某一滑弧面滑动的可能性；在岩基上，应研究岩石的层理，校核是否会向斜坡外倾斜，有无坍滑的可能。

(1) 镇墩的受力分析和计算（指有伸缩节、等截面的管段）。设 A' 和 a' 代表自镇墩上部而来的作用力，A'' 和 a'' 代表自镇墩下部而来的作用力。其中 A' 和 A'' 代表正常情况；a' 和 a'' 表示事故停机管内发生水锤时的情况。现将镇墩上作用力类型及计算式列入表 10.3 中。

表 10.3　　　　　　　　　镇墩上作用力类型及计算式

序号	作用力类型	正常运行和停机	事故突然停机	备注
1	管内内水压力（图 10.44）	$A_1'=A_1''=\rho g H \dfrac{\pi D_0^2}{4}$	$a_1'=a_1''=\rho g H_{镇} \dfrac{\pi D_0^2}{4}$	ρ 为水的密度；D_0 为管道内径；H 为管内水压力
2	关闭闸阀时管内水压力（图 10.45）	$A_2''=\rho g H_p \dfrac{\pi D_{闸}^2}{4}$	$a_2''=\rho g H_{锤} \dfrac{\pi D_{闸}^2}{4}$	$D_{闸}$ 为闸阀或逆止阀直径；H_p 为闸阀处水压力；$H_{镇}$ 为逆止闸处水压力
3	伸缩节处填料摩擦力	$A_3'=\pi D b_k f_k \rho g H_2$ $A_3''=\pi D b_k f_k \rho g H_1$	$a_3'=\pi D b_k f_k \rho g H_{锤1}$ $a_3''=\pi D b_k f_k \rho g H_{锤2}$	b_k 为填料宽度；f_k 为填料与管壁摩擦系数；D 为填料处管道直径；H_2、H_1 分别为镇墩上下伸缩处水压力
4	支墩与管壁摩擦力（图 10.46）	$A_4'=(g_{管}+g_{水})l_1 f\cos\theta$ $A_4''=(g_{管}+g_{水})l_2 f$		θ 为管道铺设角；f 为管道与支墩摩擦系数；$g_{管}$ 为单位管长度；$g_{水}$ 为单位管长内水重
5	管道自重产生的下滑力	$A_5'=l_1 g\sin\theta-(g_{管}+g_{水})l_1 f\cos\theta$		
6	水流离心力（图 10.47）	$A_6'=A_6''=\dfrac{\rho\pi}{4}D_0^2 v^2$ $A_6=\dfrac{\rho\pi}{2}D_0^2 v^2\sin\dfrac{\theta}{2}$		v 为管内水的流速
7	伸缩接头处附加水压力	$A_7'=\dfrac{\pi}{4}\rho g H_2(D_2^2-D_0^2)$ $A_7''=\dfrac{\pi}{4}\rho g H_1(D_2^2-D_0^2)$	$a_7'=\dfrac{\pi}{4}\rho g H_{锤1}(D_2^2-D_0^2)$ $a_7''=\dfrac{\pi}{4}\rho g H_{锤2}(D_2^2-D_0^2)$	D_2 为伸缩节直径

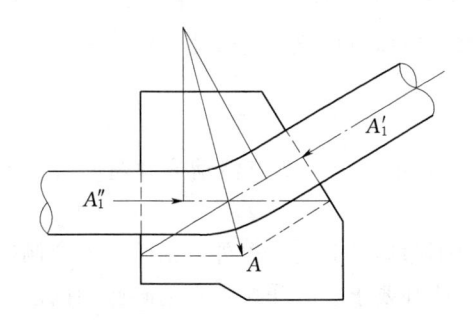

图 10.44　镇墩承受内水压力图 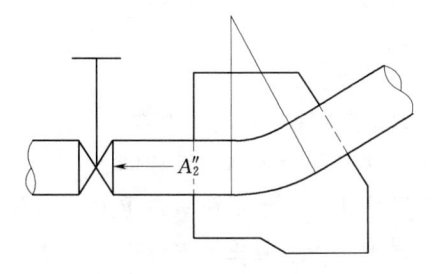　　　图 10.45　关阀时内水压力示意图

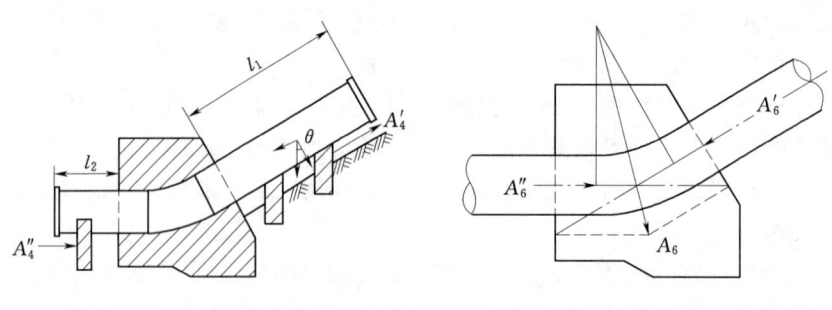

图 10.46 管道摩擦力示意图　　　　图 10.47 水流离心力示意图

(2) 作用于镇墩上诸力组合。下列情况的诸力组合设计时应选用最不利者：①水泵正常运行情况；②水泵停机、闸阀关闭、管内充满静水的情况；③突然停机、逆止阀关闭、管内发生水锤的情况。

这 3 种情况的作用力组合形式如图 10.48 所示，在图中坐标原点 O 和弯道中心相重合，且规定 Y 轴向下为正，X 轴向左为正。

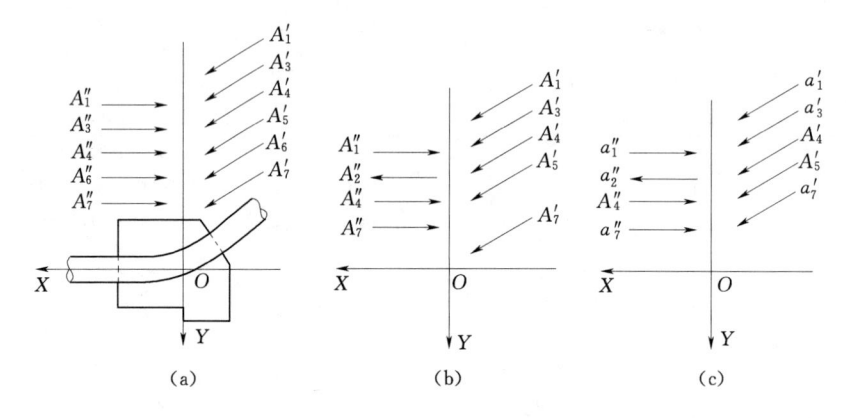

图 10.48 镇墩受力组合示意图

首先从力作用的方向来看，镇墩以上的力（$\sum A'$）在 3 种情况下都是正的，镇墩以下的力（$\sum A''$）则各有不同。情况①中（$\sum A'$）和（$\sum A''$）正负相抵较多，而情况②、③中相抵较少。因此，在一般情况下，可以不考虑①种情况。

其次，再把②、③两种情况来作比较。由于水锤的作用，情况③中的（$\sum A'$）一定比情况②中的（$\sum A'$）值大，而情况③中的（$\sum A''$）和情况②中的相比，则视具体情况而定。一般情况③所算出的镇墩重量通常较大，所以可以直接按发生水锤时的③荷载组合来设计镇墩。

(3) 镇墩设计。

1) 墩体稳定计算和尺寸拟定。墩体失去稳定的结果可能有滑动或倾覆两种情况。其稳定校核方法和重力式挡土墙相同。

如全部作用力（包括镇墩自重力）的合力不超出基础底面以外，镇墩就不会倾覆。为了使地基受力均匀，避免过分倾斜，设计时一般都要求合力作用点在基础底面的三分点以内，不必再进行抗倾覆验算。

10.4 出 水 管 道

经过对镇墩进行抗滑稳定校核后,就可拟定出镇墩的自重和尺寸。如图10.49所示,设直角坐标系的原点在基础底面的投影与底面形心重合,Y轴垂直于底面,X轴与管轴线在同一平面内。将所有作用于镇墩诸力分解为沿X轴和Y轴的两个分力,并将它们分别求和,得

$$\begin{cases} \sum X = \sum A'\cos\theta + \sum A'' \\ \sum Y = \sum A'\sin\theta \end{cases} \quad (10.44)$$

设镇墩自重力为W,基础底面与地基间摩擦系数为f,则$\sum X$为使镇墩沿底面滑动的主动力,而$(\sum Y + W)f$即为抗滑的摩擦力。若设镇墩的抗滑安全系数为K_c(一般$K_c = 1.20 \sim 1.35$),则有

$$K_c = \frac{(\sum Y + W)f}{\sum X}$$

$$W = \frac{K_c}{f}\sum X - \sum Y \quad (10.45)$$

根据W值通过试算即可拟定出镇墩的尺寸。

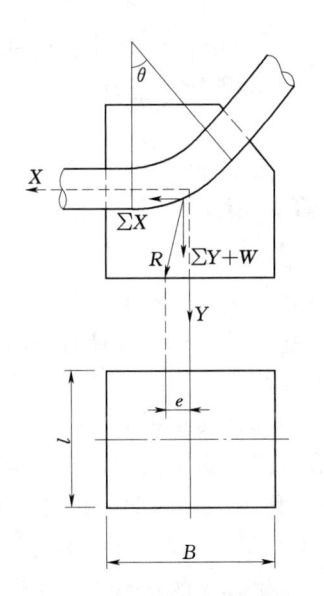

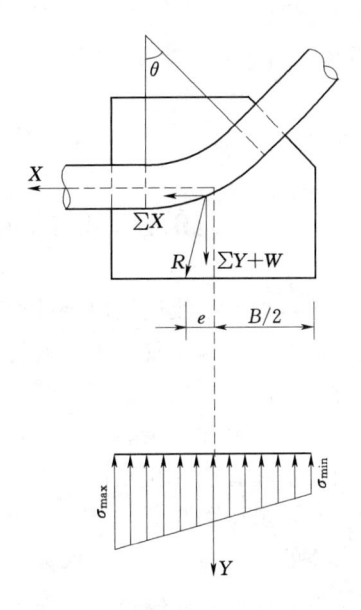

图10.49 镇墩结构计算示意图　　图10.50 基础底面应力校核示意图

2) 基础底面应力计算。镇墩尺寸拟定之后,即可进行基础底面应力校核计算,见图10.50。首先,应算出所有作用力(包括墩身自重力)的合力是否超过底面的三分点,即合力的偏心距e应小于底面长度B的1/6,以保证底面积上不产生拉应力。然后,再推算地基土壤中的压应力,一般基础底面都做成矩形,故基础底面应力应按式(9.13)进行计算。

在斜坡上建墩,还应验算地基是否稳定,土体在斜坡上是否会滑坍,可按土力学理论计算。在石基上,如将基础底面做成与合力R相垂直的斜面,当岩基层理向斜坡内倾斜时,可以不验算地基的稳定,否则应研究岩石的层次节理可能滑动的层面,核算其强度。

3) 镇墩强度校核。镇墩强度计算,和重力式挡土墙一样,可选几个与墩底底面平行

的截面进行。用图解法或数解法求得计算截面以上的全部作用力,校核墩体强度。对于圬工重力式镇墩,主要是校核抗拉强度是否满足要求。

弯管凸向上方的镇墩,管内水压力 A_1'、A_1'' 的合力及水流离心力都指向上方,故还应在管轴线附近选择最弱截面进行强度验算,确定是否需要增加其上部墩体的体积(压重),或加设锚筋。

应该指出,如果仅从镇墩所承受外荷载这一因素考虑,同时管道的自重力在管轴线上的分力 A_5' 小于管道沿支墩的摩擦力时,那么,墩重力 W 将随管道铺设角增大而减小。这是因为 $\sum X = \sum A' \cos\theta - \sum A''$,$\sum Y = \sum A' \sin\theta$,代入式(10.45)得

$$W = \frac{K_c}{f}(\sum A'\cos\theta - \sum A'') - \sum A'\sin\theta \tag{10.46}$$

令 W 对 θ 取一阶导数得

$$\frac{dW}{d\theta} = -\left(\frac{K_c}{f}\sum A'\sin\theta + \sum A'\cos\theta\right) \tag{10.47}$$

这里铺设角 θ 只能是 $0° \leqslant \theta < 90°$,那么 $\sin\theta$ 和 $\cos\theta$ 值都是正的,故 $\frac{dW}{d\theta} < 0$,说明镇墩重量 W 随铺设角 θ 的增大而减小。因此,在实际工程设计中,在地形条件和土壤、地质结构允许的前提下,不要使管坡过缓,这样可减小镇墩体积,缩短管路,节省材料,从而达到经济的目的。

10.5 泵站水锤计算及防护

在泵站管道中,如果水流速度由于某种原因(如关阀启动、停泵等)突然改变,将引起水流动量的急剧变化,因而管道中水流将产生一个相应的冲量,并使管道的压力产生急剧变化。单位时间内的动量变化越大,管道中压力变化越大,由这一冲量所产生的冲击力也越大,该力作用在管道和水泵的部件上有如锤击,所以称为水锤。

由于管道中的水和管壁的相互作用,水的压缩和管壁的膨胀交替进行,呈压力波的形式沿管线传播,使管道中的压力和流速产生瞬态的变化现象,因此又称之为水力过渡过程。根据引起水锤的原因不同,泵站水锤可分为关阀水锤、启动水锤和停泵水锤3大类。一般而言,由于事故停电等原因造成的停泵水锤往往产生较大的水锤压力变化,严重的甚至导致水泵、阀件或者管道破坏,造成事故,影响机组的正常运行。随着水泵机组单机功率的增大,长管道,高扬程,大功率的设备增多,泵站水锤问题越来越突出,工程上要求对泵站水锤进行详尽的计算分析,为泵站和管道的设计提供可靠的技术依据,以确保系统的安全,防止水锤事故的发生,因此研究泵站水锤产生的机理和计算方法以及防护措施,对于提高泵系统的设计水平、降低工程投资、保证安全运行等均有十分重要的意义。

10.5.1 事故停泵水锤分析

(1)管道无逆止阀并允许水倒流时。突然停泵产生的水锤过程可分为3个阶段,如图10.51所示。图中 h、v、α 为压力、流量与转速的相对值。若泵站额定工况下的扬程、流量和转速分别为 H_0、Q_0 和 n_0,瞬态压力、流量和转速分别为 H、Q 和 n,则相对值 $h = H/H_0$,$v = Q/Q_0$ 和 $\alpha = n/n_0$。

1) 水泵工况。突然停机后，水泵和管中水流由于惯性作用将继续沿原有方向运动，但其速度逐步减小，管中压力降低，直至水流速度由 V_0 变为零止，这一阶段为水泵工况。

2) 制动工况。瞬态静止的水，由于受重力或静水头的作用开始倒流，回冲水流对仍在正转的水泵叶轮起制动作用，于是转速继续降低，直至转速为零。这一阶段，由于水流受正转叶轮的阻碍，管中压力开始回升。

3) 水轮机工况。随着倒泄水流的加大，水泵开始反转并逐渐加速，由于静水头压力的恢复，泵中水压也不断升高，倒泄流量很快达最大值，倒转速度也因而迅速上升。但随着叶轮转速的升高，作用于水的离心力也越大，阻止水流下泄，反而使倒泄流量有所降低，从而引起管中正压水锤值继续上升并增至最大，相应的转速也达最大值。随后由于倒泄流量继续减小，作用于叶轮的能量相应减小，因而使转速略有降低。最后在稳定的出水池静水头作用下，机组以恒定的转速和流量稳定运行。由于这时的机组受倒泄水流的作用，在无任何负载的情况下反转，所以这一稳定转速叫飞逸转速，这时机组的输出转矩 $M=0$。从机组开始反转至达到飞逸转速的这个阶段叫水轮机工况。

图 10.51 (b) 中表示无逆止阀时管线中最大、最小压力曲线。由于管中直射波和反射波的叠加，使管中各点的最大、最小压力不同。若某点（例如图中 C 点）形成负压，低于水的汽化压强 h_V 时，就可能产生水柱分离现象。

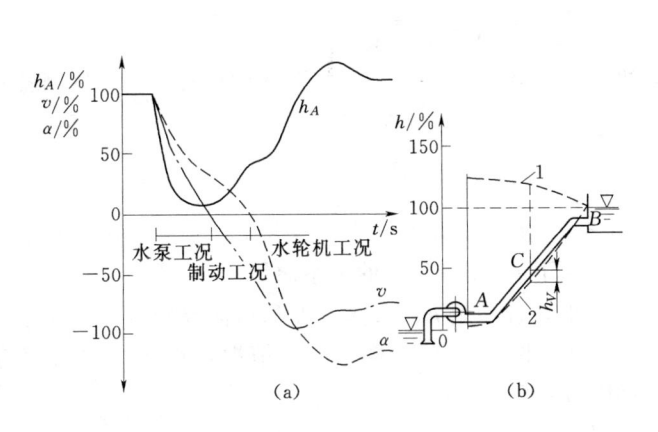

图 10.51 无逆止阀时水锤过程
(a) 无逆止阀时水泵出口处瞬变参数过程线；(b) 无逆止阀时管道沿程压力包络线
1—最高压力线；2—最低压力线

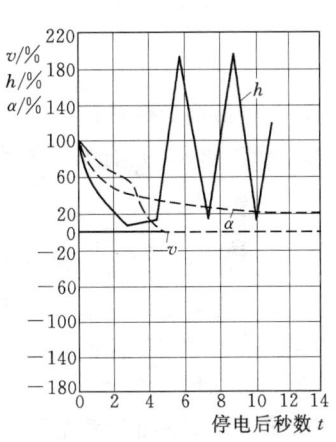

图 10.52 有逆止阀的抽水装置停泵后压力、流量与转速的变化

(2) 管道中有逆止阀的情况。如图 10.52 所示为水泵出口 A 处装有逆止阀的抽水装置，在事故停泵过程中当逆止阀关闭时的 A 点压力变化过程。从图中不难看出：逆止阀 A 处的最高压力为 190%，其最大增压即水锤压力为 90%，最大降压也为 90%，然后以静水头线为基线，上下交替变化，而且逐渐衰减。图中 v 和 α 分别表示流量和转速变化的相对值。

10.5.2 事故停泵水锤特征线法数值计算

水锤的计算方法有解析法、图解法和电算法等。1930 年以前多用解析法，运用阿列维（Allievi）水锤联锁方程逐步进行计算。解析法不仅计算过程繁杂，而且无法解决复杂边界的水锤问题。1930—1960年广泛采用图解法，将水锤基本方程式变为对管道内两点的两个代数方程，即共轭方程，作图计算。图解法概念清晰，简便易懂，计算成果也有一定的精度，但对复杂泵系统而言显得十分繁琐而且精度不高。1960年以后，由于电子计算机的普及，开始采用并逐步推广特征线法用计算机进行电算分析。电算法是将考虑管路摩阻的水锤基本方程，沿特征线变换成为一组常微分方程的特征方程，然后再进行有限差分近似，从而进行数值计算的方法。这种方法具有精度高、稳定且易于编制电算程序等优点。

10.5.2.1　基本方程

（1）水泵全特性曲线。对于同一台水泵，根据水泵比例律有

$$\frac{H_1}{n_1^2}=\frac{H_2}{n_2^2};\frac{Q_1}{n_1}=\frac{Q_2}{n_2} \tag{10.48}$$

式中：H、n、Q分别表示水泵扬程、转速和流量；下标1和2对应不同转速。

假设水泵效率不随转速变化，则可以得到：

$$\frac{M_1 n_1}{H_1 Q_1}=\frac{M_2 n_2}{H_2 Q_2} \tag{10.49}$$

式中：M为转矩。

由式（10.48）和式（10.49）可以得到：

$$\frac{M_1}{n_1^2}=\frac{M_2}{n_2^2};\frac{H_1}{Q_1^2}=\frac{H_2}{Q_2^2};\frac{M_1}{Q_1^2}=\frac{M_2}{Q_2^2} \tag{10.50}$$

若选择最高效率点的参数为基准值，采用无量纲流量v、无量纲扬程h、无量纲转矩β、无量纲转速α，则有如下关系：

$$\frac{h}{\alpha^2}\propto\frac{v}{\alpha};\frac{\beta}{\alpha^2}\propto\frac{v}{\alpha};\frac{h}{v^2}\propto\frac{\alpha}{v};\frac{\beta}{v^2}\propto\frac{\alpha}{v} \tag{10.51}$$

可以根据已知资料，利用式（10.51）以h/α^2及β/α^2为纵坐标，以v/α为横坐标绘出两组曲线，这就是该台水泵在任意转速α下的h、β与v的关系曲线。

不过，水泵在各种不同的运行工况下，各参量h、α、v与β都可能改变符号并通过零点。当$\alpha=0$时，v/α为、v/α^2、β/α^2均会趋向∞。为避免这种情况，瑞士学者苏特尔（P. Suter）引入下面关系克服了上述困难：

$$\left.\begin{aligned}\frac{h}{\alpha^2+v^2}&\rightarrow\arctan\frac{v}{\alpha}\\\frac{\beta}{\alpha^2+v^2}&\rightarrow\arctan\frac{v}{\alpha}\end{aligned}\right\} \tag{10.52}$$

对水泵全部工况内的数据，可得到如图10.53所示的两条连续曲线$WH(x)\text{-}x$和$WB(x)\text{-}x$：

$$\left.\begin{aligned}x&=\pi+\arctan\frac{v}{\alpha}\\WH(x)&=\frac{h}{v^2+\alpha^2}\\WB(x)&=\frac{\beta}{v^2+\alpha^2}\end{aligned}\right\} \tag{10.53}$$

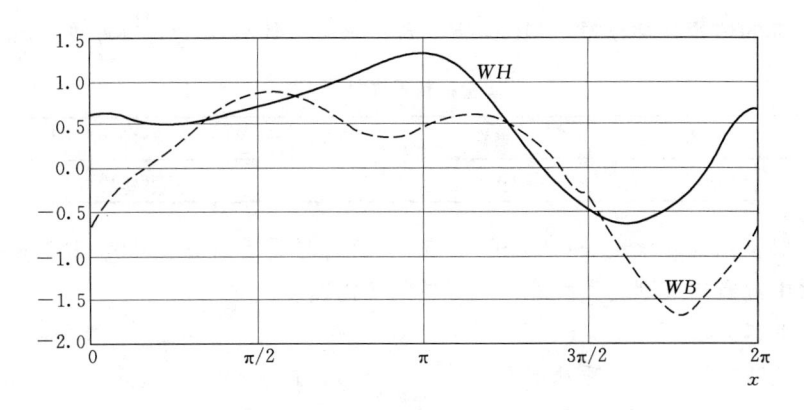

图 10.53 水泵 SUTER 全特性曲线

（2）机组转子的惯性方程。从理论力学可知，水泵机组变速时的转矩 $M(\text{N}\cdot\text{m})$ 为

$$M=-\frac{GD^2}{38.2}\frac{\mathrm{d}n}{\mathrm{d}t} \tag{10.54}$$

式中：GD^2 为机组转子的飞轮惯量，$\text{kg}\cdot\text{m}^2$；n 为机组转速，r/min。

假设在 Δt 时段的开始和终了，转矩分别为 M_i 与 M_{i+1}，转速分别为 n_i 与 n_{i+1}，则上式可写成

$$n_i-n_{i+1}=\frac{38.2}{GD^2}\left(\frac{M_i+M_{i+1}}{2}\right)\Delta t \tag{10.55}$$

引入无量纲的转速 α 和转矩 β，得到

$$\alpha_i-\alpha_{i+1}=\frac{19.1M_0}{GD^2 n_0}(\beta_i+\beta_{i+1})\Delta t \tag{10.56}$$

式中：M_0 为水泵额定轴功率下的转矩，$\text{N}\cdot\text{m}$；n_0 为额定转速，r/min。

式（10.56）还可表示为

$$\beta_i+\beta_{i+1}=C_a(\alpha_i-\alpha_{i+1}) \tag{10.57}$$

其中：$C_a=\dfrac{GD^2 n_0}{19.1 M_0 \Delta t}$。

（3）水锤基本方程。从水力学可知，有压管流非恒定流的连续性方程和运动方程分别为

$$\frac{\partial H}{\partial t}+\frac{Q}{A}\frac{\partial H}{\partial x}+\frac{a^2}{gA}\frac{\partial Q}{\partial x}=0 \tag{10.58}$$

$$\frac{\partial Q}{\partial t}+gA\frac{\partial H}{\partial x}+\frac{Q}{A}\frac{\partial Q}{\partial x}+\frac{fQ|Q|}{2DA}=0 \tag{10.59}$$

式中：Q、H 分别为管中流量、测压管水头（位）；f、D、A、g 分别为管道摩阻系数、管径、断面面积、重力加速度；a、x、t 分别为水锤波传播速度、距离、时间。

水锤波传播速度 a 与管道直径 $D(\text{mm})$、管壁材料的弹性模量 E（表 10.4）有关，其值可按下式确定

$$a=\frac{1435}{\sqrt{1+\dfrac{K}{E}\dfrac{D}{\delta}}} \tag{10.60}$$

式中：K 为水的体积弹性模量，MPa，$K=2.06\times10^3$ MPa；δ 为管壁厚度，mm。

表 10.4　　　　　　　　　　　管壁材料的弹性模量

管材	铸铁管	钢管	钢筋混凝土管	石棉水泥管	橡胶管
E/MPa	8.8×10^4	2.059×10^5	2.059×10^4	3.236×10^4	68.9

通常，对于钢管 $a\approx800\sim1200$m/s；对于钢筋混凝土管 $a\approx900\sim1000$m/s。实验证明，如果水中混有空气则会大大降低水锤波的传播速度。

10.5.2.2　电算方法

（1）特征线方程。对水锤基本方程式（10.58）、式（10.59）进行线性组合，有：

$$\frac{\partial Q}{\partial t}+gA\frac{\partial H}{\partial x}+\frac{Q}{A}\frac{\partial Q}{\partial x}+\frac{fQ|Q|}{2DA}+\lambda A\left(\frac{\partial H}{\partial t}+\frac{Q}{A}\frac{\partial H}{\partial x}+\frac{a^2}{gA}\frac{\partial Q}{\partial x}\right)=0 \quad (10.61)$$

整理后得

$$\frac{\partial Q}{\partial t}+\left(\frac{Q}{A}+\lambda\frac{a^2}{g}\right)\frac{\partial Q}{\partial x}+\lambda A\left[\frac{\partial H}{\partial t}+\left(\frac{g}{\lambda}+\frac{Q}{A}\right)\frac{\partial H}{\partial x}\right]+\frac{fQ|Q|}{2DA}=0 \quad (10.62)$$

如果令

$$\frac{Q}{A}+\lambda\frac{a^2}{g}=\frac{g}{\lambda}+\frac{Q}{A}=\frac{\mathrm{d}x}{\mathrm{d}t} \quad (10.63)$$

则有：

$$\frac{\mathrm{d}Q}{\mathrm{d}t}+\lambda A\frac{\mathrm{d}H}{\partial t}+\frac{fQ|Q|}{2DA}=0 \quad (10.64)$$

而解式（10.63）得

$$\begin{cases}\lambda=\dfrac{g}{a},\dfrac{\mathrm{d}x}{\mathrm{d}t}=a+V\approx a\\ \lambda=-\dfrac{g}{a},\dfrac{\mathrm{d}x}{\mathrm{d}t}=-(a-V)\approx-a\end{cases} \quad (10.65)$$

式（10.65）表示在 x、t 坐标系中沿斜率分别为 a、$-a$ 的两条直线，简称为 C^+、C^- 特征线。将式（10.65）代入式（10.64），有

$$C^+:\begin{cases}\dfrac{\mathrm{d}H}{\mathrm{d}t}+\dfrac{a}{gA}\dfrac{\mathrm{d}Q}{\mathrm{d}t}+\dfrac{afQ|Q|}{2gDA^2}=0\\ \dfrac{\mathrm{d}x}{\mathrm{d}t}=a\end{cases} \quad (10.66)$$

$$C^-:\begin{cases}\dfrac{\mathrm{d}H}{\mathrm{d}t}-\dfrac{a}{gA}\dfrac{\mathrm{d}Q}{\mathrm{d}t}-\dfrac{afQ|Q|}{2gDA^2}=0\\ \dfrac{\mathrm{d}x}{\mathrm{d}t}=-a\end{cases} \quad (10.67)$$

对式（10.66）与式（10.67）进行有限差分近似。采用如图 10.54 所示的水锤特征线网格：将管道等距地分成 n 段（$n+1$ 个计算节点），纵向间距 Δx，网格横向间隔为 Δt，并取 $\Delta t=\Delta x/a$。设 $t=0$ 时刻层上有 A、B、C 三个计算节点，P 为 $t+\Delta t$ 时层时 C 点对应的计算节点，则 AP 线的斜率为 $\mathrm{d}x/\mathrm{d}t=a$，$BP$ 线的斜率为 $\mathrm{d}x/\mathrm{d}t=-a$，故 P 点既位于 A 点作出的 C^+ 特征线上，也位于 B 点作出的 C^- 特征线。

对式（10.66）沿 C^+ 特征线进行积分，有

10.5 泵站水锤计算及防护

$$C^+:\int_{H_A}^{H_P}\mathrm{d}H+\frac{a}{gA}\int_{Q_A}^{Q_P}\mathrm{d}Q+\frac{a\Delta tf}{2gDA^2}\int_{x_A}^{x_P}Q\mid Q\mid\mathrm{d}x=0 \tag{10.68}$$

对式 (10.67) 沿 C^- 特征线进行积分

$$C^-:\int_{H_B}^{H_P}\mathrm{d}H-\frac{a}{gA}\int_{H_B}^{H_P}\mathrm{d}Q-\frac{a\Delta tf}{2gDA^2}\int_{x_B}^{x_P}Q\mid Q\mid\mathrm{d}x=0 \tag{10.69}$$

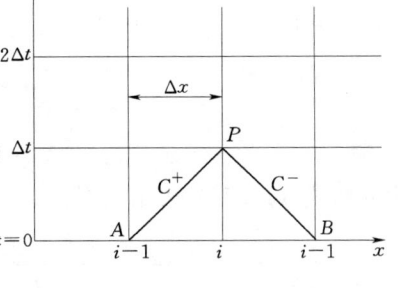

图 10.54 水锤计算的特征线矩形网格

由此得：

$$\begin{cases} C^+:H_P=H_A-B(Q_P-Q_A)-RQ_A\mid Q_A\mid \\ C^-:H_P=H_B+B(Q_P-Q_B)+RQ_B\mid Q_B\mid \end{cases} \tag{10.70}$$

其中：$B=gA/a$，$R=a\Delta tf/(2gDA^2)=f\Delta x/(2gDA^2)$。即有

$$\begin{cases} C^+:H_P=C_P-BQ_P \\ C^-:H_P=C_M+BQ_P \\ C_P=H_A+BQ_A-RQ_A\mid Q_A\mid \\ C_M=H_B-BQ_B+RQ_B\mid Q_B\mid \end{cases} \tag{10.71}$$

计算时，对应如图 10.54 所示的计算网格，对 $t+\Delta t$ 上的节点 P，根据 t 时层的相邻节点 A、B 的已知 Q、H 值求得 C_P、C_M，再求得 P 点的 H_P、Q_P 值：

$$\begin{cases} H_P=(C_P+C_M)/2 \\ Q_P=(C_P-H_P)/B \end{cases} \tag{10.72}$$

如果逐时层逐节点进行计算，可以求得各时层各节点的 H、Q 值，直到计算时间达到给定的计算时间为止。

(2) 带阀的水泵端边界条件。

1) 水泵平衡方程。设泵站进水池水位为 z_{in}；阀的中心线高程为 z_v，开度为 τ，全开时过流面积 A_v、损失系数为 h_{v0}；阀后测压管水头为 H_1（阀门处为第 1 计算节点）；则任意瞬时水泵的工作扬程 H 可以表示为

$$H=H_1-z_{\text{in}}+\frac{h_{v0}}{\tau^2 A_v^2}Q_1\mid Q_1\mid \tag{10.73}$$

式中：Q_1 为水泵工作流量。

另外，在节点 1、2 之间根据负特征线方程，有

$$\begin{cases} C^-:H_1=C_M+BQ_1 \\ C_M=H_2-BQ_2+RQ_2\mid Q_2\mid \end{cases} \tag{10.74}$$

由此两式得：

$$F_1=z_{\text{in}}+H-C_M-BQ_1-\frac{h_{v0}}{\tau^2 A_v^2}Q_1\mid Q_1\mid \tag{10.75}$$

引入水泵的无量纲参数及全特性曲线，可得：

$$F_1=z_{\text{in}}+H_0(\alpha^2+v^2)WH(x)-C_M-BQ_1-\frac{h_{v0}}{\tau^2 A_v^2}Q_1\mid Q_1\mid \tag{10.76}$$

而 $WH(x)$-x 曲线一般先以数据组存贮，应用时根据这些数据进行线性插值。设 x 位于其离散数据第 i 点与第 $i+1$ 点之间，则有：

$$\begin{cases} i=(x/\Delta x)+1 \\ A_1=[WH(i+1)-WH(i)]/\Delta x \\ A_0=WH(i+1)-iA_1\Delta x \end{cases} \quad (10.77)$$

由此将式（10.76）表示如下：

$$F_1=z_{in}+H_0(\alpha^2+v^2)\left[A_0+A_1\left(\pi+\arctan\frac{v}{a}\right)\right]-C_M-BQ_0v_1-\frac{h_{v0}Q_0^2}{\tau^2 A_v^2}v_1|v_1| \quad (10.78)$$

2) 机组惯性方程。由式（10.57）得当前时段水泵的无量纲转矩 β、无量纲转速 α 与前一时段的值 β_0、α_0 之间关系为

$$F_2=\beta+\beta_0+C_a(\alpha-\alpha_0) \quad (10.79)$$

同样，对 $WB(x)$ 曲线采用线性插值方法，有

$$\begin{cases} i=(x/\Delta x)+1 \\ B_1=[WB(i+1)-WB(i)]/\Delta x \\ B_0=WB(i+1)-iB_1\Delta x \end{cases} \quad (10.80)$$

故有

$$F_2=(\alpha^2+v^2)\left[B_0+B_1\left(\pi+\arctan\frac{v}{a}\right)\right]+\beta_0+C_a(\alpha-\alpha_0) \quad (10.81)$$

3) 求解方法。对方程式（10.78）和式（10.81），计算中根据前几时段水泵的运行参数给出当前时段的 α、v 的初值，由此确定全特性曲线 $WH(x)$、$WB(x)$ 的横坐标 $x=\pi+\arctan(v/a)$，并确定式（10.77）、式（10.80）的 A_0、A_1、B_0、B_1；相应地也确定了非线性方程式（10.78）和式（10.81）。对此方程组采用牛顿迭代法求解，直到满足收敛条件，得出当前时段的 α、v 值。

由于非线性方程式（10.78）和式（10.81）中的参数 A_0、A_1、B_0、B_1 与 i [式（10.77）、式（10.80）] 有关，而 i 又与 $x=\pi+\arctan(v/a)$ 有关，因此，求解出当前时段的 α、v 值后必须重新计算 i 值，如果 i 值与解方程前的值不同，则需要重新确定 A_0、A_1、B_0、B_1 后再次迭代求解当前时段的 α、v 值。直到 i 值不再变化为止。这一过程适宜于计算机计算。

(3) 出水池端边界条件。管道末端节点测压管水头 H_N 可以表示为

$$H_N=z_{out}+\xi\frac{Q_N|Q_N|}{2gA^2} \quad (10.82)$$

式中：z_{out} 为出水池水位；ξ 为管路出口水头损失系数；Q_N 为管路末端节点的流量。

另外，在末端节点 N 与 $N-1$ 之间应用正特征线方程，有

$$\begin{cases} C^+:H_N=C_P-BQ_N \\ C_P=H_{N-1}+BQ_{N-1}-RQ_{N-1}|Q_{N-1}| \end{cases} \quad (10.83)$$

由式（10.82）和式（10.83），在某一时层 t，根据给出的出水池水位以及 z_{out} 解前一时层的 H_{N-1}、Q_{N-1}，联立求解即可得到末端节点的 H_N 和 Q_N。

10.5.3 水锤防护措施

停泵水锤的防护措施，必须结合泵站的具体情况加以选定。

由于停泵水锤首先出现降压，一般而言，若初始阶段降压较大，则在倒流倒转的水轮机工况产生的升压也较大，又由于降压有可能导致水柱分离再弥合，加剧水锤升压的发生，所以水锤的防护主要有防止降压（形成负压）和防止水锤升压两类。如图 10.55 所示是供水管路水锤防护示例。

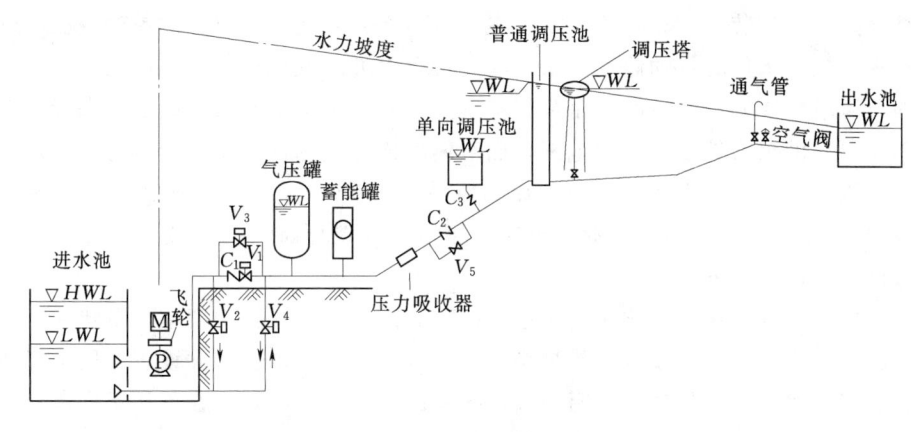

图 10.55 供水管路水锤防护示例

10.5.3.1 压力下降（负压）的主要防止措施

（1）增设惯性飞轮。加大 GD^2，增加水泵机组转动部分的飞轮惯量，可延缓水泵机组开始倒转的时间，减慢停泵后水泵转速的变化，因而可避免事故停泵时水泵转速的急剧下降。这样由出水池反射处引起的压力上升值也减小，并使压力变动幅度变小，故是一种有效的水锤防护措施。然而，由于安装的限制、外周速度上限和对电机性能的影响等因素，采用飞轮必须慎重，需要从技术和经济上进行慎重研究。

（2）普通调压水箱或调压塔。普通调压水箱或调压塔是一种缓冲式的水锤防护设备，它是一个接到管路上的开敞式水箱或塔（图 10.56），其主要目的是防止压力管道中产生负压（水柱分离）。一旦管道中压力降低，水箱迅速给管道补水，以防止或减小负压，避免出现水柱分离，同时也可以减小水锤升压。

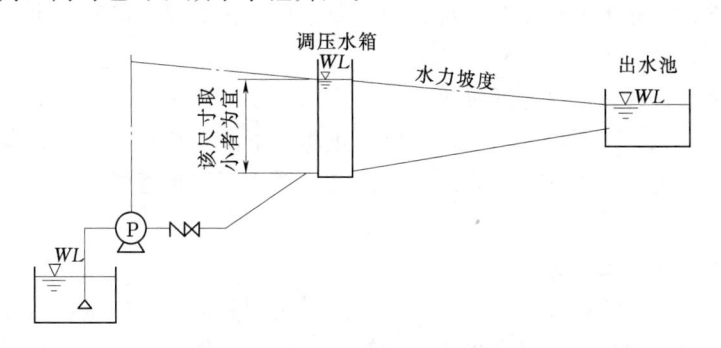

图 10.56 普通调压水箱

普通调压水箱用于补水量很大的场合，而对于容量较小且只有加压需要的情况，可采用调压塔。普通调压水箱（或调压塔）结构简单，安全可靠，易于维护。但在正常工作时，箱内（或塔内）的水面高程与管道的压力水头线等高，而且负压持续时间长需要补给水量越大，因此普通调压水箱（或调压塔）的高度、容量都较大，建设费用一般很高。

（3）单向调压塔（或调压罐）。单向调压塔，或调压罐，是一种主要用于防止管道中产生负压的经济可靠的防护措施。单向调压塔（或调压罐）在与输水主管道相连的短管上装设有逆止阀，水流只能在主管产生负压时由塔内向主管道补水，防止管道中压力降低而产生水柱分离。另外装设有充水管道，由主管道引水或其他水源引水对单向调压塔进行充水，当充水至控制水位时自动停止充水，因此可以大大降低调压塔的高度。

单向调压塔（或调压罐）的作用范围基本上限制在由塔中水位开始沿与水管水力坡度线相同斜率所绘的水力坡度以下的范围，而对偏离该范围的出水管路的压力下降，往往不可能发挥作用。一般，以塔所在管段的压力维持在 $-5\sim-3m$ 为原则来决定单向调压塔（或调压罐）的水位和补水量。因此，单向调压塔（或调压罐）一般装设在发生负压位置附近的较低处，以减小补水量。

（4）气压罐。气压罐一般用于流量小、扬程高的水泵设备。一般应尽量建在可能发生压力下降的位置附近以使气压罐容量最小。气压罐内部压力高，因此设置气压罐能使整个管路受益。当出水管路比较长，摩阻损失占扬程的比例较大时，可在气压罐出水管上装设逆止阀，形成单向气压罐以防止压力下降。气压罐也称为空气罐，有气垫式和囊式。

（5）空气阀。空气阀又称作进排气阀，通常装设在长输水管线高处或明显的凸起部位。空气阀处的管内压力降到低于一个大气压时，气阀打开，让空气流入；管内压力增加到一个大气压以上时允许空气流出，从而起到防止管道中因负压而造成的水锤事故。

这种方法具有构造简单、造价低、安全方便、不受安装条件限制等特点，但是由于进气和排气两相流过渡过程影响的因素比较复杂，管道中空气不能排净时，可能产生水柱再撞击。到目前为止，空气阀主要用于水泵启动、管道充水过程中的排气以及具有明显凸部的管道顶部排除管道中积气。对于长水平管道，其对水锤的影响尚有待于进一步深入研究，目前生产的空气进排气阀，由于试验研究及理论研究尚不充分，对于水柱分离的防护，一般只用作辅助的技术措施。防止压力下降的基本对策最终仍是以补水为主，这一点极为重要。

（6）蓄能罐。当补水量很小时，可采用蓄能罐代替压力罐。除防止水锤外，还能吸收出水管内的压力脉动和噪声。

（7）改变出水管线路。这是通过改变出水管的布设线路来避免发生负压的方法。或者通过加大出水管口径、减缓出水管流速，以防止压力下降和该点的水柱分离。出水管线路的变更方法有：①通过线路迂回消除局部凸起点，形成下凹形管线；②开挖隧洞等，降低出水管路的布线。

10.5.3.2　压力上升的主要防止措施

（1）阀门调节。阀的特性及其关闭速率直接影响到管道系统中水锤压力的波动及最大水锤压力。逆止阀的阀板通常是在出水管中有一定程度的倒流后在倒回水流作用下来关闭的。缓闭逆止阀选用阀板关闭时间可以调整的构造，延长关闭时间。急闭逆止阀采用出水管流速几乎为零时关闭的构造。设计时应视压力的变动情况选用急闭逆止阀或缓闭逆止阀。

（2）气压罐。当气压罐用于吸收压力上升时，为了减小自气压罐出流的损失，一般选用出口喷嘴型。当水流从出水管反向流入气压罐时，在该处产生很大的入流损失，其结果能使流入气压罐的水流压力降低，所以减小了压力上升。一般，按喷嘴的的入流局部损失为出流局部损失的 4 倍来设计。

（3）压力波消除器。通过调节压力波消除器的时间来控制压力升高。

（4）减压阀或安全阀。用于小型设施，在压力超过正常工作压力一定量时阀门打开，使出水管内的压力往外释放。

（5）安全膜。通过在出水管路上设置支管，用安全膜片将支管出口封闭的方法可以防止管道内的压力升高。当管路压力超过膜片允许压力时，膜片被破坏使得压力下降。

参 考 文 献

[1] 刘竹溪，刘景植. 水泵及水泵站 [M]. 4版. 北京：中国水利水电出版社，2009.
[2] 皮积瑞. 农田水利与泵站工程 [M]. 北京：水利电力出版社，1990.
[3] 华东水利学院. 抽水站 [M]. 上海：上海科学技术出版社，1986.
[4] 田家山. 水泵及水泵站 [M]. 上海：上海交通大学出版社，1989.
[5] GB 50265—2010 泵站设计规范 [S]. 北京：中国计划出版社，2011.
[6] SL 56—2013 农村水利技术术语 [S]. 北京：中国水利水电出版社，2013.
[7] 沈日迈. 江都排灌站 [M]. 3版. 北京：水利电力出版社，1985.
[8] 湖北省水利勘测设计院. 大型电力排灌站 [M]. 北京：水利电力出版社，1984.
[9] 刘竹溪. 泵站水锤及其防护 [M]. 北京：水利电力出版社，1988.
[10] А.Г.斯捷潘诺夫. 离心泵和轴流泵—理论、设计和应用 [M]. 徐行健. 译. 北京：机械工业出版社，1980.